普通高等教育"十一五"国家级规划教材

大学计算机规划教材·数据工程师系列

# 多媒体计算机技术

## （第5版）

鲁宏伟　甘早斌　编著

电子工业出版社.

**Publishing House of Electronics Industry**

北京·BEIJING

## 内 容 简 介

本书为普通高等教育"十一五"国家级规划教材。

本书系统地介绍了多媒体计算机技术的基本原理和多媒体计算机系统的组成,详述了数字声音、图像和视频处理中的关键技术;简要介绍了多媒体数据的采集与编辑、多媒体文档的组织与设计、多媒体数据存储与管理、多媒体计算机网络及多媒体数据安全涉及的关键技术。在此基础上,本书对多媒体技术的一些典型应用——数据可视化与信息可视化、指纹识别、人脸识别、唇语识别、视频监控与目标跟踪相关技术以及多媒体即时通信系统等进行了扼要介绍。本书还结合即时通信系统的设计案例以附录形式给出了一个综合应用课程设计。

本书既可作为高等院校相关课程的教材,也可供从事多媒体应用研究与开发的工程技术人员参考。

**图书在版编目(CIP)数据**

多媒体计算机技术/鲁宏伟,甘早斌编著. —5 版. —北京:电子工业出版社,2019.5
ISBN 978-7-121-34437-4

Ⅰ. ① 多… Ⅱ. ① 鲁… ② 甘… Ⅲ. ① 多媒体计算机-高等学校-教材 Ⅳ. ① TP37

中国版本图书馆 CIP 数据核字(2018)第 120713 号

策划编辑:章海涛
责任编辑:章海涛
印　　刷:涿州市般润文化传播有限公司
装　　订:涿州市般润文化传播有限公司
出版发行:电子工业出版社
　　　　　北京市海淀区万寿路 173 信箱　　　邮编:100036
开　　本:787×1092　1/16　　印张:24.25　　字数:620 千字
版　　次:2002 年 10 月第 1 版
　　　　　2019 年 5 月第 5 版
印　　次:2023 年 1 月第 5 次印刷
定　　价:58.00 元

# 前　言

在现代人的信息交流中，电子邮件、网络即时聊天等各种社交软件代替了传统邮政系统的书信往来甚至手机短信，这些新的通信手段不但方便、快捷，而且极大地降低了成本。多媒体网络的应用也很广泛，在线直播、网络游戏和流媒体技术正在逐步改变着人们的传统娱乐与通信方式。

目前，虽然已经有不少多媒体技术方面的参考书，但计算机和网络技术超乎寻常的发展使得多媒体技术推陈出新的速度日益加快，因而需要在已有参考书的基础上不断补充一些新的内容。作者近年来一直从事多媒体计算机技术的应用研究，并承担研究生和本、专科生的课程教学工作，编写此书的目的是希望能使读者在学习和掌握多媒体计算机技术的基本理论与方法的同时，熟悉一些新的技术，了解常见多媒体应用系统的基本原理，并能够利用这些技术去开发一些新的应用。

本书自第 1 版（2002 年）发行以来，已重印几十次。第 5 版是在第 4 版（2011 年）基础上修订完成的，除删除一些作者认为已经不太前沿的技术内容外，重点增加了近年来出现的一些新技术的介绍，使本书能够与时俱进。

具体增删的内容概括如下：

考虑到基于 USB 接口存储设备容量的不断增大，无论是台式计算机还是便携式计算机已经不再将光盘驱动器作为基本配置，因此这一版删除了第 4 版中关于光存储方面的内容；在第 2 章有关多媒体计算机系统组成的介绍中简化了关于 USB 接口的内容，重点介绍各种类型的 I/O 接口，将第 4 章中关于声卡的相关介绍移到了本章；第 3 章中简化了 JPEG 标准的介绍，增加了目前广泛应用的二维码、最新的视频编码标准 H.265、AVS2（国内标准）及免专利费的 WebM 标准的介绍；第 4 章增加了目前普遍采用的音频压缩编码标准和移动平台常用的音频编码技术，增加了有关声纹识别技术的内容；删除了第 5 章的内容，增加了"多媒体数据安全"一章，并将其放在第 9 章；原第 6 章调整为第 5 章，删除了部分内容，更新了关于 DirectX 的介绍，增加了图像特效的内容，以满足读者对目前广泛使用的"美图"原理的理解；原第 7 章调整为第 6 章，增加了对 HTML5 及其在移动 App 开发中的应用；原第 8 章调整为第 7 章，删除了"多媒体数据库构造"一节，增加了"多媒体数据的管理"一节，在基于内容搜索方面，增加了"以图搜图"内容的介绍；原第 9 章调整为第 8 章，更新了短距离无线通信和移动通信技术及标准的内容，增加了物联网三维体系结构的介绍；第 9 章为增加的"多媒体数据安全"；第 10 章仅保留了"即时通信系统"一节，增加了数据可视化与信息可视化、图像识别及其应用、视频监控与目标跟踪等相关内容。

为了加强实践环节，本次修订增加了应用案例的内容作为第 11 章，包括 7 个围绕多媒体技术应用的设计实例。

除以上变化外，在前面的部分章节中，为了让读者更好地了解其中的一些细节，嵌入了"百度百科"链接的二维码，读者用手机扫描二维码即可获取更详细的内容介绍。

多媒体计算机技术涵盖的内容涉及多个学科领域，完整地理解所有内容不仅对非计算机专业的读者是非常困难的，而且对计算机及相关专业的读者也是困难的，原因是读者的专业基础不同，更重要的是很多内容只能在实践中去领会和掌握。因此，在课程教学过程中，可以根据学时适当地进行取舍，并辅以一定的实践环节，以达到理论与实践相结合的目的。

第 5 版主要由鲁宏伟和甘早斌编著。第 11 章的几个实例中，有的源于作者指导本科生课程设计或毕业设计的内容，有的源于指导研究生而专门设计的案例。其中，11.1 节和 11.6 节的内容由廖畅同学提供，11.3 节源于肖天冉、龚慧媛、裴凌枫、唐珊珊和陈艺欣等同学的"物联网应用系统综合设计"，11.4 节和 11.5 节分别来源于李智炜和代卓斌同学的本科毕业设计论文，11.7 节由中央美术学院的鲁宇时同学编写，在此一并表示感谢。

应该说明的是，多媒体计算机技术涉及的领域多、发展速度快，尽管作者尽最大努力将这些最新的技术介绍给读者，但限于学识和能力，难免挂一漏万，错误在所难免。对于书中的错误和不当之处，恳请读者批评指正。

最后感谢所有对本书的写作和出版提供了帮助的人们。

本书为教师提供配套的教学资源（如电子课件等），有需要者，请登录到华信教育资源网（http://www.hxedu.com.cn），免费注册后下载。

读者在阅读本书的过程中如有反馈信息，请加入 QQ 群 192910558 交流。

作 者

# 目　　录

# 第 1 章　多媒体计算机技术概述

**本章导读**

通过本章内容，读者可以熟悉多媒体技术的相关概念、多媒体技术的主要研究内容以及相关应用领域。

对多媒体计算机发展历史的了解将有助于理解应用的需求是如何推动多媒体计算机发展的，以及为什么智能化和三维化是多媒体技术的发展方向。

自 20 世纪 80 年代初出现"多媒体"一词以来，我们生活的这个世界发生了很大的变化，网络的普及、个人计算机（PC）的家庭化使得人们对"多媒体"一词越来越熟悉，也越来越离不开它。它几乎走进了我们生活的每个角落，同时影响着我们的生活。

现在，人们考虑的不只是让计算机的外观如何更富于人性，而是从更深的层次出发，从技术本身的改造开始，让技术在更基本的层面接近普通人。这是多媒体技术发展的方向。

什么是多媒体？多媒体技术究竟指什么？为了对这些概念有比较准确的了解，本章将首先介绍多媒体技术的基本概念、发展历史、研究内容和应用前景。

## 1.1　多媒体计算机技术的基本概念

### 1.1.1　媒体

"媒体"是什么？在日常生活中，被称为"媒体"的东西有许多，如蜜蜂是传播花粉的媒体、报纸和广播是传播新闻的媒体。但准确地说，这些所谓的"媒体"都是传播媒体。

计算机领域中的媒体（medium）有两种含义：一是指存储信息的实体，如磁盘、磁带、光盘和半导体存储器；二是指信息的载体，如数字、文字、声音、图形、图像和视频等。CCITT曾给"媒体"做了如下定义和分类。

① 感觉媒体（perception medium）：能直接作用于人的感官，使人直接产生感觉的一类媒体。感觉媒体包括人类的各种语言、音乐，以及自然界的各种声音、图形、静止和运动图像等，如表 1.1 所示。

② 表示媒体（representation medium）：为了加

表 1.1　感觉媒体的分类

| 类 型 | 分 类 |
|---|---|
| 视觉媒体 | 文字、景象 |
| 听觉媒体 | 语言、音乐、自然界的各种声音 |
| 触觉媒体 | 力、运动、温度 |
| 味觉媒体 | 滋味 |
| 嗅觉媒体 | 气味 |

工、处理和传输感觉媒体而人为地研究、构造的一种媒体。其目的是将感觉媒体从一个地方向另一个地方传输，以便加工和处理。表示媒体有各种编码方式，如语音编码、文本编码、静止图像编码和运动图像编码等。

根据属性的不同，表示媒体可进行如下分类：

- ✠ 按照时间属性划分，可以分为离散媒体和连续媒体。离散媒体是指不随时间变化而变化的媒体，如图形、静态图像、文本等。连续媒体是指随时间变化而变化的媒体，如音频、视频、动画等。
- ✠ 按照空间属性划分，可以分为一维媒体、二维媒体和三维媒体。例如，单声道的音乐信号被称为一维媒体。二维媒体指立体声、文本、图形等。三维图形、全景图像和空间立体声被称为三维媒体。
- ✠ 按照生成属性划分，可以分为自然媒体和合成媒体。自然媒体是指采用数字化方法从自然界获取的媒体，如图像、视频等。合成媒体是指通过计算机创建的媒体，如合成语音、图形、动画等。

③ 显示媒体（presentation medium）：指感觉媒体与用于通信的电信号之间转换的一类媒体，包括输入显示媒体（如键盘、摄像机、话筒等）和输出显示媒体（如显示器、音箱和打印机等）。

④ 存储媒体（storage medium）：用来存放的媒体，以方便计算机处理和调用，主要指与计算机相关的外部存储设备。

⑤ 传输媒体（transmission medium）：用来将媒体从一个地方传输到另一个地方的物理载体。传输媒体是通信的信息载体，如双绞线、同轴电缆、光纤等。

各种媒体之间的关系如图 1-1 所示。

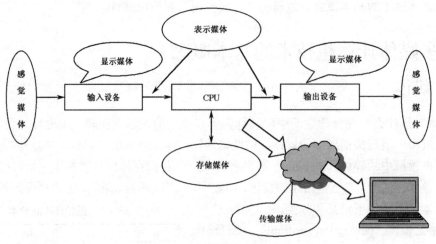

图 1-1　各种媒体之间的关系

## 1.1.2　多媒体

"多媒体"译自 20 世纪 80 年代初产生的英文单词"multimedia"，它最早出现于美国麻省理工学院（MIT）递交给美国国防部的一个项目计划报告中。所谓多媒体，是指信息表示媒体的多样化，常见的多媒体有文本、图形、图像、声音、音乐、视频、动画等。多媒体技术将所有媒体形式集成起来，以更加自然的方式使用信息，并与计算机进行交互，使表现的信息图、文、声、像并茂。因此，多媒体技术是计算机集成、音频/视频处理集成、图像压缩技术、文字处理和通信等多种技术的完美结合。概括地说，多媒体技术的作用是，利用计算机技术把文本、声音、视频、动画、图形和图像等多种媒体进行综合处理，使多种信息之间建立逻辑连接，集成为一个完整的系统。

从本质上说，多媒体有 4 个重要的特征。

（1）多维化

多维化是指媒体的多样化，使人们思想的表达不再限于顺序的、单调的、狭小的范围，而是有充分自由的余地。多媒体技术为这种自由提供了多维化信息空间下交互的能力和获得多维化信息空间的方法，如输入、输出、传输、存储和处理的手段与方法等，集成化则成为了实现两者结合的基础和黏合剂。

多媒体信息多维化不仅包括输入，还包括输出，主要涉及听觉和视觉两方面。但输入和输出并不一定是相同的，对应用而言，前者称为获取，后者称为表现。如果两者完全相同，那么只能称为记录和重放，从效果来说并不是很好。如果对其进行变换、加工，亦即所谓的创作，那么可以大大丰富信息的表现力，增强其效果。这些创作也是人们更好地组织信息和表现信息，使更多用户更准确地接收信息的必要手段。实际上，人们已较多地在电影、电视的制作过程中采用这种形式和方法，今后会越来越多地被应用。

（2）集成性

集成性不仅指多媒体设备集成，而且指多媒体信息集成或表现集成。多媒体的集成性应该说是系统级上的一次飞跃。早期的各项技术都能单一使用和应用，但很难有大的作为，因为它们（如声音、图像和交互式技术等）是单一的、零散的。但当它们在多媒体旗帜下集成时，一方面意味着技术已经发展到相当成熟的程度，另一方面意味着独立的发展已不能满足应用的需要。信息空间的不完整（例如，仅有静态图像而无动态视频，仅有声音而无图形等）限制了信息空间的信息组织，也限制了信息的有效使用。同样，信息交互手段的单一性也制约了其的进一步应用。因此，当多媒体将它们协调地集成后，"1＋1＞2"的系统效应就十分明显。

（3）交互性

交互性是人们获取和使用信息时变被动为主动的最重要的特征。多媒体信息空间中的交互性向用户提供了更有效地控制和使用信息的手段，也为应用开辟了更广阔的领域。交互可以增加人们对信息的注意和理解，延长保留的时间。在单一的文本空间中，这种交互的效果和作用很差，人们只能"使用"信息，而很难做到控制和干预信息的处理。引入交互时，活动本身作为一种媒体介入了信息转变为知识的过程，人们借助活动便可获得更多的信息。

（4）实时性

实时性又称动态性，是指多媒体技术中涉及的一些媒体。例如，音频和视频信息具有很强的时间特性，会随着时间的变化而变化。动态性正是多媒体具有最大吸引力的地方之一，如果没有了动态性，那么也不会有多媒体繁荣的今天。在对这些信息进行处理时，我们需要充分考虑这一特征。

## 1.2　多媒体计算机技术的发展历史

多媒体及多媒体计算机技术产生于 20 世纪 80 年代。1984 年，Apple 公司在苹果机的 Macintosh 系统（也称 Mac）上引入了"位图"（Bitmap）的概念来进行图形处理，并使用窗口（window）和图标（icon）作为用户界面，这标志着多媒体及多媒体计算机技术的产生和应用。在这个基础上进一步发展，苹果机增加了语音压缩和真彩色图形系统等，使得苹果机成为当时最好的多媒体计算机，如 Macromedia 公司著名的多媒体创作系统 Director 的最早版本只支持苹果机。

1986 年，Philips 和 SONY 公司联合推出了交互式紧凑光盘系统（Compact Disc Interactive，CD-I），它能将声音、文字、图形、图像等多媒体信息数字化并存储到光盘上；1987 年，RCA 公司推出了交互式数字视频系统（Digital Video Interactive，DV-I），它以计算机为基础，使用标准光盘来存储、检索多媒体数据；1989 年，IBM 公司推出了 AVC（Audio Visual Connection）系统，它提供多媒体编辑功能。随着多媒体技术的迅速发展，为了抢占多媒体市场，1990 年 Philips 等十几家厂商成立了多媒体市场协会，并制定了多媒体个人计算机（Multimedia Personal Computer，MPC）的市场标准，主要目的是建立 MPC 系统硬件的最低功能标准，利用 Microsoft Windows 操作系统，以个人计算机现有的广大市场作为推动多媒体的基础。

MPC 标准规定多媒体计算机包括 5 个基本部件：个人计算机（Personal Computer，PC）、只读光盘驱动器（CD-ROM）、声卡、Windows 3.1 操作系统和一组音箱或耳机，并对 CPU、存储器容量和屏幕显示功能等提出了最低规格（见表 1.2）。

表 1.2　MPC 的最低功能规格

| 项　　目 | MPC1 | MPC2 | MPC3 |
| --- | --- | --- | --- |
| RAM | 2 MB | 4 MB | 8 MB |
| 运算处理器 | 16 MHz，386SX | 25 MHz，486SX | 75 MHz，Pentium，同等级 X86 |
| CD-ROM | 150 kbps，最大寻址时间 1 s | 300 kbps，最大寻址时间 400 ms CD-ROM XA | 600 kbps，最大寻址时间 200 ms CD-ROM XA |
| 声卡 | 8 位数字声音 8 个合成音 MIDI | 16 位数字声音 8 个合成音 MIDI | 8 位数字声音 Wavetable（波表），MIDI |
| 显示 | 640×480，16 色 | 640×480，65536 色 | 640×480，65536 色 |
| 硬盘容量 | 30 MB | 160 MB | 540 MB |
| 彩色视频播放 | — | — | 352×240，30 帧/秒 |
| 输入/输出端口 | MIDI I/O，摇杆端口，串并联端口 | MIDI I/O，摇杆端口，串并联端口 | MIDI I/O，摇杆端口，串并联端口 |

1990 年，MPC1 标准诞生，它得到了许多硬件厂商的支持，并发展了多媒体计算机系统的标准操作平台，软件开发商也克服以往无硬件标准而造成的无法开发通用软件的困境，上市了大量的多媒体软件、硬件产品。根据市场发展的情况，1993 年 5 月，MPC 联盟又制定了第二代多媒体计算机标准——MPC2，提高了基本部件的性能指标。

MPC 的第三代标准 MPC3 是 1995 年 6 月制定的，它在进一步提高对基本部件的要求的基础上，增加了全屏幕、全动态（30 帧/s）视频及增强版 CD 音质的视频和音频硬件标准。MPC3 指定了一个更新的操作平台，可以执行增强的多媒体功能，首次将视频播放的功能纳入 MPC 规格，采用 MPEG-1 视频压缩标准，可直接存取帧缓冲器，并以清晰度为 352×240、

30 帧/s（或 352×288，25 帧/s）、15 比特/像素的视频为标准。从 MPC1 到 MPC3，多媒体计算机向高容量存储器和高质量视频、音频的方向发展。

MPC3 标准制定一年多后，计算机的软件和硬件技术又有了新发展，特别是网络技术的迅速发展和普及，使得多媒体计算机与电话、电视、图文传真等通信类电子产品相结合，从而形成了新一代多媒体产品，为人类的生活和工作提供了全新的信息服务。多媒体计算机与通信技术的结合已成为世界性的大潮流。

后来又推出了 MPC4 标准。MPC4 在普通 PC 的基础上增加了以下 4 类设备：

- ✠ 声/像输入设备：普通光驱、刻录光驱、音效卡、麦克风、扫描仪、录音机、摄像机等。
- ✠ 声/像输出设备：刻录光驱、音效卡、录音机、录像机、打印机等。
- ✠ 功能卡：如电视卡、视频采集卡、视频输出卡、网卡、VCD 压缩卡等。
- ✠ 软件支持：音频信息、视频信息和通信信息以及实时、多任务处理软件。

由于多媒体市场潜力巨大，参与竞争的多媒体厂商越来越多，各厂商形成了各自的多媒体技术标准，这就要求有关的国际标准化委员会制定多媒体技术标准。例如，扩展结构体系标准 CD-ROM/XA 填补了原有音频标准的漏洞，增加了静止图像数据压缩编码标准（JPEG）、运动图像数据压缩编码标准（MPEG）、电视编码标准（$P{\times}64$ kbps）、视频编码标准（H.261 和 H.263）等。网络技术的迅速发展使得多媒体技术由单机系统向网络系统发展，进而使得多媒体的普及应用成为可能。

从市场驱动背景来看，多媒体与通信技术相结合的产品迅速发展的原因有二：一是网络技术的飞速发展和网络建设的快速推进，二是企业、家庭及个人对多媒体信息的需求。从技术背景看，通信是传输信息的工具，无论是从本地还是从远程获取信息，都必须使用通信手段，因为多媒体计算机和通信本来就是一个信息系统中的两部分。多媒体计算机的核心任务是获取、处理、转发或分发多媒体信息，使多媒体信息（本地或远程）之间建立逻辑联系，消除空间和时间上的障碍，为人类提供完善的信息服务，如电子邮件、网页浏览、远程教育、远程医疗、视频点播、交互式电视、电视会议、网络购物和电子贸易等。

未来的多媒体计算机将集成与控制录音、录像、电视、电话等各种设备，构成新型办公室信息中心和家庭信息中心，高速网络将提供图形、图像、音频、视频等多媒体信息的通信服务，物联网和移动多媒体技术将使应用扩展到人类生活的各个角落。这样，多媒体技术便可提供全方位、全球性服务。

# 1.3　多媒体计算机技术

多媒体信息处理的最终目标是能够跨越不同网络和设备，透明地、强化地使用多媒体资源。为实现这一目标，除需要核心软件、硬件及相关外部设备对多媒体的支持外，还需要在多媒体信息系统模型、多媒体信息融合理论和实现、多媒体信息表示、多媒体通信、多媒体系统的服务质量等方面进行深入的研究。这些问题的探讨及解决在很大程度上影响着多媒体系统性能的提高，甚至影响着新一代多媒体信息处理技术的发展。

多媒体系统的关键技术可分为如下 4 方面：

- ✠ 多媒体数据的处理：软件和硬件平台、数据压缩技术、多媒体信息转换及融合理论。

✖ 多媒体数据的存储：存储设备、数据存储与管理。

✖ 多媒体数据的传输：多媒体计算机网络、服务质量控制、分布式多媒体系统。

✖ 多媒体输入/输出技术：输入设备、输出设备、人机界面、虚拟现实技术等。

## 1.3.1　多媒体的软件和硬件平台

软件和硬件平台是实现多媒体系统的物质基础。每项重要的技术突破都直接影响多媒体发展与应用的进程，大容量硬盘和光盘、吉赫兹（GHz）数量级的 CPU、带有多媒体功能的操作系统等都直接推动了多媒体的迅速发展。可以说，没有计算机硬件的发展，没有日趋完善的操作系统的支持，不可能有今天多媒体技术和应用的繁荣。

除硬件和操作系统外，软件和硬件平台还包括多媒体制作、编辑和应用系统。

多媒体计算机的软件和硬件系统由如图 1-2 所示的几部分组成。

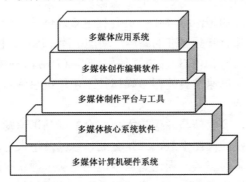

图 1-2　多媒体计算机的软件和硬件系统

## 1.3.2　高速处理器

在现有的计算机系统中，要以数字方式处理多媒体信息，首先要解决的一个问题是如何处理音频和视频媒体。显然，先把音频和视频信号数字化，以数字信息的形式载入计算机存储器，这样计算机才能对它们有效地进行处理。但是，这里引出的问题是，数字化后的音频和视频数据量非常大，需要进行压缩，且需要大容量的存储器；音频和视频的输入和输出是实时的，需要高速处理。此外，计算机上不断涌现的新兴使用模式也让最终用户对处理器的处理能力提出了更高的要求。

提高计算机处理能力的最重要的一种手段是增加处理器中晶体管的数量，英特尔的奔腾（Pentium）4 至尊版 840 处理器中，晶体管的数量是 2.5 亿个，第四代 Intel CPU 即 Haswell 的 i7 中，晶体管的数量达 14 亿个。处理器的主频也从 1971 年推出的微处理器 4004 的 740 kHz（每秒可进行 74 万次运算）增长到 4 GHz（每秒运算 40 亿次）。巨大的晶体管数量意味着巨大的能耗，随之而来的散热问题也日益凸显。而且当晶体管数量的增加导致功耗增长超过性能增长速度后，处理器的可靠性就会受到致命性的影响。

多核处理器的出现为解决这一矛盾提供了一种方法。多核处理器是指将多个运算核封装在一个芯片内部形成的处理器。从理论上讲，将两个或多个运算核封装在一个芯片内部不仅能节省大量的晶体管和封装成本（CPU 的核很小，将多个核封装在一起给外形尺寸带来的变化并不显著），而且能显著提高处理器的性能。多核处理器对外的"界面"还是统一的（有的多核产品甚至不会改变引脚数），所以整个计算机系统需要为此做出的改变很有限。这意味着用户不会在主板、硬件体系方面做大的改变，因此从兼容性和系统升级成本方面考虑时存在诸多优势。

但要让多核完全发挥效力，需要在硬件和软件方面进行更多革命性的更新。其中，可编程性是多核处理器面临的最大问题。一旦核多过 8 个，就需要执行程序能够并行处理。尽管在并行计算上人类已经探索了 40 多年，但编写、调试、优化并行处理程序的能力目前还非常弱。

实时和大容量需要高速处理器，虽然目前 PC 的处理速率足以应付普通音频和视频处理的需要，但对于某些特殊应用（如为了满足视频信号的高质量和高压缩比，需要设计复杂的压缩算法，为了实现复杂的三维图像和特效处理，也需要大量的运算），完全靠主机 CPU 完成是不够的。

NVIDIA 公司在 1999 年发布 GeForce256 图形处理芯片时，首先提出了图形处理器（Graphic Processing Unit，GPU）的概念。2017 年 5 月 11 日，NVIDIA 正式发布了全新的 Volta 架构 GPU——NVIDIA Tesla V100，它拥有超过 210 亿个晶体管，是上代 Tesla P100 的 1.37 倍。它的单精度浮点性能高达 15T FLOPS（FLoating-point Operations Per Second，每秒浮点运算次数），双精度浮点性能达 7.5T FLOPS。

GPU 使显卡减少了对 CPU 的依赖，并完成了部分原本是 CPU 的工作，尤其是在进行三维图形处理时。GPU 采用的核心技术有硬件 T&L（Transform and Lighting，多边形转换与光源处理）、立方环境材质贴图和顶点混合、纹理压缩和凹凸映射贴图、双重纹理四像素 256 位渲染引擎等，而硬件 T&L 技术可以说是 GPU 的标志。

如今的 GPU 已经不再局限于三维图形处理，事实证明，在浮点运算、并行计算等方面，GPU 可以提供数十倍乃至上百倍于 CPU 的性能。

GPU 在几个主要方面有别于 DSP（Digital Signal Processing，数字信号处理）架构。它的所有计算均使用浮点算法，而且目前还没有位或整数运算指令。由于 GPU 专为图像处理设计，因此存储系统实际上是一个二维的分段存储空间，包括一个区段号（从中读取图像）和二维地址（图像中的 $X$、$Y$ 坐标）。此外，没有任何间接写指令。输出写地址由光栅处理器确定，而且不能由程序改变。不同碎片的处理过程间不允许通信。实际上，碎片处理器是一个 SIMD（Single Instruction Multiple Data，单指令多数据流）数据并行执行单元，在所有碎片中独立执行代码。

尽管有上述约束，但 GPU 还是可以有效地执行多种运算，从线性代数和信号处理到数值仿真都能发挥重要的作用。

## 1.3.3　数据压缩及编码技术

多媒体信息表示中需要解决的一个十分重要的问题是巨大的数据量，尤其是动态图形和视频图像。表 1.3 和表 1.4 中给出了 1 分钟不同格式数字音频和视频信号所需的存储空间。

表 1.3　1 分钟数字音频信号所需的存储空间

| 数字音频格式 | 采样率 | 量化位 | 数据量 |
|---|---|---|---|
| 电话 | 8 kHz | 8 bit | 0.48 MB |
| 会议电视伴音 | 16 kHz | 14 bit | 1.68 MB |
| CD-DA | 44.1 kHz | 16 bit | 5.292×2 MB |
| DAT | 48 kHz | 16 bit | 5.76×2 MB |
| 数字音频广播 | 48 kHz | 16 bit | 5.76×2 MB |

表 1.4　1 分钟数字视频信号所需的存储空间

| 数字视频格式 | 分辨率 | 传输速率 | 数据量 |
|---|---|---|---|
| 公用中间格式（CIF） | 352×288 | 30 帧/秒 | 270 MB |
| CCIR 601 | PAL 720×576 | 25 帧/秒 | 1620 MB |
| | NTSC 720×480 | 30 帧/秒 | |
| HDTV | 1280×720 | 60 帧/秒 | 3600 MB |

由此可知，一张容量约为 650 MB 的光盘只能存储不到 3 分钟 CIF 格式的视频信号。如果把这种格式的视频信号在带宽为 2 Mbps 的网络上进行传输，那么 1 分钟的数据约需传输 17 分钟，根本无法保证数据的实时传输。因此，对多媒体信息进行实时压缩和解压缩是十分必要的。如果没有数据压缩技术的进步，那么多媒体计算机就难以得到实际的应用。

数据压缩问题研究的里程碑事件被认为是 D. A. Huffman 在 1952 年发表的论文"最小冗余度代码的构造方法"（*A method for the construction of minimum redundancy codes*）。从那之后，数据压缩开始在商业程序中实现并被应用于许多领域。早期 UNIX 系统上一个不太为现代人熟知的压缩程序 COMPACT 实际上就是 Huffman 0 阶自适应编码的具体实现。如今已经产生了各种各样针对不同用途的压缩算法、压缩手段，以及实现这些算法的大规模集成电路和计算机软件。

一种有效的压缩算法应考虑媒体的种类、应用的对象、应用要求和采用的设备特性等因素。具体来说，要对家庭广泛使用的影碟中的图像媒体进行压缩，压缩时间长一些不要紧，关键是解压缩时的速度要快，并且尽量少用专用设备，这种一个生产者多个消费者的应用在压缩算法非对称时是最理想的。再如，要在电话线上传输视频图像，需要达到极高的压缩比才行，这就要求更有效的算法或技术。近年来提出的分形压缩算法、小波分析压缩算法等都被视为最有前景的压缩技术，并已被应用于相关压缩标准中。

## 1.3.4　多媒体同步

多媒体信息本身的特点使得各种信息之间在时间上具有一定的相关性，最明显的例子是声音和图像，两者都是时间的函数。多媒体应用允许用户改变事件的顺序并修改多媒体信息的表现。

在对多媒体数据进行综合处理时，不仅要考虑各种媒体的相对独立性，为达到较好的信息表示效果，还要保持媒体之间在时间和空间上的相关性。在多媒体系统中，各媒体在不同的通信路径上传输时会产生不同的延迟和损伤，从而破坏媒体间的协同性。为了定义不同媒体间的相互关系，系统应允许用户规定不同媒体之间如何实现彼此的复合同步。

多媒体信息以三种模式相互集成：制约式、协作式和交互式。制约式是指一种媒体的状态转移或激活将会影响另一种媒体；协作式是指两种以上的媒体信息同时存在。这两种模式要求按事件发生的顺序同步，属于基本同步型。交互式是指某种媒体上含有的信息变换成另一种媒体信息。

## 1.3.5　多媒体计算机网络与分布式处理技术

多媒体单机系统目前已相对成熟，但对多媒体计算机网络的研究目前还不够成熟。通常意义上的多媒体计算机网络是指可运行多种媒体的计算机网络。数字化的网络集多媒体信息的获取、存储、处理、编辑、综合、传输于一体，并运行于网络上，网络的任意节点都可以共享网络上的多媒体信息。

多媒体计算机技术要充分发展其对多媒体信息的处理能力，必须与网络技术相结合。如前所述，多媒体信息要占用极大的存储空间，即使将数据压缩，对单机用户来说要想拥有丰富的多媒体信息仍然十分困难。另外，在多个平台上独立使用相同的数据时，开销大而且不经济；在某些特殊情况下，要求许多人共同对多媒体数据进行操作（如视频会议、医疗会诊、多人共同编辑和设计），此时如不借助网络将无法实现。

运行于网络环境下的多媒体系统，因为能够不受时空限制地使多个用户透明地共享网络上的数据，特别是多个用户能够同时对同一个数据文件进行编辑，这使得多媒体技术有了更广泛的应用。

随着计算机处理数据复杂程度的不断提高，原先处理的简单数据（文本、图像、编程语言）变成了复杂的数据（音频、视频和交互手段等），简单的数据库管理也逐渐变成了对数据仓库的支持，这些都对多媒体系统提出了更高的要求。采用传统的方法是很难完成这些复杂任务的，因此如何在网络环境下将这些复杂任务分解，并借助网络环境中的不同计算机（可能是异构的）完成这些任务，便构成了分布式处理技术的主要内容。

在分布式处理系统的发展过程中先后出现了一些新的概念，如集群、网格、云计算。集群是一组相互独立的、通过高速网络互联的计算机，它们构成了一个组，并以单一系统的模式加以管理。当一个客户与集群相互作用时，集群就像是一个独立的服务器。网格是指利用互联网把地理上广泛分布的各种资源（包括计算资源、存储资源、带宽资源、软件资源、数据资源、信息资源、知识资源等）连成一个逻辑整体，就像一台超级计算机一样，为用户提供一体化信息和应用服务（计算、存储、访问等），彻底消除资源"孤岛"，充分实现信息共享。云计算是并行计算（Parallel Computing）、分布式计算（Distributed Computing）和网格计算（Grid Computing）的发展，或者说是这些计算机科学概念的商业实现。

## 1.3.6　信息的组织与管理

信息和数据管理是信息系统的核心问题之一。计算机在我们面前堆起了一座座数据大山，而我们常常缺少从这些数据中搜索出有用信息的手段。多媒体的引入更是加剧了这一状况。

多媒体的数据量巨大，种类繁多，每种媒体之间的差异很明显，但这些信息又存在种种关联性，这些都给数据和信息的管理带来了新的问题。如何管理这些数据？如何组织这些数据？如何从各种各样的数据中找出所要的信息？如何表现这些多媒体信息？这些都是传统数据库理论和方法不能很好地解决的问题。

关系数据库推动了数据库的研究与发展，但在处理非规则数据方面显得力不从心，而多媒体数据大多是非规则化数据。处理大批非规则化数据的方法主要有两种：一是扩展现有的关系数据库；二是建立面向对象的数据库系统，以存储和检索特定信息。这两种方法目前都有人在研究，目的都是使未来的多媒体数据库系统能够同时管理传统的规则化数据和多媒体的非规则化数据。

一种新型的信息管理方法，即超文本（Hypertext）或超媒体（Hypermedia），有人称之为天然的多媒体信息管理方法，一般也采用面向对象的信息组织和管理形式。由于多媒体各个信息单元可能具有与其他信息单元的联系，而这种联系经常确定了信息之间的相互关系，因此各信息单元将组成一个由节点和各种链构成的网络，这就是超媒体信息网络。在超媒体中，信息的组织将不再是线性的，而是按某种方式以非线性的形式进行存储、管理和浏览。这样，用户对信息的使用将更加方便。新的数据库组织形式将带来更灵活的信息检索形式。

超文本技术产生于多媒体技术之前，但直到 20 世纪 80 年代，随着多媒体技术的发展才得以大放异彩。这一方面是由于多媒体所引发的强大需求所致，另一方面也证明了超文本和超媒体适合表达多媒体信息的事实。

另外，由于在多媒体信息系统中多数信息服务将通过网络向用户提供，因此还要对大规模信息服务器尤其是特殊服务器进行设计与研究。例如，在信息系统中建立一个影像视频服务器来存储各种影片，使用户在家中就能通过多媒体终端自由选择观看。目前，许多这方面的软件和硬件产品已不同程度上具备了这样的功能。

## 1.3.7  多媒体数据存储

1984 年，IBM PC 的 20 MB 硬盘似乎已经能够满足各种用户的需要。如今，普通台式 PC 硬盘的容量已是当时的几千倍，足以满足个人用户存储和处理多媒体数据与信息的需要。但面对海量的多媒体数据，尽管能通过各种各样的压缩技术将数据压缩到尽可能小的程度，但随着网络技术的不断发展，对网络服务提供商而言，数据的增长速度促使硬件的存储能力必须不断提高，因此需要考虑存储能力的可扩展性。目前，一些新技术如 SAN（Storage Area Network，存储局域网）已在实际中得到应用，这些技术的应用为系统的不断升级提供了可能。

由于 Internet 的普及和高速发展，网络服务器的规模变得越来越大。Internet 对服务器本身及存储系统都提出了苛刻的要求。新的存储体系和方案不断出现，服务器的存储技术也日益分化为两大类：直接连接存储技术（Direct-Attached Storage，DAS）和存储网络技术（Storage Network Technology，SNT）。存储网络技术近年来出现并高速发展，具有很高的安全性，且动态扩展能力极强。

## 1.3.8  虚拟现实和增强现实技术

虚拟现实（Virtual Reality，VR）又称人工现实、临境等，是近年来十分活跃的技术领域，是多媒体发展的更高境界。虚拟现实的更高集成性和交互性，将给用户以更加逼真的体验，可以广泛应用于模拟训练、科学可视化等领域。

虚拟现实采用计算机技术生成一个逼真的视觉、听觉、触觉及嗅觉的感觉世界，用户可以用人的自然技能对这个生成的虚拟实体进行交互考察。这个概念包含三层含义：

✠ 虚拟实体是用计算机生成的一个逼真的实体。

✠ 用户可以通过人的自然技能（头部转动、眼动、手势或其他身体动作）与该环境交互。
✠ 要借助一些三维传感设备来完成交互动作，常用的有头盔立体显示器、数据手套、数据服装、三维鼠标等。

虚拟现实是一种高度集成的技术，是计算机软件和硬件技术、传感器技术、机器人技术、人工智能及心理学飞速发展的结晶。由于设备昂贵，目前虚拟现实技术主要应用于少数高难度的军事和医疗模拟训练及一些研究项目，在教育与训练领域，它有不可替代的、令人鼓舞的应用前景。

人体解剖图谱一直是学习和识别人体特征结构的主要工具。以往的人体解剖图大多是以三维形式描绘的插图或一些实际解剖结构的图片，而采用虚拟现实技术设计的虚拟人体解剖图是数字化三维解剖图谱，能让使用者在没有任何外界干扰的情况下自由地观察、移动和生成解剖结构，更快捷地学习和了解解剖信息。

例如，德国汉堡 Eppendorf 大学医学院医学数学和数据处理研究所建立了一个 VOXEL MAN 虚拟人体系统，它的功能包括：

✠ 任意选择观察视点，可以做内窥镜观察，也可以做立体观察。
✠ 任意模拟解剖穿刺。
✠ 模拟放射成像。
✠ 可以得到任意器官和组织的名称、类型、描述及结构等信息。
✠ 可以测量器官或组织间的距离。

随着对多媒体技术和仿真技术研究的深入，实现虚拟现实的理论和方法也有了很大发展。原来应用虚拟现实离不开昂贵的专用硬件或辅助设备（如头盔、数据手套、高分辨率的图形工作站等），近年来这种情况开始有所改变。例如，QTVR（QuickTime Virtual Reality，快速虚拟现实）技术已实际应用于学习城市的设计与规划，其优异的性价比令人惊叹。QTVR 技术与普通虚拟现实技术在使用的仿真原理上有很大不同：它不是利用头盔和数据手套这类硬件来产生幻觉的，而是使用 360°全景摄影技术所拍摄的高质量图像来生成逼真的虚拟情景的，因此允许用户在 Windows 或 Macintosh 操作系统的支持下，在普通微机上（不需要用高档的图形工作站）只利用鼠标和键盘（不需戴头盔和数据手套）就能真实地感受到与虚拟现实技术中一样的虚拟情景。学习城市设计与规划的学生利用 QTVR 系统可以创建一座逼真的虚拟城市，当学生改变城市场景的视图时（如向左或向右，朝上看或朝下看，摄像机头向目标移近或移远等），被观察的场景仍能正确保持，并能使人产生环绕该城市浏览观光的真实体验。与此同时，城市中的各种物理实体（如建筑物、道路、桥梁、树木、交通工具和地形等）可以用鼠标任意拾取并进行操纵（如使其旋转，以便从不同角度进行观察，还可以进入建筑物内部的各个房间去观看）。

增强现实（Augmented Reality，AR）技术是指把原本在现实世界的一定时间和空间范围内很难体验到的实体信息（视觉信息、声音、味道和触觉等），通过模拟仿真后，再叠加到现实世界中被人类感官所感知，从而达到超越现实的感官体验。

增强现实的出现与三种技术的发展密切相关。

一是计算机图形图像技术。增强现实的用户可以戴上透明的护目镜，透过它看到整个世界，连同计算机生成而投射到这一世界表面的图像，从而使物理世界的景象超出用户的日常经验之外。这种增强的信息可以是在真实环境中与之共存的虚拟物体，也可以是实际存在的物体的非几何信息。

二是空间定位技术。为了改善效果，增强现实所投射的图像必须在空间定位上与用户相关。当用户转动或移动头部时，视野变动，计算机产生的增强信息随之做相应的变化。这是依靠三维环境注册系统实现的。这种系统实时检测用户头部位置和视线方向，为计算机提供添加虚拟信息在投影平面中映射位置的依据，并将这些信息实时显示在荧光屏的正确位置。

三是人文智能（Humanistic Intelligence）。人文智能以将处理设备和人的身心能力结合起来为特点，并非仿真人的智能，而是试图发挥传感器、可穿戴计算等技术的优势，使人们能够捕获自己的日常经历、记忆所见所闻，并与他人进行更有效的交流。在这一意义上，它是人的身心的扩展。作为智能，基于用户在计算过程中的反馈并不要求有意识的思考与努力。

增强现实具有以下特点：

① 虚实结合，可以将显示器屏幕扩展到真实环境，使计算机窗口与图像叠加于现实对象之上，由眼睛凝视或手势指点进行操作；让三维物体在用户的全景视野中，根据当前任务或需要交互地改变其形状和外观；对于现实目标通过叠加虚拟景象产生类似 X 光透视的增强效果；将地图信息直接插入现实景观，以引导驾驶员的行动；通过虚拟窗口调看室外景象，使墙壁仿佛变得透明。

② 实时交互，使交互从精确的位置扩展到整个环境，从简单的人面对屏幕交流发展到将自己融合于周围的空间与对象中。运用信息系统不再是自觉、有意的独立行动，而是与人们的当前活动自然而然地成为一体。交互性系统不再具有明确的位置，而是扩展到整个环境。

③ 三维注册，即根据用户在三维空间的运动调整计算机产生的增强信息。

增强现实技术已被用于医疗、军事、工业、通信等领域，如可以通过图像传输使原先不可见的对象视觉化，让医生用图像引导手术（如帮助外科医生观察病人体内情况的增强现实系统）；可以研发与物理环境良好匹配、能由用户合作修改的交互性三维地图，供军队使用；可以为施工现场提供与特定地点相联系、包含工程信息和指令的虚拟图景，供工人参考；可以举办有真人和虚拟人物同时参加的远程会议等。

# 1.3.9　人机界面设计

计算机的普及要求为普通用户提供方便的人机交互手段，这些手段应该是建立在语音和手势等形式上的，而且保持其最基本的一些性能，如简单、有效、快速和稳健性。因此，计算机系统必须能够采用自然语言或足以表达信息的图形方式来回答用户的问题，可能的话，辅以力反馈设备，让用户有一种手握实际物体的临境感觉。

人机界面设计的目的是，通过对用户需求的解释达到一种人机之间较好的通信能力。为了达到这个目的，需要在以下 5 方面进行研究：

- 稳健的语言处理模式，包括语音识别和自然语言理解。
- 手势分析和理解模型的设计。
- 上述两方面的通信模式的融合，因为两者在对用户需求的理解上是相互补充的。
- 多模式环境中的对话管理，这是保证一个连续的对话过程所必需的。
- 任务的优化图形表示，使对象能够以一种容易理解的方式出现。

## 1.3.10　高速多媒体通信技术

多媒体通信是指在一次呼叫过程中能同时提供多种媒体信息（声音、图形、图像、数据、文本等）的通信方式，是通信技术和计算机技术相结合的产物。与电话、电报、传真、计算机通信等传统的单一媒体通信方式相比，利用多媒体通信，相隔万里的用户不仅能声、像、图、文并茂地交流信息，而且分布在不同地点的多媒体信息能步调一致地作为一个完整的信息呈现在用户面前，用户对通信的全过程具有完备的交互控制能力。

高速多媒体通信技术是指为满足新一代信息系统中实时多媒体信息传输的需要，网络的带宽要满足高清视频通信的需求，而且支持服务质量控制（Quality of Service，QoS），以适应不同媒体对传输质量的要求。

当前，视频技术正经历从高清向超高清的演进，超高清视频意味着更大的视频码率和视频容量，这将导致数据传输量的暴增，也对网络传输中的压缩、转码推送能力提出了新的挑战。一般而言，标清视频所需的码率在 512 kbps 以内，高清视频所需的码率约为 1024 kbps，而一个超高清视频意味着更高的码率、更多的网络流量和存储空间，这对互联网的流量、存储和计算能力都提出了前所未有的要求。

随着通信技术的发展，为了适应高速多媒体数据传输的需要，第 5 代移动通信网络技术在不久的将来就可商用，实现高清晰、高流畅的视频传输。

由于目前的多媒体通信网络要承载多媒体通信业务，因此对骨干网上的路由器也提出了特殊要求。多媒体通信业务的通信量一般都很大，骨干网节点设备承担着整个网络信息通信量的交换，因此对交换能力要求很高。这就对节点路由器提出了更高的要求。

# 1.4　多媒体计算机技术的应用

短短的几年内，多媒体计算机技术不但使得计算机产业日新月异地迅猛发展，而且改变了人们传统的学习、思维、工作和生活方式。

多媒体计算机技术在工业、农业、商业、医疗卫生保健、金融、教育、娱乐、旅游、房地产等领域中，尤其在信息查询、产品展示、广告宣传等方面有非常广泛的应用。近年来，利用多媒体技术制作的光盘出版物，在音像娱乐、电子图书、游戏及产品广告的光盘市场上呈现出迅速发展的销售趋势。其主要应用包括以下几方面。

（1）音频/视频点播

媒体流点播是一种典型的客户–服务器多媒体技术，需要很大的带宽。由于多媒体技术的发展，出现了 RM、WMV、MPEG-4、MPEG-7、MPEG-21 等技术，使视频/音频点播得以在宽带网上实现。视频点播（Video on Demand，VoD）让用户可根据自己的需要来点播节目，也可用于异地购物、交互式电子游戏、交互式 CAI（辅助教育系统）等。

（2）电子出版物

压缩只读光盘（CD-ROM）可广泛用于游戏、教育、资料存储等方面，是一种优良的信息源，也是目前最重要的电子出版物。一张 CD 的容量约为 650 MB，可存储大量数据，价格也比较便宜，完全可以大量进入家庭。国外许多书籍、期刊、手册等都已发行 CD-ROM 版本。

（3）医疗卫生

现在的医疗卫生体系随着计算机技术的介入越来越健全，越来越先进，远程医疗会诊、医疗在线及多媒体医疗保健信息系统走进了人们的生活。远程医疗系统在医生和病人之间建立连接，实现交互式的互动，使身处异地的病人与医生之间进行"面对面"的会诊，以及病情和技术的交流，效率高，节省时间和费用。

（4）游戏和娱乐

游戏和娱乐产品的一个很重要的市场是千千万万个家庭。经验证明，凡是能进入家庭的产品都有非常巨大的市场。据悉，日本的游戏与娱乐产业就有数百亿美元的市场，可以与汽车业相媲美。多媒体技术如三维动画、虚拟现实等技术的引入，必将使之更为丰富多彩。

（5）计算机视频会议

计算机视频会议可能会成为未来商务界乃至其他业务联络的标准手段，使用户有一种"面对面"开会的感觉，与会者可以从屏幕上看到其他参加者，可以互相交谈，可以看到其他人提供的文件，可以在荧光屏开设的"白板"上写写画画等。显然，计算机视频会议比传统的电话会议优越得多。在技术上，计算机视频会议主要涉及信息的压缩、还原和通信线路的带宽及通信协议等。

（6）多媒体展示和信息查询系统

展示或演示系统与 CAI 有类似之处，但与产品展示不同。此类系统的例子包括科学博物馆、宇航博物馆、自然博物馆等设置的信息系统，这些系统要向观众介绍各种知识，如二进制数如何运算、计算机如何工作、月球登陆的情况、气象台如何工作、飞机模拟驾驶等，过去一般只能用文字和图表来展示，现在则可结合图形、图像、动画、音频、视频等，使观众有身临其境的感觉，生动有趣。

（7）MIS 和 OA

对管理信息系统（MIS）和办公自动化系统（OA）来说，多媒体是一种提升档次的技术：能处理、存储多媒体信息，同时使人机接口大为改善。过去许多 MIS 或 OA 之所以不成功，常常是因为人机接口不佳，用户使用起来感到太麻烦，现在有图、文、声、像并茂的人机接口，使用起来就容易多了。显然，若把它与计算机会议系统结合起来，则系统的水平将上升到一个新高度。

（8）传媒、广告

商品经济对广告的需求越来越大，高质量的多媒体三维动画广告在电视上已越来越多，联网更能使之达到如虎添翼的作用。现在，虽然三维动画广告片的价格很高，1 秒往往需要数千元的费用，但用户仍觉得"物有所值"。做得好，效益就高，但难度也大，特别是对创意要求很高。

（9）教学管理系统

随着计算机及多媒体技术的发展，多媒体教学管理系统逐渐走入校园，成为时尚和科技的标志。现在的多媒体教学管理系统主要包括信息发布平台、多媒体教学系统、多媒体考试系统、多媒体交流系统、信息管理系统。教学管理系统的操作直观方便，功能强大，尤其便于教师和学生的双向互动，是改善教育环境、提高教学质量、进行现代化教学管理的先进设施。

（10）移动卫星

移动卫星在系统设计、数字闭环控制、智能识别、跟踪及快速动态捕获等方面的关键技术，是卫星信息技术领域最先进的技术。人们再也不受时间和空间的限制，可以通过卫星网络接收卫星直播节目，进行双向交流，更重要的是可以直接接入互联网。

# 1.5　多媒体计算机技术的发展趋势

计算机中信息的表达最初只能用二进制数 0 和 1 来表示，其目的纯粹是为了计算。但在应用过程中，这种 0 和 1 的形式使用起来非常不方便，于是后来便产生了 ASCII 码之类的字符代码。将字符处理过程引入计算机，不仅方便了用户，而且使计算机不再局限于计算的范围，进入了事务处理领域。中文标准代码的出现和使用很大程度上取决于计算机图形技术和软件技术的发展，使之能够以一种图形的方式来表达信息。随后，计算机开始能够处理图形、图像、音乐，直至后来能够处理影像视频。这个过程就是计算机多媒体化的过程。与此同时，在大众传播及娱乐界，从印刷技术开始电子化、数字化的过程，逐步发展到广播、电影、电视、录像、有线电视，直至后来推出的 CD-I 和高清晰电视（HDTV），从另一方面发展了信息的广泛传播技术，且逐渐开始有交互能力。从信息系统的角度来看，这些目的不同、技术不同又相互促进和支持的领域，由于技术发展的原因，对于最终用户而言一直存在着较大的差别，但发展到今天，早已"你中有我，我中有你"。

计算机技术和网络通信技术的结合为多媒体技术的进一步应用与发展提供了巨大的可能性，目前这种可能性已逐渐变为现实。多媒体技术的未来将朝智能化和三维化方向发展。

（1）智能化

多媒体技术中最主要的处理对象是数字音频和数字图像，这里的数字图像包括静态图像和动态图像（视频、动画）。对数字音频的研究主要涉及压缩编码和语音识别，而对数字图像的研究涉及压缩编码、图像分析识别和图像理解。

目前，相关研究已经取得了很大的进展，如压缩编码，由于一些新技术的采用，使得编码效率得到较大提高的基础上，仍然能够保持较好的声音或图像质量。然而其他一些技术距离真正的应用还需要做更多的工作，如语音识别技术、图像理解技术等。语音识别技术的研究始于 20 世纪 50 年代，虽然目前已经得到了长足的发展，但仅能将语音转换为文字，而语音识别技术的发展目标应该是人与机器的自由"对话"，这就需要实现计算机对自然语言的理解。无论是自然语言理解还是图像识别，都将涉及"智能化"，而智能化的目标就是实现人与计算机的自然交互。

智能化的人机交互存在的问题在什么地方呢？人类一般都是用概念来表达意志的，但是计算机存储的都是数据，因此很难把这些概念表述出来。这样就提出了如何智能化处理的问题。比如，我们要检索一个人物的图片，计算机怎么知道我们要检索的人物呢？因为在计算机中只有颜色，只有每个点和点上的数据，办法是给计算机一张照片，要求它检索出这个人物，刚开始只能根据色彩、形状去找，找完后，它要经过学习，经过人机交互，再判断哪个地方对、哪个地方不对，通过这个学习过程，就能把正确的找出来。但目前这种技术还很不成熟，Google 搜索只能是文字和图片，搜索音乐、视频的功能也不是很全，未来的搜索引擎应该根据人的需求，不仅能够搜索文字、图片，还能够搜索音乐、视频，假如不知道音乐名字，那么哼两句也能找到。

（2）三维化

多媒体技术的一个重要研究内容是，将计算机视觉技术和图形学技术的内容结合起来，即实现所谓的增强现实技术。这样做可将诸如视频会议系统的现场图像和计算机生成的图像叠加在一起，使多媒体的应用效果产生极大的改观，应用范围也随之拓展。

计算机图形学从二维图形发展到复杂的、高质量的三维环境，其相关技术已经得到广泛应用。在娱乐方面，电影和计算机游戏中广泛使用计算机图形学。动画片发展到完全靠计算机制作，甚至非动画片也主要依靠计算机图形学去开发特定的效果。例如，20 世纪 70 年代中期电影《星球大战》的成功就是个明证。

计算机图形学在非娱乐方面也有重要应用。例如，在学习训练中经常使用虚拟现实系统。对于科学计算可视化和计算机辅助设计，计算机图形学是一种不可缺少的工具。我们需要有很好的方法，以便直观地显示大量数据集和大规模的科学仿真结果。

自从计算机出现以来，20 世纪 60 年代初开始热起来的计算机图形学已经取得很大的进展。计算机图形学已发展成为一个丰富多彩、深奥且富有吸引力的领域。多媒体技术作为一种划时代的技术，给我们的生活带来了难以想象的变化。我们有理由相信：在不久的将来，多媒体技术一定会在社会生产、生活的各个方面开花、结果，更加有力地服务于人类。

# 思考与练习 1

1. 什么是多媒体？多媒体的关键特性有哪些？
2. 为什么说利用多媒体是计算机技术发展的必然趋势？
3. 简述数据压缩的必要性。
4. 你认为多媒体计算机技术研究的内容还应包括哪些方面？

# 第2章  多媒体计算机系统的组成

**本章导读**

　　硬件是多媒体计算机的基础。通过本章的学习，读者可以了解各种 I/O 接口、计算机外部设备的重要通道 USB 接口标准和常用 I/O 设备的基本原理，特别是显卡和显示器等，对各种存储技术及数字影像设备有个初步的认识。

　　早期的计算机只是为人们提供了一种快速、强大的计算工具，但从多媒体技术出现后，计算机的角色和功用已经发生了很大的变化。20 世纪 90 年代初，MPC 联盟制定了多媒体计算机相关标准，于是出现了多媒体计算机，随着多媒体技术和通信技术的发展，多媒体计算机也发生了很多变化，这些变化不仅体现在硬件系统方面，软件系统也随着硬件环境和应用需求的变化在不断地发生演变。

　　多媒体计算机需要综合处理声、文、图信息，尤其是视频和音频信息数据量大，对实时性要求比较高，早期的计算机很难完成这个任务。例如，20 世纪 90 年代中期推出的基于 PC 的可视电话软件系统，为了保持较高的视频图像压缩质量，需要实现非常复杂的数据压缩算法，而这些算法对计算机的处理速度要求很高，以当时计算机的处理能力，每秒通常只能压缩 10～15 帧视频图像，这与全实时的每秒 25 帧（PAL 制式）或 30 帧（NTSC 制式）的要求相去甚远。近年来，随着芯片技术的飞速发展和操作系统的不断完善，多媒体计算机已经有能力完成多媒体应用中的大部分工作。与此同时，人们的需求也在不断增长，如对视频质量和音响效果的要求更高，未来需要人机对话更加人性化和智能化，使得硬件和软件不断推陈出新，从而推动着多媒体计算机技术的发展。

　　本章将重点介绍多媒体计算机系统的硬件组成[①]。

## 2.1  概述

　　除需要较高配置的计算机主机硬件外，多媒体硬件系统还需要音频/视频处理设备、光盘驱动器、媒体输入/输出设备等（如图 2-1 所示）。

　　多媒体计算机的主机可以是大、中型机，也可以是工作站，普通个人使用的是多媒体个人计算机，主要包括中央处理器（Central Processing Unit，CPU）和主板等。

---

① 扫描二维码可了解更多关于"计算机系统"方面的知识。

图 2-1　多媒体计算机硬件环境

随着制造技术的不断发展，CPU 集成的电子元件越来越多，上千万个甚至数亿个微型晶体管构成了 CPU 的内部结构。CPU 的内部可分为控制单元、逻辑单元和存储单元三部分。

多媒体接口卡根据多媒体系统获取、编辑音频或视频的需要而插接在计算机上，以解决各种媒体数据的输入、输出的问题。常用的接口卡有声卡、显卡、视频压缩卡、视频采集卡、视频播放卡、光盘接口卡等。

多媒体外部设备的工作方式一般为输入和输出，按其功能可分为如下 4 类：

- 视频/音频输入设备：如摄像机、录像机、扫描仪、传真机、数码相机、话筒等。
- 视频/音频输出设备：如显示器、电视机、投影电视、大屏幕投影仪、音响等。
- 人机交互设备：如键盘、鼠标、触摸屏、绘图板、光笔及手写输入设备等。
- 存储设备：如磁盘、光盘和闪存盘等。

从某种意义上讲，目前的"智能手机"就是一台多媒体计算机，对一些高端智能手机而言，其功能和处理能力甚至远远超过某些低端的传统计算机。

## 2.2　计算机 I/O 接口

计算机 I/O（Input/Output，输入/输出）接口伴随着计算机的发展也在不断地演化，其主要的推动力源于人们对输入方式的便利和日益增长的主机与外部设备之间传输带宽的需求。

### 2.2.1　计算机 I/O 的变迁史

早期计算机的主要输入设备是键盘，鼠标于 1964 年由斯坦福研究所的 Douglas Engelbart 发明，对只能由键盘输入烦琐指令的计算机而言，具有划时代的意义。随着平板计算机、数码相机等嵌入式设备的普及，触摸屏技术逐渐替代了鼠标这种传统的输入方式。

作为最重要的输入接口，计算机显示器也经历了 CRT（Cathode Ray Tube）显示器、等离子体显示器和液晶显示器几个阶段。

除基本的输入和输出设备外，计算机常常需要接入其他外部设备，如打印机、调制解调器。为此，早期的计算机主板上会预留串行接口（简称串口）和并行接口（简称并口）。

并口最初是为点阵行式打印机设计的。1991 年，Lexmark、IBM、Texas instruments 等公司为扩大其应用范围而与其他接口竞争，改进了这种接口，使它实现更高速的双向通信，以便能连接磁盘机、磁带机、光盘机、网络设备等计算机外部设备（简称外设），最终形成了 IEEE1284-1994 标准。

　　串口，也称串行通信接口或串行通信接口（通常指 COM 接口），是指采用串行通信方式的扩展接口。早期的串口一般用来连接鼠标和外置调制解调器以及老式摄像头和写字板等设备。串口也可应用于两台计算机（或设备）之间的互联及数据传输。由于串口（COM）不支持热插拔并且传输速率较低，大部分新主板和便携式计算机已取消该接口。目前，串口多用于工控和测量设备以及部分通信设备中。

　　取消串口更重要的原因之一是通用串行总线（Universal Serial Bus，USB）接口的出现。借助 USB 接口[②]，可以连接各种支持 USB 接口的外部设备。

## 2.2.2　USB 接口发展史

　　USB 接口作为计算机和移动设备的一种重要接口，大致经历了 3 个版本：USB 1.0、USB 2.0 和 USB 3.0。1996 年 2 月，USB 规范版本 1.0 公布，之后出现了被广泛采用的 USB 1.1 接口。USB 1.1 接口的传输速率是 12 Mbps，使得很多应用受到限制；对外的输出电源的负载能力很低，最大输出电流只有 250 mA，这样不可能带动移动硬盘这些需要大电流驱动的流媒体设备，而需要通过外部接入直流电源来弥补。为此，2000 年 4 月发布了 USB 2.0 接口标准。USB 2.0 接口的传输速率可达 480 Mbps，输出电流达到 500 mA 以上，适合任何移动存储设备，不需要外接直流电源。USB 2.0 接口标准兼容 USB 1.1 接口设备。

　　在 MP3、MP4 以及各种非智能手机"横行"的"非主流"年代，设备大多采用的是很宽大的数据线接头，这种数据线为 Mini-USB。Mini-USB 分为 A 型、B 型和 AB 型（如图 2-2 所示），当时被广泛用于读卡器、MP3、数码相机和移动硬盘上。

　　渐渐地 Micro-USB 出现了，它比 Mini-USB 接口更小，节省空间，并且具有高寿命、高强度的特点，Micro 系列的独特之处是包含了不锈钢外壳，万次插拔不成问题，因而在智能手机领域，Micro-USB 渐渐取代了 Mini-USB 接口。

　　伴随 USB 3.0 时代的到来，Type-C 也随之问世，起初 Type-C 被作为苹果公司 MacBook 笔记本计算机的接口。既然有 Type-C，就会有 Type-A 和 Type-B。Type-A 接口的英文名称是 Standard Type-A USB，这说明它是标准的 USB 接口，其他形状的 USB 接口都是它的衍生物。一般来说，PC 上的 USB 接口均为标准 Type-A，外部设备则多采用 Type-B。

　　目前，最新的 USB 规范是 USB 3.1。USB 3.1 引入了全双工数据传输，5 根线路中的 2 根用来发送数据，另 2 根用来接收数据，还有 1 根是地线。也就是说，USB 3.1 可以同步、全速地进行读写操作。USB 3.1 标称的理论传输速率是 10 Gbps，但是保留了部分带宽，以支持其他功能，因此实际的有效带宽约为 7.2 Gbps，理论传输速率可达 900 Mbps。现在的 USB 3.1 接口还有提升空间，至少应该达到 800 Mbps 的水平。

---

② 扫描二维码，可了解更多关于 USB 的内容。

图 2-2　各种 USB 接口

Type-C 接口③与 USB 3.1 标准几乎同时推出，Type-C 的规范确实是按照 USB 3.1 制定的，因此 USB3.1 可以制作为 Type-C 类型，但 Type-C 不等同于 USB 3.1。比如，诺基亚 N1 平板采用了 USB 2.0 规范的 Type-C 接口，而华硕 Z97-K 使用了标准 Type-A 的 USB 3.1 接口。事实上，Type-C 规定了接口的几何形状，是接口形态标准，不是接口协议规范。

Type-C 接口最大的特点是支持 USB 接口双面插入，解决了"USB 永远插不准"的世界性难题，正反面可以随便插。

## 2.2.3　显示器接口

### 1. D-sub

D-sub 是 D-subminiature 的简称，因为这种接口竖看时像一个大写的字母 D，适合模拟信号或数字信号接口，按需求有不同的接口数。D-sub 包含若干子类，如 DB25，第一个字母 D 表示属于 D-sub，第二个字母 B 描述接口的大小，与后面的数字（针数）对应（A—15 针，B—25 针，C—37 针，D—50 针，E—9 针）。每种接口又分公头（plug）和母头（socket）。

VGA 采用 D-sub 15 接口，上面共有 15 个针孔，分成 3 排，每排 5 个。VGA 端子通常用于计算机的显示卡、显示器及其他设备，用来传输模拟信号。早期的笔记本计算机或显卡上经常能看到这个接口。笔记本计算机能通过 VGA 接口连接投影仪，但 VGA 带宽小，难以传输高分辨率的画面，因此现在推出的笔记本计算机基本取消了这类接口。

### 2. HDMI

HDMI（High Definition Multimedia Interface）是由电视行业推出的视频/音频接口，能高品质地传输未经压缩的高清视频和多声道音频数据，相比 VGA 的模拟信号转化，其数字信

---

③ 扫描二维码，可以了解更多关于 Type-C 接口内容。

号传输过程的损失更小。

目前，市面上主流的 HDMI 标准有 1.4 和 2.0 两种。HDMI 1.4 规范的带宽为 10.2 Gbps，与 USB 3.1 的 10 Gbps 近乎等速，已经能支持 4K 分辨率，但是受制于带宽，最高只能达到 3840×2160 的分辨率和 30 fps 的帧率。HDMI 2.0 将带宽扩充到 18 Gbps，可支持 3840×2160 的分辨率和 50 fps、60 fps 的帧率，同时在音频方面支持最多 32 个声道和最高 1536 kHz 的采样率。

### 3. DVI

DVI（Digital Visual Interface）是一种基于高速传输数字信号技术的开放的接口标准，在 PC、DVD、高清晰电视（HDTV）、高清晰投影仪等设备上应用广泛。DVI 有 DVI-A、DVI-D 和 DVI-I 三种接口形式。

DVI-A（12＋5 针）线是目前市面上最常见的 DVI 线材，小于等于 1920×1200 分辨率的显示器中搭配的都是这种 DVI 线。DVI-D 接口是纯数字接口，只能传输数字信号，不兼容模拟信号。由于不传输模拟信号，因此无法转换 VGA 接口。DVI-I 有数字和模拟接口，目前应用主要以 DVI-I（24＋5）为主，24＋5 针线价格高，只有高分辨率显示器或 3D 显示器才搭配。

### 4. DP

DP（DisplayPort）也是一种高清数字显示接口标准，可以连接计算机与显示器、家庭影院。DP 可支持 WQXGA+（2560×1600）、QXGA（2048×1536）等分辨率及 30/36 bit（每原色 10/12 bit）色深，充足的带宽保证了大尺寸显示设备对更高分辨率的需求。

与 HDMI 一样，DP 也允许音频与视频信号共用一条线缆传输，支持多种高质量的数字音频。但比 HDMI 更先进的是，DP 在一条线缆上还可实现更多的功能。在 4 条主传输通道之外，DP 还提供了一条功能强大的辅助通道。该辅助通道的传输带宽为 1 Mbps，最高延迟仅为 500 μs，可以直接作为音频、视频等低带宽数据的传输通道，也可用于无延迟的游戏控制。

DP 的外接型接头有两种：一种是标准型，类似 USB、HDMI 等接头；另一种是低矮型，主要针对连接面积有限的应用，如超薄笔记本计算机。两种接头的最长外接距离都能达到 15m，并且接头和接线的相关规格已为日后升级做好了准备，即便未来 DP 采用新的 2X 速率标准（21.6 Gbps），接头和接线也不必重新进行设计。

DP1.3 规范将总带宽提升到了 32.4 Gbps，4 条通道各自分配 8.1 Gbps，相比此前的 DP 1.2/1.2a 增大了 50%，同时是 1.1 版标准的 3 倍。

排除各种冗余、损耗后，DP 1.3 可以提供的实际数据传输率也达 25.92 Gbps，只需一条数据线就能传输无损高清视频+音频，轻松支持 5120×2880 5K 级别的显示设备。借助 DP Multi-Stream 多流技术、VESA 协调视频时序技术，单连接多显示器的分辨率也支持得更高，每台都能达到 3840×2160 4K 级别。

DP 1.3 继续包容 VGA、DVI、HDMI 三种传统输出格式，支持 HDCP 2.2、HDMI 2.0 CEC（消费电子控制），可以播放电视内容，包括受复制保护的 4K 视频。

DisplayPort 1.4 将支持 8K 分辨率的信号传输，兼容 USB Type-C 接口。从其技术参数可以看到，eDP 1.4a 接口在显示适配器及显示器之间提供 4 条 HBR3（High Bit Rate 3）高速通道，单通道带宽达到 8.1 Gbps。这些通道可独立运行，也可以成对使用，4 通道理论带宽达

32.4 Gbps，足以支持 10 位色彩的 4K 120 Hz 输出，也可以支持 8K 60 Hz 输出。

### 5．雷电

雷电（Thunderbolt）连接技术融合了 PCI Express（一种总线接口）数据传输技术和 DisplayPort 显示技术，可同时对数据和视频信号进行传输，并且每条通道都提供双向 10 Gbps 带宽。其中，PCI Express 用于数据传输，可以方便地进行任何类型设备的扩展；DisplayPort 用于显示，能同步传输 1080P 乃至超高清视频和最多 8 声道音频，并且两条通道在传输时都有自己单独的通道，不会产生任何干扰。

雷电接口物理外观与原有 Mini DP 接口的相同。Mini DP 接口的显示器和 Mini DP 至 HDMI、DVI、VGA 等接口的转接头都可在雷电接口上使用。

雷电接口连接线的材质主要有两种。一种是电缆型雷电连接线，除能提供双通道双向 10 Gbps 的传输带宽外，还能提供 12 W 的供电，可以直接驱动无源移动设备。另一种是光纤，光纤的传输速率理论上可达 100 Gbps，是电缆的 10 倍、USB 3.0 接口的 20 倍，是对传输速率有极高要求的设备的最佳选择。

雷电接口最大的优势是传输速率快，能同时传输图像和音频，但支持的存储设备通常比较昂贵。

## 2.3　常用 I/O 设备

多媒体 I/O（输入/输出）设备可以粗略地分为 3 类：输入设备，输出设备，用于网络通信的通信设备。

### 2.3.1　输入设备

输入设备除计算机常用的基本配置（如键盘、鼠标等）外，还包括为满足应用需要而配置的其他输入设备。这些设备包括手写板、磁卡设备、IC 卡设备、条码设备、图像扫描仪、数字化仪、触摸屏、视频卡和视频捕捉卡等。

#### 1．手写板

使用键盘输入汉字是计算机在我国广泛普及的障碍之一，而中文手写输入设备的出现能够克服这一障碍。例如，汉王笔主要由一块手写板和一支笔组成，使用时可直接连到串口上。手写板和手写笔大多是配套使用的，因此手写笔和手写板常常相互支撑。从技术的角度说，更为重要的是手写板的性能。目前，市场中有三种手写板：电阻压力板、电磁感应板和电容触控板。

电阻压力板由一层可变形的电阻薄膜和一层固定的电阻薄膜构成，中间由空气隔离。其工作原理是：当用笔或手指对上层电阻加压使之变形并与下层电阻接触时，下层电阻薄膜就感应出笔或手指的位置。

电阻压力板是早期手写板采用的技术，由于其原理简单，工艺不复杂，成本较低，价格也比较便宜，所以曾风靡一时，但其不尽如人意的地方也不少。比如，由于它通过感应材料的变形来工作，材料容易疲劳，使用寿命较短。虽然电阻压力板可以直接用手指操作，但对手指感触不灵敏，而且使用时，压力不够时没有感应，压力太大时易损伤感应板，导致使用者手指很快疲劳。另外，由于使用时要加压，手写板实际上也不能当鼠标使用。

电磁感应板的手写板下方的布线电路通电后，在一定空间范围内形成电磁场，来感应带有线圈的笔尖的位置进行工作。这种技术目前被广泛使用，主要是由其良好的性能决定的，可以流畅地书写，手感很好。电磁感应板分为"有压感"和"无压感"两种，其中有压感的输入板能感应笔画的粗细、着色的浓淡。

电容触控板的工作原理是，通过人体的电容来感知手指的位置，即当手指接触触控板的瞬间，就在板的表面产生电容。触控板表面附有一个传感矩阵，它与一块特殊芯片一起持续不断地跟踪手指电容的"轨迹"，经过内部的一系列处理，每时每刻都能精确定位手指的位置（坐标 $X$ 和 $Y$），同时测量手指与板间距离（压力大小）形成的电容值的变化，确定坐标 $Z$，进而确定坐标值（$X, Y, Z$）。所以这种笔无须电源供给，特别适合便携式产品。电容触控板是在图形板方式下工作的，其坐标 $X$ 和 $Y$ 的精度可高达 40 点/mm。

与前面两种技术相比，电容触控板表现出了更加良好的性能：由于轻触即能感应，因此用手指和笔都能操作，使用方便。手指和笔与触控板的接触几乎没有磨损，性能稳定，机械测试使用寿命长达 30 年。

手写笔也是手写系统中一个很重要的部分。早期的输入笔要从手写板上接通电源，因此笔的尾部均有一根电缆与手写板相连，这种输入笔也称有线笔。较先进的输入笔在笔壳内安装有电池，有的借助一些特殊技术后不需要任何电源，因此无须用电缆连接手写板，这种笔也称无线笔。无线笔的优点是携带和使用起来非常方便，同时较少出现故障。输入笔一般带有两个或三个按键，其功能相当于鼠标按键，这样在操作时就不用在手写笔和鼠标之间来回切换。

除硬件外，手写笔的另一项核心技术是手写汉字识别软件，目前各类手写笔的识别技术都已相当成熟，识别率和识别速率也完全能够满足实际应用的要求。

### 2. 图像扫描仪

扫描仪是一种图像输入设备，可以将图像输入计算机。扫描仪的主要性能指标如下：

✠ 分辨率：以每英寸的扫描像素点数（dot per inch，dpi）表示，分辨率越高，图像越清晰。目前，扫描仪的分辨率为 300～2400 dpi。

✠ 灰度：图像亮度层次范围。灰度级数越多，图像层次越丰富。目前，扫描仪的灰度可达 250 级。

✠ 色彩度：彩色扫描仪支持的色彩范围，用像素的数据位来表示。例如，24 位真彩色可以产生 16M 种颜色。

✠ 速率：指定分辨率和图像尺寸下的扫描时间。

✠ 幅面：扫描仪支持的幅面大小，如 A4、A3、A1 和 A0。

扫描仪按幅面大小可分为台式扫描仪和手持式扫描仪，按图像类型可分为灰度扫描仪和彩色扫描仪。

### 3．触摸屏

触摸屏是一种定位设备，当用户用手指或其他设备触摸安装在计算机显示器前面的触摸屏时，所摸到的位置（以坐标形式）被触摸屏控制器检测到，并通过接口送往 CPU，从而确定用户输入的信息。触摸屏的引入主要是为了改善人与计算机的交互方式，特别是非专业人员，使用时可以将注意力集中在屏幕上，因此有效提高了人机对话的效率，实际使用时往往还能引起人们对计算机的兴趣。

广义来看，触摸屏不仅能附在计算机的显示器上，能附在任何监视器上，如阴极射线管（CRT）、液晶显示器（LCD）、发光显示器（LED 阵列），而且可以做成任何形状，如平面、球面和柱面。

计算机上使用的触摸屏系统一般由两部分组成：触摸屏控制卡和触摸检测装置。触摸屏控制卡有自己的 CPU 和固化的监控程序，其作用是从触摸检测装置上接收触摸信息，将其转化为触点坐标，并送给主机，还能接收并执行主机发来的命令。触摸检测装置则直接安装在监视器前端，主要用来检测用户的触摸位置，并将该信息传递给触摸屏控制卡。

触摸屏根据所用的介质和工作原理，可分为如下 4 种。

- ✠ 电阻式：用两层高度透明的导电层组成触摸屏，两层之间的距离仅为 2.5 μm。当手指按在触摸屏上时，该处的两层导电层接触，电阻发生变化，在 $X$ 和 $Y$ 两个方向上产生信号，然后送至触摸屏控制器。
- ✠ 电容式：把透明的金属层涂在玻璃板上，当手指按在金属层上时，电容发生变化，使得与之相连的振荡器频率发生变化，通过测量频率变化可以确定触摸位置。
- ✠ 红外线式：在屏幕周边成对安装红外线发射器和红外线接收器，接收器接收发射器发射的红外线，形成红外线矩阵。当手指按在屏幕上时，手指阻挡红外线，这样便能在 $X$ 和 $Y$ 两个方向上接收信息。
- ✠ 声表面波式：由触摸屏、声波发生器、反射器和声波接收器组成。声波发生器发出的声波在触摸屏表面传递，经反射器传递给声波接收器，声波转换成电信号送给主机。声表面波式触摸屏的效果较好，目前应用比较广泛。

## 2.3.2　输出设备

声卡和显卡是多媒体计算机中十分重要的输出设备，将在后面的章节介绍。本节重点介绍视频输出设备（显示器）和打印机。

### 1．CRT 显示器

使用 CRT（Cathode Ray Tube）的图像显示设备大致可分成两大类型：一是用于图像处理领域的图像显示器，二是用于图形处理领域里的矢量方式图形显示器。

CRT 由德国人布劳恩发明，也称布劳恩管。通常，CRT 显示器是一种在计算机输出显示或图像信息系统中使用的电视监视器。CRT 显示器的种类是根据所用 CRT 的种类分类的，有存储型、随机扫描型（XY 型）、光栅扫描型（家用电视机就是这种方式）等。

存储型 CRT 是一种具有存储和显示图像信息功能的布劳恩管。在无网络二值电位存储管的结构中，背面电极由透明电极层和黑色矩阵构成，在矩阵孔部分是由荧光点形成的存储荧光面。

随机扫描型 CRT 在示波器等计量设备上大量使用。随机扫描型 CRT 由电子枪和 XY 偏转板组成，偏转板由两块金属板相对配置而成，当把偏转电压加到这对金属板上时，就可改变电场强度，使电子束发生偏转。

在高速显像系统中，电子束扫过荧光面上的速度快，因此亮度下降，必须提高加速电压才能提高亮度，但提高加速电压会降低偏转灵敏度。为解决这一问题，采用后加速方式。

在 CRT 显示器的发展过程中，根据显像管显示原理的不同，先后出现了珑管和丹娜管两种，目前市场上能见到的只有丹娜管 CRT，而且 CRT 显示器目前的用途只有大批量需要的专业领域，如军用、医用、航天等方面。

### 2. 液晶显示器

液晶显示器（Liquid Crystal Display，LCD）是一种低电压、低功耗器件，可直接由 MOS-IC 驱动，因此器件和驱动系统之间的配合较好。其优点是平面型，结构简单，显示面也可任意加工制作，使用寿命较长，目前具有 60000 小时以上的寿命。此外，LCD 是反射型的，在室内条件下也容易观看，因此从台式计算机、钟表、玩具等民用品到测量仪器等工业用品都有广泛使用，并已应用于个人计算机、字处理器、电子打字机、收款机等字符显示器。

液晶显示器的优点相当多，如轻薄短小，大幅节省空间。具体来说，液晶显示器的体积仅为一般 CRT 显示器的 20%，重量则只有其 10%；相当省电，耗电量仅为一般 CRT 显示器的 10%；同时，液晶显示器没有辐射，不伤人体，画面也不会闪烁，可以保护眼睛。此外，液晶显示器除能放置于桌上外，也能悬挂于墙上。

作为液晶显示器主要构成部分的液晶是什么？液体分子的排列虽然不具有任何规律性，但如果这些分子是长形的（或扁形的），那么它们的分子指向就可能有规律性。分子具有方向性的液体称为液态晶体，简称液晶。液晶不但具有一般晶体的方向性，而且具有液体的可流动性。液晶的方向可由电场或磁场来控制，这是一般的晶体无法达到的。所以，用液晶制作的组件通常将液晶包在两片玻璃中。而玻璃的表面镀有一层导电材料作为电极，还有一层材料是配向剂，根据它的种类和处理方法来控制在没有电场或磁场时液态晶体的排列情形。

液晶显示器在一定电压下（仅为数伏），使液晶的分子改变排列方式，分子的再排列使得液晶及其由玻璃构成的显示屏的光学性质发生变化，显示出不同颜色。也就是说，液晶显示器是一种液晶利用光调制的受光型显示器件。

液晶本身是不发光的，只能产生颜色的变化，需要有光源才能看到显示的内容。传统液晶显示器采用冷阴极荧光灯（Cold Cathode Fluorescent Tube，CCFT）作为背光源。它的工作原理是，当高电压施加到灯管的两电极时，灯管内的少数电子高速撞击后产生二次电子发射，开始放电，灯管内的汞或惰性气体在被撞击后由不稳定状态急速返回稳定状态，将过剩能量以紫外线（波长为 253.7 nm）释放，这些紫外线由荧光粉吸收并转换成可见光。

虽然从技术上来说，CCFT 已经相当成熟，但 CCFT 背光使得 LCD 最大只能再现不到 80%的 NTSC 信号所能传输的色彩。同时，CCFT 背光源的能量利用效率低下。在光能从背光到屏幕的传输过程中，能量损耗非常严重，最终约有 6%的光能可被真正利用。为实现更高的亮度和对比度，厂商必须提高光源的输出功率或增加灯管数目，而这样做的后果是整机功耗增加。这对于桌面型液晶显示器或液晶电视不会有多大的影响，但对笔记本计算机液晶显示屏的影响很大。特别是这些 CCFT 需要高压交流电驱动，对电源变压整流的要求相对复杂。另外，冷阴极荧光灯的使用寿命并不算长，许多液晶产品在使用几年后屏幕就会发黄，亮度明显变暗。

LCD 是笔记本计算机中功耗最高的部件，为了尽可能提高电池的续航能力，希望能开发低功耗的液晶屏，而 CCFT 背光源显然与之背道而驰，发光二极管（Light Emitting Diode，LED）屏幕显示技术应运而生。

LED 由数层很薄的掺杂半导体材料制成，一层带有过量的电子，另一层则缺乏电子而形成带正电的空穴，工作时电流通过，电子和空穴相互结合，多余的能量以光辐射的形式释放。使用不同的半导体材料可以获得不同发光特性的发光二极管。目前，已经投入商业使用的发放二极管能提供红、绿、蓝、青、橙、琥珀、白等颜色。手机上使用的主要是白色 LED 背光，而在液晶电视上使用的 LED 背光光源可以是白色，也可以是红、绿、蓝三基色，在高端产品中可以用多色 LED 背光进一步提高色彩表现力。

采用 LED 背光的优势在于厚度更薄（约 5 cm），色域也非常宽广，能够达到 NTSC 色域的 105%，黑色的光通量更是能降低到 0.05 流明，进而使液晶电视的对比度高达 10000∶1。

LED 背光存在两种方式：一种是直下式，另一种是侧入式（如图 2-3 所示）。

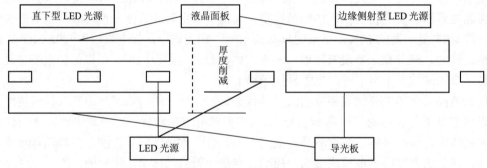

图 2-3　直下式和侧入式 LED 背光光源排列示意

直下式 LED 背光：发光体采用点阵式布局，发光亮度均匀，画面对比度高，色彩自然，分辨率高，使用寿命较长，通过芯片能够实现独立发光单元的调节，节能效果明显。但它的缺点是机身相对较厚，技术成本高。

侧入式 LED 背光：按照背光灯侧置位置来看，分为单侧、双侧、四侧等侧入式架构。由于背光源侧置，显示器的体积特别是厚度可以大幅度缩小，市面上的超薄 LED 电视属于这种类型。这种电视在画质上与普通液晶相比并没有特别大的优势，但外观出众。LED 发光体侧置之后，光线要通过导光板引入，如果厂家的制造工艺水平不高，那么电视屏幕就会出现四周亮、中间暗的现象，随着使用时间的增加，屏幕中间发暗会越发严重。

日立公司于 2001 年推出了一种新型的面板技术——硬屏液晶，即 IPS（In-Plane Switching，平面转换）。传统液晶显示器的液晶分子一般在垂直和平行状态间切换，MVA（富士通公司的一项技术）和 PVA（三星公司的一项技术）将之改良为垂直-双向倾斜的切换方式。IPS 技术与上述技术最大的差异在于，不管在何种状态下，液晶分子始终与屏幕平行，只是在加电/常规状态下分子的旋转方向有所不同：MVA、PVA 液晶分子的旋转属于空间旋转（$Z$ 轴），IPS 液晶分子的旋转则属于平面内的旋转（$X$-$Y$ 轴）。

由于 IPS 的分子排列方式呈水平状，遇到外界压力时，分子结构向下稍微下陷，但整体分子还呈水平状。传统液晶（通常称为软屏液晶）呈垂直排列状，下陷更厉害，并呈倒八字形。可见，在遇到外力时，硬屏液晶分子结构坚固性和稳定性远远优于软屏，基本保持原样。在实物上，直接触摸硬屏屏幕后，没有闪光现象，而软屏则会出现大面积明显的闪光区域，也就是俗称的水纹现象，如图 2-4 所示。

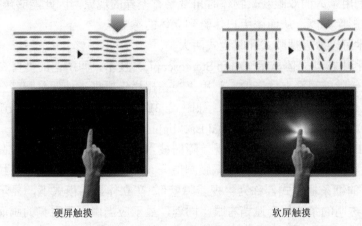

硬屏触摸　　　　　　　　　　　　　软屏触摸

图 2-4　硬屏与软屏触摸的不同表现

IPS 具有以下特点：

① 环保节电。IPS 创造性地将液晶分子水平排列，减小了液晶层的厚度，从而改变了液晶屏的透光率。另外，IPS 采用双极驱动技术，增大了透光率。IPS 应用在液晶电视上可以降低背光灯的功率，从而达到节能省电的效果。

② 大可视角度。从侧面观看时，传统的软屏液晶电视会发生色彩飘移现象，导致画面模糊。由于 IPS 具有独特的分子水平转换结构，因此上下左右都能达到 178° 的可视角度，任何角度的色彩表现力都不打折扣，几乎达到了液晶显示技术的极限，基本消除了视觉上的"死角"。同时，不会像软屏那样出现色彩漂移现象，从侧面也能看到清晰的画面。

③ 色彩准确，还原真实画面。设计和印刷是对色彩要求最苛刻的行业，在色彩的饱和度和还原准确性上要求都极高。IPS 是目前显示技术中对色彩还原最为准确的技术，具有非常高的对比度，纯黑层次更为清晰。

### 3．等离子显示器

等离子显示器（Plasma Display Panel，PDP）又称电浆显示屏，是继 CRT、LCD 后的最新一代显示器，其特点是厚度极薄，分辨率高，可作为家中的壁挂电视使用，占用极少的空间，代表了未来显示器的发展趋势。

等离子显示技术的主要特点如下：

① 可以制造出超大尺寸的平面显示器（50 英寸甚至更大）。

② 与 CRT 不同，它没有弯曲的视觉表面，从而使视角扩大到了 160° 以上。另外，等离子显示器的分辨率等于甚至超过传统的显示器，所显示图像的色彩更亮丽、更鲜艳。

等离子显示器采用等离子管作为发光元器件，大量的等离子管排列在一起构成屏幕，每个等离子对应的气体室内都充有氖气和氙气。在等离子管电极间加上高压后，电流激发气体，封在两层玻璃之间的等离子管小室中的气体会产生紫外光，激发平板显示屏上的红、绿、蓝三原色荧光粉发出可见光。每个等离子管作为一个像素，由这些像素的明暗和颜色变化组合产生各种灰度和彩色图像，与显像管发光很相似。

### 4. 3D 显示器

3D 显示器利用了人的双眼观察物体时角度略有差异的现象，因此能够辨别物体的远近，把左右眼看到的影像分离，从而令用户体验到立体的感觉。

3D 显示技术可以分为裸眼式和眼镜式两大类。

裸眼式 3D 利用自动立体显示（Auto Stereoscopic）技术，即所谓的"真 3D 技术"，使观看者不用戴上眼镜就能观看立体影像，利用"视差栅栏"原理，使两只眼睛分别接收不同的图像，来形成立体效果。从技术上来看，裸眼式 3D 可分为光屏障式（Barrier）、柱状透镜（Lenticular Lens）和指向光源（Directional Backlight）三种。

光屏障式 3D 技术也称视差屏障或视差障栅技术，主要使用一个开关液晶屏、偏振膜和高分子液晶层来实现，利用液晶层和偏振膜制造一系列方向为 90°的垂直条纹，通过它们的光就形成了垂直的细条栅模式，称为"视差障壁"。在立体显示模式下，显示应当由左眼看见的内容时，不透明的条纹便会遮挡右眼；同理，显示应当由右眼看见的画面时，便会遮挡左眼，通过将观看者的左眼与右眼的画面分开，来达到立体显示的效果。

光屏障式 3D 技术并不是特别成熟，因为它采用的是遮挡光的方式，在显示画面的过程中，会损失很大一部分亮度和分辨率，人们很难享受到高清的三维画面。

柱状透镜 3D 技术的原理是，在液晶显示屏的前面加一层柱状透镜，使液晶屏的像平面位于透镜的焦平面上，这样在每个柱透镜下面的图像的像素就被分成几个子像素，透镜便能以不同的方向投影每个子像素。于是，双眼从不同的角度观看显示屏时，就会看到不同的子像素。不过像素间的间隙也会被放大，因此不能简单地叠加子像素。

柱状透镜技术相对于光屏障式显示技术来说，在亮度上不会造成损失，观看者可以享受到真正的高亮度的三维内容。不过，由于在原理上与光屏障式大同小异，所以在显示时仍然会损失很大部分的分辨率，观看者仍然不能享受到高清的三维显示效果。

指向光源 3D 技术的原理是，搭配两组 LED，配合快速反应的 LCD 面板和驱动方法，让三维内容以排序方式进入观看者的左、右眼，由于互换影像产生视差，进而让人眼感受到立体效果。这种技术相对于前面的两种技术来说，具有很大的优势，在三维显示的亮度和分辨率上都能得到保障，人们能够享受到真正的高清三维体验。这种三维技术还能应用在移动设备上，通过手机、PDA 等享受真正的三维效果。

眼镜式 3D 技术可分为 4 种：色差式、偏光式、主动快门式和不闪式。

① 色差式（Anaglyphic）3D 技术先由旋转的滤光轮分出光谱信息，使用不同颜色的滤光片进行画面滤光，使得一个图片能产生两幅图像，人的每只眼睛都能看到不同的图像。这样的方法容易使画面边缘产生偏色，三维画面的效果较差。色差式 3D 配合使用的是被动式红-蓝（或红-绿、红-青）滤色 3D 眼镜。

② 偏光式（Polarization）3D 技术也称偏振式 3D 技术，它利用光线有"振动方向"的原理来分解原始图像，先把图像分为垂直向偏振光和水平向偏振光两组画面，然后 3D 眼镜的左、右镜片分别采用不同偏振方向的偏光镜片，这样人的左、右眼就能接收两组画面，再

经过大脑合成立体影像。偏光式 3D 技术的图像效果比色差式的好，而且眼镜成本不算太高，目前很多电影院采用的就是这种，不过对显示设备的亮度要求较高。在液晶电视上，应用偏光式 3D 技术要求电视具备 240 Hz 以上的刷新率，即让左、右眼均接收到频率在 60 Hz 以上的图像，才能保证用户看到连续而不闪烁的三维图像效果。偏光式 3D 配合使用的是被动式偏光眼镜。

③ 快门式（Active Shutter）3D 技术主要通过提高画面的刷新率来实现三维效果，通过将图像按帧一分为二，形成对应左眼和右眼的两组画面，连续交错显示。这种技术在电视和投影机上面应用得最广泛，图像效果出色，但其匹配的主动式快门 3D 眼镜价格较高。

④ 不闪式 3D 电视方式是最接近实际感受立体感、最自然的方式，把分离左侧影像和右侧影像的特殊薄膜贴在 3D 电视表面和眼镜上，通过电视分离左右影像后同时送往眼镜，通过眼镜的过滤，分离左右影像后送到两只眼睛，这两个影像便被合成为让人感受的三维立体感。

### 5. 视网膜显示屏

美国苹果公司推出 iPhone 4 时，将其配备的显示屏称为 Retina Display（视网膜显示屏）。本质上，这是一个由 LED 背光驱动的像素密度为 326 ppi（pixel per inch）的 IPS 液晶显示屏（分辨率 960×640）。人眼的分辨率最高为 300 ppi（ppi 数值越高，代表显示屏能够以越高的密度显示图像）。在这样的显示屏中，每个像素的宽度仅为 78 μm。当然，显示的密度越高，拟真度就越高。iPhone 4 屏幕的细腻程度已超过了人眼的分辨范围，这也是苹果公司将其称为 Retina Display 的原因。

### 6. OLED 显示屏

OLED（Organic Light-Emitting Diode，有机发光二极管）显示屏是利用有机发光二极管制成的显示屏。由于可以自发光，因此有机发光二极管具有无须背光源、对比度高、厚度薄、视角广、反应速度快、可用于挠曲性面板、使用温度范围广、构造及制程较简单等特性，因此成为新一代的平面显示器新兴应用技术。

有机发光显示技术由非常薄的有机材料涂层和玻璃基板构成。当有电荷通过时，这些有机材料就会发光。OLED 发光的颜色取决于有机发光层的材料，所以可由改变发光层的材料得到所需的颜色。有源阵列的 OLED 显示屏具有内置的电子电路系统，因此每个像素都由一个对应的电路独立驱动。

产业界把 OLED 视为可能替代目前主流液晶面板的下一代显示技术。三星和 LG 作为全球 OLED 面板的龙头企业，已分别在小尺寸和大尺寸 OLED 研发领域投入数十亿美元。率先取得突破的是三星开发的小尺寸 OLED 显示技术，其生产成本在 2016 年甚至低于高端液晶面板的生产成本，随后的快速替代显得顺理成章，势不可挡。除三星手机率先在大部分机型配置 OLED 屏外，苹果 iPhone X 开始采用 OLED 屏幕，很多国产机型包括一些曲面屏都开始使用 OLED 屏。

### 7. 打印机

打印机是一种传统的标准输出设备。目前，市场上的打印机主要分为击打式和非击打式两大类。击打式打印机以点阵式打印机（Dot Matrix Printer）为主，非击打式打印机以喷墨打印机（Ink Jets Printer）和激光打印机（Laser Jets Printer）为主。

点阵式打印机具有结构简单、体积小、重量轻、价格低和维护方便、可靠性好等优点，至今在我国中低档打印机市场上仍占据很大的份额。它适合数量大、精度和质量要求不高，而且对环境噪声能够忍受的场合，同时多层打印是该类打印机独有的。

喷墨打印机是近年来成熟的一种低噪声印刷技术，其基本工作原理是热喷墨技术，即通过喷射的墨水在纸张上印字，打印精度大大高于点阵式打印机，弱点是墨水质量要求高，消耗品的费用较高。

激光打印机是一种高质量、高速度的输出设备，采用电子扫描技术，最大的特点是打印功能极强，输出质量高，速度快，噪声低，可以使用普通纸，图形功能和字体变化方面尤其是其他打印机无法替代的。

高档彩色打印机是指可打印彩色图形和文字的喷墨打印机或激光打印机，图像的输出质量已达到照片级，可以分为3类。

① 热升华打印机：打印连续色调照片品质图像的唯一选择。它的工作原理是，先加热含有染料的色带，然后把染料熔化到特殊的覆膜纸或透明胶片上。此类打印机的缺点是打印纸必须使用照片类型的厚纸，价格很高。

② 热转印打印机：将加热后的蜡墨粘贴到打印纸或透明胶片上。

③ 固态喷墨打印机：将喷墨熔化后喷洒到打印纸上。这种打印机能通过送纸装置，在任何纸上打印鲜明的色彩。缺点是对透明胶片打印质量不够好，干燥后透明胶片上会产生蜡点，即使采用平滑蜡点的额外步骤也很难奏效。

### 8．3D打印机

3D打印机又称三维打印机，是一种累积制造技术，即快速成形技术的一种机器，以数字模型文件为基础，运用特殊蜡材、粉末状金属或塑料等可黏合材料，通过打印一层层的黏合材料来制造三维物体。现阶段3D打印机以逐层打印的方式来构造物体，按照程序，将产品一层层造出。

3D打印机与传统打印机的最大区别在于，它使用的"墨水"是实实在在的原材料，堆叠薄层的形式多种多样，可用于打印的介质种类多样，从塑料到金属、陶瓷、橡胶等。有些打印机还能结合不同介质，令打印的物体一头坚硬而另一头柔软。

3D打印带来了世界性制造业革命，以前部件设计完全依赖于生产工艺能否实现，而3D打印机的出现将颠覆这一生产思路，使得企业在生产部件时不再考虑生产工艺问题，任何复杂形状的设计均可以通过3D打印来实现。

3D打印无须机械加工或模具，就可直接从计算机图形数据生成任何形状的物体，从而极大地缩短了产品的生产周期，提高了生产率。尽管仍有待完善，但3D打印技术市场潜力巨大，势必成为未来制造业的众多突破技术之一。

## 2.4　数字音频/视频设备

早期的计算机仅支持基本的输入和输出，但随着多媒体技术的发展，对音频、视频的输入和输出提出了更高的要求，进而对音频、视频输入设备和输出设备也提出了更高的要求。

## 2.4.1　声卡

在多媒体系统中，语音和音乐是不可缺少的。声卡（又称音效卡）的出现使得计算机不再只是一个沉默的智者，转而能够发出各种悦耳的声音，尤其是视频图像配以娓娓动听的音乐和语音。

### 1．声卡的发展历史

作为多媒体计算机的象征，声卡的历史远不如其他计算机硬件来得长久。不过回顾一下声卡的技术发展历程，有利于更全面认识声卡的技术特点和发展趋势。

（1）从 PC 喇叭到 ADLIB 音乐卡

在还没有发明声卡时，计算机游戏是没有任何声音效果的。即使有，也是计算机小喇叭发出的"滴里嗒啦"声，虽然效果差劲，但那个时代这已令人非常满意。直到 ADLIB 声卡的诞生，人们才享受到了真正悦耳的计算机音效。

ADLIB 声卡是由英国的 ADLIB AUDIO 公司研发的，最早的产品于 1984 年推出，开创了计算机音频技术的先河，所以 ADLIB 公司是名副其实的"声卡之父"。由于是早期产品，它在技术和性能上存在许多不足之处。虽然我们称之为"声卡"，但其功能仅限于提供音乐，而没有音效。

（2）Sound Blaster 系列

Sound Blaster 声卡（声霸卡）是 CREATIVE 公司在 20 世纪 80 年代后期推出的第一代声卡，但功能已经比早期的 ADLIB 声卡强出不少，其最明显的特点在于兼顾了音乐和音效的双重处理能力。所以在声卡发展的历程中，Sound Blaster 具有划时代意义。虽然它仅拥有 8 位、单声道的采样率，在声音的回放效果上精度较低，但它使人们第一次在计算机上得到了音乐与音效的双重听觉享受。此后，CREATIVE 推出了后续产品——Sound Blaster PRO，增加了立体声功能，进一步加强了计算机的音频处理能力。因此，Sound Blaster PRO 声卡在当时被编入了 MPC1 规格（第一代多媒体标准）。

在取得音乐和音效的完美组合后，CREATIVE 并不满足于现状，而在技术上寻求新的突破。Sound Blaster 和 Sound Blaster PRO 的信号采样率都只有 8 位，因此音质粗糙。虽然 Sound Blaster PRO 拥有立体声处理能力，但依然不能弥补采样损失带来的缺憾。Sound Blaster 16 的推出彻底改变了这一状况，它是第一款拥有 16 位采样精度的声卡，人们终于可以通过它实现 CD 音质的信号录制和回放，使声卡的音频品质达到前所未有的高度。在此后相当长的时间内，Sound Blaster 16 成为多媒体音频部分的新一代标准。

从 Sound Blaster 到 Sound Blaster PRO，再到 Sound Blaster 16，CREATIVE 公司逐渐确立了自己声卡霸主的地位。期间技术的发展和成本的降低，也使声卡得以从一个高不可攀的奢侈品（早期的声卡非常昂贵）渐渐成为普通多媒体计算机的标准配置。

（3）PCI 声卡

从 Sound Blaster 到 Sound Blaster Awe64 GOLD，声卡始终采用 ISA 接口。不过随着技术的进一步发展，ISA 接口过小的数据传输能力成为声卡发展的瓶颈。把接口形式从 ISA 转移到 PCI 成为声卡发展的趋势。PCI 声卡理论上具有加大传输通道（ISA 为 8 Mbps，PCI 可达

133 Mbps）、提升数据带宽的功能，从而在声卡上实现三维音效和 DLS 技术，使得声卡的性能得到多方面提升，但总体成本大幅度下降。DLS 是 PCI 声卡采用的一种技术，将波表存放在硬盘上，需要时再调入内存。但它与波表有一定的区别：DLS 用专用芯片的 PCI 声卡来实现音乐合成，而软波表技术通过 CPU 来实现音乐合成。

如今，基于各种音效和游戏的需要，针对 PCI 声卡已涌现出许多新技术。

（4）USB 声卡

声卡通过 USB 的两股数据线从主板上获取音频数字信号，然后经过 USB 声卡电路的处理，再还原成模拟音频信号，通过 USB 声卡的音频输出到普通的音箱上，使其播放出音乐。

### 2．声卡的声道

声卡所支持的声道数是反映声卡技术发展的一个重要标志。

（1）单声道

单声道是比较原始的声音复制形式，早期的声卡中采用得比较普遍。当通过两个扬声器回放单声道信息时，我们明显可以感觉到声音是从两个音箱中间传递到我们的耳朵的。这种缺乏位置感的录制方式用现在的眼光看自然是落后的，但在声卡刚刚起步时却是非常先进的技术。

（2）立体声

单声道缺乏对声音的位置定位，而立体声技术彻底改变了这一状况。声音在录制过程中被分配到两个独立的声道，从而达到很好的声音定位效果。这种技术在音乐欣赏中显得尤为有用，听众可以清晰地分辨各种乐器声音来自的方向，从而使音乐更富想象力，更加接近于临场感受。立体声技术广泛运用于自 Sound Blaster PRO 以后的声卡，成为影响深远的一个音频标准。时至今日，立体声依然是许多产品遵循的技术标准。

（3）四声道环绕

立体声虽然满足了人们对左右声道位置感体验的要求，但是随着技术的进一步发展，人们逐渐发现双声道越来越不能满足需求。前面提到，PCI 声卡的高带宽带来了许多新的技术，其中发展最为神速的是三维音效。三维音效的主旨是为人们带来虚拟的声音环境，通过特殊的技术营造趋于真实的声场，从而获得更好的听觉效果和声场定位。而要达到好的效果仅仅依靠两个音箱是远远不够的，所以立体声技术在三维音效面前就显得捉襟见肘，四声道环绕音频技术则很好地解决了这一问题。

四声道环绕规定了四个发音点：前左、前右，后左、后右，听众则被包围在这中间。还可以增加一个低音音箱，以加强对低频信号的回放处理。就整体效果而言，四声道系统可以为听众带来来自多个不同方向的声音环绕，可以获得身临不同环境的听觉感受，给用户以全新的体验。

（4）5.1 声道

5.1 声道广泛运用于各类传统影院和家庭影院中。一些比较知名的声音录制压缩格式，如杜比（Dolby Digital）AC-3、DTS 等都是以 5.1 声音系统为技术蓝本的。其实 5.1 声音系统来源于 4.1 环绕，只是它增加了一个中置单元（如图 2-5 中的 center），负责传送低于 80 Hz 的声音信号，在欣赏影片时有利于加强人声，把对话集中在整个声场中部，以增加整体效果。

（5）6.1 和 7.1 声道

6.1 声道和 7.1 声道两者非常接近，它们都建立在 5.1 声道基础上，将 5.1 声道的后左、后右声道放在听音者的两侧，在听音者后方加上 1 个或 2 个后环绕。其中 ".1" 仍然指低音音箱，用来播放分离的低频声音，在 Dolby 环绕中用来播放 LFE（Low Frequency Effect）声道。这里的 "LFE 声道" 的目的是补充节目中的低音内容，或者说是为了减少其他声道在低音部分的负担。在影院的系统中，LFE 旨在进一步加强低音效果，产生 "地动

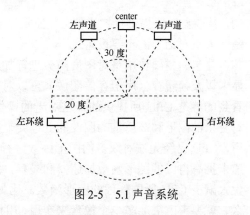

图 2-5　5.1 声音系统

山摇" 的效果。与主声道不同的是，LFE 声道只传送低音信息（低于 120 Hz），并且对其他声轨还音的定位没有直接影响。

与 5.1 声道相比，6.1 和 7.1 声道可以获得更真实的从头顶或身边飞过的效果，具有更稳定的声像来衬托电影氛围及音乐，使得无论是影院还是家庭欣赏都具备更和谐的环绕效果。现在已有越来越多的电影在录制时采用 6.1 或 7.1 声道，因此未来使用 6.1 和 7.1 声道的家庭影院会越来越多。

**3．声卡的功能**

声卡的种类很多，功能不尽相同，但声卡在相应软件的支持下，应具备以下大部分或全部功能。

① 录制、编辑和回放数字声音文件。声音可对来自话筒、收音机和激光唱盘等的声源采样，存成数字文件，并由相应的软件对音频文件的数据进行编辑、混合和回放。

② 控制各声源的音量，并混合在一起，以便数字化。通常，随声卡提供的软件有一个 Mixer 程序，它显示有多个滑键的控制板，用 MOUSE 来调节话筒、激光唱盘和其他音源的输入音量，并调节 MIDI、WAV 文件回放和主输出电路的音量，除话筒外，均为双通道立体声调节。

③ 在记录和回放数字文件时进行压缩和解压缩，以节省存储空间。立体声的数字声音文件，每分钟会占用多达 10 MB 的磁盘空间，因此声音文件的压缩和解压缩是多媒体领域研究的一个重要课题。与图像压缩一样，这是一类正在发展的技术，常见的有自适应脉冲编码调制方法。一般将声卡的压缩算法固化在卡上，有的以软件形式提供给用户。

④ 语音合成技术能让计算机朗读文件，在相应软件的支持下，可让大部分声卡朗读英文文本。由于声音是合成的，因此听起来不太自然，但可以帮助用户检查文章中的句法和语法错误。这是一般的拼写功能无法做到的。常用两种技术来生成语音：一种基于字典技术，根据单词查到发音代码并送给合成器；另一种则基于规则将文本转换成语音。

## 2.4.2　显卡

显卡的全称为显示接口卡（Video Card，Graphics Card），又称显示适配器（Video Adapter），是计算机最基本的组成部分之一。显卡的用途是将计算机系统所需的显示信息进行转换驱

动，并向显示器提供行扫描信号，控制显示器的正确显示，是连接显示器和主板的重要元件，是"人机对话"的重要设备之一。

显卡的主要作用是对图形函数进行加速。在早期的计算机中，CPU 和标准的 EGA 或 VGA 显卡以及帧缓存（用于存储图像）可以对大多数图像进行处理，但它们只起传递作用，我们看到的就是 CPU 所提供的。这对老的操作系统（像 DOS）和文本文件的显示是足够的，但对复杂的图形和高质量的图像的处理就显得力不从心，特别是当用户使用 Windows 操作系统后，CPU 已经无法对众多的图形函数进行处理，最根本的解决方法就是图形加速卡。图形加速卡拥有自己的图形函数加速器和显存，这些都是专门用来执行图形加速任务的，因此可以大大减少 CPU 所需处理的图形函数。比如我们想画一个圆，如果仅让 CPU 做这项工作，那么它就要考虑需要多少个像素来实现、用什么颜色，但如果图形加速卡芯片具有画圆的函数，那么 CPU 只需告诉它"给我画个圆"，剩下的工作由加速卡完成。这样，CPU 就可以执行其他更多的任务，从而提高计算机的整体性能。

作为显卡的重要组成部分，显存一直随着加速芯片的发展而逐步改变。从早期的 DRAM 到 SDRAM，再到现在广泛流行的 DDR，显存的速率及对 3D 加速卡性能的影响也越来越大。显存也称帧缓存，通常用来存储显示芯片/组所处理的数据信息。显示芯片处理完数据后，会将数据送到显存中，然后 RAM DAC 从显存中读取数据并将数字信号转换为模拟信号，最后将信号输出到显示屏。所以，显存的速率和带宽直接影响着加速卡的速率，如果 3D 加速卡有一个强劲的芯片，但是板载显存无法将处理过的数据即时传送，那么也无法得到满意的显示效果。

影响显存性能的参数包括：显存的容量，显存的数据位数和带宽，显存的速率。

（1）显存的容量

与系统内存一样，显存也是多多益善。显存越大，可以存储的图像数据就越多，支持的分辨率和颜色数也就越高。计算显存容量与分辨率关系的公式如下：

$$所需显存 = 图形分辨率 \times 色彩精度/8$$

例如，16 位真彩的 1024×768 需要 1024×768×16 bit/8 = 1.6 MB，即 2 MB 显存。

三维图形由于需要同时对 Front buffer、Back buffer 和 Z buffer 进行处理，因此公式为

$$所需显存（帧存）= 图形分辨率 \times 3 \times 色彩精度/8$$

例如，一帧 16 位、1024×768 的三维场景，所需的帧缓存为 1024×768×3×16 bit/8 = 4.71 MB，即需要 8 MB 显存。

（2）显存的数据位数和带宽

数据位数是指在一个时钟周期内能传输的位数，是决定显存带宽的重要因素，与显卡性能息息相关。当显存种类相同且工作频率相同时，数据位数越大，它的性能就越高。

显存带宽的计算方法是

$$显存带宽 = 运行频率 \times 数据带宽/8$$

以 GeForce3 显卡为例，其显存带宽 = 230 MHz×2（因为使用了 DDR 显存，所以乘以 2）×128 bps/8 = 7.36 GB。

数据位数是显存也是显卡的一个重要参数。在显卡的工作过程中，Z 缓冲器、帧缓冲器和纹理缓冲器都会大幅占用显存带宽资源。带宽是 3D 芯片与本地存储器传输的数据量标准，

这时显存的容量并不重要，也不会影响带宽，相同显存带宽的显卡采用 64 MB 和 32 MB 显存在性能上区别不大。因为此时系统的瓶颈在显存带宽上，当碰到大量像素渲染工作时，显存带宽不足会造成数据传输堵塞，导致显示芯片等待而影响速率。

（3）显存的速率

显存的速率一般以 ns 为单位，常见的有 7 ns、6 ns、5.5 ns、5 ns、4 ns 和 2.5 ns。其对应的额定工作频率分别是 143 MHz、166 MHz、183 MHz、200 MHz、250 MHz 和 400 MHz。额定工作频率 = 1/显存速率。当然，对于一些质量较好的显存，显存的实际最大工作频率是有一定余量的。显存的超频就基于这一原理，如将额定频率为 6 ns 的显存超频至 190 MHz 的运行频率。

目前，市场上的显卡主要分为两大类，即独立显卡和集成显卡。

集成显卡是指芯片组集成了显示芯片（即显卡、网卡、声卡集成在一个很小的芯片并集合在主板上），使用这种芯片组的主板无须独立显卡就可实现普通的显示功能，可满足普通家庭娱乐和商业应用，节省用户购买显卡的开支。集成了显卡的芯片组也常常称为整合型芯片，这样的主板也常常称为整合型主板。集成的显卡不带有显存，它使用系统的一部分主内存作为显存，具体的数量一般是系统根据需要自动动态调整的。显然，如果使用集成显卡运行需要大量占用显存的程序，那么对整个系统的影响会比较明显，此外系统内存的频率通常要比独立显卡的显存低很多，因此集成显卡的性能要比独立显卡差很多。

独立显卡又分为内置独立显卡和外置式显卡。外置式显卡需要通过特定的连接方式连接至计算机的插口。我们平常见到的独立显卡都是内置独立显卡，是一块实实在在的显卡插在主板上，如插在 AGP 或 PCI E 插槽上。内置独立显卡又有纯粹的独立显卡和混合显存显卡两种，前者是一块普通的显卡，后者的显卡上面有自己的显存，同时可通过系统总线调用系统内存以增加显存容量，典型的有 NVIDIA 开发的 Turbo Cache 技术和 ATI 的 Hyper Memory 技术。

随着用户对显示的需求，出现了多屏显卡（又称多屏卡、多屏幕显示卡、多头卡、多头显示卡）。多屏显卡是一种可以让一台计算机的主机同时配备多台显示器的外部硬件设备。鼠标可在多个屏幕之间任意漫游，可平滑地将光标由一个屏幕移到另一个显示器上，也可将任意应用程序，由占用一个屏幕扩展至占用两个甚至更多个屏幕，还可将不同应用程序在不同屏幕之间任意切换。

多屏显卡多为内置主板插槽，是专为计算机更深层的应用要求而设计的高性能的显卡，可使一台计算机支持多台 VGA 显示器、电视机或 DVI 数字平面显示器。另一种是外置 USB 多屏显卡，能够实现 USB-VGA、USB-DVI、USB-HDMI 的全高清转换，通过 USB 接口，将计算机的桌面信息转到另一个显示设备同屏显示，或将另一个显示器作为这台主机的显示拓展，或两个屏幕同时显示不同的应用软件，延伸桌面的工作空间。

多屏显示卡的驱动程序一般直接利用 Windows 等操作系统支持多屏显示的功能。在这种驱动模式下，每个输出口可以设置不同的分辨率，比较适用于需要多任务、多显示窗口的领域，如 AutoCAD 有一种显示模式称为 OVERLAY，在这种模式下更容易用多个屏幕拼接显示一个显示窗口或应用程序，如屏幕墙拼接、工业过程控制组态软件显示等。

目前，市面上的多屏显卡主要分为两大类：一种是计算机主机同时配备多个外接显示器，但这台计算机永远都被一个人操作；另一种可将计算机主机让多人同时使用，即多人使用多个显示器、多个键盘、多个鼠标，然后通过共用一台主机来实现同时上网，而且相互之间不干扰，这种显卡又称支持多用户系统的多屏显卡。

## 2.4.3　视频采集卡

视频采集卡（又称视频捕捉卡或视频卡）通常把输入的模拟视频信号或视频和音频的混合数据，通过内置芯片提供的捕捉功能转换成数字信号，存储在计算机的硬盘中，成为可编辑处理的视频数据文件。视频采集卡可以对数字化的视频信号进行后期编辑处理，如剪切画面、添加滤镜、字幕和音效、设置转场效果以及加入各种视频特效等，最后将编辑完成的视频信号转换成标准的 VCD、DVD 或流媒体等格式，方便传播。

视频采集的方法较多，基本可分为两大类：数字信号采集和模拟信号采集。常见的图像采集卡也有数字采集卡和模拟采集卡、AV+DV 二合一采集卡等类型。

视频采集卡按照安装方式，可分为外置采集卡（盒）和内置板卡；按照视频压缩方式，可分为软压卡（消耗 CPU 资源）和硬压卡；按照视频信号输入/输出接口，可以分为 1394 采集卡、USB 采集卡、HDMI 采集卡、VGA 视频采集卡、PCI 视频卡、PCI-E 视频采集卡；按照性能，可分为电视卡、图像采集卡、DV 采集卡、计算机视频卡、监控采集卡、多屏卡、流媒体采集卡、分量采集卡、高清采集卡、笔记本计算机采集卡、DVR 卡、VCD 卡、非线性编辑卡（简称非编卡）；按照用途，可分为广播级视频采集卡、专业级视频采集卡和民用级视频采集卡，主要是采集的图像质量不同，其区别是采集的图像指标不同。

广播级视频采集卡的最高采集分辨率一般为 768×576(CCIR-601 值)PAL 制、720×576 PAL 制（25 帧/s）或 640×480 / 720×480 NTSC 制（30 帧/s），最小压缩比一般在 4:1 以内。其特点是采集的图像分辨率高，视频信噪比高，缺点是视频文件庞大，每分钟的数据量至少为 200 MB。专业级视频采集卡的性能要比广播级视频采集卡的性能低一些，两者的分辨率相同，但压缩比稍大一些，最小压缩比一般在 6:1 以内，输入/输出接口为 AV 复合端子、S 端子。民用级视频采集卡的动态分辨率一般最大为 384×288 PAL 制（25 帧/s）。

视频采集卡广泛应用于安防监控、教育课件录制、大屏拼接、多媒体录播录像、会议录制、虚拟演播室、虚拟现实、雷达图像信号、VDR 记录仪、X 光机、内窥镜、CT 机、胃肠机、工业检测、智能交通、医学影像、工业监控、仪器仪表、机器视觉等领域。

## 2.4.4　数码产品

数码产品分为数码影像类、数码随身听和掌上电脑三大类，也有一些其他数码周边产品。本节主要介绍数码影像类设备，这类设备主要分为数字摄像头、数码相机和数码摄像机三种。感光器件是数码影像类设备中非常关键的器件，因此首先介绍 CCD 和 CMOS。

### 1. CCD 和 CMOS

CCD（Charge Coupled Device，电荷耦合器件）和 CMOS（Complementary Metal-Oxide Semiconductor，互补金属氧化物半导体）都是基于硅的产品，制造时使用的设备也非常相似，但由于工序和设计结构不同，它们在功能和性能上存在着很大的不同。

CCD 发展于 20 世纪 70~80 年代。作为当时的图片处理应用设计，CCD 的设计主要考虑最佳光学属性和图片质量两个因素。

　　CCD 传感器（如图 2-6 所示）包含像点，通常以横竖线短阵形式排列，各像点包含一个光电二极管和控制相邻电荷的单元，光电二极管将光（光子）转化成电（电子），聚焦的电子数量相应于光线强度。一般来说，光线同时在成像器上聚集，并转换成各自独立的电荷包单元。接下来是电荷读取。各行数据资料被转移到一个单独、垂直电荷传输的缓存器中，各行电荷包被连续读取，并由电荷-电压转换和放大器进行传感。这种结构可产生低噪声、高性能的成像，这是一种最优化的组合。

　　CMOS 传感器（如图 2-7 所示）是用标准硅处理方法加工而成的。外围电子设计，如数码逻辑时钟驱动、模数转换器，可组合于同样的加工程序中。CMOS 传感器得益于整个半导体产业加工处理技术和材料应用的提高。

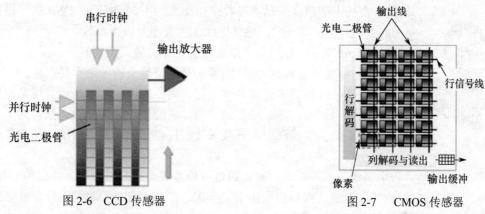

图 2-6　CCD 传感器　　　　　　　　　　图 2-7　CMOS 传感器

　　典型的 CMOS 像素（又称像点）阵列，是一个二维可编程阵列。每个像素包含将光转换为电子的光电二极管、电荷-电压转化单元、重新设置和选择晶体管以及放大器工具，覆盖整个传感器的是一个金属互连器（以使用计时和读取信号）和一列输出信号互连器，这些列与一套解码/读取电子相连。这样，电子由像素阵列外围的列排列，通过简单的 X-Y 排位技术读取整个阵列、小单元甚至单个像素中的信号。

　　CMOS 影像感应器大约是在 20 世纪 80 年代初发明的，与 CCD 相比，具有以下优点：低电源消耗（耗电量不到 CCD 的 1/10），芯片上复合有额外的电路，系统成本低。

　　当时 CMOS 设计制作技术不高，感应器的噪声大，想要商品化并不容易。但经过几十年的发展，CMOS 品质已相当接近 CCD 感应器，而且体积比 CCD 更小。目前，CMOS 感应器的应用范围已经非常广泛，包括数码相机、摄像头、可视电话、第三代手机、智能型安全系统、汽车倒车雷达、玩具以及医疗等用途。

　　像素是影像感应器的基本单位。影像感应器制造商对像素的定义是：在影像感应器上将光信号转变成电信号的基本工作单位。如果一台数码相机标称使用一个分辨率为 1280×960 的影像感应器，那么它就会有 1228800 个像素，而这完全不同于传统电视与计算机显示器制造商所使用的像素定义。

　　CMOS 感应器包含一个光电二极管，用以产生与入射光成比例的电荷，同时包含其他电子元件，以提供缓存转换和复位功能。当每个像素上的电容积累的电荷达到一定数量并被传输给信号放大器再通过数模转换后，所拍摄影像的原始信号才得以真正成形，而具有全部功能的器件才能称为真正的影像感应器。

影像感应器能否捕捉到低亮度的影像将取决于每个像素的采光区域的大小，较大的像素将使影像感应器捕捉到更多的光子，提高像素的动态范围。但更大的像素需要更多的硅芯片，这也在无形中增加了生产成本。因此，决定最佳影像感应器组件的大小是由设定采光区域的大小、低亮度的敏感性以及所期望获得的实际影像质量决定的。

### 2．数字摄像头

摄像头分为数字摄像头和模拟摄像头两大类。模拟摄像头捕捉到的视频信号必须经过特定的视频捕捉卡将模拟信号转换成数字模式并加以压缩后，才可以转换到计算机上运用。数字摄像头可以直接捕捉影像，然后通过串/并口或 USB 接口传到计算机中。

图 2-8　数字摄像头

市场上的摄像头基本以数字摄像头为主，其中又以 USB 数字摄像头为主（如图 2-8 所示）。数字摄像头主要涉及以下参数。

① 分辨率。分辨率是指摄像头支持的最大像素值。

② 传感器像素。传感器像素是衡量摄像头的一个重要指标。一方面，像素较高的产品其图像的品质较好。另一方面，并不是像素越高越好。对于同一个画面，像素越高的产品，它解析图像的能力越强，为了获得高分辨率的图像或画面，记录的数据量必然大得多，对于存储设备的要求就高得多。

③ 接口类型。数字摄像头的连接方式基本通过三种方式实现：接口卡、并口和 USB 接口。接口卡式数字摄像头一般通过摄像头专用卡来实现，厂商多会针对摄像头优化或添加视频捕捉功能，在图像画质和视频流的捕捉方面具有较大的优势。但由于各厂商的接口卡的设计各不相同，产品之间无法通用，加上价格也不便宜，因此这类产品值得追求较高画质的用户选择。并口式数字摄像头的优点在于适应性较强（每台机器都有并口），不过数据传输速率较慢，实用性大为下降，对于普通用户来说还是可以接受的。USB 接口方式是目前主流的走向，现有的主板都支持 USB 连接方式，而且现在的数字摄像头的功耗较小，依靠 USB 提供的电源就可以工作，因此可以省去外接电源。

④ 色彩位数，又称彩色深度。数字摄像头的色彩位数反映了摄像头能正确记录的色调有多少。色彩位数的值越高，就越可能真实地还原亮部及暗部的细节。目前，几乎所有的数字摄像头的色彩位数都达到了 24 位，可以生成真彩色的图像。

⑤ 感光器件。传感器类型镜头是组成数字摄像头的重要组成部分，根据元件不同分为 CCD 和 CMOS。

⑥ 最大帧数。数字摄像头的视频捕捉能力是用户最关心的功能之一。很多厂家声称具有 30 帧/s 的视频捕捉能力，但实际使用时要打一些折扣。目前，数字摄像头的视频捕捉都是通过软件来实现的，因此对计算机的要求非常高，即 CPU 的处理能力要足够快；其次，对画面要求的不同，捕捉能力也不尽相同。早期基于 USB 1.1 接口的数字摄像头因为受到传输带宽的限制，其捕捉画面的最大分辨率一般为 640×480，一般达不到 30 帧/s 的捕捉效果，因此画面会产生跳动。目前采用的 USB 2.0 接口的工业用数字摄像头的最高分辨率可达 2048×1536，但此时帧率较低。

### 3. 数码相机

所谓数码相机，是指能够进行拍摄并能通过自身内部进行处理，把拍摄到的景物转换为数字格式进行存储的照相机。随着数字技术的不断成熟和发展，数码相机不但开始在各大会议室、娱乐厅等公众场所广泛使用，而且对普通用户而言也基本上取代了传统的胶片相机。

与数字摄像头类似，数码相机根据所采用的影像感应器也分为 CCD 和 CMOS 两种。除此之外，还具备一些不同于数字摄像头的特征（以 CCD 数码相机为例）。

① 像素。CCD 是数码相机的心脏，也是决定数码相机制造成本的最为主要的因素，因此成为划分数码相机档次的根本。CCD 的像素值和拍摄图像的最大像素值（分辨率）是两个相关概念，但 CCD 的像素值才是区分数码相机档次的根本。作为数码相机的感光器件，CCD 边缘的感光单元会出现偏色和模糊，因此在产生图像时，数码相机会自动剪除边缘的像素点，所以一般 CCD 的像素值会大于拍摄图像的像素值（分辨率）。

② 镜头。镜头是相机的首要部件，是影响图像质量的关键因素。数码相机的镜头比一分硬币还小。数码相机的感光元件是 CCD，普及型数码相机用的 CCD 一般是 2/3 英寸、1/2 英寸或 1/3 英寸，面积比传统的 35 mm 底片小得多。但是照相机镜头直径越大越好，因为大镜头对成像边缘清晰度大有好处。而镜头的重要指标就是焦距值。由于 CCD 面积较小，标称的焦距值也较小，为方便比较，厂家往往会给出一个对应 35 mm 相机的对比值。好的数码相机采用光学分辨率较高的镜头。大多数数码相机都有光学变焦镜头，但其变焦范围非常有限，所以一般可以安装附加的远距照相镜头和过滤器。有些数码相机还有数码变焦功能，可以使变焦范围再度扩大。

③ 快门。快门是数码相机的重要部件，快门的速度是数码相机的一个重要参数，不同型号的数码相机的快门速度是完全不一样的。按快门时要考虑快门的启动时间，并且掌握好快门的释放时机，才能捕捉到生动的画面。通常，普通数码相机的快门启动大多在 0.001 s 内，基本上可以应付一般的日常拍摄。

### 4. 数码单反相机

数码单反相机（Digital Single Lens Reflex，DSLR）是指单镜头反光数码相机，它的感光器件是 CCD 或 CMOS。

一般数码相机只能通过 LCD 或电子取景器看到所拍摄的影像。在单反系统中，反光镜和棱镜的独到设计使得摄影者可以从取景器中直接观察通过镜头的影像。光线透过镜头到达反光镜后，折射到上面的对焦屏并生成影像，透过目镜和五棱镜，可以在观景窗中看到外面的景物。

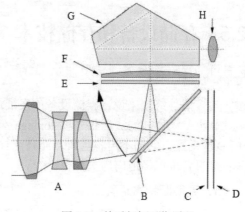

图 2-9　单反相机工作原理

如图 2-9 所示，光通过透镜 A，被反光镜 B 反射到磨砂取景屏 E 中，通过一块凸透镜 F 并在五棱镜 G 中发生全反射，最终图像出现在取景框 H 中。

用数码单反相机拍摄时，按下快门后，反光镜 B 向上弹起，感光元件（CCD 或 CMOS）前面的快门幕帘同时打开，通过镜头的光线便投影到感光元件上感光，然后反光镜立即恢复原状，取景框中再次可以看到影像。这种构造确定了它是完全透过镜头对焦拍摄的，能使观景窗中看到的影像与感光元件上的影像永远一样，它的取景范围与实际拍摄范围基本上一致，有利于直观地取景构图。

### 5．数字摄像机

数字摄像机是指能够拍摄连续动态视频图像的数字影像设备，它能提供 500 线的水平解析度，色彩也较传统模拟摄像机高 6 倍，色彩及影像更清晰，配备数字立体声模式，音质可媲美专业级 CD 音质。通过数码端子 i.LINK 输入/输出接口，数字摄像机能以数字对数字的形式连接，随意进行复制或编辑，有效地保证了画质的清晰度。数字摄像机与计算机的连接，使人们可以利用计算机来完成影像编辑、后期加工处理等。从目前市场的产品来看，数字摄像机可分为单 CCD 家用级和可用来替代专业机型的 3CCD 数字摄像机，后者在成像精度和色彩还原方面的性能更高。

① 镜头。要使数码摄像机拍摄的影像效果尽可能地清晰、自然，除拥有高解析度的 CCD 外，摄像机的光学镜头也是重要因素。为此，许多摄像机大厂都为自己的产品配有优质镜头。

② 光学变焦和数码变焦。光学变焦是依靠光学镜头结构来实现的，充分利用 CCD 的像素，使拍摄的图像尽可能清晰、自然。镜头的最大光圈也是一个重要参数，因为在目前的家用数字式摄像机中，大光圈意味着能在低照度的情况下拍摄。

数码变焦实际上将画面放大，把原来 CCD 上的一部分图像放大到整幅画面，以复制相邻像素点的方法补进一个中间值，进而在视觉上有一种画面被拉近的错觉。其实，利用数码变焦功能拍摄的画面质量粗糙、图像模糊，并无多少实际的使用价值。

③ 静态图像存储和视频输出。数码摄像机利用 i.LINK 数码输入/输出接口（IEEE 1394 标准）可以直接将影像输入计算机。现在市面上出售的数码摄像机基本上带有模拟输出接口，只要将模拟视频、音频输出端子接到电视机相应的输入接口，用户就可以直接在电视机中播放影像。但有的数码摄像机自身没有模拟视频/音频输出端子，这就需要一个转换适配器。

## 2.5　存储设备和存储技术

### 2.5.1　存储设备

对多媒体终端来说，存储设备的发展趋势是更大容量和更高速度。软盘方面，先是 3.5 英寸软盘驱动器被淘汰，代之以 Iomega 公司的 100 MBZip 驱动器或 SONY 公司的 200 MB HiFD 驱动器。它们不但容量大，而且便宜并向后兼容。不过随着 USB 存储设备的出现，这些存储设备也已经退出历史舞台。

### 1．温彻斯特式硬盘

1973 年，IBM 公司研制成功了一种新型的硬盘 IBM334，它拥有几个同轴的金属盘片，盘片上涂有磁性材料。它们和可以移动的磁头共同密封在一个盒子中，磁头能从旋转的盘片上读出磁信号的变化，这就是我们今天使用的硬盘的祖先，IBM 称之为温彻斯特硬盘。

目前，几乎所有的机械式硬盘都以"温彻斯特"技术为基本原理，具有存储容量大、单位存储容量成本低的特点。温彻斯特式硬盘作为计算机的固定存储媒体将继续使用，且朝着更高容量的方向发展。

目前主流磁盘使用的是 PMR（Perpendicular Magnetic Recording，垂直磁记录）技术，应用垂直记录计数的硬盘在结构上不会有明显的变化，依然由磁盘（超平滑表面、薄磁涂层、保护涂层、表面润滑剂）、传导写入元件（软磁极、铜写入线圈、用于写入磁变换的交流线圈电流）和磁阻读出元件（检测磁变换的 GMR 传感器或磁盘新型传感器设计）组成。只是 PMR 技术目前的存储密度逼近极限，磁盘大厂 TDK 的第九代 3.5 英寸硬盘实现了单碟 1.5 TB 容量，目前 6 TB/8 TB/10 TB 甚至 12 TB 硬盘多数在用 PMR 磁盘。

希捷公司根据大容量磁盘需求的继续增长，将推出 12 TB 硬盘和 18 TB 硬盘，而且计划推出 16 TB 的 HAMR[④]（Heat Assisted Magnetic Recording，热磁辅助记录）新技术硬盘，有望从目前的每平方英寸 1 TB 提升到 5 TB 以上。

### 2. 半导体存储

在硬盘容量不断扩大的同时，半导体存储技术也在不断地推陈出新。

半导体存储技术的典型应用之一是固态硬盘的出现。通常，固态硬盘（Solid State Disk/Drive）是指以 NAND 作为存储介质的硬盘，可以应用在台式机、笔记本计算机、移动设备、游戏机等硬件上，加速启动，同时降低功耗。固态硬盘由控制单元和存储单元（Flash 芯片）组成，简单地说，就是用固态电子存储芯片阵列而制成的硬盘。由于采用 Flash 存储介质，内部没有机械结构，因此没有数据查找时间、延迟时间和寻道时间。一般硬盘的机械特性严重限制了数据读取和写入的速度，寻找数据时，硬盘机械臂转动和命中数据的时间通常为 5～15 ms，而固态硬盘寻找数据的时间则在 0.1 ms 内。在单位时间内，固态硬盘的 I/O 次数是传统机械硬盘的 50 倍以上。固态硬盘的接口规范和定义、功能及使用方法与普通硬盘的完全相同，在产品外形和尺寸上完全与普通硬盘一致，包括 3.5 英寸、2.5 英寸、1.8 英寸等。由于固态硬盘没有普通硬盘的旋转介质，因而抗震性极佳，同时工作温度很宽，可工作在-45℃～+85℃ 环境中。

固态硬盘的优点如下：

① 速度快。根据相关测试，在同样配置的笔记本计算机下，运行大型图像处理软件时能明显感觉到固态硬盘无论是在保存还是在打开文件时都比传统硬盘快。按下笔记本计算机的电源开关时，搭载固态硬盘的笔记本计算机从开机到出现桌面只用时 18 s，而搭载传统硬盘的笔记本计算机需用时 31 s。

② 耐用防震。因为全部采用了闪存芯片，所以固态硬盘内部不存在任何机械部件，这样即使在高速移动甚至伴随翻转倾斜的情况下也不会影响到正常使用，而且在笔记本计算机发生意外掉落或与硬物碰撞时，能够将数据丢失的可能性降到最小。

③ 无噪声。固态硬盘工作时非常安静，没有任何噪声产生。这得益于无机械部件及闪存芯片较小的发热量小、散热快等特点，因为没有电动机和风扇，工作噪声值为 0 dB。

④ 重量轻。固态硬盘比常规 1.8 英寸硬盘的重量轻 20～30 g，在笔记本计算机、卫星定

---

④ 扫描二维码，了解更多关于 HAMR 的内容。

位仪等随身移动产品上，更小的重量有利于便携。此外，重量的减轻也使得笔记本计算机搭载多块固态硬盘成为可能。

除固态硬盘外，常用的基于 USB 接口的小型闪存盘被称为 U 盘。它是一个 USB 接口的无须物理驱动器的微型高容量移动存储产品，可以通过 USB 接口与计算机连接，实现即插即用。U 盘的称呼最早来源于朗科公司生产的一种新型存储设备，名曰"优盘"，使用 USB 接口进行连接。之后生产的类似技术的设备由于朗科已进行专利注册，而不能再称之为"优盘"，而改称谐音的"U 盘"。后来 U 盘这一称呼因其简单易记而广为人知，而直到现在两者也已经通用，并对它们不再区分。

随着智能手机的迅速普及，智能手机已超过便携式计算机（笔记本计算机）成为最重要的移动数码设备。大量数据内容的不断增加，手机和计算机之间的数据共享变得越来越重要，有厂商推出了一种手机插卡 U 盘（简称手机 U 盘），满足了智能手机的移动存储需求。

### 3. 相变存储

存储器主要以速率、功耗、价格、循环寿命和非易失性等指标来衡量。已有的多种半导体存储技术虽然已经能满足一系列应用的要求，但随着信息技术的发展，人们对存储技术提出了更高的要求。如果有一种存储技术能与硅基半导体工艺兼容，那么具有 DRAM 的高容量低成本、SRAM 的高速度以及 Flash 的数据非易失性、可靠性高、操作电压小、功耗降低的优点是最理想的，而相变存储器就是可以实现这一理想的存储技术。

相（phase）是物理化学上的一个概念，指的是物体的化学性质完全相同，但物理性质发生变化的不同状态，如水有三种状态，水蒸气（汽相）、液态水（液相）、固态水（固相）。物质从一种相变成另一种相的过程称为"相变"，如水从液态转化为固态。

相变存储器是一种新型的半导体存储技术，是加工到纳米尺寸的可逆相变材料，利用材料晶态时的低阻与非晶态时的高阻特性来实现存储。由于低阻与高阻之间可以差 6～7 个数量级，在每个单元可以保持多个电阻状态，因此可实现多级存储功能。

相变存储器的读、写、擦可通过电压或电流脉冲信号进行操作，存储数据的读出靠测量电阻的大小来决定，一般规定低阻为 0，高阻为 1，此时所加脉冲电压的强度很弱，产生的热能使相变材料的温度低于结晶温度，材料不发生相变。写入过程是，加一个短而强的电压脉冲，电能转变成热能，使相变材料的温度升高到熔化温度以上，经快速冷却，可以使多晶的长程有序遭到破坏，从而实现由多晶向非晶的转化，低阻变为高阻。擦除过程是，施加一个长且强度中等的电压脉冲，相变材料的温度升高到结晶温度以上，但低于熔化温度，保持一定的时间（一般小于 50 ns），使相变材料由无定形转化为多晶，高阻变为低阻。

与普通的 Flash 芯片相比，相变存储器的数据写入时间仅为 0.002 s，写入时的耗电量也不足 Flash 芯片的一半。相变存储器的这种优异性能使得它不仅像 Flash 和 DRAM 一样广泛应用于移动电话、数码相机、MP3 播放器、工业设备、移动存储卡以及其他手持设备等民用微电子领域，而且在航空航天、导弹系统等军用领域具有重要的应用前景。

2011 年 8 月 31 日，中国首次推出第一批具有自主知识产权的 8 Mb 相变存储器芯片，并基于该存储芯片成功实现音频录放功能的演示。目前，国内开发的打印机用相变存储器芯片已经取得了工程应用的突破，实现了产业化销售。

## 2.5.2　存储技术

随着网络的不断发展和各种各样的多媒体应用，运行在不同系统平台上的数据资料呈几何级数激增。IDC 曾预测，世界范围内磁盘存储系统的容量将以每年 79.6%的增长率递增。Gilder 在 2000 年 1 月的技术报告中指出，各种存储设备的容量需求每年至少增加 60%，计算机性能的每次发展只提高了 33%，存储设备的发展速度也 3 倍落后于网络带宽的发展，传统的以服务器为中心的存储网络架构面对源源不断的数据流已显得力不从心，人们希望可以找到一种新的数据存储模式，独立于存储设备，同时具有良好的扩展性、可用性、可靠性，以满足今后数据存储的要求，因此出现了很多存储技术。

### 1．NAS

数据存储市场的发展，使得以服务器为中心的数据存储模式逐渐向以数据为中心的数据存储模式转化。网络附加存储（Network Attached Storage，NAS）即是这种新型数据存储模式的具体体现。

NAS 定义为一种特殊的专用数据存储服务器，内嵌系统软件，可提供跨平台文件共享功能。NAS 设备完全以数据为中心，将存储设备与服务器彻底分离，集中管理数据，从而有效释放带宽，大大提高网络整体性能，也可有效降低总成本，减少用户投资。

NAS 包括核心处理器、文件服务管理工具、一个或多个硬盘驱动器，可以应用在任何网络环境中。主服务器和客户端可以非常方便地在 NAS 上存取任意格式的文件。NAS 系统可以根据服务器或客户端发出的指令完成对内在文件的管理。NAS 的特性还包括：独立于操作平台，不同类的文件共享，交叉协议用户安全性/许可性，浏览器界面的操作/管理，增加和移除服务器时不会中断网络。

### 2．SAN

存储局域网（Storage Area Network，SAN）可以定义为以数据存储为中心，采用可伸缩的网络拓扑结构，通过具有高传输速率的光通道的直接连接方式，提供网络内部任意节点之间的多路可选择的数据交换，并将数据存储管理集中在相对独立的网络内。光通道传输协议逐渐走向标准化并且跨平台群集文件系统投入使用后，SAN 最终将实现在多种操作系统下，最大限度地共享数据、优化管理数据和系统的无缝扩充。

### 3．DAS

采用直接附加存储（Direct-Attached Storage，DAS）方案的服务器结构如同 PC 架构一样，外部数据存储设备采用 SCSI 或 FC 技术、直接挂接在内部总线上的方式，数据存储是整个服务器结构的一部分。但是随着信息量的增加，DAS 越来越显出其局限性——不易扩展。

### 4．IP 存储

IP 存储就是使用 IP 把服务器与存储设备连接起来的技术。现在主流的 IP 存储技术的标准很多，使用最多的是 iSCSI，它是由 IETF 制定的标准。这种技术继承了传统的技术，如沿用 SCSI 技术、TCP/IP，在 IP 栈的一个层面上传输本机 SCSI。iSCSI 可以实现在 IP 网络上运行 SCSI 协议，使其能在诸如高速以太网上进行路由选择。iSCSI 使企业网络在接入 WAN 时能够在任何位置传输、存储 SCSI 命令及数据，还允许利用普通的以太网建立较小的本地化 SAN，实现异地间的数据交换和数据备份及容灾。

### 5．光存储

光存储技术采用激光照射介质，激光与介质相互作用，导致介质的性质发生变化而将信息存储下来。

作为多媒体计算机的一个重要标志的光盘驱动器，是早期计算机不可缺少的组成部分，而光盘[⑤]是一种重要的存储媒质。DVD 的出现使光盘存储的存储容量产生了质的飞跃，DVD 的存储能力可达 4.7～17 GB，远高于 CD 的 650 MB。

早期的光盘主要用于存储计算机软件和视频数据，但随着移动存储和网络存储以及在线视频的应用，光盘已逐渐退出普通用户的视野。但光存储由于其独特的优势，如一般常用 U 盘和硬盘的寿命都是 5～6 年，而保存良好的普通光盘的寿命可达 20 年，因而能用以保存需要更长时间存储的数据。

### 6．虚拟存储

美国著名 IT 咨询公司 RFG 对虚拟存储的定义是"那些架构和产品被仿真设计成一个物理设备，如磁带机。其特性被镜像到另一个物理设备上，通常是一个磁盘或磁盘子系统。结果，逻辑设备和虚拟设备的特性可以完全不同，应用系统操作的是虚拟设备，而不必关心真正的物理设备是什么。"实际上，虚拟存储就是把物理上相互独立的存储模块用软件、硬件集中起来管理，形成逻辑上的存储单元，从而使主机得以访问。虚拟存储分为对称式和非对称式两种。前者指虚拟存储设备与存储管理软件系统及交换设备集成为一个整体，后者指虚拟存储设备独立于数据传输路径之外。

虚拟存储最直接的好处是：提高存储利用率，降低成本，简化存储管理，这对于商务方面有很大的好处；开放性、扩展性、管理性等方面的优势充分体现在数据大且集中、异地容灾等应用中，因此必将成为未来存储的一种趋势。

### 7．云存储

云存储是在云计算（Cloud Computing）概念上延伸和发展的一个新概念，是指通过集群应用、网格技术或分布式文件系统等功能，将网络中大量不同类型的存储设备通过应用软件集合起来协同工作，共同对外提供数据存储和业务访问功能的一个系统。

当云计算系统运算和处理的核心是大量数据的存储和管理时，云计算系统中需要配置大量的存储设备，此时云计算系统就成为一个云存储系统。所以，云存储是一个以数据存储和管理为核心的云计算系统。

---

⑤ 扫描二维码可了解更多关于"光存储"的内容。

# 思考与练习 2

1. 触摸屏有哪几类？简述常见触摸屏的工作原理。
2. 调研市场上不同设备采用的 USB 接口类型。
3. 触摸屏在移动设备中普遍被采用，你的手机采用的是哪种触屏技术？
4. 什么是云存储？给出若干应用案例。

# 第 3 章 图形、图像处理技术及其应用

**本章导读**

　　我们在第 1 章中认识到了数据压缩的必要性，本章将进一步分析数据压缩的可能性，这种可能性来源于原始数据中的冗余和先进的数据压缩算法。

　　了解色彩的基本知识是理解常见图像格式和图像压缩算法的基础；通过对动态图像压缩标准（MPEG 系列、H.26x 系列和 AVS）的解读，将为理解一些图像、视频应用系统采用的关键技术奠定基础。

　　图形是指由外部轮廓线条构成的矢量图，即由计算机绘制的直线、圆、矩形、曲线、图表等；图像是由扫描仪、摄像机等输入设备捕捉实际画面产生的数字图像，是由像素点阵构成的位图。图像通常包括动态图像和静态图像。动态图像包括动画和视频信息，是连续渐变的静态图像或图形的序列，沿时间轴顺次显示，从而构成运动视感的媒体。当序列中的每帧图像都是由人工或计算机产生的图形（或逐帧拍摄的图像）时，我们常称之为动画；当序列中的每帧图像都是通过实时连续摄取的自然景象或活动对象时，我们常称之为影像视频，或简称为视频。动态图像常常与声音媒体配合进行，两者的共同基础是时间连续性。一般谈到视频时，往往也包含声音媒体。但在本章中，视频（动画）特指不包含声音媒体的动态图像。

　　无论是静态图像、动画还是视频，涉及的数据量都非常庞大。例如，按 CCIR 601 建议，广播质量的数字视频的数据传输速率约为 216 Mbps，而 HDTV 的传输速率则在 1.2 Gbps 以上。这种特性不但对存储设备的容量提出了很高的要求，而且目前的网络传输带宽实际上也无法满足对数据进行实时传输和处理的需要，这就提出了对视频数据进行压缩的问题。本章重点介绍图像信息的数据压缩技术及图像压缩格式，然后对动态图像压缩技术和标准进行简要的描述，最后介绍相关应用。

## 3.1 信号处理的基本术语

　　根据粗略估计，人类获得信息的主要来源是听觉（约占 5%）和视觉（约占 90%），其他还有味觉、触觉及嗅觉等。在 20 世纪 60 年代初之前，对信息的处理方式主要限于模拟方式，其特点是这种信号在时间和幅度上都是连续的。

　　由于受硬件的限制，信号的数字化处理真正开始于 20 世纪 60 年代初期。但是奠定这一理论基础的却是 1948 年美国著名信息论专家香农的一篇论文《通信的数学理论》，他第一次

提出了数字化信息的基本单位——位（bit），并由此提出了一系列近代信息论的基本思想。由于计算机技术的迅猛发展，特别是 20 世纪 70 年代以来微电子技术的惊人进步，信号的数字化处理以空前未有的速度向前推进。

现在，数字信号处理的理论与技术已日趋成熟，其应用领域几乎涵盖国民经济和国防建设的所有领域，包括雷达、航天、声呐、通信、微电子、计算机、人工智能、消费类电子产品等。信号的数字化处理包括两个步骤：一是时间上的离散化，即采样；二是幅度上的离散化，即量化。数字化后的信号，将全部变为 0 和 1 的序列，这就使得信息的采集、存储、传输、复制、加工变得很方便。所以，信号的数字化处理推动了各应用领域的发展，并成为这些领域的最重要的技术支撑。反之，各应用领域对数字信号处理的新要求又促使信号处理理论与技术的发展，如分层的压扩技术、采样和抽取技术、数字滤波理论、快速傅里叶变换、数字图像处理、模式识别、专家系统、宽带通信网络、多媒体技术等。

## 3.1.1　采样和量化

采样也叫抽样，是信号在时间上的离散化，即按照一定时间间隔$\Delta t$ 在模拟信号 $x(t)$上逐点采取其瞬时值，是通过采样脉冲和模拟信号相乘来实现的，如图 3-1 所示。

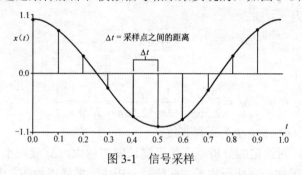

图 3-1　信号采样

量化是对振动幅值进行离散化，即将振动幅值用二进制量化电平来表示。量化电平按级数变化，实际的振动幅值是连续的物理量，具体数值用舍入法归到靠近的量化电平上。

对模拟信号采样首先要确定采样间隔。如何合理选择$\Delta t$涉及许多技术因素。一般来说，采样频率越高，采样点就越密，所得离散信号就越逼近于原信号。但过高的采样频率并不可取，对固定长度 $T$ 的信号，采集过大的数据量（$N=T/\Delta t$）会增加不必要的计算量和存储空间；若数据量 $N$ 限定，则采样时间过短，会导致一些数据信息被排斥在外。若采样频率过低，采样点间隔过远，则离散信号不足以反映原有信号的波形特征，无法使信号复原，造成信号混淆。信号混淆是指把本该是高频的信号误认为低频信号，如图 3-2 所示。

为了加深对信号混淆的理解，我们再从频谱角度做一些解释。时域波形的信号混叠反映在频谱上称为频率混叠。频率混叠是信号处理技术中的专门术语，是指由于在时域上不恰当地选择采样时间间隔而引起的频域上高低频之间彼此混淆的现象，也称折叠失真。

合理的采样间隔应该既不会造成信号混淆，也不会过度增加计算的工作量。采样定理证明，不产生频率混叠的最低采样频率 $f_s$ 应为信号中最高频率 $f_m$ 的 2 倍，即 $f_s \geq 2f_m$。考虑到计算机二进制数表示方式的要求，一般取 $f_s = (2.56 \sim 4) f_m$。

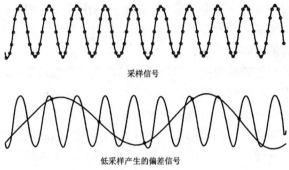

采样信号

低采样产生的偏差信号

图 3-2　信号混淆

## 3.1.2　采样长度的选择与频率分辨率

采样长度就是采样时间的长短。采样时首先要保证能反映信号的全貌，对瞬态信号应包括整个瞬态过程；对周期信号，理论上采集一个周期信号即可。实际上，考虑信号平均的要求等因素，采样总是有一定长度的，为了减少计算量，采样长度也不宜过长。信号采样要有足够的长度，以保证信号的完整性，并保证有较好的频率分辨率。设分析频率为 $f_c$，谱线数为 $n$，则频率分辨率为

$$\Delta f = \frac{f_c}{n}$$

改用采样频率表示，有

$$\Delta f = \frac{f_s}{2.56n} = \frac{1}{\Delta t} \times \frac{1}{2.56n} = \frac{1}{N\Delta t} = \frac{1}{T}$$

式中，$N = 2.56n$ 为采样点数，$T$ 为采样长度。

由 $\Delta f = 1/T$ 可知，对给定的分析频率，采样长度 $T$ 越大，$\Delta f$ 就越小，即分辨率越高。可见，频率分辨率是与采样长度成反比的。在信号分析中，采样点数 $N$ 一般选为 $2^m$（$m$ 为正整数），使用较多的有 512、1024、2048、4096 等。

## 3.1.3　离散傅里叶变换

傅里叶分析是将原始信号分解成不同频率成分的正弦波，将时域信号转变为频域信号的一种数学方法，在对信号的分析和处理中有着十分重要的作用。但数字化信号需要采用相关的离散化方法，这就是离散傅里叶变换（Discrete Fourier Transform，DFT），其逆变换表示为 IDFT（Inverse Discrete Fourier Transform）。

设 $X_n = h(nT_s)$ 是连续函数 $h(t)$ 的 $N$ 个抽样值（$n=0,1,\cdots,N-1$），则这 $N$ 个点的宽度为 $N$ 的 DFT 定义为

$$X_k = \sum_{n=0}^{N-1} X_n e^{-j2\pi nk/N} \quad k=0,1,\cdots,N-1$$

IDFT 定义为

$$X_n = \frac{1}{N} \sum_{k=0}^{N-1} X_k e^{j2\pi nk/N} \quad n=0,1,\cdots,N-1$$

式中，$e^{-j2\pi nk/N}$ 称为 $N$ 点 DFT 的变换核函数，$e^{j2\pi nk/N}$ 称为 $N$ 点 IDFT 的变换核函数。它们互为共轭。

同样的信号，宽度（即采样点个数）不同的 DFT 会有不同的结果。DFT 与 IDFT 的对应关系是唯一的，或者说它们是互逆的。

为了表示和计算上的方便，通常引入 $W_N = e^{-j2\pi/N}$，于是正逆变换的核函数分别可以表示为 $W_N^{nk}$ 和 $W_N^{-nk}$，从而 DFT 可以表示为

$$X_k = \sum_{n=0}^{N-1} X_n W_N^{nk} \qquad k=0,1,\cdots,N-1$$

IDFT 可以表示为

$$X_n = \frac{1}{N}\sum_{k=0}^{N-1} X_k W_N^{-nk} \qquad n=0,1,\cdots,N-1$$

## 3.1.4　小波变换

小波变换理论是在 20 世纪 80 年代后期兴起的，是继 1822 年法国人傅里叶提出傅里叶变换之后又一里程碑式的发展。小波变换用于图像编码的基本思想是，把图像进行多分辨率分解，分解成不同空间、不同频率的子图像，再对子图像进行系数编码。系数编码是小波变换用于压缩的核心，压缩的实质是对系数的量化压缩。

小波变换可以使信号的低频长时特性和高频短时特性同时得到处理，具有良好的局部化性质，能有效地克服傅里叶变换在处理非平稳复杂信号时存在的局限性，具有极强的自适应性。由于小波变换能够有效地解决方块效应，并基本上解决了蚊式噪声（这里指图像处理中伴随运动物体边缘的失真，表现为围绕物体四周有一层飞行物体或模糊斑点，就像蚊子一样围绕人的头部和肩膀飞），因此小波变换已经成为当今图像压缩编码的主要研究方向。1988年，Mallat 提出了"多分辨分析"概念，将小波变换用于信号处理，给出了信号和图像分解为不同频率通道信号的算法与重构思想，开创了小波变换在图像处理应用中的先河，使得小波变换成为图像压缩研究的热点之一。

小波分析能够揭示其他信号分析技术可能丢失的信息，如断开点、非连续性和自相似等。更深层次地说，因为小波分析提供了与传统分析技术不同的信号数据表达方法，通常能在不影响信号质量的前提下进行压缩或降噪。

什么是小波分析呢？小波是指一个有限周期内平均值为零的波形。正弦信号波形和小波波形的比较如图 3-3 所示，正弦信号正是傅里叶分析的基础，没有限定的周期，可以从负无穷扩展到正无穷。正弦信号是平滑且可预知的，小波信号是不规则且不对称的。

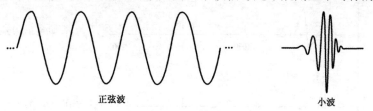

正弦波　　　　　　　　　　　　　　　　小波

图 3-3　正弦信号波形和小波信号波形

　　傅里叶分析是指将信号分解为各种频率的正弦信号。类似地，小波分析是指将信号分解为滑动的、与母系小波成比例的各种子波。

　　傅里叶变换的数学表达式为

$$F(\omega) = \int_{-\infty}^{+\infty} f(t)\mathrm{e}^{-\mathrm{j}\omega t}\mathrm{d}t$$

这个变换的结果称为傅里叶系数 $F(\omega)$，表示信号 $f(t)$ 被一个复指数（复指数可分解为由实部和虚部组成的正弦成分）相乘后在所有时间范围内的积分。该过程用图形的方法表示如图 3-4 所示。

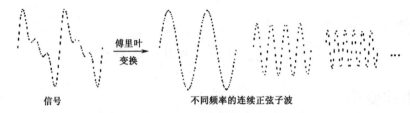

图 3-4　傅里叶变换

　　类似地，连续小波变换（Continuous Wavelet Transform，CWT）定义为信号 $f(t)$ 与小波关于比例、滑移位置的函数 $\Psi$ 相乘后在所有时间内的积分，如图 3-5 所示。

$$C(\text{scale, position}) = \int_{-\infty}^{+\infty} f(t)\Psi(\text{scale, position}, t)\mathrm{d}t$$

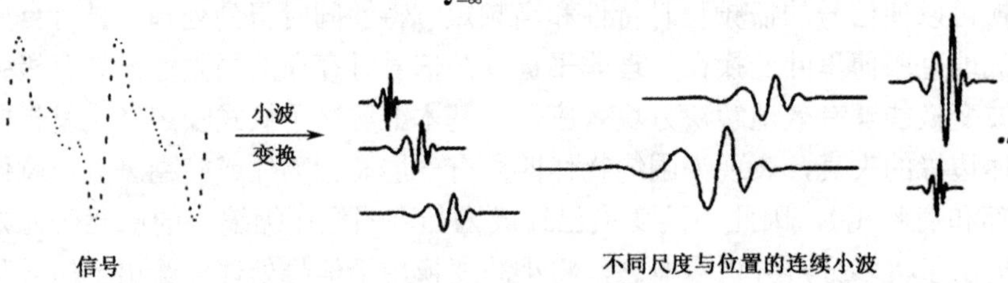

信号　　　　　　　　　　　　　　　不同尺度与位置的连续小波

图 3-5　连续小波变换

　　CWT 的结果包含了许多小波系数 $C$，$C$ 是 scale（尺度）和 position（位置）的函数。每个系数乘以合适的尺度和位置，可得出原始信号不同成分的小波。

　　假定小波函数 $f(t) = \Psi(\omega t)$，当 $\omega=1, 2, 4$ 时，小波图形分别如图 3-6 所示。

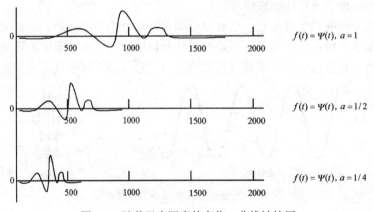

图 3-6　随着尺度因素的变化，曲线被挤压

尺度因素 $\alpha$ 表示为小波函数频率 $\omega$ 的倒数。在小波分析中，尺度相对于信号频率，$\alpha$ 越小，对应于越挤压的小波；$\alpha$ 越大，对应于越伸展的小波。挤压的小波对快速变化的信号更敏感，即能更好地分析高频信号；反之，越伸展的小波对缓慢变化的信号越敏感，即能更好地适应分析低频信号。

连续小波变换对每个可能的尺度和位置进行运算将产生大量数据，对计算机是一个严重的负担。事实证明，如果选择基于 2 的幂次个尺度和位置进行小波分析，那么将更有效并能保持精度。这种对尺度和位置离散化后的小波分析称为离散小波变换。

# 3.2　图像数据压缩基础

## 3.2.1　色彩的基本概念

图像处理技术中最基本的问题是对色彩的处理，因此了解一些色彩的基本知识和常用的颜色模式，对于生成符合我们视觉感官需要的图像是大有益处的。

从人的视觉系统看，色彩可用色调、饱和度和亮度来描述。人眼看到的任一彩色光都是这三个特性的综合效果，这三个特性可以说是色彩的三要素，其中色调与光波的波长有直接关系，亮度和饱和度与光波的幅度有关。色调是指某种颜色的性质和特点，即"什么颜色"的问题，它是由物体表面反射的光线中什么波长占优势决定的。可见光谱上不同颜色的波长范围如下：红，760～610 nm；橙，610～590 nm；黄，590～570 nm；绿，570～500 nm；青，500～460 nm；蓝，460～440 nm；紫，440～400 nm。如用三棱镜将白光加以折射，就会产生全部色调。

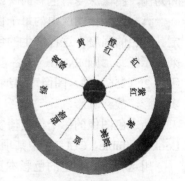

图 3-7　连续变化的色环

绘画中要求有固定的色彩感觉，有统一的色调，否则难以表现画面的情调和主题。例如，我们说一幅画具红色调，是指它在色彩上总体偏红。计算机在图像处理上采用数字化，可以非常精确地表现色彩的变化，色调是相对连续变化的。用一个圆环来表现色谱的变化，就构成了一个色彩连续变化的色环，如图 3-7 所示。

亮度是指作用于物体表面的光线反射系数。照到物体表面的光线的强度相等时，表面的反射系数越大，这个表面的亮度就越大，它的明暗也就越显著。例如，一个平面反射系数达到 85% 以上便可产生白色。黑色的产生是由于物体表面把光线几乎全部吸收，就是说光的反射系数极小，光线几乎一点儿也没有反射到眼内。可见光谱范围内的红、橙、黄、绿、青、蓝、紫等颜色的亮度取决于它接近于白色的程度。某种颜色越接近白色，亮度越大；越接近黑色，亮度越小。

亮度也可以说是各种纯正的色彩相互比较所产生的明暗差别。在纯正光谱中，黄色的亮度最高，显得最亮，其次是橙、绿，再次是红、蓝，紫色的亮度最低，显得最暗。不同颜色的光强度相同时，照射同一物体也会产生不同的亮度感觉。

饱和度是指颜色色调的表现程度。某种色调越接近白色或灰色，它的饱和度越低。反之，某种色调离白色或灰色越远，它的饱和度越高。饱和度越高，色彩越艳丽、越鲜明突出，越能发挥其色彩的固有特性。但饱和度高的色彩容易让人感到单调刺眼。饱和度低，色感比较柔和协调，但混色太杂则容易让人感觉浑浊，色调显得灰暗。在饱和的彩色光中增加白光的成分，相当于增加了光能，因而变得更亮，但它的饱和度却降低了。

人的视觉系统对不同波长的颜色的感知程度是不同的，图 3-8 显示了人眼对色彩细节的分辨能力远比对亮度细节的分辨能力低，如果把人眼刚能分辨的黑白相间的条纹换成不同颜色的彩色条纹，那么眼睛就难以分辨出条纹。

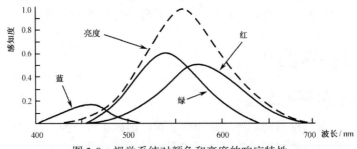

图 3-8　视觉系统对颜色和亮度的响应特性

通常，颜色的多少用图像深度来描述。图像深度是指位图中记录每个像素点所占的位数，它决定了彩色图像中可出现的最多颜色数，或灰度图像中的最大灰度等级数。

每个像素点的图像深度的分配还与图像所用的色彩空间有关。以最常用的 RGB 色彩空间为例，图像深度与色彩的映射关系主要有真彩色、伪彩色和调配色。

真彩色是指图像中的每个像素值都分成 R、G、B 三个基色分量，每个基色分量直接决定其基色的强度，这样产生的色彩称为真彩色。例如图像深度为 24，用 $R : G : B = 8 : 8 : 8$ 来表示色彩，则 R、G、B 各占用 8 位来表示各自基色分量的强度，每个基色分量的强度等级为 $2^8$（256）种，图像可容纳 $2^{24}$（约 16.7 万）种色彩。这样得到的色彩可以反映原图的真实色彩，故称真彩色。

伪彩色图像的每个像素值实际上是一个索引值或代码，该代码值作为色彩查找表（Color Look-Up Table，CLUT）中某项的入口地址，根据该地址可找出包含实际 R、G、B 的强度值。

用这种方式产生的色彩本身是真的，不过它不一定反映原图的色彩。在 VGA 显示系统中，调色板相当于色彩查找表。从 16 色标准 VGA 调色板的定义可以看出这种伪彩色的工作方式。

伪彩色一般用于 65K 色以下的显示方式中。标准调色板在 256K 色谱中按色调均匀地选取 16 种或 256 种色彩。一般应用中，有的图像往往偏向于某一种或几种色调，此时如果采用标准调色板，那么色彩失真较多。因此，同一幅图像采用不同的调色板显示，可能出现不同的色彩效果。

调配色的获取方式如下：将每个像素点的 R、G、B 分量分别作为单独的索引值进行变换，经相应的色彩变换表找出各自的基色强度，用变换后的 R、G、B 强度值产生色彩。

调配色与伪彩色的相同之处是，都采用查找表；不同之处是，前者对 R、G、B 分量分别进行查找变换，后者把整个像素当成查找的索引进行查找变换。因此，调配色的效果一般比伪彩色好。

调配色与真彩色的相同之处是，都采用 R、G、B 分量来决定基色强度；不同之处是，前者的基色强度是由 R、G、B 经变换后得到的，而后者是直接用 R、G、B 分量决定的。在 VGA 显示系统中，用调配色可以得到相当逼真的彩色图像，虽然其色彩数受调色板的限制（只有 256 色）。

图像在显示器上显示时，其显示效果不仅取决于图像深度，还与显示深度有关。显示深度表示显示缓存中记录屏幕上一个点的位数，即显示器可以显示的色彩数。因此，显示一幅图像时，屏幕上呈现的色彩效果与图像文件提供的色彩信息有关，即与图像深度有关；同时与显示器当前可容纳的色彩容量有关，即与显示深度有关。

## 3.2.2　彩色空间及其变换

在对图像和视频信号进行处理与显示时，必须按照一定的模型来表示它们。在实际应用中，随着应用环境的不同，通常采用不同的色彩模型或彩色空间。下面对在图像处理中常用的与色彩有关的彩色空间进行简单介绍。

（1）RGB 颜色空间

自然界中所有的颜色都可以用红、绿、蓝（RGB）组合而得，即人们常说的三基色原理。因为 RGB 颜色合成产生白色，因此也称加色。

图 3-9 中的 3 个坐标轴表示三基色，沿正方向强度不断加深。把三种基色交互重叠，就产生了次混合色：青、品红、黄。在数字视频中，对 RGB 三基色各进行 8 位编码就构成了约 16.7 万种颜色，这就是我们常说的真彩。电视机和计算机的监视器都是基于 RGB 颜色空间来创建颜色的。

（2）Lab 颜色空间

Lab 颜色空间由一个发光率和两个颜色轴组成，由颜色轴所构成的平面上的环形线来表示颜色的变化（如图 3-10 所示）。其中，径向表示颜色饱和度的变化，自内向外饱和度逐渐增高；圆周方向表示色调的变化，每个圆周形成一个色环。不同的发光率表示不同的亮度，并对应不同的环形颜色变化线。Lab 颜色由 RGB 三基色转换而来，是一种"独立于设备"的颜色空间，即使用任何一种监视器或打印机，Lab 的颜色不变。

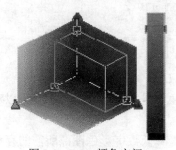

A. 光度为100（白）
B. 绿到红分量
C. 蓝到黄分量
D. 光度为0（黑）到红分量

图 3-9　RGB 颜色空间　　　　　图 3-10　Lab 颜色空间

（3）HSB 颜色空间

HSB 颜色空间是基于人对颜色的心理感受的颜色空间，由三个要素——色调、饱和度和亮度组成。这种颜色空间通常用一个圆锥空间模型来描述（如图 3-11 所示）。

（4）CMYK 颜色空间

CMYK 是彩色印刷使用的一种颜色空间，由青、品红、黄和黑 4 种颜色组成。其中，黑色用 K 表示，是为了避免和 RGB 三基色中的蓝色（Blue，用 B 表示）发生混淆。这种空间的创建基础与 RGB 不同，它不是增加光线，而是减去光线。这是因为与监视器或电视机不同，打印纸不能创建光源（即它不会发射光线），而只能吸收和反射光线（只能吸收特定波长而反射其他波长的光线）。CMYK 模型以打印在纸张上的油墨的光线吸收特性为基础，当白光照射到半透明油墨上时，部分光谱被吸收，部分被反射回眼睛。

青、品红、黄三种颜色的组合，可以产生可见光谱中的绝大部分颜色（如图 3-12 所示）。理论上，青色、洋红和黄色能合成吸收所有颜色并产生黑色。因此，这些颜色称为减色。

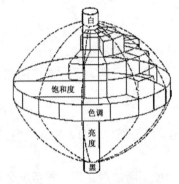

图 3-11　圆锥空间模型

图 3-12　CMYK 减色空间

HSB 颜色空间便是基于人对颜色的心理感受的一种颜色空间，是由 RGB 三基色转换为 Lab 空间，再在 Lab 空间基础上考虑了人对颜色的心理感受这一因素而转换成的。因此，这种颜色空间比较符合人的主观感受，让人觉得更加直观。

因为所有打印油墨都包含一些杂质，这 3 种油墨实际上会产生一种土灰色，必须与黑色油墨混合才能产生真正的黑色，所以将这些油墨混合产生颜色来印刷就称为四色印刷。

（5）YUV 颜色空间

YUV 是电视系统中常用的颜色空间，即电视中的分量信号。该空间由一个亮度信号 $Y$ 和两个色差信号 $U$、$V$ 组成，将 RGB 颜色通过下述公式转换为 $Y$ 和 $U$、$V$：

$$\begin{bmatrix} Y \\ U \\ V \end{bmatrix} = \begin{bmatrix} 0.299 & 0.587 & 0.114 \\ -0.147 & -0.289 & 0.436 \\ 0.615 & -0.515 & -0.100 \end{bmatrix} \begin{bmatrix} R \\ G \\ B \end{bmatrix}$$

YUV 表示法的重要性是，亮度信号（$Y$）和色差信号（$U$、$V$）是相互独立的。也就是说，信号 $Y$ 构成的黑白灰度图与用信号 $U$、$V$ 构成的另两幅单色图是相互独立的，所以可以对这些单色图分别进行编码。

YUV 表示法的另一个优点是，可以利用人眼的特性来降低数字彩色图像所需的存储容量。人眼对彩色细节的分辨能力远比对亮度细节的分辨能力低。因此，可以把彩色分量的分辨率降低但不会明显影响图像的质量，所以可把几个相邻像素不同的彩色值当成相同的彩色值来处理，从而减少所需的存储容量。

例如，要存储 RGB 8:8:8 的彩色图像，即 $R$、$G$、$B$ 分量都用 8 位二进制数表示，图像的大小为 640×480 像素，那么所需的存储空间为 921 600 字节。如果用 YUV 来表示同一幅彩色图像，分量 $Y$ 仍然为 640×480，并且仍然用 8 位表示，对每 4 个相邻像素（2×2）

的 $U$ 和 $V$ 值分别用相同的一个值表示，那么存储同样一幅图像所需的存储空间就减少到 460 800 字节。这实际上也是图像压缩技术的一种方法。

与 YUV 颜色空间类似的一种空间称为 YCrCb 空间，主要适用于计算机显示器。它们的分量使用 $Y$、$Cr$、$Cb$ 来表示，与 RGB 信号的转换关系如下：

$$
\begin{bmatrix} Y \\ Cr \\ Cb \end{bmatrix} = \begin{bmatrix} 0.299 & 0.587 & 0.114 \\ 0.500 & -0.4187 & -0.0813 \\ -0.1687 & -0.3313 & 0.500 \end{bmatrix} \begin{bmatrix} R \\ G \\ B \end{bmatrix} + \begin{bmatrix} 0 \\ 128 \\ 128 \end{bmatrix}
$$

式中，$Y$ 表示亮度信号，$Cr$ 和 $Cb$ 表示色差信号。

### 3.2.3  图像数据压缩的可能性

能够对多媒体数据进行压缩的前提是数据存在大量的冗余，尤其是声音和图像。数据压缩的目的就是尽可能地消除这些冗余。冗余一般分为如下几类。

（1）统计冗余

图像数据存在大量统计特征的重复，这种重复包括静态单帧图像数据在空间上的冗余和音频、视频数据在时间上的冗余。例如，在同一幅图像中，规则物体和规则背景的表面物理特征（亮度和颜色等）具有相关性，这些相关性在数字图像中就表现为数据的重复。

在动态图像序列中，前后两帧图像之间具有较大的相关性，表现出帧与帧之间的重复，因而存在时间冗余。

（2）信息熵冗余

信息熵定义为一组数据所表示的信息量，即

$$
E = -\sum_{i=0}^{N-1} p_i \log_2 p_i
$$

式中，$E$ 为信息熵，$N$ 为数据的种类（或称码元）个数，$p_i$ 为第 $i$ 个码元出现的概率。

一组数据的数据量显然等于各记录码元的二进制位数（即编码长度）与该码元出现的概率的乘积之和，即

$$
D = \sum_{i=0}^{N-1} p_i b_i
$$

式中，$D$ 为数据量，$b_i$ 为第 $i$ 个码元的二进制位数。

若要求不存在数据冗余，即冗余量 $d = D - E = 0$，则应有 $b_i = -\log_2 p_i$。然而，实际中很难预估出 $\{p_0, p_1, \cdots, p_{N-1}\}$。因此，一般取 $b_0 = b_1 = \cdots = b_{N-1}$（如 ASCII 码把所有码元都编码为 7 位），这样得到的 $D$ 必然大于 $E$，即 $d = D - E > 0$。这种因码元编码长度的不经济带来的冗余，称为信息熵冗余或编码冗余。

例如，如果对 26 个英文字母（不考虑大小写）进行编码，那么通常采用等长编码，如每个字母都用 5 位编码。这实际上假设每个字母出现的概率是相等的。统计发现，实际中 26 个英文字母出现的概率有很大的不同。如图 3-13 所示，字母 E 和 T 出现的概率较高，分别为 12.702% 和 9.056%，而字母 X 和 Z 出现的概率分别为 0.150% 和 0.074%。

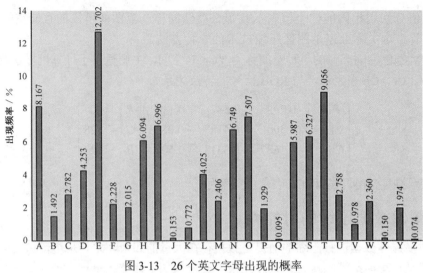

图 3-13　26 个英文字母出现的概率

（3）结构冗余

有些图像从大面积上或整体上看，会重复出现相同或相近的纹理结构（如布纹图像和草席图像），这类冗余被称为结构冗余。

（4）知识冗余

许多图像的理解与图像所表现内容的基础知识（鲜艳或背景知识）有相当大的相关性，从这种知识出发可以归纳出图像的某种规律性变化，这类冗余称为知识冗余。知识冗余的一个典型例子是对人像的理解，如鼻子上方有眼睛、鼻子又在嘴的上方等。

（5）视觉冗余

人类的视觉系统实际上只在一定程度上对图像的变化敏感，即图像数据中存在着大量人类视觉觉察不到的细节。事实上，人类视觉系统的一般分辨率为 64 级灰度，而一般图像量化采用的是 256 级灰度，这类冗余称为视觉冗余。

# 3.3　图像数据压缩算法

数据压缩的目的是便于存储和传输，而为了对数据进行还原，还必须进行解压缩，因此数据压缩通常包括对数据的编码和解码。根据数据冗余类型的不同，人们提出了各种数据编码和解码方法，从算法的运算复杂度来看，编码和解码方法有些是对称的，有些是不对称的。通常，解码的运算复杂度要低于编码。

评价压缩算法的指标通常包括：压缩比（即压缩编码后的数据量与原始数据大小的比值）、算法的复杂性和运算速度、失真度。

根据对编码数据进行解码后与编码前的数据是否一致，可以把数据编码方法分为两类：无损编码——解码后的数据与编码前的数据完全一致，没有任何失真；有损编码——解码后的数据与原始数据有一定程度的偏差或失真，但不影响其效果。

根据压缩算法的原理，可以将压缩算法分为如下几类：信息熵编码（主要有行程长度编码、哈夫曼编码和算术编码）、通用编码、预测编码、模型法编码、矢量量化编码、子带编码和混合编码等。

## 3.3.1 信息熵编码

### 1．行程长度编码

行程长度编码（Run-Length Encoding，RLE）又称游程编码，是压缩文件最简单的方法之一。它的做法是把一系列的重复值（如图像像素的灰度值）用一个单独的值再加上一个计数值来取代。例如，字母序列 aabbbcccccccccdddddd 的行程长度编码是 2a3b8c6d。这种方法实现起来很容易，而且对于具有长重复值的串的压缩编码很有效。例如有大面积连续阴影或颜色相同的图像，使用这种方法压缩的效果很好。很多早期的位图文件格式都用行程长度编码，如 TIFF、PCX、GEM 等。

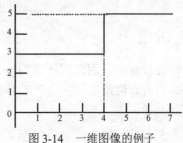

我们来看一个简单的例子。有一线状图像，其灰度与长度坐标的关系如图 3-14 所示。这幅一维图像可用顺序的 7 个 3 位二进制数 011 011 011 011 101 101 101 来表示，共 21 位。如果用行程编码方法对其编码，即用 3 位二进制数表示灰度幅度，再用 3 位二进制数表示具有该灰度的顺序像素数，那么其编码就变成 100 011 011 101，共用 12 位，比前一种编码节约了 9 位。

图 3-14　一维图像的例子

### 2．哈夫曼编码

哈夫曼编码（Huffman Encoding）是常用的压缩方法之一，是通过用更有效的代码代替数据来实现的。哈夫曼编码的最初目的是对文本文件进行压缩，迄今已有很多变体。它的基本思路是：出现概率越高的值，其对应的编码长度越短；出现概率越低的值，其对应的编码长度越长。编码步骤如下：

&lt;1&gt; 统计信源符号出现的概率。

&lt;2&gt; 将信源符号按概率递减顺序排列。

&lt;3&gt; 把两个最小的概率值加起来，作为一个新组合符号的概率。

&lt;4&gt; 重复步骤&lt;2&gt;和&lt;3&gt;，直到概率和为 1。

&lt;5&gt; 在每次合并信源时，将合并的信源分别标记为"1"或"0"（例如，概率小的标记为"1"，概率大的标记为"0"）。

&lt;6&gt; 寻找从每个信源符号到概率为 1 的路径，记录路径上的"1"和"0"。

&lt;7&gt; 对每个符号写出"1"和"0"序列。

作为一个例子，我们对如下信源

| 信源符号 | $x_1$ | $x_2$ | $x_3$ | $x_4$ | $x_5$ | $x_6$ |
|---|---|---|---|---|---|---|
| 概　率 | 0.25 | 0.25 | 0.20 | 0.15 | 0.10 | 0.05 |

进行哈夫曼编码，其过程如图 3-15 所示。上述编码的平均码字长度为 2.45。

哈夫曼编码有两个不足。① 必须精确统计原始文件中每个值的出现概率，否则压缩的效果会大打折扣，甚至根本达不到压缩的效果。因此，哈夫曼编码通常要经过两遍操作，第一遍进行统计，第二遍产生编码，故编码的过程比较慢。另外，由于各种长度的编码的译码

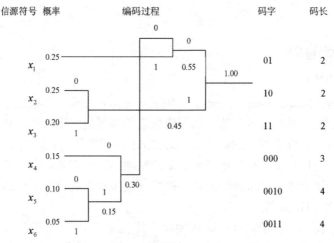

图 3-15　哈夫曼编码过程

过程比较复杂，因此解压缩的过程也比较慢。② 对于位的增删比较敏感。这是由于哈夫曼编码的所有位都是合在一起而不考虑字节分位的，因此增加一位或减少一位都会使译码结果面目全非。

### 3. 算术编码

算术编码（arithmetic encoding）最早由香农提出，其核心为累积概率思想。20 世纪 60 年代初，Elias、Shalkwij、Cover 等人在理论和实用化方面做了许多工作。IBM 的 Rissanan 和 Langdon 的研究使算术编码在实用化方面又进了一步。

算术编码的基本原理是，将被编码的信息表示成 0 和 1 之间的间隔。信息越长，编码表示它的间隔就越小，表示这一间隔所需的二进制位就越多。信源中连续的符号根据某一模式生成概率的大小来减少间隔。这样，增加出现概率大的符号要比增加出现概率小的符号减少的范围小，因此只增加了较少的位数。

算术编码首先假设一个概率模型，然后用这些概率来缩小表示信源集的区间。在算术编码的初始阶段，可设置两个专用寄存器（C 和 A）存储符号到来之前子区间的状态参数，令寄存器 C 的值为子区间的起始位置，寄存器 A 的值为子区间的宽度，该宽度恰好是已输入符号串的概率。再设 L 和 H 分别为编码字符的初始编码区间的低端值和高端值。

初始化时，C 为 0，A 为 1。当新符号到来时，C 中的值变为 $C+AL$，A 中的值变为 $A(H-L)$，$C+A$ 为子区间的终点，算术编码的结果落在子区间内。输入的符号串中，符号出现的概率越大，对应的子区间越宽，需要用长度较短的码字表示；符号出现概率越小，对应的子区间就越窄，需要用较长的码字来表示。

假设信源符号为{00, 01, 10, 11}，这些符号的概率分别为{ 0.1, 0.4, 0.2, 0.3 }。根据这些概率可把间隔[0, 1]分成 4 个子间隔：[0, 0.1)，[0.1, 0.5)，[0.5, 0.7)和[0.7, 1]，如表 3.1 所示。

表 3.1　信源符号、概率和初始编码间隔

| 符号 | 00 | 01 | 10 | 11 |
| --- | --- | --- | --- | --- |
| 概率 | 0.1 | 0.4 | 0.2 | 0.3 |
| 初始编码间隔 | [0, 0.1) | [0.1, 0.5) | [0.5, 0.7) | [0.7, 1] |

如果二进制消息序列的输入为 10 00 11 00 10 11 01，那么：

<1> 先输入的符号是 10，其编码范围是[0.5, 0.7)，即 $L = 0.5$，$H = 0.7$。因此 $C = 0 + 1×0.5 = 0.5$，$A = 1×0.2 = 0.2$。

<2> 由于消息中第二个符号 00 的编码范围是[0, 0.1)，因此 $C = 0.5 + 0.2×0 = 0.5$，$A = 0.2×0.1 = 0.02$。

<3> 第三个符号 11 的编码范围是[0.7, 1]，因此 $C = 0.5 + 0.02×0.7 = 0.514$，$A = 0.02×0.3 = 0.006$。

编码第 4 个符号 00 时，$C = 0.514 + 0.006×0 = 0.514$，$A = 0.006×0.1 = 0.0006$；以此类推。消息的编码输出可以是最后一个间隔中的任意数。整个编码过程如图 3-16 所示。

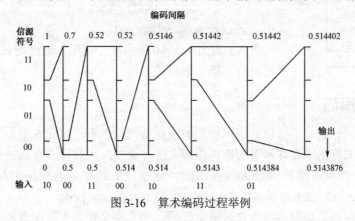

图 3-16　算术编码过程举例

算术编码的主要特点是：当信源符号的出现概率比较接近时，算术编码的效率比哈夫曼编码高；算术编码的实现比哈夫曼编码复杂。

与哈夫曼编码相比，算术编码可以得到更好的压缩效果。因为哈夫曼编码是按照整数比特逼近熵的。假设某个字符的出现概率为 80%，该字符事实上只需要$-\log_2 0.8 = 0.322$ 位编码，但哈夫曼编码一定会为其分配一位 1 或一位 0 的编码！可以想象，整个信息的 80%在压缩后几乎相当于理想长度的 1/3，压缩效果可想而知。而算术编码的一个重要特点就是可以按分数比特逼近信息熵，突破了哈夫曼编码中每个符号只能按整数个位逼近信息熵的限制！

### 4．指数哥伦布编码

指数哥伦布（Exp-Golomb）编码是一种使用一定规则构造码字的变长编码模式。每个码字按如下方式构造：

$$[i \text{ 个 } 0]\ [1]\ [INFO]$$

其中，$i$ 为一整数，INFO 为 $i$ 位，包含有效信息。每个码字的长度为 $2i + 1$ 位。确定 $i$ 和 INFO 的具体算法如下：

<1> 对于一个值为 code 的变量，通过下式确定 $i$ 的值：

$$\sum_{j=0}^{i-1} 2^{j+k} \leqslant \text{code} < \sum_{j=0}^{i} 2^{j+k}$$

其中，$k$ 为某一非负整数，称为指数哥伦布编码的阶数。

<2> 用以"0"为符号的一组数表示 $i$，即 $i$ 个"0"组成码字的前缀，其中"0"只是符号，只有个数有意义。

<3> 插入一个分隔符"1"。与第<2>步相同，"1"只是一个符号，只需与第<2>步的符号不同即可。

**表 3.2　0 阶指数哥伦布码表**

| code | 码　字 |
|------|--------|
| 0 | 1 |
| 1 | 010 |
| 2 | 011 |
| 3 | 00100 |
| 4 | 00101 |
| 5 | 00110 |
| 6 | 00111 |
| 7 | 0001000 |
| 8 | 0001001 |
| ... | ... |

<4> 用下式计算出二进制数的码字尾部 INFO：

$$INFO = code - \sum_{j=0}^{i-1} 2^{j+k}$$

当 $k=0$ 时，可通过以下两式分别确定 $i$ 和 INFO：

$$i = floor(log_2(code+1))$$
$$INFO = code + 1 - 2^i$$

其中，若 code = 0，则取 $i=0$。

表 3.2 列出了 $k=0$ 的前 9 个码字，这也是 H.264 协议（本章稍后进行介绍）采用的参数。

## 3.3.2　词典编码

有许多场合，开始时不知道要编码数据的统计特性，也不一定允许事先知道它们的统计特性。因此，人们提出了许许多多的数据压缩方法，企图用来对这些数据进行压缩编码，在实际编码过程中以尽可能获得最大的压缩比。这些技术统称为通用编码技术。词典编码（Dictionary Encoding）技术就是其中的一种，且属于无损压缩技术。

词典编码的根据是数据本身包含有重复代码，如文本文件和光栅图像就具有这种特性。词典编码方法的种类很多，归纳起来大致有两类。

第一类词典法的想法是，查找正在压缩的字符序列是否在以前输入的数据中出现过，然后用已经出现过的字符串代替重复的部分，它的输出仅仅是指向早期出现过的字符串的"指针"，如图 3-17 所示。这里所指的"词典"是指用以前处理过的数据来表示编码过程中遇到的重复部分。这类编码中的所有算法都以 Abraham Lempel 和 Jakob Ziv 在 1977 年开发和发表的 LZ77 算法为基础，如 1982 年由 Storer 和 Szymanski 改进的称为 LZSS 的算法。

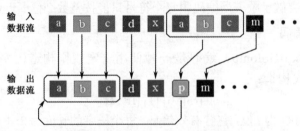

图 3-17　第一类词典法编码概念

第二类算法的想法是，从输入的数据中创建一个"短语词典"（dictionary of the phrases）（这种短语可以是任意字符的组合）。编码数据过程中，遇到已在词典中出现的"短语"时，编码器就输出这个词典中该短语的"索引号"，而不是短语本身，如图 3-18 所示。

A. Lempel 和 J. Ziv 在 1978 年首次发表了介绍这种编码方法的文章。在他们研究的基础上，Terry A. Weltch 在 1984 年发表了改进这种编码算法的文章，因此把这种编码方法称为 LZW

（Lempel-Ziv-Weltch）压缩编码。这种算法首先在高速硬盘控制器上得到了应用。在众多的压缩技术中，LZW 算法是一种通用的、性能优良并得到广泛应用的压缩算法。LZW 是一种完全可逆的算法，与其他算法比较，往往具有更高的压缩效率，因此被广泛应用于流行的压缩软件中。

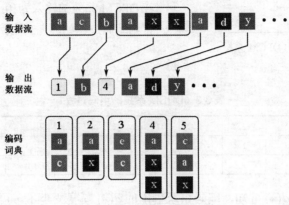

图 3-18　第二类词典法编码概念

## 3.3.3　预测编码

通常，图像中局部区域的像素是高度相关的，因此可以用先前像素的有关灰度知识来对当前像素的灰度进行估计，这就是预测。若预测正确，则不必对每个像素的灰度都进行压缩，而只需把预测值与实际像素值之间的差值经过熵编码后发送到接收端，接收端通过预测值+差值信号来重建原像素。

预测编码分为线性预测编码和非线性预测编码。前者常被称为差分脉冲编码调制（Differential Pulse Code Modulation，DPCM），其基本原理是，基于图像中相邻像素之间的相关性，每个像素可通过与之相关的几个像素来预测，如图 3-19 所示。图中，$x(n)$ 为采样的声音或图像数据，$\tilde{x}(n)$ 为 $x(n)$ 的预测值，$d(n) = x(n) - \tilde{x}(n)$ 是实际值和预测值的差值，$\hat{d}(n)$ 是 $d(n)$ 的量化值，$\hat{x}(n)$ 是引入了量化误差的 $x(n)$。

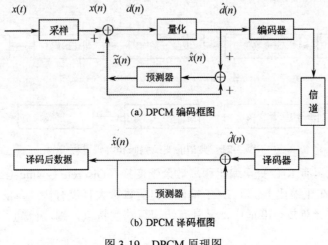

图 3-19　DPCM 原理图

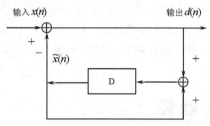

图 3-20　一个简单的 DPCM 系统

DPCM 系统如图 3-20 所示，预测器的预测值为前一个样值（图中的 D 表示单位延迟）。假设输入信号已经量化，差值不再进行量化。

若 DPCM 系统的输入为{0, 1, 2, 1, 1, 2, 3, 3, 4, 4,…}，则编码过程如表 3.3 所示。

表 3.3　DPCM 系统的编码过程

| $x(n)$ | 0 | 1 | 2 | 1 | 1 | 2 | 3 | 3 | 4 | 4 | … |
|---|---|---|---|---|---|---|---|---|---|---|---|
| $\tilde{x}(n)$ | 0 | 0 | 1 | 2 | 1 | 1 | 2 | 3 | 3 | 4 | … |
| $d(n)$ | 0 | 1 | 1 | -1 | 0 | 1 | 1 | 0 | 1 | 0 | … |

通过比较 $x(n)$ 和 $d(n)$ 可知，编码系统输出的 $d(n)$ 幅度变小了，可用较小的位数编码，从而压缩了数据。

预测编码可以获得较高的编码质量，并且实现起来比较简单，因此被广泛应用于图像压缩编码系统。但它的压缩比不高，精确的预测有赖于图像特性的大量先验知识，并且必须进行大量的非线性运算，因此一般不单独使用，而与其他方法结合起来使用。例如，JPEG 中使用了预测编码技术对 DCT 直流系数进行编码。

## 3.3.4　变换编码

变换编码是将时域信号（如图像光强矩阵）变换到频域信号（系数空间）上进行处理的方法。在空间上具有强相关的信号，反映在频域上是某些特定的区域内能量常常被集中在一起，或是系数矩阵的分布具有某些规律。我们可以利用这些规律在频域上减少量化位数，达到压缩的目的。图 3-21 给出了典型变换编码和解码的过程。图中变换一般采用正交变换，这是由于正交变换的矩阵是可逆的，且逆矩阵与转置矩阵相等，这就使解码运算是有解的且运算方便。

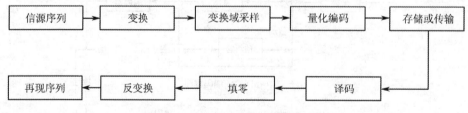

图 3-21　典型的变换编码和解码过程

常用的变换编码有 K-L 变换编码和离散余弦变换（Discrete Cosine Transform，DCT）编码。K-L 变换编码在压缩比上优于 DCT 编码，但运算量大且没有快速算法。DCT 变换与 K-L 变换性能最接近，计算复杂度适中，又具有快速算法的特点，因此得到了广泛采用。

### 3.3.5 模型编码

预测编码、矢量量化编码和变换编码都属于波形编码，其理论基础是信号理论和信息论，其出发点是将图像信号视为不规则的统计信号，从像素之间的相关性这一图像信号统计模型出发设计编码器。模型编码则利用计算机视觉和计算机图形学的知识对图像信号进行分析和合成。

模型编码将图像信号视为三维世界中的目标和景物投影到二维平面的产物，而对这一产物的评价是由人类视觉系统的特性决定的。模型编码的关键是对特定的图像建立模型，并根据这个模型确定图像中景物的特征参数，如运动参数、形状参数等。解码时根据参数和已知模型用图像合成技术重建图像。由于编码的对象是特征参数而不是原始图像，因此有可能实现比较大的压缩比。模型编码引入的误差主要是人眼视觉不太敏感的几何失真，因此重建图像非常自然和逼真。

模型编码中最常用的是三维线框模型，它由顶点在三维空间运动的互连多角形复合而成，将色彩信息映射到该模型上就能实现合成。例如，人物头部三维线框模型不仅给出了面部的几何形状，而且提供了面部表情的描述。面部表情的变化（如眨眼、张嘴）可用面部动作编码系统中的动作单元来描述。

## 3.4 常用图形、图像文件

在计算机中有两种类型的图：矢量图和位映象图。矢量图是用数学方法描述的一系列点、线、弧和其他几何形状，存放这种图所用的格式称为矢量图格式，存储的数据主要是绘制图形的数学描述。位映象图也称光栅图，这种图就像电视图像一样，由像素组成，存放这种图所用的格式称为位映象图格式，简称位图格式，存储的数据是描述像素的数值。虽然这两种生成图的方法不同，但在显示器上显示的结果几乎没有什么差别。

矢量图是用一系列计算机指令来表示一幅图，如画点、画线、画曲线、画圆、画矩形等。这种方法实际上是用数学方法来描述一幅图，然后变成许多数学表达式，再通过编程用计算机语言来表达。计算显示图时也往往能看到画图的过程。绘制和显示这种图的软件通常称为绘图程序。

矢量图有许多优点。例如，需要管理小块图像时，矢量图非常有效；目标图像的移动、缩小/放大、旋转、复制、属性的改变（如线条变宽变细、颜色的改变）也容易做到；相同的或类似的图可以把它们当成图的构造块，并把它们存到图库中，这样不仅可以加速图的生成，也可以减小矢量图文件的大小。

然而，当图变得很复杂时，计算机就要花费很长的时间去执行绘图指令。此外，对于一幅复杂的彩色照片（如一幅真实世界的彩照），恐怕就很难用数学方法来描述。位图与矢量图很不相同。它把一幅彩色图分成许多像素，每个像素用若干二进制位来指定该像素的颜色、亮度和属性。因此一幅图由描述每个像素的数据组成，这些数据通常称为图像数据。而这些数据作为一个文件来存储，这种文件又被称为图像文件。例如，要画位图或编辑位图，则用类似于绘制矢量图的软件工具，这种软件称为画图程序。

位映象图文件比矢量图文件显示要快；矢量图侧重于"绘制""创造"，而位映象图偏重于"获取""复制"。矢量图和位映象图之间可以用软件进行转换，由矢量图转换成位映象图采用光栅化技术，这种转换也相对容易。由位映象图转换成矢量图采用跟踪技术，这种技术在理论上说容易，但在实际中很难实现，对复杂的彩色图像尤其如此。

两者的主要区别如表 3.4 所示。

表 3.4　矢量图与位映象图的区别

| 文件格式 | 文件内容 | 文件大小 | 显示速度 | 应用特点 |
| --- | --- | --- | --- | --- |
| 矢量图 | 图形指令 | 与图的复杂度有关 | 图越复杂，需执行的指令越多，显示越慢 | 易于编辑，适于"绘制"和"创建"，便于网络传输。但表现力受限 |
| 位映象图 | 图像点阵数据 | 与图的尺寸、彩色深度有关 | 与图的大小有关 | 适于"获取"和"复制"，表现力较丰富，但编辑较复杂。图像文件大，不便于网络传输 |

位映象图的获取通常用扫描仪、摄像机、录像机、激光视盘和视频信号数字化卡等设备，通过这些设备把模拟的图像信号变成数字图像数据。但位映象图文件占据的存储器空间比较大。影响位映象图文件大小的因素主要有两个：图像分辨率和像素深度。分辨率越高，组成一幅图的像素越多，图像文件越大；像素深度越深，表达单个像素的颜色和亮度的位数越多，图像文件就越大。矢量图文件的大小主要取决于图的复杂程度。

矢量图文件格式很多，表 3.5 给出了一些常用的矢量图格式及其说明。

表 3.5　常用的矢量图格式及其说明

| 文件扩展名 | MIME 类型 | 说　明 |
| --- | --- | --- |
| .ps | application/postscript | 属于基于矢量页面描述语言，由 Adobe 公司研制和拥有 |
| .eps | Encapsulated PostScript | 描述小型矢量图的 PostScript 文件，对比与描述整页的文件格式 |
| .pdf | application/pdf | 简化的 PostScript 版本，允许包含有多页和链接的文件 |
| .ai | application/illustrator | Document Adobe Illustrator 使用的矢量格式 |
| .swf | application/x-shockwave-flash | 用来播放包含在 SWF 文件中的矢量动画的浏览器插件 |
| .svg | image/svg+xml | 基于 XML 的矢量图格式，是 World Wide Web Consortium 为浏览器定义的标准 |
| .wmf | image/x-wmf | Windows 图元文件格式作为微软操作系统存储矢量图和光栅图的格式 |

位映象图文件格式非常多，本章介绍几种常见的文件格式：BMP、GIF 和 PNG 等（JPEG 文件格式在图像压缩标准部分进行介绍），其中除 BMP 是基本的位映象图格式外，其他格式都是在此基础上采用不同的编码格式得到的文件格式。

## 3.4.1　BMP 文件格式

位图文件（Bitmap-File，BMP）格式是 Windows 采用的图像文件存储格式，在 Windows 环境下运行的所有图像处理软件都支持这种格式。Windows 3.0 以前的 BMP 文件格式与显示设备有关，因此把它称为设备相关位图（Device-Dependent Bitmap，DDB）。Windows 3.0 以后的 BMP 文件格式与显示设备无关，因此把这种 BMP 文件格式称为设备无关位图（Device-Independent Bitmap，DIB），目的是让 Windows 能够在任何类型的显示设备上显示 BMP 位图文件。BMP 位图文件默认的文件扩展名是 BMP 或 bmp。

BMP 图像文件由三部分组成：位图文件头（BITMAPHEADER）数据结构、位图信息（BITMAPINFO）数据结构和位图阵列。图 3-22 是一幅放大的位图文件。

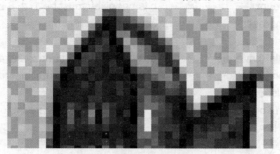

图 3-22　放大的位图文件

### 1. 位图文件头

位图文件头数据结构包含 BMP 图像文件的类型、显示内容等信息，其 C 语言数据结构如下：

```
typedef struct{
    int bfType;                    /* always "BM" */
    long bfSize;                   /* file size */
    int bfReserved1;
    int bfReserved2;
    long bfOffBits;                /* image data offset */
}BITMAPFILEHEADER;
```

在上面结构中，变量的含义如下：

✠ bfType 表明位图文件的类型，必须为 BMP。

✠ bfSize 表明位图文件的大小，以字节为单位。

✠ bfReservedl 是保留字，必须为 0。

✠ bfReserved2 也是保留字，必须为 0。

✠ bfOffBits 表示位图阵列的起始位置，即位图阵列相对于位图文件头的偏移量，以字节为单位。

### 2. 位图信息

位图信息数据结构由 BITMAPINFOHEADER 和 RGBQUAD 两个数据结构组成，其 C 语言数据结构如下：

```
typedef struct tagBITMAPINFO{
    BITMAPINFOHEADER    bmiHeader;
    RGBQUAD    bmiColors[ ];
}BITMAPINFO;
```

其中，BITMAPINFOHEADER 数据结构包含了有关 BMP 图像的宽、高和压缩方法等信息，其 C 语言数据结构如下：

```
typedef struct {
    long biSize;                   /*size of BITMAPINFOHEADER */
    long biWidth;                  /* image width*/
```

```
        long biHeight;                  /* image depth */
        int    biPlanes;                /* must be 1 */
        int    biBitCount;              /* bits per pixel, must be 1, 4, 8 or 24 */
        long biCompress;                /* compress method */
        long biSizeImage;               /* image size */
        long biXPelsPerMeter;           /* pixels per meter in horizontal direction */
        long biYPelsPerMeter;           /* pixels per meter in vertical direction */
        long biClrUsed;                 /* color number used */
        long biClrImportant;        /* important colors，if all colors are important,it should be set 0 */
    } BITMANNFOHEADLER;
```

以上每个变量的含义解释如下：

✠ biSize 指出 BITMAPINFOHEADER 结构所需要的字节数。

✠ biWidth 和 biHeight 以像素为单位，给出 BMP 图像的宽度和高度。

✠ biPlanes 输出设备的位平面数，必须置为 1。

✠ biBitCount 给出每个像素的位数，其值必须是 1（单色）、4（16 色）、8（256 色）、24（224 色）之一。

✠ biCompress 给出该图像所用的压缩类型，必须是下列值之一：0（BI_RGB）——说明该图像未被压缩；1（BI_RLE8）——每个像素需要 8 位表示的图像指定行程压缩格式，此压缩格式是由计数字节和颜色索引字节组成的；2（M_RLE4）——每个像素需要 4 位表示的图像指定行程压缩格式,此压缩格式是由计数字节和颜色索引字节组成的两字节格式。

✠ biSizeImage 给出图像字节数的多少。

✠ biXPelsPerMeter 指定目标设备的图像的水平分辨率（像素/m）。

✠ biYPelsPerMeter 指定目标设备的图像的垂直分辨率（像素/m）。

✠ biClrUsed 给出调色板中图像实际使用的颜色数。若此值为 0，则图像使用的颜色数由 biBitCount 字段的值确定；不为 0 时，若 biBitCount < 24，则 biClrUsed 字段给出图形设备或设备驱动程序将访问的实际使用的颜色数；若 biBitCount = 24，则 biClrUsed 字段给出用于优化调色板性能的参考色彩表的大小。

✠ biClrImportant 给出重要的颜色索引值。这些索引值对于图像显示是重要的。若索引值为 0，则所有颜色都是重要的。

RGBQUAD 定义一种颜色，其 C 语言数据结构如下：

```
    typedef struct tagRGBQUAD {
        unsigned char   rgbBlue;
        unsigned char   rgbGreen;
        unsigned char   rgbREd;
        unsigned char   rgbReserved;
    } RGBQUAD;
```

在 RGBQUAD 定义的颜色中,蓝色的亮度由 rgbBlue 定义,绿色的亮度由 rgbGreen 定义,红色的亮度由 rgbRed 定义。rgbReserved 必须为 0。例如，若某表项的值为 FF 00 00 00，则其定义的颜色为纯蓝色。

位图信息（BITMAPINFO）数据结构中的 bmiColors[] 是一个颜色表，用于说明图像中的颜色，相当于 PCX 图像格式中的调色板。它有若干表项，每个表项都由 RGBQUAD 定义了一种颜色。bmiColors[ ] 表项的个数由 biBitCount 决定：

- ✖ biBitCount = 1, 4, 8 时，bmiColors 分别有 2、16、256 个表项。若某点的像素值为 $n$，则像素的颜色为 bmiColors[$n$] 定义的颜色。
- ✖ biBitCount = 24 时，bmiColors[ ] 表项为空。位图阵列的每 3 字节表示一个像素，它们直接定义了像素颜色中的蓝、绿、红的相对亮度。

### 3．位图阵列

位图阵列记录了图像的每个像素值。在生成图像时，从图像的左下角开始逐行扫描图像，即从左到右、从下到上，一一记录图像的像素值，这些记录像素值的字节组成了位图阵列。位图阵列数据的存储格式有压缩和非压缩两种，由 biCompress 表示。

（1）非压缩格式

在非压缩格式中，位图中每个点的像素值对应于位图阵列的若干位，而位图阵列的大小由图像的宽度、高度和图像的颜色数（biBitCount）决定。

① 位图扫描行与位图阵列的关系。设记录一个扫描行的像素值需 $n$ 字节，位图阵列的为 $n \times$ biHeight 字节，这时位图阵列的 $0 \sim n-1$ 字节记录图像的第一个扫描行的像素值，$n \sim 2n-1$ 字节记录图像的第二个扫描行的像素值，以此类推，位图阵列的 $(i-1)n \sim in-1$ 字节记录图像的第 $i$ 个扫描行的像素值。

(biWidth × biBitCount) MOD 32 = 0 时，$n =$ (biWidth × biBitCount)/8。

(biWidth × biBitCount) MOD 32 != 0 时，$n =$ (biWidth × biBitCount)/8 + 4。

② 位图像素值与位图阵列的关系（以第 $i$ 扫描行为例）。设第 $i$ 扫描行的像素值的 $n$ 字节分别为 $b_0, b_1, b_2, \cdots, b_{n-1}$，则

- ✖ 当 biBitCount = 1 时，$b_0$ 的第 7 位记录了位图的第 $i$ 扫描行的第 1 个像素值，第 6 位记录第 2 个像素值……第 0 位记录第 8 个像素值；$b_1$ 的第 7 位记录第 $i$ 扫描行的第 9 个像素值，第 6 位记录第 10 个像素值……
- ✖ 当 biBitCount = 4 时，$b_0$ 的第 4～7 位记录位图的第 $i$ 扫描行的第 1 个像素值，第 0～3 位记录第 2 个像素值；$b_1$ 的第 4～7 位记录位图的第 $i$ 扫描行的第 3 个像素值，第 0～3 位记录第 4 个像素值……
- ✖ 当 biBitCount = 8 时，$b_0$ 记录位图的第 $i$ 扫描行的第 1 个像素值，$b_1$ 记录第 $i$ 扫描行的第 2 个像素值……
- ✖ 当 biBitCount = 24 时，$b_0$、$b_1$ 和 $b_2$ 记录位图的第 $i$ 扫描行的第 1 个像素值，$b_3$、$b_4$ 和 $b_5$ 记录第 $i$ 扫描行的第 2 个像素值……

（2）压缩格式

在 BMP 格式文件中，Windows 支持 BI_RLE8 和 BI_RLE 4 两种压缩类型的存储格式。

① BI_RLE8 压缩格式。当 biCompress = 1 时，图像文件采用此压缩格式，由 2 字节组成。第 1 字节给出应画出的连续像素的数目，所用的颜色索引在第 2 字节中，如果第 1 字节为 0，那么第 2 字节的含义如下：

- ✖ 0—行结束。

✠　1—图像结束。

✠　2—转义后的 2 字节，分别表示下一个像素从当前位置开始的水平位移和垂直位移。

✠　$n$（0x03 < $n$ < 0xff）—转义后面的 $n$ 字节，其后的 $n$ 个像素分别用这 $n$ 字节指定的颜色画出。必须保证 $n$ 是 4 的倍数，不足的位补 0。

下例给出了一个 8 位压缩图像的十六进制表示：

　　　a. 03 04　　　b. 05 06　　　c. 00 03 12 34 56 00　　　d. 02 78　　　e. 00 02 03 02

　　　f. 02 78　　　g. 00 00　　　h. 06 1E　　　i. 00 01

解压缩后的图像数据如下：

　　　a. 04 04 04

　　　b. 06 06 06 06 06

　　　c. 12 34 56（注意原数据后面的 00 是为了调整字节数为 4 的倍数）

　　　d. 78 78

　　　e. 从当前位置向右偏移 03，向下偏移 02

　　　f. 78 78

　　　g. 行结束

　　　h. 1E 1E 1E 1E 1E 1E

　　　i. 图像结束

② BI_RLE4 压缩格式。当 biCompress = 1 时，图像文件采用此压缩格式。

BI_RLE4 压缩方法与 BI_RLE8 压缩方法类似，只是 BI_RLE4 的每字节包含了 2 个像素。连续显示时，第 1 个像素按字节的高 4 位指定的颜色画出，第 2 个像素按字节的低 4 位指定的颜色画出，第 3 个像素用高 4 位指定的颜色画出……直至由第 1 字节确定的像素画完为止。

下面是 4 位压缩图像的十六进制值：

　　　a. 03 04　　　b. 05 06　　　c. 00 06 12 34 56 00　　　d. 00 04 78　　　e. 00 02 03 02

　　　f. 04 78　　　g. 00 00　　　h. 06 1E　　　i. 00 01

解压缩后的图像数据如下：

　　　a. 0 4 0

　　　b. 0 6 0 6 0

　　　c. 1 2 3 4 5 6

　　　d. 7 8 7 8

　　　e. 从当前位置向右偏移 03，向下偏移 02

　　　f. 7 8 7 8

　　　g. 行结束

　　　h. 1 E 1 E 1 E

　　　i. 图像结束

## 3.4.2　GIF 文件格式

GIF（Graphics Interchange Format，图形交换格式）是 CompuServe 公司开发的图像文件存储格式。1987 年开发的 GIF 文件格式版本号是 GIF87a，1989 年进行了扩充，扩充后的版本号定义为 GIF89a。一幅 256 色的图像可以逼真地再现相片效果。许多 GIF 文件的图像都是从彩色相片扫描而来的，在 256 色的显示器上显示时，效果可与普通的电视画面媲美。

　　GFI 图像文件以数据块（block）为单位来存储图像的相关信息。GIF 文件由表示图形/图像的数据块、数据子块和显示图形/图像的控制信息块组成，称为 GIF 数据流（data stream）。数据流中的所有控制信息块和数据块都必须在文件头（header）和文件结束块（trailer）之间。GIF 文件结构的典型结构如表 3.6 所示。

**表 3.6　GIF 文件结构**

| 1 | GIF 署名 | | GIF 文件头 |
|---|---|---|---|
| 2 | 版本号 | | |
| 3 | 逻辑屏幕描述符 | | GIF 数据流 |
| 4 | 图像全局颜色列表 | | |
| 5 | … 扩展模块（任选）… | | |
| 6 | 图像标示符 | 图像块 | |
| 7 | 图像局部颜色列表图 | | |
| 8 | 基于颜色列表的图像数据 | | |
| 9 | … 扩展模块（任选）… | | |
| 10 | GIF 结尾 | | 文件结尾 |

　　GIF 文件格式采用 LZW 压缩算法来存储图像数据，定义了允许用户为图像设置背景的透明属性。此外，GIF 文件格式可在一个文件中存放多幅彩色图形/图像。如果在 GIF 文件中存放多幅图，那么它们可以像演幻灯片那样显示或像动画那样演示[1]。

## 3.4.3　PNG 文件格式

　　PNG（Portable Network Graphic，便携网络图形）是 20 世纪 90 年代中期开发的图像文件存储格式，是一种类似于 GIF、JPEG 和 TIFF 的位图图像压缩存储格式，目的是代替 GIF 和 TIFF 文件格式，同时增加一些 GIF 文件格式不具备的特性。PNG 格式的名称源于非官方的"PNG's Not GIF"，这是一种位图文件存储格式。PNG 使用从 LZ77 派生的无损数据压缩算法。

　　PNG 用来存储灰度图像时，灰度图像的深度可多达 16 位，存储彩色图像时，彩色图像的深度可多达 48 位，并且可存储多达 16 位的 $\alpha$ 通道数据来保存不可见的透明度信号。

　　PNG 图像文件（或称为数据流）由一个 8 字节的 PNG 文件署名域和按照特定结构组织的 3 个以上的数据块组成。

　　PNG 定义了两种数据块：一是关键数据块，这是标准的数据块；二是辅助数据块，这是可选的数据块。关键数据块定义了 4 个标准数据块，每个 PNG 文件都必须包含它们，PNG 读写软件也必须支持这些数据块。虽然 PNG 文件规范没有要求 PNG 编译码器对可选数据块进行编码和译码，但该规范支持可选数据块。

　　关键数据块主要包含以下 4 个标准数据块：

　　① 文件头数据块 IHDR：包含 PNG 文件中存储的图像数据的基本信息，它必须作为第一个数据块出现在 PNG 数据流中，而且一个 PNG 数据流中只能有一个文件头数据块。

　　② 调色板数据块 PLTE：包含与索引彩色图像相关的彩色变换数据，仅与索引彩色图像有关，并且要放在图像数据块之前。真彩色 PNG 数据流也可以有调色板数据块，目的是便于非真彩色显示程序用它来量化图像数据，从而显示该图像。

　　③ 图像数据块 IDAT：存储实际的数据，在数据流中可包含多个连续顺序的图像数据块。

　　④ 图像结束数据 IEND：标记 PNG 文件或数据流已经结束，必须放在文件的尾部。

　　辅助数据块包含以下 11 个块：背景颜色数据块、基色和白色度数据块、图像 $\gamma$ 数据块、图像直方图数据块、样本有效位数据块、物理像素尺寸数据块、文本信息数据块、样本有效

---

[1] 微信朋友圈分享的很多动图采用的就是 GIF 格式。

位数据块、图像最后修改时间数据块、图像透明数据块及压缩文本数据块。

与 GIF 和 JPEG 文件格式相比，PNG 具有如下优点：

① 兼有 GIF 和 JPEG 的色彩空间。GIF 格式图像采用 256 色以下的索引色彩空间，GIF 采用 24 位真彩色。PNG 不仅能存储 256 色以下的索引色彩图像，而且能存储 24 位真彩色图像甚至 48 位超强色彩图像。

② PNG 既能把图像文件压缩到极限以利于网络传输，又能保留所有与图像品质有关的信息。如果图像以文字、形状及线条为主，那么 PNG 会用类似 GIF 的压缩方法来得到较好的压缩率，并且不破坏原始图像的任何细节。对于相片品质的图像，PNG 采用类似 JPEG 的压缩算法，处理相片类图像时也采用非破坏性压缩。不同的是，图像压缩后能保持与压缩前一样的图像质量，没有一点儿失真。

③ 更优化的传输显示。GIF 图像有一种模式——交错模式，更适合网络传输。在传输图像的过程中，浏览者首先看到的是图像的大略轮廓，此后它会慢慢变得清晰。PNG 也使用了这种高速交替显示方案，显示速度很快，使图像以水平及垂直方式显示在屏幕上，加快了下载的速率，只需下载 1/64 的图像信息就能显示低分辨率的预览图像。

④ 透明图像在制作网页图像时很有用。此外，这种方法还可最大限度地减少文件，提高传输速率。JPEG 格式无法实现图像透明，GIF 格式的透明图像则略显呆板，因为 GIF 透明图像只有透明或不透明两种选择，没有层次。PNG 提供了 $\alpha$ 频段 0~255 的透明信息，使图像的透明区域出现深度不同的层次；而且，PNG 图像可以让图像覆盖在任何背景上都看不到接缝，改善了 GIF 透明图像描边不佳的问题。

⑤ GIF 图像在不同系统上所显示的画面会不一样，但 PNG 可以使图像在所有系统上显示完全相同的图像。文字资料（如作者、出处）、存储遮罩（MASK）、伽马值、色彩校正码等信息均可添加在 PNG 图像中一起传输。

PNG 图像的缺点如下：

① GIF 格式可在同一个文档中存储多张 GIF 图像，从而做出动画效果。PNG 则因为 PNG Group 是一个"单张图片"的文件格式而不支持动画应用。

② 因为 PNG 采用的是无损压缩方式，尽管相同图像质量的 PNG 图像文件比 JPEG 图像文件小，但 JPEG 可以适当地牺牲画面品质，因此能取得比 PNG 更小的文件尺寸。

③ PNG 不支持 CMYK 颜色空间。CMYK 颜色空间是应用于出版印刷的图像色彩表示法，而 PNG 被界定为一个专门用于跨平台网络传输的文件格式，如果将 CMYK 的图像转为 PNG 格式，那么必须先将色彩空间转成 RGB，否则会发生色彩错乱的情况。

## 3.4.4　JPEG 文件格式

JPEG 文件是指以 JPEG 标准对图像文件进行压缩生成的文件。JPEG 是国际标准化组织（ISO）和国际电报电话咨询委员会（CCITT）关于静止图像编码联合专家组（Joint Photographic Experts Group）的缩写。该专家组的任务是开发一种用于连续色调（黑白或真彩色）的静止图像压缩编码的通用算法的国际标准。经过几年的努力，ISO 和 CCITT 通过了以他们提出的算法标准为基础的国际标准草案 ISO/IEC CD 10918-1，通常简称 JPEG 标准或 JPEG 算法，可用于自然景象或任何连续色调图像的数字数据的压缩编码和解码。

该标准规定了两种工作方式：顺序方式和渐进方式；还规定了三种级别的编码算法：基本系统、扩展系统和无失真系统。

① 顺序方式：在这种方式中，图像被分割为成行成列的小块，编码时由左而右、由上而下地逐行逐列对每个小块进行运算，直到所有小块都被编码为止。每个小块的编码都是一次完成的。解码时按编码顺序逐块解码，也是一次完成的。

② 渐进方式：整个图像首先以一种低于最终质量要求的质量标准（如分辨率或数据精度）进行编码，完成后以较上次高一级的质量要求进行一次编码，但仅传输为改善质量所需增加的那部分信息。这种过程可以重复若干次，直至达到所需的最终质量要求。每个子过程中的编码仍然为顺序方式。解码器在解出低质量的全幅图像后，加上改善质量的附加信息进行第二次解码，得到质量高一级的全幅图像，如此重复若干次，得到最终质量的图像。解码可在任一级中止，避免不必要的运算操作。这种方式很适合网络环境。

基本系统编码算法以离散余弦变换为核心，采用顺序工作方式，适用于一般精度（每个分量的每个样点占 8 位）的图像，有良好的压缩效果，压缩比可调。标准规定，每个 JPEG 静止图像压缩编码/解码器都必须具有实现基本系统的功能。

将基本系统在若干方面增强并减少一些限制条件后就称为扩展系统。扩展系统可对精度范围 4～12 位的图像进行处理，可采用渐进方式，也可选用哈夫曼编码或算术编码对离散余弦变换产生的统计事件进行压缩编码。

无失真系统采用二维 DPCM 技术，实现无失真压缩。当然，压缩比不可能很高。

JPEG 标准综合了多年来图像压缩编码的研究成果，是一种集大成的算法。虽然 DCT（离散余弦变换）是它的核心，但它同时采用 DPCM、自适应量化、行程编码、可变长熵编码等技术，所以是一种混合算法。

采用 JPEG 算法所能达到的压缩效果，与被压缩图像的特性有关。在开发和测试本算法标准时，所用的内容是彩色自然景物和人像的测试图片，压缩到 0.15 位/像素时，图像可识别；压缩到 0.25 位/像素时，解码后的图像可评价为"有用"；压缩到约 0.75 位/像素时，解码后的被认为"极佳"；压缩到约 1.5 位/像素时，解码后的图像与原图像基本上无区别。用无失真算法对测试图片进行压缩编码，大致可以得到 2:1 的压缩比。上述结果都是在对 4:2:2 CCIR601 格式 Y、Cb、Cr 三分量彩色图像进行处理时得到的，原图像每个分量为每像素 8 位，按采样率平均则为每像素 16 位。

随着多媒体应用领域的快速增长，传统 JPEG 压缩技术已无法满足人们对数字化多媒体图像资料的要求：网络上的 JPEG 图像只能一行行地下载，直到全部下载完毕才能看到整个图像，如果只对图像的局部感兴趣，那么只能下载整个图片后处理。JPEG 格式的图像文件体积仍然较大。由于 JPEG 格式采用有损压缩模式，因此被压缩图像上有大片近似颜色时会出现马赛克现象；同样，由于有损压缩，JPEG 无法胜任许多对图像质量要求较高的应用。

针对这些问题，从 1998 年开始，专家们开始为下一代 JPEG 格式出谋划策，希望新标准能具有更高的压缩率和更多的新功能，以便更有利于用户对图像进行数字化处理。但由于在算法选取问题上一直悬而未决，直到 2000 年 3 月，东京会议才确定彩色静态图像新一代编码方式 JPEG 2000 的编码算法的最终协议草案，其正式名称为 ISO 15444。

　　JPEG 2000 放弃了 JPEG 采用的以离散余弦变换算法为主的区块编码方式，而改用以离散小波变换算法为基础的"优化截取的嵌入式块编码"算法。

　　与 JPEG 相比，JPEG 2000 的优势主要表现在如下 4 方面。

　　（1）高质量

　　在破坏性压缩下，JPEG 2000 的一个明显优点是，没有 JPEG 压缩中的马赛克失真。JPEG 2000 的失真主要是模糊失真，产生的主要原因是在编码过程中高频量有一定程度的衰减。传统的 JPEG 压缩也存在模糊失真问题。

　　（2）高压缩率

　　在低压缩比情形下（如压缩比小于 10:1），传统 JPEG 图像的质量有可能要比 JPEG 2000 的好。但在高压缩比情形下，由于在离散小波变换算法中，图像能转换成一系列更为有效存储像素模块的"小波"，因此 JPEG 2000 格式的图片压缩比可在现有 JPEG 的基础上再提高 10%～30%，而且压缩后的图像显得更加细腻平滑。也就是说，在网络上浏览采用 JPEG 2000 压缩的图像时，不仅下载速率要比采用 JPEG 格式时快近 30%，而且品质更好。一般在压缩比达到 100:1 的情形下，采用 JPEG 压缩的图像会严重失真并难以识别，但 JPEG 2000 的图像仍可识别。

　　（3）无损压缩

　　JPEG 2000 同时支持有损和无损压缩。预测法作为对图像进行无损编码的成熟方法被集成到 JPEG 2000 中，因此 JPEG 2000 能实现无损压缩。这样，在需要保存一些非常重要或需要保留详细细节的图像时，就不需要再将图像转换成其他格式。此外，JPEG 2000 的误差稳定性也比较好，能更好地保证图像的质量。

　　虽然 JPEG 标准也包括无失真系统，但实际系统中较少提供这方面的支持。

　　（4）感兴趣区域压缩

　　JPEG 2000 的另一个极其重要的优点是 ROI（Region of Interest，感兴趣区域）。可以指定图片上的感兴趣区域，然后在压缩时对这些区域指定压缩质量，或在恢复时指定某些区域的解压缩要求。这是因为小波在空间和频率域上具有局域性（即一个变换系数牵涉的图像空间范围是局部的），要完全恢复图像中的某个局部，并不需要所有编码都被精确保留，而只要对应它的一部分编码没有误差即可。

　　在实际应用中，可以对一幅图像中感兴趣的部分采用低压缩比以获取较好的图像效果，而对其他部分采用高压缩比以节省存储空间。这样就能在保证不丢失重要信息的同时，有效地压缩数据量，实现真正的交互式压缩，而不只是对整个图片定义一个压缩比。

　　结合渐进传输和感兴趣区域压缩特点，在网络上浏览 JPEG 2000 格式的图片时就能解压出逐步清晰的图像，在传输过程中即可判断是否需要这样做；在图像显示过程中，还可以多次指定新的感兴趣区域，编码过程将在已发送数据的基础上继续编码，而不需要重新开始。

　　当然，JPEG 2000 的改进不止这些。例如，还考虑了人的视觉特性，增加了视觉权重和掩膜，在不损害视觉效果的情况下大大提高了压缩效率；可为一个 JPEG 文件加上加密的版权信息，这种经过加密的版权信息在图像编辑的过程（放大、复制）中将没有损失，比目前的水印技术更为先进；JPEG 2000 能很好地兼容 CMYK、RGB 等色彩模式，这为人们按照自己的需求在不同显示器、打印机等外设进行色彩管理带来了便利。

# 3.5 二维码编码原理及其应用

二维码是用某种特定几何图形按一定规律在平面（二维方向上）分布的黑白相间的图形记录数据符号信息的条码。在代码编制上，它巧妙利用构成计算机内部逻辑基础的 0、1 比特流概念，使用若干与二进制相对应的几何形体来表示文字数值信息，通过图像输入设备或光电扫描设备自动识读以实现信息自动处理。二维码具有条码技术的一些共性：每种码制有其特定的字符集；每个字符占有一定的宽度；具有一定的校验功能；还具有对不同行的信息自动识别、处理图形旋转变化点的功能。

二维码可分为行排式二维条码和矩阵式二维条码。行排式二维条码由多行一维条码堆叠在一起构成，但与一维条码的排列规则不完全相同；矩阵式二维条码是深色方块与浅色方块组成的矩阵，通常呈正方形，在矩阵中深色块和浅色块分别表示二进制中的 0 和 1。

矩阵式二维码以矩阵的形式组成，每个模块的长、宽相同，模块与整个符号通常都以正方形的形态出现。矩阵式二维码是一种图形符号自动识别处理码制，通常都有纠错功能。具有代表性的矩阵式二维码有 DM（Data Matrix）码、QR（Quick Response）码、汉信码。

QR 码是 1994 年 9 月日本公司研制出的一种矩阵式二维码符，是最早可以对汉字进行编码的二维码，也是目前应用最广泛的二维码。QR 码有 40 个版本，有 4 个不同纠错能力的纠错等级，除能编码字符、数字和 8 位字节外，还能编码中国和日本汉字，具有扩展解释能力。QR 码最多可以编码 4296 个文本字符、7089 个数字、2953 字节或 1817 个中文或日文字符。二维码在快速识别及解码上拥有优势，且编码范围广阔灵活，因而适应市场潮流，得到了广泛应用。

## 3.5.1 QR 码的基本结构

二维码符号中包含功能图形和数据编码。功能图形是指二维码符号中用于符号定位校正的有固定形状的图形，包括位置探测图形及其分隔符、校正图形、定位图形等。图 3-23 为 QR 码的基本结构，各部分的主要功能如下。

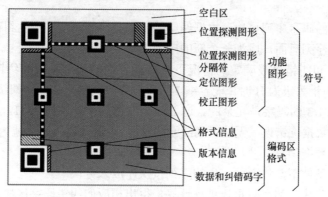

图 3-23 QR 码的基本结构

位置探测图形、位置探测图形分隔符、定位图形：用于对二维码的定位，位置都是固定存在的，只是大小规格有所差异。

校正图形：规格确定，校正图形的数量和位置也就确定。

格式信息：表示该二维码的纠错级别，分为 L、M、Q、H。

版本信息：二维码的规格。QR 码符号有 40 种规格的矩阵（一般为黑白色），从 21×21（版本 1）到 177×177（版本 40），每种版本的符号要比前一版本的每边增加 4 个模块。

数据和纠错码字：实际保存的二维码信息和纠错码字（修正二维码损坏带来的错误）。

## 3.5.2　QR 码的编码过程

QR 编码的基本过程如下。

（1）数据分析

确定编码的字符类型，按相应的字符集转换成符号字符；选择纠错等级，在规格一定的条件下，纠错等级越高，其真实数据的容量越小。

（2）数据编码

将数据字符转换为位流，每 8 位一个码字，整体构成一个数据的码字序列。

表 3.7　QR 编码模式

| 模　式 | 指示符 |
| --- | --- |
| ECI（extended channel interpretation） | 0111 |
| 数字 | 0001 |
| 字母数字 | 0010 |
| 8 位字节 | 0100 |
| 日本汉字 | 1000 |
| 中文汉字 | 1101 |
| 结构链接 | 0011 |
| 终止符（信息结尾） | 0000 |

数据可以按照表 3.7 中对应的一种模式进行编码，以便进行更高效的解码。例如，对数据"01234567"编码（版本 1-H）的过程如下：

<1> 分组：012 345 67。

<2> 转成二进制：012→0000001100，345→0101011001，67→1000011。

<3> 转成序列：0000001100 0101011001 1000011。

<4> 字符数转成二进制：8→0000001000。

<5> 加入模式指示符（表 3.7 中的"数字"）：0001。

最终得到编码结果：0001 0000001000 0000001100 0101011001 1000011。

对于字母、中文、日文等只是分组的方式、模式等内容有所区别，基本方法是一致的。

（3）纠错编码

按需要将上面的码字序列分块，根据纠错等级和分块的码字，产生纠错码字，并把纠错码字放到数据码字序列后面，成为一个新的序列。

在二维码规格和纠错等级确定的情况下，所能容纳的码字总数和纠错码字数也就确定了，如版本 10 的纠错等级为 H 时，能容纳 346 个码字，其中有 224 个纠错码字。也就是说，二维码区域中大约 1/3 的码字是冗余的。这 224 个纠错码字能够纠正 112 个替代错误（如黑白颠倒）或 224 个数据读错误（无法读到或无法译码），这样纠错容量就为 112/346 = 32.4%。

（4）构造最终数据信息

在规格确定的条件下，将上面产生的序列按次序放入分块中。

按规定把数据分块，然后对每块进行计算，得出相应的纠错码字区块，把纠错码字区块按顺序构成一个序列，添加到原先的数据码字序列的后面，如数据块 1 的第一个码字、数据块 2 的第一个码字、数据块 3 的第一个码字……数据块 $n$-1 的最后码字、数据块 $n$ 的最后码字；纠错块 1 的第一个码字、纠错块 2 的第一个码字……纠错块 $n$-1 的最后码字、纠错块 $n$ 的最后码字。某些版本的 QR 二维码符号的数据区域并不是 8 的倍数，导致最后会有剩余的二进制位，称为剩余位。剩余位可能有 3 个、4 个或 7 个，全部填充为 0，以便能够正好填满数据区域。

（5）构造矩阵

将探测图形、分隔符、定位图形、校正图形和码字模块放入矩阵中。把上面的完整序列填充到相应规格的二维码矩阵的区域中（如图 3-24 所示）。

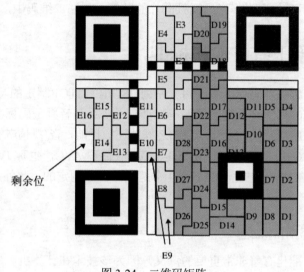

图 3-24　二维码矩阵

（6）掩膜

将掩膜图形用于符号的编码区域，使得二维码图形中的深色和浅色（黑色和白色）区域能够比率最优地分布。

（7）格式和版本信息

生成格式和版本信息放入相应区域内。格式信息有 15 位，其中前 5 位为数据位，第 1、2 数据位表示符号的纠错等级。格式信息第 3～5 位的内容为掩模图形参考，记录了掩膜图形选择后的结果。格式信息的另外 10 位是前面 5 个数据位的纠错位，纠错编码使用的是 BCH(15, 5)。

版本 7～40 都包含了版本信息，没有版本信息的全为 0。二维码上两个位置包含了版本信息，它们是冗余的。

版本信息共 18 位，是 6×3 矩阵，其中 6 位为数据位，它记录当前使用的版本号。例如版本号 8，其数据位的信息是 001000，后面的 12 位是纠错位，纠错编码使用的是 BCH(18, 6)。

## 3.5.3　二维码应用

二维码码可以方便地应用于各种场合。除可应用于印刷物外，还可应用于与生活息息相关的领域和商业领域，已成为人们日常生活中不可或缺的工具。应用场景主要包括：

✠　身份识别，主要是名片的制作。二维码名片方便记录和快速识别，如会议签到等。

✠　产品溯源，包括产品的基本信息。目前，物流行业运用二维码进行物流跟踪。

✠ 电子票务，如电影票、景点门票采用二维码定制，节省了排队买票、验票的时间，而且无纸化、绿色环保。

✠ 电子商务应用，包括二维码提货、二维码优惠券等，一些海报的商品展示也出现了二维码购物。

✠ 电子支付，这是一种基于账户体系搭起来的新一代无线支付方案。商家可把账号、商品价格等交易信息汇编成一个二维码，并印刷在各种报纸、杂志、广告、图书等载体上发布。用户通过手机客户端扫描二维码，便可实现与商家支付账户的支付。

✠ 其他娱乐应用，如广告、音乐视频图片的链接，加在二维码中，可供识别后下载。

# 3.6　动态图像压缩技术和标准

早期国际上音视频编解码标准主要两大系列：ISO/IEC JTC1 制定的 MPEG 系列标准；ITU 针对多媒体通信制定的 H.26x 系列视频编码标准和 G.7 系列音频编码标准。随着音频、视频编码技术本身和产业应用背景的变化，后起之秀辈出。目前，音/视频产业可以选择的信源编码标准有 4 个：MPEG-2、MPEG-4、MPEG-4 AVC（简称 AVC，也称 JVT、H.264）、AVS。前 3 个标准是由 MPEG 专家组完成的，第 4 个是我国自主制定的。此外，还存在一些开源的音频、视频标准。

## 3.6.1　MPEG 标准概述

视频压缩技术标准化有着非常重要的意义，因为该技术在计算机、电信和家用电器行业中有着广泛的应用。只有实现标准化，才能带动集成电路的大量生产，大幅度降低视频压缩产品成本，解决不同厂家设备的通用性。

MPEG（Motion Picture Experts Group，运动图像专家组）是国际标准化组织中 IEC/JTC1/SC2/WG11 的一个小组。MPEG 的工作不仅包括视频压缩，还涉及视频伴音及两者的系统同步问题。MPEG 下设三个小组：MPEG-Video（视频组）的任务是研究压缩传输速率上限为 1.5 Mbps 的视频信号；MPEG-Audio（音频组）的任务是研究压缩每信道 64 kbps、128 kbps 和 192 kbps 的数字音频信号；MPEG-System（系统组）的任务则是解决多道压缩视频、音频位流的同步及合成问题。

MPEG 委员会的工作始于 1988 年，在 1990 年制定了标准草案，期间 MPEG 工作参加单位由 15 家发展到 150 家。MPEG 委员会的目标是运动图像及其伴音的压缩编码标准化工作，原先打算开发 MPEG-1、MPEG-2、MPEG-3 和 MPEG-4，以适用于不同带宽和数字影像质量的要求。

目前，MPEG-1 技术广泛应用于 VCD，MPEG-2 标准用于广播电视和 DVD 等。MPEG-3 最初是为 HDTV 开发的编码和压缩标准，但由于 MPEG-2 的出色表现，MPEG-3 最终并未作为标准推出。MPEG-4 是为在国际互联网上或移动通信设备（如移动电话）上实时传输音/视频信号制定的。

MPEG 工作一开始就兼顾 JPEG 标准、CCITT 的 H.261 标准，支持这两个标准的优秀成果。强调标准要保证所有工作都建立在最广泛的信息基础上，所代表的技术应是最高水平的，应是学术界、工业界研究成果的结晶。为达到这一目标，竞争是必不可少的，竞争结果应筛选出技术先进、质量高、成本低的方案，这样的标准才具有竞争力。

MPEG-Video 组在竞争的 14 个方案的基础上，经过统一阶段的合作过程，进行一系列实验测定，集成一个方案，在 1990 年 9 月达成一致意见。

MPEG 标准是一个通用标准，既考虑了应用要求，又独立于应用之上。MPEG 说明应用压缩技术的约束条件并设计出使用的压缩算法。

MPEG 应用的数字存储媒体包括：光盘、数字录音带（DAT）、磁盘、可写光盘，以及通信网络如综合业务数字网（ISDN）、局域网（LAN）等。视频压缩算法必须有与存储相适应的性质，如网络随机访问、快进、倒放、音像同步、容错能力、延时控制在 150 ms 之内、可编辑性以及灵活的视频窗口格式等。实现这些特性对各种应用十分重要，因此构成了 MPEG 视频压缩算法的特点。

## 3.6.2 MPEG-1 标准

MPEG-1 标准称为"运动图像和伴随声音的编码——用于传输速率在 1.5 Mbps 以下的数字存储媒体"，主要用于多媒体存储和再现，如 VCD 等。MPEG-1 采用 CIF 视频格式（分辨率为 352×288），帧速率为 25 帧/s 或 30 帧/s，码率为 1.5 Mbps（其中视频约 1.2 Mbps，音频约 0.3 Mbps）。MPEG-1 为了追求更高的压缩率，同时满足多媒体等应用所需的随机存取要求，将视频图像序列划分为 I 帧、P 帧和 B 帧，根据不同的图像类型而不同对待。该标准草案于 1991 年 11 月完成，1992 年 11 月正式通过，由以下 5 部分组成。

① MPEG-1 Systems：规定电视图像数据、声音数据及其他相关数据的同步，标准名是 ISO/IEC 11172-1: 1993 Information technology – Coding of moving pictures and associated audio for digital storage media at up to about 1.5 Mbps – Part 1: Systems。

② MPEG-1 Video：规定视频数据的编码和解码，标准名是 ISO/IEC 11172-2: 1993 Information technology – Coding of moving pictures and associated audio for digital storage media at up to about 1.5 Mbps – Part 2: Video。

③ MPEG-1 Audio：规定音频数据的编码和解码，标准名是 ISO/IEC 11172-3: 1993 Information technology – Coding of moving pictures and associated audio for digital storage media at up to about 1.5 Mbps – Part 3: Audio。

④ MPEG-1 Conformance testing：标准名是 ISO/IEC 11172-4: 1995 Information technology – Coding of moving pictures and associated audio for digital storage media at up to about 1.5 Mbps – Part 4: Conformance testing。这个标准详细说明如何测试比特数据流和解码器是否满足 MPEG-1 前 3 部分中规定的要求。这些测试可以由厂商和用户实施。

⑤ MPEG-1 Software simulation：标准名是 ISO/IEC TR 11172-5 Information technology – Coding of moving pictures and associated audio for digital storage media up to about 1.5 Mbps – Part 5: Software simulation。实际上，这部分的内容不是一个标准，而是一个技术报告，给出了用软件执行 MPEG-1 标准前 3 部分的结果。

下面重点介绍 MPEG 视频压缩算法。MPEG 数据流采用分层结构（如图 3-26 所示）。

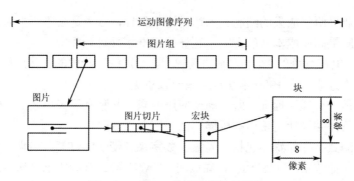

图 3-26　MPEG 数据流的分层结构

✠ 运动图像序列：包含一个表头（定义了图像宽度、图像高度、像素长宽比、帧速率、位速率、缓冲区尺寸等重要参数）、一组或多组图像和序列结束标志。

✠ 图片组：由一系列图像组成，可以从运动序列中随机存取。

✠ 图片：由一个亮度信号和两个色度信号组成。

✠ 块：由一个 8×8 的亮度信息或色度信息组成。

✠ 宏块：由一个 16×16 的亮度信息和两个 8×8 的色度信息构成。

✠ 图片切片：由一个或多个连续的宏块构成。

MPEG 语法把 MPEG 位流定义为一个符合语义的二进制数字序列。反映位流特点的两个重要参数是位速率和缓冲器尺寸。缓冲器尺寸指出对此位流信号进行解码时所需的缓冲空间。为防止溢出，缓冲区的空间要留出释放余量。

设计 MPEG 算法面临的一个矛盾是：仅靠帧内编码无法达到在保证画面质量前提下的高压缩比，而满足随机访问条件的最好算法是帧内编码。为了满足高压缩比要求，MPEG 采取了预测和插值两种帧间编码技术。MPEG 视频压缩算法的两个基础是基于 16×16 块的运动补偿缩减时间冗余、基于变换域（DCT）的缩减空间冗余技术。运动补偿技术采用因果和非因果两种编码算法，即纯预测编码算法和插值预测编码。剩余信号（预测误差）在缩减空间冗余时被进一步压缩，与运动有关的信息包含在 16×16 的块中，与空间信息一起进行变换，为获得最大限度的效率，可用变长代码压缩运动信息。

**1. 缩减时间冗余度**

MPEG 考虑了三种画面：内帧（I）、预测帧（P）和内插帧（B）。这样做的原因如下：一是考虑随机访问视频存储的重要性，二是运动补偿插值可显著降低位速率。内帧经过中度压缩，可作为随机访问点；预测帧以参考帧（I 或 P）为基础进行编码，又是后面预测帧的参考帧；内插帧压缩比最高，需要前后两个参考帧，但它本身不能作为参考帧使用。在预测编码中，运动补偿方法可大大提高编码效率，三种画面的相互关系如图 3-27 所示，每 8 个画面中有 1 个内帧，内插帧与其他画面的比率是 3:1。

运动补偿预测是应用最广泛的减少时间冗余度的方法，是许多视频压缩算法的基础。CCITT 标准 H.261 和 H.263 就是其中的典型代表。运动补偿预测技术假设每帧当前画面都可以前一帧画面为原型经过变换得到，这一变换是局部的，即画面上各点的位移方向和大小不必相同。通过获取变换前后的差值（称为运动信息），可以仅对差值信息进行编码。运动信息必须正确编码，它是重构画面所需信息的一部分。MPEG 的一个重要特色就是采用了这种被称为运动补偿插值的技术，可以改善随机访问性能，提高视频的图像质量。在时域内，以 1/15 s 或 1/10 s 的时间间隔取参考子图，对低分辨率的子图进行编码，采用反映运动的附加校正信息进行插值，可得到全分辨率（1/30 s）的视频信号。这种运动补偿插值技术又称双向预测。由图 3-28 可以清楚地看出，双向预测 B 图有更多的可用信息，既可以利用前面图的信息，又可利用后面图的信息。由于插补运动补偿被编码的信息是低分辨率子图和反映运动的附加校正信息，同时由于视频信息时域冗余度很高，需要传送或保存的附加运动校正信息非常少，所以插补运动补偿编码可以获得极高的压缩比。

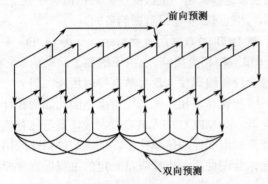

图 3-27　MPEG 视频帧编码及关系

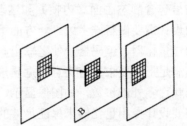

图 3-28　运动补偿插值技术

　　MPEG 选择了 16×16 宏块作为运动补偿单元，在内插编码中，每个 16×16 宏块可以是帧内型、前向预测型、后向预测型或统计平均型。给定的一个预测器宏块既与参考帧有关，又与运动矢量有关，如表 3.8 所示。其中，$\bar{X}$ 代表像素坐标，$\hat{I}_1(\bar{X})$ 是待编码图像 $I_1$ 在坐标 $\bar{X}$ 下的预测值，$\overline{mv_{01}}$ 代表宏块相对于参考图 $I_0$ 的运动矢量，$\overline{mv_{21}}$ 代表宏块相对于参考图 $I_2$ 的运动矢量。

表 3.8　宏块类型的预测器表达式及误差

| 宏块类型 | 预测器表达式 | 预测误差 |
|---|---|---|
| 帧内型 | $\hat{I}_1(\bar{X}) = 128$ | $I_1(\bar{X}) - \hat{I}_1(\bar{X})$ |
| 前向预测型 | $\hat{I}_1(\bar{X}) = \hat{I}_0(\bar{X} + \overline{mv_{01}})$ | $I_1(\bar{X}) - \hat{I}_1(\bar{X})$ |
| 后向预测型 | $\hat{I}_1(\bar{X}) = \hat{I}_2(\bar{X} + \overline{mv_{21}})$ | $I_1(\bar{X}) - \hat{I}_1(\bar{X})$ |
| 统计平均型 | $\hat{I}_1(\bar{X}) = \dfrac{1}{2}(\hat{I}_0(\bar{X} + \overline{mv_{01}}) + \hat{I}_2(\bar{X} + \overline{mv_{21}}))$ | $I_1(\bar{X}) - \hat{I}_1(\bar{X})$ |

　　每个包含运动信息的 16×16 宏块，相对于前面相邻块的运动信息做差分编码，得到运动插值，运动插值信号除了图像的边缘处，其他部分都很小。对运动插值信息再使用变长编码方法，可达到进一步压缩数据的目的。MPEG 标准只说明了怎样表示运动信息，如根据运动补偿的类型采用前向预测、后向预测、双向预测等，每个 16×16 宏块可包含一个或两个运动矢量。MPEG 并未说明运动矢量如何计算，但由于它采用基于块的表示方法，因此使用块匹配技术是可行的。通过搜索当前图像块与参考图之间的最小误差，可获得运动矢量。

　　实验证明，这种计算方法对视频图像的压缩比有着十分重要的影响，因此为了获得较高的压缩比，至今人们还在寻求更好的运动搜索算法。但好的运动搜索算法可能需要更多的处理时间，因此很多情况下需要在压缩比和处理时间之间进行折中。不过随着计算机处理速度的不断提高，这个矛盾将会逐步减小。

### 2．缩减空间冗余度

静态图像与运动视频信号都具有相当高的空间冗余度，降低空间冗余度的方法很多。因为运动补偿过程是基于宏块的，所以应采用以宏块为单元的处理技术。在这些方法中，变换编码和矢量量化编码技术较为常用。MPEG 用于减少空间冗余的方法与 JPEG 类似，混合使用变换编码、基于视觉加权的标量量化和行程编码等技术。整个过程分为三阶段：第一阶段基于 DCT 的正交变换计算变换系数；第二阶段对变换系数进行量化，把数据按 Z 形扫描顺序重新组合；第三阶段对变换系数按行程编码进行熵编码，达到进一步压缩数据的目的。

在 JPEG 压缩算法中，针对静态图像，对 DCT 系数采用等宽量化；而在 MPEG 中，视频信号包含静态画面（内帧）和运动信息（预测帧和内插帧）。由于增加了运动信息，量化器的设计需要做特殊考虑。一方面量化器结合行程编码使大部分数据得以压缩，另一方面要求通过量化器、编码器，使之输出一个与信道传输速率相匹配的比特流。因此如何设计一个能够满足上述要求且有满意视觉质量的量化器，在 MPEG 中尤其重要。量化器量化补偿的选择依赖许多外部参数，如图像显示、观察距离和原图像的信噪比等。针对某种特殊应用，有时需要设计专用量化器来保证足够的压缩比，且图像质量也能满足一定的主观保真度要求。

MPEG 量化器设计有以下 3 种考虑。

① 视觉加权量化。由于量化误差的主观感觉，对于不同频率的 DCT 系数有很大差别，利用这一特性可对高频系数做粗量化。

② 帧内块和非帧内块的量化。帧内块的信号量化应不同于预测块的信号量化。帧内块包含所有频率的能量，特别是低频系数携带了块内的大部分能量。帧内块的量化不宜太粗，以防止量化假轮廓。预测块内的预测误差信号反映边界和运动信息，属于高频（一般低频部分的预测误差较小），可做较粗的量化处理，所以帧内块和预测块可采用不同结构的量化器。

③ 可调整量化器。为了适应块与块之间的不均匀性，同时根据人眼的视觉特性，即对梯度平稳块的量化误差极敏感，而对包含边界或运动信息块的量化误差敏感度下降（视觉掩盖效应）的特点，可对量化器步长做自适应调整。

## 3.6.3　MPEG-2 标准

MPEG-2 是继 MPEG-1 后，MPEG 制定的又一个视频压缩标准 ISO/IEC 13818（其中视频部分即为 H.262）。MPEG-2 能适合更广泛的应用领域，主要包括数字存储媒体、广播电视和通信。制定 MPEG-2 标准的出发点是保持通用性，适用广泛的应用领域、比特率、分辨率、质量和服务。MPEG-2 适合高于 2 Mbps 的视频压缩，包括原打算为 HDTV 的发展而制定 MPEG-3 标准的内容。

MPEG-2 标准的基本算法也是运动补偿的预测和带有 DCT 的帧内变长编码，与 MPEG-1 的主要区别在于：一是能够有效地支持电视的隔行扫描格式；二是支持可分级的可调视频编码，适用于需要同时提供多种质量的视频业务的情况。可调视频信号编码的层次不仅可以按空间分辨率，而且可以按时间分辨率、信噪比和数据位的重要性等来划分。根据 MPEG-2 的标准，CCIR601 格式（702×576×25 帧）的信号可压缩到 4～6 Mbps，而 HDTV 格式（1280× 720×60 帧）的信号可压缩到约 20 Mbps。

MPEG-2 包括如下 9 部分。

① MPEG-2 Systems 规定电视图像数据、声音数据及其他相关数据的同步，标准名是 ISO/IEC 13818-1: 1996 Information technology – Generic coding of moving pictures and associated audio information – Part 1: Systems。

这个标准主要用来定义视频图像数据、音频数据和其他数据的组合，把这些数据组合成为一个或多个适合于存储或传输的基本数据流。数据流有两种形式，一种称为程序数据流（Program Stream，PS），另一种称为传输数据流（Transport Stream，TS）。程序数据流是组合一个或多个规格化的包化基本数据流（Packetised Elementary Streams，PES）生成的一种数据流，用在出现错误相对较少的环境下，适合使用软件处理的应用；传输数据流也是组合一个或多个 PES 生成的一种数据流，用在出现错误相对较多的环境下，如有损失或有噪声的传输系统。

② MPEG-2 Video 规定视频数据的编码和解码，标准名为 ISO/IEC 13818-2: 1996 Information technology – Generic coding of moving pictures and associated audio information – Part 2: Video。为了适应各种应用，这个标准定义了视频图像的各种规格，称为配置，如表 3.9 所示，表中的 √ 表示 MPEG-2 支持的配置。

表 3.9　MPEG-2 视频图像配置

| 配置等级 | 简化型 | 基本型 | 信噪比可变型 | 空间分辨率可变型 | 高级型 | 多视角型 | 4:2:2 |
|---|---|---|---|---|---|---|---|
| 高级 | | √ | | | √ | | |
| 高级 1440 | | √ | | √ | √ | | |
| 基本级 | √ | √ | √ | | √ | √ | |
| 低级 | | √ | √ | | | | |

③ MPEG-2 Audio 规定声音数据的编码和解码，是 MPEG-1 Audio 的扩充，支持多个声道，标准名为 ISO/IEC 13818-3: 1998 Information technology – Generic coding of moving pictures and associated audio information – Part 3: Audio。

④ MPEG-2 Conformance testing，标准名为 ISO/IEC DIS 13818-4 Information technology – Generic coding of moving pictures and associated audio information – Part 4 : Conformance testing。

⑤ MPEG-2 Software simulation，标准名为 ISO/IEC TR 13818-5: 1997 Information technology – Generic coding of moving pictures and associated audio information – Part 5: Software simulation。

⑥ MPEG-2 数字存储媒体命令和控制扩展协议（MPEG-2 Extensions for DSM-CC），标准名为 ISO/IEC DIS 13818-6 Information technology – Generic coding of moving pictures and associated audio information – Part 6 : Extensions for DSM-CC。这是一个数字存储媒体命令和控制（Digital Storage Media Command and Control，DSM-CC）扩展协议，用于管理 MPEG-1 和 MPEG-2 的数据流，使数据流既可在单机上运行，又可在异构网络（即用类似设备构造但运行不同协议的网络）环境下运行。在 DSM-CC 模型中，服务器和客户端都被认为是 DSM-CC 网络的用户，DSM-CC 定义了一个称为会话和资源管理（Session and Resource Manager，SRM）

的实体，用来集中管理网络中的会话和资源。

⑦ MPEG-2 先进声音编码（MPEG-2 AAC）是多声道声音编码算法标准。除后向兼容 MPEG-1 Audio 标准外，这个标准还有非后向兼容的声音标准。标准名为 ISO/IEC 13818-7: 1997 Information technology – Generic coding of moving pictures and associated audio information – Part 7 : Advanced Audio Coding　（AAC）。

⑧ MPEG-2 系统解码器实时接口扩展标准，标准名为 ISO/IEC 13818-9: 1996 Information technology – Generic coding of moving pictures and associated audio information – Part 9: Extension for real time interface for systems decoders。这是与传输数据流（Transport Stream）的实时接口（Real-Time Interface，RTI）标准，可以用来适应来自网络的传输数据流。

⑨ MPEG-2 DSM-CC 一致性扩展测试，标准名为 ISO/IEC DIS 13818-10 Information technology – Generic coding of moving pictures and associated audio information – Part 10: Conformance extensions for Digital Storage Media Command and Control（DSM-CC）。

MPEG-2 建立在 MPEG-1 的基础上，扩充了以场为基础的运动补偿，旨在消除运动图像时间和空间上的冗余。

在 MPEG-2 标准中，I 帧、P 帧和 B 帧的概念仍具有十分重要的意义：一个由 I 帧、P 帧和 B 帧组成的序列 I-B-B-P-B-B-P-B-B-P-B-B-P-B-B-I 称为 15-图像群（GOP-15）序列，其中 15 表示从一个 I 帧到下一个 I 帧的帧数。图像群序列从 GOP-1（只有 I 帧）到 GOP-15 甚至更多 GOP 的大小影响着相邻 I 帧的相关性。MPEG-2 压缩方案的比特率为 1.5～40 Mbps，比特率越高，每帧所分配的位就越多，图像质量就越高。为在一张单面 4.7 GB 的盘片上存储 133 分钟的电影，平均 MPEG-2 视频比特率应尽可能接近 3.5 Mbps。由于复杂场景的存在，需要增加额外的 I 帧以避免明显的人为痕迹，这时比特率可达 10 Mbps。因此，为了优化图像质量，MPEG-2 采用了变比特率（VBR）编码方案。

## 3.6.4　MPEG-4 标准

MPEG-4 于 1998 年 10 月定案，于 1999 年 1 月成为一个国际性标准，随后为扩展用途又进行了第二版的开发，于 1999 年底结束，其正式名称为 ISO 14496-2，是为了满足交互式多媒体应用而制定的新一代国际标准，具有更高的灵活性和可扩展性。MPEG-4 主要应用于可视电话、视频邮件和电子新闻等，对传输速率要求较低，通常为 4800～64000 bps，利用很窄的带宽，通过帧重建技术，压缩和传输数据，以求以最小的数据获得最佳的图像质量。基于内容的压缩、更高的压缩比和时空可伸缩性是 MPEG-4 最重要的三个技术特征。

同以前标准的最显著差别在于，MPEG-4 标准采用基于对象的编码理念，即在编码时将一幅景物分成若干在时间和空间上相互联系的视频/音频对象，分别编码后，经过复用传输到接收端，再对不同的对象分别解码，从而组合成所需要的视频和音频。

MPEG-4 提供了对于音频对象、视频对象、场景描述及与发送系统的接口进行编码的各种标准方法，由紧密相关却又彼此独立的多个部分组成，可以独立实现，也可以组合实现。各组成部分如下（构成图如图 3-29 所示）：

✠ Part1、Part2 和 Part3：构成该标准的基础。

✠ Part4：定义 MPEG-4 的测试规范。

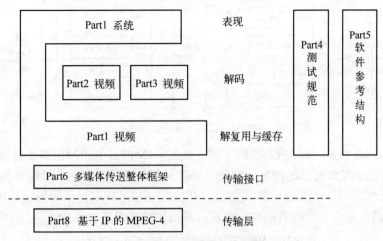

图 3-29 MPEG-4 构成图

✠ Part5：给出一个软件参考结构，可用于指导标准的实现。

✠ Part6：DMIF（多媒体传送整体框架）定义了一个应用和网络/存储之间的接口，主要解决交互网络中、广播环境下及磁盘应用中多媒体应用的操作问题。通过 DMIF，MPEG-4 可以建立具有特殊品质服务的信道和面向每个基本流的带宽。

✠ Part7：定义了一个优化的视频编码器。

✠ Part8：传输原则上不在本标准中定义，但定义了如何将 MPEG-4 流映射到 IP 传输层。

✠ Part9：硬件参考描述，阶段 1 硬件加速器，阶段 2 通过虚拟套接字的优化参考软件集成。

✠ Part10：高级视频编码（Advanced Video Coding）。

✠ Part11：场景描述，该部分内容是从 part1 分离而来的。

✠ Part12：ISO 媒体文件格式。

✠ Part13：IPMP 扩展。

✠ Part14：MP4 文件格式，基于 Part12。

✠ Part15：AVC 文件格式 基于 Part12。

✠ Part16：AFX 和 MuW 描述。

为了协作开发 MPEG-4 标准的视频编码工具和算法，MPEG-4 视频组采纳了在 MPEG-1/MPEG-2 开发中成功运用的验证模型（Verification Model，VM）。为了实现内容的交互功能，MPEG-4 视频 VM 中引入了视频对象平面（Video Object Plane，VOP）的概念。输入视频序列的每一帧被分成任意形状的图像区域，每个这样的区域包含可能感兴趣的特定图像或视频内容。属于景物中同一实际物体的连续 VOP 称为视频对象（Video Object，VO）。视频对象的构成依赖具体应用和系统实施所处的环境。一幅图像在编码时被分割成很多任意形状的视频对象，分别对各视频对象进行帧内、帧间编码。必要时只传输某些视频对象，大大提高了传输效率。

MPEG-4 视频 VM 中的编解码器结构如图 3-30 所示。

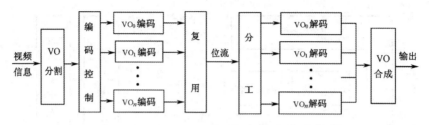

图 3-30　MPEG-4 视频 VM 中的编解码器结构

MPEG-4 与 MPEG-1 和 MPEG-2 的不同之处在于：MPEG-1 和 MPEG-2 是基于帧的规范，而 MPEG-4 是基于媒体对象的规范，规定了媒体对象的描述、表达、组织等问题。MPEG-4 在提供高压缩比的同时，对数据的损失很小。MPEG-1 使 VCD 取代了传统的录像带，MPEG-4 将使数字电视最终完全取代现有的模拟电视。详细比较可参见表 3.10。

表 3.10　MPEG-1/ MPEG-2/MPEG-4 标准比较

|  | MPEG-1 | MPEG-2 | MPEG-4 |
|---|---|---|---|
| 应用场合 | VCD | SVCD、DVD 和 HDTV | 网络和传输 |
| 标准创建时间 | 1992 年 | 1995 年 | 1998 年 |
| 最高图像分辨率 | 352×288 | 1920×1152 | 720×576 |
| PAL 制分辨率 | 352×288 | 720×576 | 720×576 |
| NTSC 制分辨率 | 352×288 | 640×480 | 640×480 |
| 最佳声音频率 | 48 kHz | 96 kHz | 96 kHz |
| 最多声音通道 | 2 路 | 8 路 | 8 路 |
| 最高数据流量 | 3 Mbps | 80 Mbps | 5 Mbps～10 Mbps |
| 一般数据流量 | 1380 kbps（352×288） | 6500 kbps（720×576） | 880 kbps（720×576） |
| 帧每秒（PAL） | 25 | 25 | 25 |
| 帧每秒（NTSC） | 30 | 30 | 30 |
| 图像质量 | 一般 | 非常好 | 非常好 |
| 编码硬件要求 | 低 | 高 | 非常高 |
| 解码硬件要求 | 非常低 | 中等 | 高 |

MPEG-4 的商业应用领域包括：数字电视、实时多媒体监控、低比特率下的移动多媒体通信、基于内容存储和检索的多媒体系统、网络视频流与可视游戏、网络会议、交互多媒体应用、基于计算机网络的可视化合作实验室场景应用、演播电视等。

## 3.6.5　MPEG-7 标准

1996 年 10 月，MPEG 启动了一个新的工作项目，试图对基于内容的多媒体信息检索提供解决方案。这个 MPEG 家族的新成员称为多媒体内容描述接口（Multimedia Content Description Interface），即 MPEG-7，它的由来是 1 + 2 + 4 = 7，因此没有 MPEG-3、MPEG-5 和 MPEG-6。MPEG-7 着重研究存储（在线存储或离线存储）或数据流（广播数据流或互联网数据流类型）的应用，包括特征提取、内容描述、搜索引擎，主要供图像信息检索用，对现有内容识别专用解决方案的有限的能力进行扩展，包括了更多的数据类型。

MPEG-7 由以下 7 部分组成：

- ✠ MPEG-7 系统：保证 MPEG-7 描述有效传输和存储所需的工具，并确保内容与描述之间进行同步，这些工具有管理和保护的智能特性。
- ✠ MPEG-7 描述定义语言：用来定义新的描述结构的语言。
- ✠ MPEG-7 音频：只涉及音频描述的描述子和描述结构。
- ✠ MPEG-7 视频：只涉及视频描述的描述子和描述结构。
- ✠ MPEG-7 属性：实体和多媒体描述结构。
- ✠ MPEG-7 参考软件：实现 MPEG-7 标准相关成分的软件。
- ✠ MPEG-7 一致性：测试 MPEG-7 执行一致性的指导方针和程序。

MPEG-7 标准可以独立于其他 MPEG 标准使用，但 MPEG-4 中定义的音频、视频对象的描述适用于 MPEG-7。MPEG-7 的适用范围广泛，既可应用于存储（在线或离线），又可用于流式应用（如广播、将模型加入互联网等），还可在实时或非实时环境下应用。实时环境是指当信息被捕获时是与所描述的内容相联系的。

MPEG-7 的目标是把现在有限的查询能力扩展到包括更多的信息形式，即确立各种类型的多媒体信息的标准描述方法。这种描述只与内容密切相关，将支持用户对那些感兴趣的资料做快速而高效的搜索。所谓"资料"，包括静止的画面、图形、声音、运动视频以及上述元素如何结合成多媒体的信息（"剧情"、合成信息），还包括上述一般形式中较为特殊的情况，如面部表情、人物特征等。

提出 MPEG-7 的目的并不是要代替原有的 MPEG 标准，而只是为其他标准所表达的信息提供一种检索手段。因此，MPEG-7 标准描述基本上建立在其他表示法（标准）基础上。该标准的一个重要功能是为上述各表示法的适当部分提供索引。例如，MPEG-4 中的形状描述在 MPEG-7 中可能是非常有用的，MPEG-1 和 MPEG-2 中的运动矢量同样如此。由于 MPEG-4 提供了将视听材料编码成具有特定时空意义的对象的手段，使得对媒体内容的检索细化到了视听对象的层次，因此极大地丰富了 MPEG-7 的内容和应用范围。MPEG-4 也因此成为 MPEG-7 标准描述中的主要成分。

在视频检索系统中为了提高检索速度，将一些运动目标的基本特征，如目标类别、颜色、速度等信息在视频录制时就实时进行分析，并通过这些特征对视频内容进行索引，存放在存储设备中。这样，在需要进行特征检索时，只需将用户提供的特征与视频内容的索引信息进行比对，就能定位到相关视频片段，而不需要对视频再次进行处理分析，可以有效节省分析时间。但由于不同厂商的视频内容索引和描述的标准不尽相同，这样就会产生不同厂商之间的系统的对接和视频内容索引的共享问题，无法充分发挥系统的作用。而 MPEG-7 标准化了对音/视频特征的描述，对求解该问题给出了指导方向。

## 3.7 H.26x 标准

鉴于对视频图像传输的需求以及传输带宽的不同，CCITT 分别于 1990 年和 1995 年制定了适用于综合业务数字网（Integrated Service Data Network，ISDN）和公共交换电话网（Public Switched Telephone Network，PSTN）的视频编码标准，即 H.261 协议和 H.263 协议。这些标准不但使低带宽网络上的视频传输成为可能，而且解决了不同软/硬件厂商产品之间的互通性，因此对多媒体通信技术的发展起到了重要作用。

## 3.7.1　H.261 标准

H.261 是 CCITT 制定的国际上第一个视频压缩标准，主要用于电视电话和会议电视，以满足 ISDN 日益发展的需要，并于 1990 年 12 月获得批准。H.261 标准的名称为"视听业务速率为 $P×64$ kbps 的视频编码"，又称 $P×64$ kbps 标准（$P = 1, 2, \cdots, 30$）。$P = 1, 2$ 时，仅支持四分之一通用交换格式（QCIF）的视频格式（176×144），用于帧速低的可视电话；$P \geq 6$ 时可支持通用交换格式（CIF）的视频格式（352×288）。H.261 视频压缩算法的核心是运动估值预测和 DCT 编码，其许多技术（包括视频数据格式、运动估算与补偿、DCT 变换、量化和熵编码）都被后来的 MPEG-1 和 MPEG-2 借鉴和采用。

## 3.7.2　H.263 标准

H.263 是关于低于 64 kbps 的窄带通道视频编码建议，其目的是在现有的电话网上传输运动图像。由于 H.263 是面向低速信道的，因此必须在帧频和图像失真之间做出选择。H.263 是在 H.261 建议的基础上发展起来的，其信源编码算法仍然是帧间预测和 DCT 混合编码，与 H.261 不同，H.263 采用半像素的分辨率进行运动补偿，处理的图像格式可覆盖从 sub-QCIF 到 16CIF。所谓半像素运动补偿，是指半像素由相邻点整像素位置的值进行双线性内插得到（如图 3-31 所示）。

图 3-31　双线性内插

CCITT 制定的 H.263 标准原本是为基于电话线路（PSTN）的可视电话和视频会议系统而设计的，由于它的编解码方法优异，现在已成为一般的低比特率视频编码标准。H.263 标准是基于块的预测差分编码系统，虽然是在 H.261 协议基础上提出来的，但其性能已较前者有了很大的改进。

图像的亮度信号根据选择的分辨率（如 QCIF，176×144）进行采样，而色度信号 Cb、Cr 在水平和垂直方向均采用一半分辨率采样，图像的帧结构（QCIF 格式）如图 3-32 所示。

每帧图像被分为若干宏块，每个宏块由 4 个 8×8 的亮度块、1 个 8×8 的 Cb 块和 1 个 8×8 的 Cr 块组成。由若干宏块行组成的块组被称为 GOB（Group Of Block），行的数量取决于图像帧的分辨率，如在 QCIF 格式的图像中，一个 GOB 由一行（11 个）宏块组成，所以每帧图像由 9 个 GOB 组成。

H.263 协议提供了如下两种编码模式：

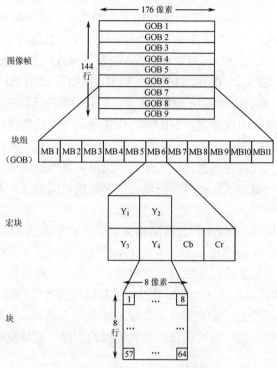

图 3-32　QCIF 图像的帧结构

① 帧内编码：仅包含每帧本身的信息，从而每帧都可单独解码。它采用离散余弦变换减少空间冗余，并对变换后的系数采用可变长的哈夫曼编码。

② 帧间编码：只对帧间预测误差进行编码，极大地消除了时间冗余。帧间编码的基础是运动估计和补偿技术。

H.263 还提供了如下 4 种可协商选择的编码方法。

① 无限制范围的运动矢量模式。一般运动矢量的范围都限制在已编码的参考帧中，这种限制使得对当前帧图像边界的宏块进行运动估计时，由于参考宏块可能已处于参考帧之外而无法得到最优效果。在 H.263 中取消了这种限制，允许运动矢量指向图像以外的区域。当某一运动矢量所指的参考宏块位于编码图像之外时，就用其边缘的图像像素值来代替这个不存在的宏块。当存在跨边界的运动时，这种模式能取得很大的编码增益，特别是对小图像而言。另外，这种模式包括了运动矢量范围的扩展，允许使用更大的运动矢量，这对摄像机运动特别有利。

② 基于语法的算术编码模式。使用算术编码代替哈夫曼编码，由于算术编码在符号的概率分布不为 2 的幂的情况下也能逼近压缩的理论极限——符号的熵，因此可在信噪比和重建图像质量相同的情况下降低码率。

③ 高级预测模式。在一般情况下，每个宏块对应一个运动矢量。在先进的预测模式下，一个宏块中的 4 个 8×8 亮度块可以各对应一个运动矢量，从而提高预测精度。两个色度块的运动矢量则取这 4 个亮度块运动矢量的平均值。

④ PB 帧模式。PB 帧包含作为一个单元进行编码的两帧图像。PB 帧的名称源于 H.263

中使用的 P 帧和 B 帧。PB 帧模式可在码率增加不多的情况下使帧率加倍。

H.263 建议草案于 1995 年 11 月完成。虽然在低比特率、低分辨率的应用中 H.263 有它的优点，也有一定的局限性。对此，CCITT 对 H.263 进行了修改，于 1998 年 1 月提出了 H.263+ 建议。H.263+ 又称 H.263 版本 2，是 H.263 协议的扩展，增加了 12 种新的协商模式和附加特性，以扩大协议的应用范围，提高重建图像的主观质量，加强对编码比特率的控制。

新增选项可归纳为新的图像种类和新的编码模式两类。新的图像种类如下。

① 分级图像。分级视频编码对在噪声信道和存在大量包丢失的网络中传送视频信号很有意义。这种编码方法允许将视频流分成多个逻辑信道，某些逻辑信道数据的丢失不会严重影响图像的重建。H.263+ 增加了三种分级图像，一种提供时间分级，其他两种提供信噪比和空间分级。

② 增强的 PB 帧。H.263 的 PB 帧在预测类型上有一定局限性，这限制了 PB 帧模式的应用范围。在版本 2 的 H.263 标准中，对原有的 PB 帧模式进行了一些细微的修改，宏块在原有的双向预测的基础上增加了前向和后向预测模式，扩大了应用范围，提高了压缩效果。

③ 用户定义的图像格式。原 H.263 标准限制了其应用的图像的输入格式，仅允许 5 种视频源格式。新的 H.263+ 标准允许用户使用更广泛的图像输入格式，从而拓宽了标准使用的范围，使之可以处理基于视窗的计算机图像、更高帧频的图像序列和宽屏图像。

新的编码模式如下。

① AIC（先进的帧内编码）：通过 DCT 系数的空间预测，极大地提高了帧内编码的压缩效率。

② DF（块效应消除滤波器）：通过在环路中增加块边界自适应滤波器，减少了最后重建图像的块效应。

③ SS（片结构）：通过定义由若干宏块构成的片结构，增强了编码图像抗信道差错和包丢失的能力。

④ RPS（参考帧选择）：允许选择非时间最近的参考帧作为预测基准，增强了抗误码能力。使用该模式需要反向信道。

⑤ RPR（参考帧重取样）：允许参考帧在运动预测之前重新进行取样，使用该模式可以实现全局运动补偿等技术。

在 H.263+ 标准后又发布了 H263++ 标准，该标准已经由 CCITT 正式制定为标准，并且在 H263+ 的基础上增加了三个选项，主要是为了增强码流在恶劣信道上的抗误码性能和增强编码效率。

### 3.7.3　H.264 标准

H.264 标准是 CCITT 的 VCEG（视频编码专家组）和 ISO/IEC 的 MPEG（活动图像专家组）的联合视频组（Joint Video Team，JVT）开发的标准，也称 MPEG-4 Part10——高级视频编码。H.264 视频编码标准的主要目标和特点如下：

① 提高压缩编码效率。在相同视频图像质量下，H.264 比 H.263 节省 50% 的传输速率；H.263++ 中包含了很多选项，应用者很难选择，为此 H.264 采用简捷的设计思路，不采用众

多的可选项；在解码器端采用复杂度分级设计，在图像质量和解码处理之间可分级，以适应多种复杂性应用。

② 增强网络适应能力。H.264 标准中引入了网络适配层，其码流结构网络适应性强，增强了差错恢复能力，能够很好地适应 IP 和无线网络的应用；H.264 加强了对误码和丢包的处理，提高了抗误码能力；对不同的业务灵活地采用相应的时延限制。

但 H.264 获得优越性能的代价是计算复杂度增加。据估计，编码的计算复杂度相当于 H.263 的 3 倍，解码复杂度相当于 H.263 的 2 倍。

H.264 标准的关键技术包括如下 7 部分。

（1）分层设计

H.264 算法在概念上分为两层：视频编码层（Video Coding Layer，VCL），负责高效的视频内容表示；网络提取层（Network Abstraction Layer，NAL），负责以网络所要求的恰当方式对数据进行打包和传送。在 VCL 和 NAL 之间定义了一个基于分组方式的接口，打包和相应的信令属于 NAL 的一部分。这样，高编码效率和网络友好性的任务就分别由 VCL 和 NAL 来完成。

VCL 层包括基于块的运动补偿混合编码和一些新特性。与前面的视频编码标准一样，H.264 没有把前处理和后处理等功能包括在草案中，以便可以增加标准的灵活性。

NAL 负责使用下层网络的分段格式来封装数据，包括组帧、逻辑信道的信令、定时信息的利用或序列结束信号等。例如，NAL 支持视频在电路交换信道上的传输格式，支持视频在 Internet 上利用 RTP/UDP/IP 传输的格式。NAL 包括自己的头部信息、段结构信息和实际载荷信息，即上层的 VCL 数据（如果采用数据分割技术，那么数据可能由几部分组成）。

（2）高精度、多模式运动估计

H.264 支持 1/4 或 1/8 像素精度的运动矢量。在 1/4 像素精度时，可使用 6 抽头滤波器来减少高频噪声，对于 1/8 像素精度的运动矢量，可使用更复杂的 8 抽头滤波器。在进行运动估计时，编码器还可选择"增强"内插滤波器来提高预测的效果。在 H.264 中，允许编码器使用多于一帧的先前帧用于运动估计，这就是所谓的多帧参考技术。

（3）4×4 块的整数变换

H.264 与先前的标准相似，对残差采用基于块的变换编码，但变换是整数操作而不是实数运算，其过程与 DCT 基本相似。这种方法的优点在于：在编码器和解码器中允许精度相同的变换和反变换，便于使用简单的定点运算方式。变换的单位是 4×4 块，而不是常用的 8×8 块。由于变换块的尺寸缩小，运动物体的划分更精确，这样不但使变换的计算量较小，而且在运动物体边缘处的衔接误差也大为减小。为了使小尺寸块的变换方式对图像中较大面积的平滑区域不产生块之间的灰度差异，可对帧内宏块亮度数据的 16 个 4×4 块的 DC 系数（每个小块 1 个，共 16 个）进行第二次 4×4 块的变换，对色度数据的 4 个 4×4 块的 DC 系数（每个小块 1 个，共 4 个）进行 2×2 块的变换。

H.264 为了提高码率控制的能力，量化步长的变化幅度控制在 12.5%左右，而不是以不变的增幅变化。变换系数幅度的归一化被放在反量化过程中处理，以减少计算的复杂性。为了强调色彩的逼真性，对色度系数采用了较小量化步长。

（4）统一的 VLC

在 H.264 中，熵编码有两种方法：一是对所有的待编码符号采用统一的 VLC（Universal VLC，UVLC），二是采用内容自适应的二进制算术编码（Context-Adaptive Binary Arithmetic Coding，CABAC）。CABAC 是可选项，其编码性能比 UVLC 稍好，但计算复杂度也高。UVLC 使用一个长度无限的码字集，设计结构非常有规则，用相同的码表可以对不同的对象进行编码。这种方法容易产生一个码字，解码器也容易识别码字的前缀，UVLC 在发生比特错误时能快速获得重同步。

（5）帧内预测

先前的 H.26x 系列和 MPEG-x 系列标准中，采用的都是帧间预测方式。在 H.264 中，当编码 Intra 图像时可用帧内预测。对于每个 4×4 块（除了边缘块特别处置），每个像素都可用 17 个最接近的先前已编码的像素的不同加权和（有的权值可为 0）来预测，即此像素所在块的左上角的 17 个像素。显然，这种帧内预测不是在时间上而是在空间域上进行预测编码，可以除去相邻块之间的空间冗余度，取得更有效的压缩。

（6）切换帧

之前的视频标准如 MPEG-2、H.263 和 MPEG-4 主要定义了 3 种类型的帧：I 帧、P 帧和 B 帧。针对视频序列中帧之间的高度相关性，为了获得高的压缩效率，通常的做法是大量地使用 P 帧、B 帧来取代 I 帧，因此相邻压缩帧之间具有很强的解码依赖性，使得前、后帧预测获得的 P 帧、B 帧一旦在解码时找不到相应的编码参考帧，就不能被正确解码。这样，以它们为参考帧的后续帧就都将不能被正确地重构。这些后续帧的错误又会影响到随后以它们为参考帧的帧，使得错误蔓延下去。之前的标准中都是通过不断插入 I 帧来解决这一问题的，但由于 I 帧的压缩效率相对于 B、P 帧要低得多，因此这种做法势必会降低编码效率。针对这一问题，H.264/AVC 中定义了 SP 和 SI 两种新的图类型，统称为切换帧，以应对网络中的各种传输码率，最大限度地利用现有资源弥补因缺少参考帧引起的解码问题。

SP 帧的编码方法类似于 P 帧，都应用运动补偿来去除时间冗余，不同之处在于，SP 帧编码允许在使用不同参考帧的情况下重构相同的帧，如图 3-33 所示，因而可以取代 I 帧，提高压缩效率，降低带宽；SI 帧的编码方类似于 I 帧，都利用空间预测编码，能够重构对应的 SP 帧。

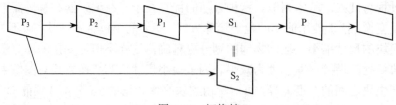

图 3-33　切换帧

利用切换帧的这一特性，编码流在不插入 I 帧的情况下能够实现码流的随机切换功能，即 SP 帧可以在切换、拼接、随机接入、快进/快退等应用中取代 I 帧，同时编码效率比 I 帧有所提高。另外，SP、SI 帧能够实现差错复原功能，当由于当前解码帧的参考帧出错而无法正确解码时，可通过 SP 帧来实现解码工作，编码器将根据参考帧的正确与否来决定 SP、SI 帧的传送，因此使用 SP/SI 帧在提高编码效率的同时，加强了码流的抗误码能力。因此，根据当前网络状况，使用 SP 和 SI 切换帧就可实现不同传输速率、不同质量视频流间的切换，从而适应视频在各种传输环境下的应用。

（7）面向 IP 和无线环境

H.264 草案中包含了用于差错消除的工具，便于压缩视频在误码、丢包多发环境中传输，如移动信道或 IP 信道中传输的健壮性。

为了抵御传输差错，H.264 视频流中的时间同步可以采用帧内图像刷新来完成，空间同步由条结构编码来支持。为便于误码以后的再同步，在一幅图像的视频数据中还提供了一定的重同步点。另外，帧内宏块刷新和多参考宏块允许编码器在决定宏块模式时不仅可以考虑编码效率，而且可以考虑传输信道的特性。

除利用量化步长的改变来适应信道码率外，在 H.264 中还常利用数据分割的方法来应对信道码率的变化。从总体上说，数据分割的概念就是在编码器中生成具有不同优先级的视频数据以支持网络中的服务质量（QoS）。如采用基于语法的数据分割方法，将每帧数据按其重要性分为几部分，从而允许在缓冲区溢出时丢弃不太重要的信息。还可以采用类似的时间数据分割方法，通过在 P 帧和 B 帧中使用多个参考帧来完成。

在无线通信应用中，可以改变每帧的量化精度或空间/时间分辨率来支持无线信道的大比特率变化。可是，在多播情况下，要求编码器对变化的各种比特率进行响应是不可能的。因此，不同于 MPEG-4 中采用的精细分级编码（Fine Granular Scalability，FGS）（效率比较低），H.264 采用流切换的 SP 帧来代替分级编码。

由于 H.264 编码的优异特征，目前已经被广泛应用于视频通信、视频存储等领域。在视频通信领域，比较典型的应用是会议电视、可视电话等，很多视频聊天软件也基本采用 H.264 编码格式。在视频存储领域，采用 H.264 编码方式存储高清晰度视频的应用也很多，如在 DVD 视频存储播放领域应用中，H.264 是最好的选择，对于高清晰度 DVD（HD DVD）应用来说，更加需要具有高压缩效率的视频压缩标准。此外，市场上几乎所有的数字监控设备都支持 H.264 编码标准。

## 3.7.4　H.265 标准

H.265 标准是 ITU-T VCEG 继 H.264 后制定的新视频编码标准。H.265 标准围绕现有的视频编码标准 H.264，保留了原来的某些技术，同时对部分技术加以优化或改良。新标准使用先进的技术改进码流、编码质量、延时和算法复杂度之间的关系，进而达到性能最佳化。

H.265 既沿用了 H.264 的混合视频编码框架，又有新的技术特点，其核心编码模块包括：帧内/帧间预测、变换及量化、去块滤波器、熵编码等。针对超高清视频的编码及并行处理，H.265 定义了灵活的块结构，同时对各编码模块进行了优化和改进，增加了新的编码模块（如 SAO），使得压缩效率得到显著提高。

相对于 H.264，H.265 具有以下优势：

① 在同等画质和码率下，H.265 比 H.264 占用的存储空间理论上要节省 50%；存储空间一样大时，意味着在相同码率下，H.265 的画质会比 H.264 的画质更高，理论提升 30%～50%。

② H.264 可以在低于 2 Mbps 的传输带宽下实现标清数字图像传送，而 H.265/HEVC 可以在低于 1.5 Mbps 的传输带宽下实现 1080P 全高清视频传输。

H.265 标准的优点虽然很多，但算法的复杂性同时增加了应用的难度，具体如下：

① 实时编码难度大。视频采集后，在保证视觉效果的同时需要减少视频数据量，以便数据传输和存储，因此编码压缩显得尤为重要。在 H.264 时代，经过多年的积淀，算法和芯片的搭配方案早已成熟。H.265 编码复杂度较 H.264 呈几何增长，编码用时也随之增长，以现有的终端设备难以实现实时编码，这也是目前 H.265 在直播领域应用比较困难的原因之一。但在点播领域，视频厂商用专业设备将原有视频压制成 H.265 编码格式，供用户点播、下载。

② 编码器使用难度大。H.265 只是规定了一个可用技术的范围，编码时很多特性可以用，也可以不用，所以 H.265 编码器的使用难度是 x264（一个开源的 H.264/MPEG-4 AVC 视频编码函数库）的 2～3 倍。

③ 解码难度大。与 MEPG-2 相比，虽然 H.264 的压缩效率提升了一倍多，但解码难度也提高了至少 3 倍，运算量高达 100 GOPS（Giga Operations Per Second）。H.265 带来了远高于 H.264 的压缩效率，也带来了高于 H.264 数倍的解码难度，算法复杂度比 H.264 增加了 2～10 倍，运算量飙升到 400～500 GOPS，因此复杂的运算对处理器提出了严峻的挑战。不过 2015 年后推出的手机大多数在解码 H.265 时已无 CPU 瓶颈，解码 780P、1080P 已不存在任何困难。

鉴于 H.265 编码的极大优势，它在网络适应性方面有着不可比拟的优点，在低带宽网络环境下也能传输更高质量的视频。这也意味着在现有网络环境下，在线视频观看将更加流畅，企业也将付出更少的带宽成本。

# 3.8 AVS 标准

2002 年，因为受专利费打击，我国的 DVD 产业一蹶不振。为了避免重蹈覆辙，2002 年 6 月，在原信息产业部的批准和支持下，AVS 标准工作组成立，开始制定中国自主知识产权的音/视频标准——AVS（Audio Video coding Standard，信息技术、先进音/视频编码）。

2003 年 12 月，工作组完成了 AVS 标准的第一部分（系统）和第二部分（视频）的草案最终稿，与报批稿配套的验证软件也已完成。2004 年 12 月 29 日，全国信息技术标准化技术委员会组织评审并通过了 AVS 标准视频草案。2005 年 1 月，AVS 工作组将草案报送原信息产业部。3 月 30 日，原信息产业部初审认可，标准草案视频部分进入公示期。2005 年初（第 12 次全体会议）完成了第三部分（音频）草案。为了推动 AVS 的产业化，2005 年 5 月 25 日，正式成立 AVS 产业联盟。

2012 年，为了加快推进 AVS 在广播电视行业中的应用，原国家广播电影电视总局科技司与工业和信息化部电子信息司联合发文共同成立"AVS 技术应用联合推进工作组"（以下简称为 AVS 推进组），从此 AVS 标准发展进入快车道，并于 2012 年 7 月成功制定 AVS+行业标准，如今 AVS+已在数字电视广播等应用中取得重要进展。

2011 年底，AVS 启动了面向超高清应用的新一代视频编码标准 AVS2 的制定工作；2015 年底，标准技术制定完成；2016 年 5 月，获批为广电行业标准 GY/T 299.1—2016；2016 年 12 月，正式获批为国家标准 GB/T 33475.2—2016。

2015 年以来，AVS 吸引了上百家科研院所、企业的参与，在视频编码制定过程中实现了视频编码核心技术的创新，如最新一代 AVS2 标准已在性能上优于 HEVC/H.265 国际标准，甚至在场景视频编码方面实现了大幅度超越。

## 3.8.1 AVS 与 H.264 比较

与 H.264 相比，AVS 主要具有以下特点：① AVS 的性能高，与 H.264 的编码效率相当；② AVS 的复杂度低，编码复杂度比 H.264 明显低，软件、硬件实现成本都低于 H.264；③ AVS 编码技术为中国主导的知识产权，专利授权模式简单，费用较 H.264 低。

AVS 视频与 MPEG 标准都采用混合编码框架，包括变换、量化、熵编码、帧内预测、帧间预测、环路滤波等技术模块，这是当前主流的技术路线。AVS 的主要创新在于提出了一批具体的优化技术，在较低的复杂度下实现了与国际标准相当的技术性能，但并未使用国际标准背后的大量复杂的专利。

AVS 视频中具有特征性的核心技术包括：8×8 整数变换、量化、帧内预测、1/4 精度像素插值、特殊的帧间预测运动补偿、二维熵编码、去块效应环内滤波等。

（1）变换量化

AVS 的 8×8 变换与量化可以在 16 位处理器上无失配地实现，从而克服了 MPEG-4 AVC/H.264 之前所有视频压缩编码国际标准中采用的 8×8 DCT 变换存在失配的固有问题。而 MPEG-4 AVC/H.264 采用的 4×4 整数变换在高分辨率的视频图像上的去相关性能不及 8×8 的变换有效。AVS 采用了 64 级量化，可以完全适应不同的应用和业务对码率和质量的要求。解决 16 位实现的问题后，目前 AVS 采用的 8×8 变换与量化方案既适合 16 位 DSP 或其他软件方式的快速实现，又适合 ASIC 的优化实现。

（2）帧内预测

AVS 的帧内预测技术沿袭了 MPEG-4 AVC/H.264 帧内预测的思路，用相邻块的像素预测当前块，采用代表空间域纹理方向的多种预测模式。但 AVS 亮度和色度帧内预测都是以 8×8 块为单位的。亮度块采用 5 种预测模式，色度块采用 4 种预测模式，而这 4 种模式中又有 3 种与亮度块的预测模式相同。在编码质量相当的前提下，AVS 采用较少的预测模式，使方案更加简洁，实现的复杂度大为降低。

（3）帧间预测

帧间运动补偿编码是混合编码技术框架中最重要的部分之一。AVS 标准采用了 16×16、16×8、8×16 和 8×8 的块模式进行运动补偿，去除了 MPEG-4 AVC/H.264 标准中的 8×4、4×8、4×4 的块模式，目的是更好地刻画物体运动，提高运动搜索的准确性。实验表明，对于高分辨率视频，AVS 选用的块模式已能足够精细地表达物体的运动。较少的块模式能降低运动矢量和块模式传输的开销，从而提高压缩效率，降低编解码实现的复杂度。

AVS 和 MPEG-4 AVC/H.264 采用了 1/4 像素精度的运动补偿技术。MPEG-4 AVC/H.264 采用 6 抽头滤波器进行半像素插值并采用双线性滤波器进行 1/4 像素插值。AVS 采用了不同的 4 抽头滤波器进行半像素插值和 1/4 像素插值，在不降低性能的情况下减少插值所需要的参考像素点，减小了数据存取带宽需求，这在高分辨率视频压缩应用中是非常有意义的。

在传统的视频编码标准（MPEG-x 系列与 H.26x 系列）中，双向预测帧 B 帧都只有 1 个前向参考帧与 1 个后向参考帧，而前向预测帧 P 帧则只有 1 个前向参考帧。MPEG-4 AVC/H.264

充分地利用了图片之间的时域相关性，允许 P 帧和 B 帧有多个参考帧，最多可以有 31 个参考帧。多帧参考技术在提高压缩效率的同时，也极大地增加了存储空间和数据存取的开销。AVS 中的 P 帧可以利用至多 2 帧的前向参考帧，而 B 帧采用前后各 1 个参考帧，P 帧与 B 帧（包括后向参考帧）的参考帧数相同，其参考帧存储空间与数据存取的开销并不比传统视频编码的标准大，而是充分利用了必须预留的资源。

AVS 的 B 帧的双向预测使用了直接模式、对称模式和跳过模式。使用对称模式时，码流只需传送前向运动矢量，后向运动矢量可由前向运动矢量导出，从而节省后向运动矢量的编码开销。对于直接模式，当前块的前、后向运动矢量都是由后向参考图像相应位置块的运动矢量导出的，不需要传输运动矢量，因此可以节省运动矢量的编码开销。跳过模式的运动矢量的导出方法和直接模式的相同，跳过模式编码的块的运动补偿的残差也均为零，即该模式下宏块只需要传输模式信号，而不需要传输运动矢量、补偿残差等附加信息。

（4）熵编码

AVS 熵编码采用自适应变长编码技术。在 AVS 熵编码过程中，所有的语法元素和残差数据都以指数哥伦布码的形式映射成二进制比特流。采用指数哥伦布码的优势在于：一方面，它的硬件复杂度比较低，可以根据闭合公式解析码字，不需要查表；另一方面，它可以根据编码元素的概率分布灵活地确定 $k$ 阶指数哥伦布码编码，如果 $k$ 选得恰当，那么编码效率可以逼近信息熵。

## 3.8.2　AVS2 的特点

AVS2 主要具有以下特点。

（1）灵活的预测块划分

从 MPEG-1、H.261 标准，到以 H.264/AVC、AVS1/AVS+ 为代表的第二代编码标准，都采用基于块的预测变换编码技术，即以 16×16 像素的宏块为基本的数据组织编码单位，然后对宏块进行划分预测（如 16×8 像素、8×16 像素或 8×8 像素块等），最后进行基于块的变换（一般是 8×8 像素块变换），由此可见划分的形式约束较多。而最新的 H.265/HEVC、AVS2 标准采用了基于四叉树递归划分的编码架构，即一帧图像首先划分成连续不重叠的最大编码单元（Largest Coding Unit，LCU），最大编码单元按照四叉树递归划分的方式划分成更小的编码单元（Coding Unit，CU）。在 AVS2 中，最大编码单元大小为 64×64 像素，最小可划分成 8×8 像素的编码单元。编码单元的最终划分模式一般通过率失真优化编码决策选择。编码单元大小确定后，又进一步划分成预测单元进行帧内预测或帧间预测，最后对预测残差进行变换编码。在 AVS2 中，变换编码采用了类似编码单元划分的层次变换划分，以选择最优的变换。

对于预测单元划分的形状，AVS2 更加灵活。AVS2 的帧间预测分为对称划分和非对称划分，其中非对称划分方式适用于 16×16 像素。对于帧内预测，AVS2 有方形和非方形两种预测划分模式。相比于方形划分，非方形划分可以进一步缩短预测距离，从而提高预测的准确度。考虑到复杂度和性能之间的折中，非方形划分仅适用于 32×32 像素和 16×16 像素的帧内预测编码单元。

（2）多假设帧间预测

帧间预测编码是一种有效降低时间冗余的预测方式，从 MPEG-1 引入的前向 P 帧、双向

B 帧预测开始，后来的帧间预测技术陆续有多参考帧预测、层次参考帧预测以及针对静止运动或一致性运动的跳过模式、直接模式，用于提高运动预测精度的 1/4 像素精度预测，用于提高运动矢量预测编码效率的中值预测、多运动矢量预测等编码技术。

类似 B 帧有两个方向的预测，AVS2 中新增加了一种支持前向双假设预测的图像，称为 F 帧。按照双假设预测的来源可以分为时域双假设和空域双假设两类。时域双假设中，当前块可以利用两个前向预测块的加权平均作为当前块的预测。空域双假设采用预定方向上的两个预测子的平均结果作为预测值。

（3）优化的层次变换

类似编码单元对图像原始数据的划分组织方式，AVS2 对于残差数据采用基于变换单元的层次变换编码。AVS2 支持 4×4 像素至 32×32 像素大小的方形进行 DCT，并且对除 $2n×2n$ 和 $n×n$ 帧内预测以外的其他预测残差使用基于四叉树的非方形 DCT。与完全的方形变换相比，非方形变换可以避免因跨预测块边界变换而增加高频系数，提高了熵编码性能。为了降低变换复杂度，AVS2 采用了一套简化的非方形变换方案，只允许亮度残差选择方形或非方形划分。此外，对于 8×8 像素块大小以上的亮度帧内预测残差，AVS2 对其 DCT 低频变换系数多进行一次 4 点的二次变换。二次变换使得系数分布更为集中，从而提高帧内预测残差的压缩效率。

（4）基于上下文的熵编码

早期的编码标准主要采用哈夫曼码对编码系数进行熵编码，优点是复杂度较低，缺点是哈夫曼码对任何一个信源符号均需要至少分配 1 bit 的码字，特别是当实际信源概率分布与预先设计的哈夫曼码概率分布不一致时，会降低编码效率。算术编码通过联合编码信源符号，理论上可以为每个信源符号分配逼近信源概率分布的码字，但由于复杂度高一直在视频编码中未被应用。在 H.264/AVC 标准制定过程中，提出的基于上下文的二值算术编码很好地解决了算术编码复杂度问题。首先通过二值化实现信源符号的统一算术编码过程，即将不同的信源符号转换成 0 或 1 的二进制串，对不同信源符号的编码转换成仅对不同 0 或 1 的概率分布编码，通过上下文，选择不同的概率进行编码，提高了信源符号编码效率，同时通过查表实现了算术编码过程中复杂的概率更新计算过程。

在 AVS2 中，对高层语法如序列头、图像头、条带头采用变长编码，而对编码树级的其他语法元素采用高级熵编码。这两种编码首先都需要将各语法元素的值进行二值化，得到二进制串。对于二值化，AVS2 有 3 种二值化方法：一元码、截断一元码和指数哥伦布码，可以将不同取值范围的信源符号高效地转换成二进制串进行编码。

（5）环路滤波

环路滤波是视频编码器的重要模块之一。早期的滤波处理主要是作为一种视频编码后处理手段，处理后的图像即送给显示模块进行显示，环路滤波即体现在这些滤波处理处在编码环路中。AV2 中的环路滤波包括 3 个模块，即去块效应滤波、样值偏移补偿和自适应修正滤波，分别用于滤波处理编码带来的不同类型的失真。去块效应滤波主要用于去除由于基于块的编码在块边界所产生的块效应失真，通过滤波平滑处理可以有效提升主观质量。样值偏移补偿是指在去块效应滤波之后基于像素进行的非线性滤波操作，基于量化失真的统计特性，进行基于区间或边缘模式的失真补偿操作。区间模式是指将 0～255 的像素值划分成若干连续的区间，根据真统计情况，为相应区间的像素分配一个滤波偏置值，将这个偏移值叠加到相应像素位置进行滤波。边缘模式分为水平、垂直和两种对角模式 4 种。根据当前滤波后样本的值与其相邻的滤波后样本的值的关系，查表得到偏置值，对当前像素进行滤波。

（6）场景编码

在诸如视频监控、视频会议等应用中，视频内容有其自身的特性，即背景内容通常保持不变，称此类视频为场景视频。与传统影视视频相比，场景视频的数据冗余可被进一步挖掘，如可以通过建立高效的背景视频模型降低背景信息冗余。为此，AVS 提出了基于背景建模的视频编码方法，针对监控视频、视频会议等场景视频内容，实现编码效率比同期国际标准提升约 1 倍左右。

AVS 提出的基于背景建模的监控视频编码流程中，首先经过背景建模、背景编码、背景解码后，生成高质量的重建背景图像；然后，编码器使用该重建背景完成对每幅图像进行背景预测以降低背景部分的编码代价，进而得到更优的编码效率；最后，背景图像码流和视频序列码流都被传输给解码过程，用于解码。

## 3.9　Theora 和 WebM 简介

Theora 是一种免专利费、开放格式的有损视频压缩技术，由 On2 Technologies 公司的 VP3 编码器经过开放源代码后衍生而来，目标是达成比 MPEG-4 Part 2 更好的编码效率。Theora 的命名来自电视节目 Max Headroom 中的角色：Theora Jones。

Theora 是一种可变码率、以 DCT 为基础的视频压缩格式，与多数视频编码格式一样，使用了色度抽样、8×8 DCT 块和基于块的运动补偿，但不支持使用在 H.264 和 VC-1（微软公司推出的一种视频编码标准）的双向预测帧（B-frame），也不支持隔行扫描和可变帧率。

Theora 的视频流可以存储在任何视频格式中，最常用的是与声音编码 Vorbis（见第 4 章）一起存储在 Ogg 文件格式中，这种方式可以提供完全开放、免专利费的多媒体文档。

WebM 是一个由 Google 资助的项目，目标是构建一个开放的、免版权使用费的视频文件格式，是一个使用 BSD 许可证的开源项目，采用了 On2 Technologies 开发的 VP8 视频编解码器和 Xiph.Org 基金会开发的 Vorbis 音频编解码器（一种开源且无专利限制的音频压缩格式），采用 On2 技术后，将 VP8 视频编解码技术融入 WebM，并结合了音频编解码技术 Theora。该视频文件格式应能提供高质量的视频压缩以配合 HTML 5 的使用（见第 7 章）。相对于目前的 VC-1、H.264 等视频压缩格式，WebM VP8 具有明显的技术提升，加入了 40 多项创新技术，包括：基于虚拟参考帧的高级预计编码、基于宏块级的多线程技术、改进的局域参考编码、增加复杂度的先进上下文熵编码、稀疏目标区域的自适应回路滤波等，从而能以更少的数据提供更高质量的视频。

最主要的是，不同于需要收取专利授权费用的 H.264 标准，WebM VP8 实现了完全的免费开源和授权开放，并且经过 Google 持续性的技术优化，其解码速度和开发工具显著增强，在压缩效率和性能方面的表现较发布初期显著提升。

从当前应用现状来看，WebM VP8 已得到 Android v2.3 以后版本和 Chrome 等操作系统的支持，而在浏览器方面，除 Google 的 Chrome 原生支持外，Opera 和 IE 浏览器也可通过插件程序的方式进行支持，YouTube 也已支持 VP8 格式。

# 思考与练习 3

1. 简述数据压缩的可能性。常用的数据压缩算法有哪些？
2. 矢量图与位图有哪些不同？
3. 常用的图像文件格式 BMP、GIF 和 PNG 各有什么特点？
4. 除本章介绍的几种图像格式外，你还了解哪些图像文件格式？
5. 简单二维码的基本原理。
6. MPEG-1 标准中主要采用什么技术来减少视频图像时间和空间上的冗余？
7. 简述 AVS 标准的主要特点，分析为什么我国要开发自主知识产权的视频压缩标准。
8. 目前常用的视频压缩标准是什么？试通过几个具体的应用加以说明。

# 第 4 章　音频信号及其处理

**本章导读**

通过本章，读者可以了解声音信号的特点、基本的音频信号压缩技术、常用的声音文件格式、CCITT 的 G 系列标准和 MP3 压缩标准；了解移动终端常用的语音编码方案，以及语音合成、语音识别和声纹识别的基本原理与应用。

声音的种类繁多，如人、动物、乐器、机械发出的声音，以及自然界产生的各种声音，像风声、雷声和雨声等。声音是如何产生的？简单地说，声音是由物体的振动产生的。振动产生的声波，传到人耳引起耳膜的振动，使人产生听觉，从而产生人们所谈论的声音。从声音产生的机理我们知道，人们可以通过控制物体的振动而产生所需的声音，这就是乐器能够产生美妙声音的原理。计算机技术的发展使得人们可以利用计算机对声音进行各种各样的处理，从而产生了计算机音频技术。

计算机音频技术的发展较计算机其他技术的发展晚。最初，设计者只是用声音信号作为操作者的提示，现在仍然是计算机的功能。伴随着语音技术在计算机领域中的广泛应用，音乐逐步被引入计算机。起初，只是把音乐加入计算机的演示节目，以增强演示的效果。这种简单的、初级的音乐行为为音频技术的发展提供了一个重要的发展方向，从而丰富和发展了多媒体技术。

## 4.1　音频编码基础

根据其内容，声音可以分为波形声音、语音和音乐。波形声音是数字化的声音，实际上包括所有的声音形式。计算机处理的声音信号是离散化的信号，因此通常又被称为音频信号。

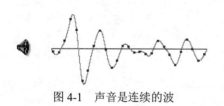

图 4-1　声音是连续的波

### 4.1.1　音频信号的特点

#### 1. 声音是一种连续的波

声音是通过介质传播的一种连续的波（如图 4-1 所示），这种连续性表现在两方面：一是时间上的连续性，二是幅度上的连续性。

声波具有普通波所具有的特性：反射、折射和衍射。声音的这些特性使得人们可以感知到音频信号。

由于人耳能够判别声波到达左右耳的相对时差、声音强度，因此能够判别声音的来源。同时由于空间作用使声音来回反射，从而造成声音的空间效果。例如，我们在剧场中听到的声音效果与在公园中听到的声音效果是不一样的。因此，现在的音响设备都在竭力模拟立体声效果和空间感效果，虚拟现实环境中需要这种效果。

### 2. 声音的分类

根据不同声音的特性，声音通常分为两类：不规则声音和规则声音。不规则声音一般指不包含任何信息的噪声。规则声音通常又分为语音、音乐和音效。语音是指具有语言内涵和人类约定俗成的特殊媒体。音乐是规范的、符号化了的声音。音效则是人类熟悉的其他声音，如动物和机器产生的声音、自然界中风电的声音等。

多媒体技术主要研究的是规则声音中的语音和音乐信号。

### 3. 声音的三要素

声音有三个要素，即音调、音强、音色。人对声音频率的感觉表现为音调的高低，在音乐中称为音高，它由声音信号的基音决定。基音是指声音信号中的主频率，即声音信号每秒变化的次数。频率快则声音高，频率慢则声音低。

音乐中音阶的划分是在频率的对数坐标（20log）上取等分而得的（如表 4.1 所示）。

表 4.1　频率与音阶之间的关系

| 音　阶 | C | D | E | F | G | A | B |
|---|---|---|---|---|---|---|---|
| 简谱符号 | 1 | 2 | 3 | 4 | 5 | 6 | 7 |
| 频率（Hz） | 261 | 293 | 330 | 349 | 392 | 440 | 494 |
| 频率（对数） | 48.3 | 49.3 | 50.3 | 50.8 | 51.8 | 52.8 | 53.8 |

不同的音调之间满足下述关系：

$$f = 440 \times 2^{k/12} \quad (k = \pm 1, \pm 2, \cdots)$$

式中，$k$ 表示距离音阶 A 的半音数目。例如，$k = 1$ 时，$f = 466.2$ Hz 为 A$^{\#}$ 的基频。

音色是由混入基音的泛音（声音信号中的高次谐波分量）决定的，高次谐波越丰富，音色就越有明亮感和穿透力。

不同的谐波具有不同的幅值和相位偏移，由此产生出不同的音色效果。一般来说，信号中的谐波分量越丰富，其频率范围越宽。频率范围称为频带宽度或带宽。图 4-2 是不同音质的频带宽度。通常，人的发音器官能够发出的声音频率范围为 80～3400 Hz。

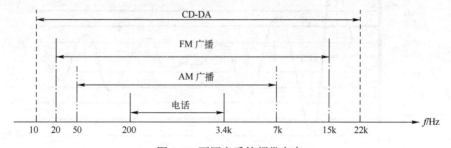

图 4-2　不同音质的频带宽度

带宽越宽，音质越好。不过当频带宽到一定程度时，再宽就没有实际意义了，因为人的听觉器官能感知的频率范围为 20～20000 Hz。

音强又称响度，用来描述声音的强弱，它取决于声音的幅度，即振幅的大小。人的听觉响应与强度呈对数关系。人耳对于声音细节的分辨只有在强度适中时才最灵敏。一般来说，人只能察觉出 3 dB 的音强变化，再细分则没有太大的意义。

我们常用音量来描述音强，它以分贝（dB ＝ 20log）为单位。在处理音频信号时，绝对强度可以放大，但其相对强度更有意义，一般用动态范围定义：

动态范围 ＝20log(信号的最大强度/信号的最小强度)

在物理上，声音的响度使用客观测量单位来度量，即声压（dyn/cm²，达因/平方厘米）或声强（W/cm²，瓦特/平方厘米）。在心理上，主观感觉的声音强弱使用响度级"方"（phon）或"宋"（sone）来度量。这两种感知声音强弱的计量单位是完全不同的两种概念，但是它们之间又有一定的联系。

当声音弱到人耳朵刚刚能听见时，我们称此时的声音强度为"听阈"。例如，1 kHz 纯音的声强达到 10～16 W/cm²（定义为 0 dB 声强级）时，人耳刚刚能听到，此时的主观响度级定为零方。实验表明，听阈是随频率变化的。

另一种极端的情况是声音强到使人耳感到疼痛。实验表明，频率为 1 kHz 的纯音的声强达到 120 dB 左右时，人的耳朵就会感到疼痛，这个阈值称为"痛阈"。对不同的频率进行测量，可以得到"痛阈 – 频率"曲线。

在听阈和痛阈之间的区域就是人耳的听觉范围，即人的听觉器官适合感知的声音幅度范围为 0～120 dB。

## 4.1.2　音频信号处理的方法

音频信号是连续的模拟信号，为了使计算机能够处理，必须先对声音在时间轴和幅度两方面进行离散化。我们通常所讲的音频信号是指离散化后的信号。时间轴上的离散化称为采样。根据 Nyquist 采样定律，只要采样频率高于信号最高频率的 2 倍，就完全能从采样中恢复原始信号波形。这就是在实际的采样过程中采用 44.1 kHz 作为高质量声音标准的原因。又如，电话语音信号的频率约为 3.4 kHz，因此其采样频率选为 8 kHz。对幅度的离散化称为量化。量化可以采用线性量化和非线性量化两种方式。声音波形的量化如图 4-3 所示。

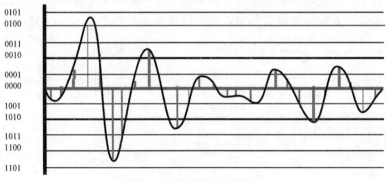

图 4-3　声音波形的量化

对声音波形的采样过程是，按照采样的频率间隔不断获取幅度的量值，使离散的声音波形转变为离散的数字量。需要时，可以再将这些离散的数字量转变成连续的波形。如果采样频率足够高，那么恢复的声音与原始声音没有什么差别。

## 4.1.3　音频文件的存储格式

音频数据必须以一定的数据格式存储在磁盘或其他媒体上。音频文件的格式很多，目前主要包括以下几种：主要用在计算机上的 WAV 文件格式，主要用在 UNIX 工作站上的 AU 文件格式，主要用在苹果机和 SGI 工作站上的 AIFF（Audio Interchangeable File Format）和 SND 文件格式，以及目前微机上比较流行的 RM 和 MP3 文件格式，如表 4.2 所示。

表 4.2　部分音频文件格式

| 文件的扩展名 | 说　明 | 文件的扩展名 | 说　明 |
|---|---|---|---|
| au | Sun 和 NeXT 公司的音频文件存储格式（8 位律编码或者 16 位线性编码） | ra（RealAudio） | RealNetworks 公司的流式音频文件格式 |
| aif（Audio Interchange） | Apple 计算机上的音频文件存储格式 | rol | Adlib 声卡文件存储格式 |
| cmf（Creative Music Format） | 声霸（SB）卡带的 MIDI 文件存储格式 | snd（sound） | Apple 计算机上的音频文件存储格式 |
| mct | MIDI 文件存储格式 | seq | MIDI 文件存储格式 |
| mid（MIDI） | Windows 的 MIDI 文件存储格式 | sng | MIDI 文件存储格式 |
| mp2 | MPEG Layer I，II | voc（Creative Voice） | 声霸卡存储的音频文件存储格式 |
| mp3 | MPEG Layer III | wav（Waveform） | Windows 采用的波形音频文件存储格式 |
| mod（Module） | MIDI 文件存储格式 | wrk | Cakewalk Pro 软件采用的 MIDI |
| rm（RealMedia） | RealNetworks 公司的流式音频文件格式 | — | |

WAV 文件格式称为波形文件格式，其详细描述见在多媒体编程接口和数据规范（Multimedia Programming Interface and Data Specifications）1.0 文档。该文档是由 IBM 和 Microsoft 公司于 1991 年 8 月联合开发的。RIFF（Resource Interchange File Format）是一种为交换多媒体资源而开发的资源交换文件格式，其简化结构如图 4-4 所示，其中最前面的两个字段用以标识文件类型。波形文件由许多不同类型的文件构造块组成，其中最主要的两个文件构造块是格式块和声音数据块。格式块包括描述波形的重要参数，如采样频率和样本精度等，音频数据块则包括实际的波形声音数据。RIFF 中的其他文件块是可选的。

波形文件格式支持存储各种采样频率和样本精度的声音数据，并支持音频数据的压缩。

图 4-5 给出了 WAV 文件的一个实例。表 4.3 给出了图 4-5 中相关字节的含义。其中，音频数据的编码格式的值定义在开发工具携带的文件 mmreg.h 中，该实例中对应的编码格式为微软公司给出的 A 律 PCM 编码格式（见 4.2.1 节）。

图 4-4　RIFF 的结构

```
52 49 46 46 C2 98 04 00  57 41 56 45 66 6D 74 20   RIFF....WAVEfmt
12 00 00 00 07 00 01 00  40 1F 00 00 40 1F 00 00   ........@...@...
01 00 08 00 00 00 66 61  63 74 04 00 00 00 00 00   ......fact......
00 00 64 61 74 61 90 98  04 00 FF FF FF FF FF FF   ..data..........
```

图 4-5　WAV 文件实例

表 4.3 图 4-5 中相关字节的含义

| 字节数 | 数据类型 | 实例值 | 内 容 |
|---|---|---|---|
| 4 | char | 52 49 46 46 | "RIFF" 标志 |
| 4 | long int | 00 04 98 c2 | 整个 WAV 文件的数据长度−8 |
| 4 | char | 57 41 56 45 | "WAV" 标志 |
| 4 | char | 66 6D 74 20 | "fmt" 标志 |
| 4 | long int | 12 00 00 00 | "fmt" 字段长度 |
| 2 | int | 00 07 | 音频数据的编码格式 |
| 2 | int | 00 01 | 通道数，单通道值为 1，双声道为 2 |
| 4 | long int | 00 00 1F 40 | 采样率（每秒样本数），表示每个通道的播放速率 |
| 4 | long int | 00 00 1F 40 | 波形音频数据传送速率，其值为通道数×每秒数据位数×每样本的数据位数/8。播放软件利用此值可以估计缓冲区的大小 |
| 2 | int | 00 01 | 数据块的调整数（按字节计算），其值为通道数×每样本的数据位值/8。播放软件需要一次处理多个该值大小的字节数据，以便将其用于缓冲区的调整 |
| 2 | int | 00 08 | 每样本的数据位数，表示每个声道中各个样本的数据位数。如果有多个声道，那么对每个声道而言样本大小都是一样的 |
| 2 | int | 00 00 | 扩展字节，与音频数据的编码格式有关 |
| 4 | char | 66 61 63 74 | "fact" 标志，可选字段，一般当 WAV 文件由某些软件转化而成时包含该字段 |
| 4 | long int | 00 00 00 04 | "fact" 字段长度 |
| | char | 00 00 00 00 | "fact" 字段内容，长度取决于 "fact" 字段长度的值 |
| 4 | char | 64 61 74 61 | "data" 标志 |
| 4 | long int | 00 04 98 90 | "data" 字段长度 |

除了 WAV 文件，常见的音频文件还包括：

① MP3 文件，即采用 MP3 格式压缩的文件。

② AVI（Audio Video Interleaved，音频视频交错）是 Microsoft 公司开发的一种符合 RIFF 文件规范的数字音频与视频文件格式。AVI 文件允许视频和音频交错在一起同步播放，支持 256 色和 RLE 压缩。但 AVI 文件并未限定压缩标准，因此 AVI 文件格式只是作为控制界面上的标准，不具有兼容性，用不同压缩算法生成的 AVI 文件必须使用相应的解压缩算法才能播放。

③ RM 文件，由 Real Networks 公司开发的一种新型流式视频文件格式，主要用来在低速广域网上实时传输文件。

## 4.1.4 音频质量的度量

音频质量评价是一个很困难的问题，是目前还在继续研究的课题。音频质量可以用声音信号的带宽来衡量，等级由高到低依次是 DAT→CD→FM→AM→数字电话。音频质量的度量还有两种基本方法：一种是客观质量度量，另一种是主观质量度量。评价音频质量时，有时同时采取两种方法，有时以主观质量度量为主。音频客观质量主要用信噪比（Signal to Noise Ratio，SNR）来度量，它建立在度量均方误差基础上，特点是计算简单，但不能完全反映人对音频质量的感觉。

　　主观质量度量最常用的方法有 MOS（Mean Opinion Score，平均意见得分）。MOS 采用 5 级评分标准（如表 4.4 所示）。这种方法通过召集若干实验者，在听完所测音频后，由他们对音频质量的好坏进行评分，即从 5 个等级中选择其中某级作为他们对所测音频质量的评定。全体实验者的平均分就是所测音频质量的 MOS。由于主观和客观上的诸多原因，因此每次测试所得的 MOS 会有所波动。为了减小波动，除参加测试的实验者人数要足够多外，所测音频材料也要足够丰富，测试环境也应尽量保持相同。

表 4.4　MOS 及描述相应音频质量的形容词

| 分数 | 质量级别 | 失真级别 | 分数 | 质量级别 | 失真级别 |
|---|---|---|---|---|---|
| 5 | 优（Excellent） | 无察觉 | 2 | 差（Poor） | 讨厌但不反感 |
| 4 | 良（Good） | （刚）察觉但不讨厌 | 1 | 劣（Bad） | 极讨厌（令人反感） |
| 3 | 中（Fair） | （察觉）有点讨厌 | | | — |

　　在数字通信中，音频质量分为 4 类：广播质量、网络质量、通信质量和合成质量。广播质量音频通常只在 64 kbps 以上获得，MOS 为 5 分；网络质量音频通常在 16 kbps 以上获得，MOS 为 4～4.5 分，达到长途电话网的质量要求；通信质量音频在 4.0 kbps 以上获得，MOS 约为 3.5 分，这时能感觉到重建的音频质量有所下降，但不妨碍正常通话，能满足多数通信系统的使用要求；合成质量音频的 MOS 在 3.0 分以下，主要指一些声码器合成的音频所能达到的质量，一般具有足够高的可懂度，但自然度和讲话人的确认等方面不够好。

# 4.2　音频信号压缩技术

　　数字化音频信号必须经过编码处理，以适应存储和传输的要求，并在音频信号再生时得到最好音质的声音。数据压缩的主要依据是人耳的听觉特性，人们使用"心理声学模型"来达到压缩声音数据的目的。

　　心理声学模型的基本概念是，听觉系统中存在一个听觉阈值电平，低于这一电平的音频信号就听不到，因此可以把这部分信号去掉。听觉阈值的大小随声音频率的改变而改变，同时每个人的听觉阈值也不同。大多数人的听觉系统对 2～5 kHz 的声音最敏感（如图 4-6 所示）。一个人是否能听到声音取决于声音的频率及声音的幅度是否高于这一频率下的听觉阈值。

　　心理声学模型中的另一个概念是听觉掩饰特性，意思是听觉阈值电平是自适应的，即听觉阈值电平会随听到的不同频率的声音发生变化。例如，同时有两种频率的声音存在，一种是 1000 Hz 的声音，另一种是 1100 Hz 的声音，但其强度要比前者低 18 dB，此时 1100 Hz 的声音就听不到。也许读者有这样的体验，在安静房间里的普通谈话可以听得很清楚，但在播放摇滚乐的环境下同样的谈话就听不清楚。声音压缩算法同样可以通过确立这种特性的模型来减少更多的冗余数据。

一般来说，音频压缩技术分为无损压缩和有损压缩两大类，大多数压缩音频技术都是有损压缩，但为了保持音质，有时采用无损压缩算法，如 APE 和 FLAC（Free Lossless Audio Codec）压缩格式。按照压缩方案的不同，又可分为时域压缩、变换压缩、子带压缩和混合压缩等。不同的压缩技术，其算法的复杂度（包括时间复杂度和空间复杂度）、音频质量、算法效率（即压缩比例）和编解码延时等都有很大的不同。各种压缩技术的应用场合也因之各不相同。

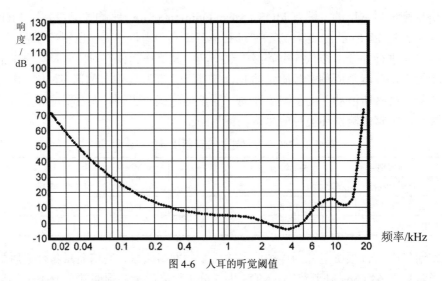

图 4-6　人耳的听觉阈值

　　时域压缩（或称波形编码）技术是指直接针对音频 PCM 码流的样值进行处理，通过静音检测、非线性量化、差分等手段对码流进行压缩。此类压缩技术的共同特点是算法复杂度低，声音质量一般，压缩比小，编解码延时最短（相对其他技术），一般用于语音压缩和低码率应用（源信号带宽小）的场合。时域压缩技术主要包括 G.711、ADPCM（Adaptive Difference Pulse Code Modulation）、LPC（Linear Predictive Coding）、CELP（Code Excited Linear Prediction），以及在这些技术上发展起来的块压扩技术，如子带 ADPCM 技术（G.721、G.722）等。

　　子带压缩技术是以子带编码理论为基础的一种编码方法。子带编码理论最早是由 Crochiere 等在 1976 年提出的，其基本思想是将信号分解为若干子频带内的分量之和，根据不同的分布特性，对各子带分量采取不同的压缩策略，以降低码率。通常的子带压缩技术和下面介绍的变换压缩技术都是根据人对声音信号的感知模型（心理声学模型），通过对信号频谱的分析来决定子带样值或频域样值的量化阶数和其他参数选择的，因此又可称为感知型压缩编码。相对时域压缩技术而言，这两种压缩方式要复杂得多，同时编码效率、声音质量大幅提高，编码延时相应增加。一般来讲，子带编码的复杂度要略低于变换编码，编码延时也相对较短。

　　由于在子带压缩技术中主要应用了心理声学中的声音掩蔽模型，因此在对信号进行压缩时引入了大量的量化噪声。然而，根据人类的听觉掩蔽曲线，在解码后，这些噪声被有用的音频信号掩蔽，人耳无法察觉；同时由于子带分析的运用，各频带内的噪声将被限制在频带内，不会对其他频带的信号产生影响。

　　与子带压缩技术的不同，变换压缩技术对一段音频数据进行"线性"变换，对所获得的变换域参数进行量化、传输，而不是把信号分解为几个子频段。通常使用的变换有 DFT、DCT（离散余弦变换）和 MDCT（Modified Discrete Cosine Transform，改进离散余弦变换）等。根据信号的短时功率谱对变换域参数进行合理的动态分配，可以使音频质量获得显著改善，而付出的代价则是计算复杂度的提高。

　　变换压缩具有一些不完善之处，如块边界影响、预回响、低码率时声音质量严重下降等。然而随着技术的不断进步，这些缺陷正逐步被消除，同时许多新的压缩编码技术也大量采用了传统变换编码的某些技术。代表性的变换压缩编码技术有 Dolby AC-2、AT&T 的 ASPEC（Audio Spectral Perceptual Entropy Coding）和 PAC（Perceptual Audio Coder）等。

## 4.2.1　脉冲编码调制

音频数字化有两个步骤：第一步是采样，即每隔一段时间读一次声音的幅度；第二步是量化，即把采样得到的音频信号幅度转换成数字值。量化有几种方法，但可归纳成两类：一类称为均匀量化，另一类称为非均匀量化。对时长相同的一段音频，采用的量化方法不同，量化后的数据量也就不同。可以说，量化也是压缩数据的一种方法。

如果采用相等的量化间隔对采样得到的信号进行量化，那么这种量化称为均匀量化。均匀量化就是采用相同的"等分尺"来度量采样得到的幅度，也称线性量化，如图 4-7 所示。这种方法称为脉冲编码调制，如图 4-8 所示。脉冲编码调制（Pulse Code Modulation，PCM）是概念上最简单、理论上最完善的编码系统，是最早研制成功、使用最广泛的编码系统，也是数据量最大的编码系统。

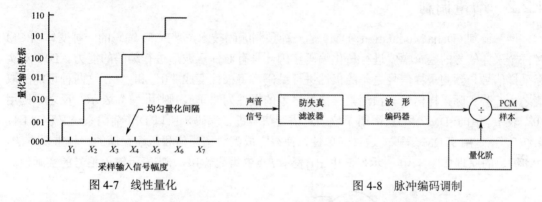

图 4-7　线性量化　　　　　　　　　图 4-8　脉冲编码调制

量化后的样本值 $Y$ 与原始值 $X$ 的差 $E = Y - X$ 称为量化误差或量化噪声。

用这种方法量化输入信号时，无论是对大的输入信号还是对小的输入信号，一律采用相同的量化间隔。为了适应幅度大的输入信号，同时要满足精度要求，就需要增加样本的位数。但对音频信号来说，大信号出现的机会并不多，增加样本位数就不能充分利用。为了克服这个不足，出现了非均匀量化的方法，即非线性量化。

非线性量化的基本思想是：对输入信号进行量化时，大的输入信号采用大的量化间隔，小的输入信号采用小的量化间隔（如图 4-9 所示），因此可在满足精度要求的情况下用较少的位数。音频数据还原时，采用相同的规则。

在非线性量化中，采样输入信号幅度和量化输出数据之间定义了两种对应关系：一种称为 $\mu$ 律压（缩）扩（展）算法，另一种称为 $A$ 律压（缩）扩（展）算法。

$\mu$ 律压扩用于北美和日本等地区与图家的数字电话通信中，它按下面的式子确定量化输入和输出的关系：

$$F_\mu(x) = \text{sgn}(x)[\ln(1 + \mu |x|) / \ln(1 + \mu)]$$

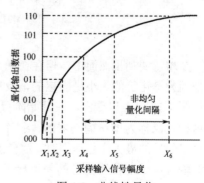

图 4-9　非线性量化

式中，$x$ 为输入信号幅度，规格化成 $-1 \leqslant x \leqslant 1$；$\text{sgn}(x)$ 为 $x$ 的极性；$\mu$ 为确定压缩量的参数，它反映最大量化间隔和最小量化间隔之比，取 $100 \leqslant \mu \leqslant 500$。由于 $\mu$ 律压扩的输入和输出关系是对数关系，所以这种编码又称对数 PCM。具体计算时，$\mu = 255$，把对数曲线变成 8 条折线，以简化计算过程。

$A$ 律压扩算法用在欧洲和中国等地区与国家的数字电话通信中，它按下面的公式确定量化输入和输出的关系：

$$F_A(x) = \begin{cases} \text{sgn}(x)[A(x)/(1+\ln A)] & 0 \leqslant |x| \leqslant 1/A \\ \text{sgn}(x)[(1+\ln A|x|)/(1+\ln A)] & 1/A < |x| \leqslant 1 \end{cases}$$

式中，$x$ 为输入信号幅度，规格化成 $-1 \leqslant x \leqslant 1$；$\text{sgn}(x)$ 为 $x$ 的极性；$A$ 为确定压缩量的参数，它反映最大量化间隔和最小量化间隔之比。

$A$ 律压扩的前一部分是线性的，其余部分与 $\mu$ 律压扩相同。具体计算时，$A = 87.56$，为简化计算，同样把对数曲线部分变成折线。

## 4.2.2　增量调制

增量调制（Delta Modulation，DM）是一种预测编码技术，是 PCM 编码的一种变体。PCM 对每个采样信号的整个幅度进行量化编码，因此具有对任意波形进行编码的能力。DM 对实际采样信号与预测采样信号之差的极性进行编码，将极性变成"0"和"1"这两种可能的取值之一。若实际采样信号与预测采样信号之差的极性为"正"，则用"1"表示；反之，则用"0"表示。由于 DM 编码只需用 1 位来对语音信号进行编码，所以 DM 编码系统又称"1 位系统"。正是由于 DM 编码的这种简单性，使得它成为数字通信和压缩存储的一种重要方法。DM 编码的原理如图 4-10 所示，其中 $x[i]$ 表示 $i$ 点的编码输出，$y[i]$ 表示输入信号的实际值。

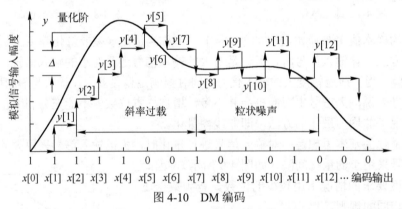

图 4-10　DM 编码

增量调制虽然简单，但存在两个缺点：一是会出现斜率过载，二是会产生粒状噪声。这是因为量化阶的大小是固定的，反馈回路输出信号的最大变化速率会受量化阶大小的限制。从图 4-10 中可以看出，在开始阶段，增量调制器的输出不能保持跟踪输入信号的快速变化，这种现象称为增量调制器的"斜率过载"。一般来说，当输入信号的变化速率超过反馈回路输出信号的最大变化速率时，就会出现斜率过载。粒状噪声是指在输入信号缓慢变化的部分，即输入信号与预测信号的差值接近零的区域，增量调制器的输出会出现随机交变的"0"和"1"。

在输入信号变化快的区域，关心的焦点是斜率过载，而在输入信号变化慢的区域，关心的焦点则是粒状噪声。为了尽可能避免出现斜率过载，就要加大量化阶Δ，但这样做又会加

大粒状噪声；相反，要减小粒状噪声，就要减小量化阶Δ，这又会使斜率过载更加严重。因此，两者相互矛盾。为解决这一矛盾，人们提出了自适应增量调制（Adaptive Delta Modulation，ADM）方法，其特点是使增量调制器的量化阶能随输入信号自动调整，如图4-11 所示。

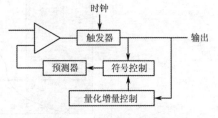

图 4-11　自适应增量调制

系统设定：系统输出为 1 和–1。当输出不变时，量化器量化增量增大 50%；当输出值改变时，量化器的量化增量减小 50%。这种方法使斜率过载和粒状噪声达到了最小。在斜率过载时，量化增量每次增大 50%，以使得预测器的输出跟上输入信号的变化，当预测器的输出超过输入信号时，量化增量减少，从而改善粒状噪声。

## 4.2.3　DSD 编码

DSD（Direct-Stream Digital，直接数字流）编码对信号以频率 2.8224 MHz 采样，经过多阶 Δ-Σ 调制，输出 1 位信号流。

多阶（如 7 阶）Δ-Σ 调制器运用负反馈，将信号与上次采样的波形进行比较（差分运算），"大于"便输出"1"，"小于"便输出"0"。利用求和器将波形在一个采样周期中积累，以形成下次的比较波形。Δ 和 Σ 分别表示差分和求和。由此可见，1 位信号流是相对值，而传统PCM 记录的量化值是绝对值。

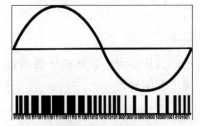

图 4-12　1 位数据流

图 4-12 是一个正弦波经多阶 Δ-Σ 调制后的 1 位数据流。在正半周，振幅越大，出现的"1"越多；在负半周，振幅越大，出现的"0"越多。图 4-12 可以与扬声器发出的声波在空气中传播的情形做一比较：正半周，纸盆推出，压缩扬声器前方的空气，使空气密度增大，振幅越大，密度也越大；负半周，纸盆拉回，使空气密度降低，振幅越大，密度越低。由此可见，1 位信号流反映的是原始模拟

信号作用于扬声器后声音在空气中形成的疏密程度！基于这一原因，目前已在研究和开发数字功放和数字扬声器，希望将 1 位二进制数据经过数字功率放大器放大后，直接提供给数字扬声器。数字扬声器既是一个简单的低通滤波器，又是将电能转换为声能的换能器，这样不但简化了结构，而且提高了重放性能。

从模拟信号到数字信号的调制不可避免地会引入噪声，这些噪声会在整个频谱中均匀地随机出现。但经过 Σ-Δ 调制后，对均匀的出现进行了"整形"，使其变得在高频的地方出现的概率较大，而在低频段的地方出现的概率较小（如图 4-13 所示）。这时如果辅之以"过采样"，如以 64 倍于 CD 采样率（44.1 kHz）的频率（2.8224 MHz）进行采样，那么就能把噪声和失真都挪到离音频频带很远的频率处。通过数字滤波器的截取，最后得到的音频信号就比原先 PCM 编码的信号具有更高的信噪比、更少的失真、更优越的线性度及更低的混叠。

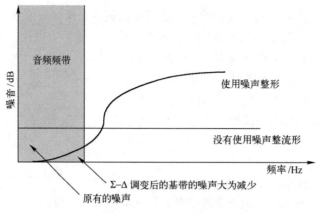

图 4-13　DSD 噪声整形

　　DSD 的效果可以直观地参考图 4-14。对于一个脉宽为 3 μs 的脉冲模拟信号，PCM 的输出结果与 DSD 的输出结果差别很大。DSD 更能还原实际的真实情况。

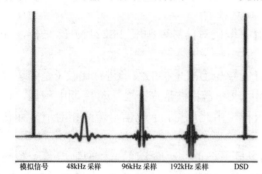

冲激效应（从左到右）：模拟信号输入（一个脉宽为 3 μs 的脉冲信号）、PCM 的输出结果（分别在 48 kHz、96 kHz、192kHz）、DSD 的输出结果

图 4-14　PCM 和 DSD 冲激响应的输出结果

　　从实际的听感来说，采用 DSD 编码的音频更能真实地还原音乐本身，表达的乐器的音色纯正，非常接近真实乐器，而且音域宽广，纵深感强，充满了空间感。

## 4.2.4　自适应脉冲编码调制

　　自适应脉冲编码调制（Adaptive Pulse Code Modulation，APCM）是根据输入信号幅度的均方根值的变化来改变量化增量的一种编码技术。这种自适应可以是瞬时自适应，即量化增量每隔几个样本就改变，也可以是非瞬时自适应，即量化增量在较长时间内保持稳定。改变量化阶的方法有两种：前向自适应和后向自适应。前者根据未量化的样本值的均方根来估算输入信号的电平，进而确定量化增量的大小，并对其电平进行编码。后者从量化器已输出的过去样本中来提取量化增量信息。前向自适应和后向自适应 APCM 的基本概念分别如图 4-15 和图 4-16 所示。

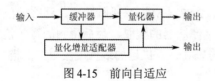

图 4-15　前向自适应

图 4-16　后向自适应

### 4.2.5　差分脉冲编码调制

差分脉冲编码调制（Differential Pulse Code Modulation，DPCM）是利用样本与样本之间存在的信息冗余度来进行编码的一种数据压缩技术。差分脉冲编码调制的思想是：根据过去的样本估算下一个样本信号的幅度大小，这个值称为预测值，然后对实际信号值与预测值之差进行量化编码，进而减少表示每个样本信号的位数（如图 4-17 所示）。差分信号 $d$ 是输入信号和预测器输出的估算值之差，而不是与过去实际样本的差。$d$ 被送到量化器，进行量化编码。PCM 直接对采样信号进行量化编码，而 DPCM 对实际信号值与预测值之差进行量化编码，存储或传输的是差值而非幅度绝对值，这就降低了传输或存储的数据量。此外，DPCM 能适应大范围变化的输入信号。

### 4.2.6　自适应差分脉冲编码调制

自适应差分脉冲编码调制（Adaptive Difference Pulse Code Modulation，ADPCM）综合了 APCM 的自适应特性和 DPCM 的差分特性，是一种性能较好的波形编码。ADPCM 的编码简化框图如图 4-18 所示。ADPCM 的核心思想是：① 利用自适应的思想改变量化增量的大小，即使用小量化增量编码小的差值，使用大量化增量编码大的差值；② 使用过去的样本值估算下一个输入样本的预测值，使实际样本值和预测值的差值总是最小。

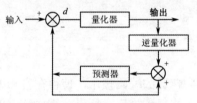
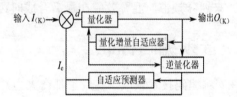

　图 4-17　差分脉冲编码调制　　　　　　　　图 4-18　自适应差分脉冲编码调制

### 4.2.7　子带编码

子带编码（SubBand Coding, SBC）的基本思想是：使用一组带通滤波器（Band-Pass Filter，BPF）把输入音频信号的频带分成若干连续的频段，每个频段称为子带。对每个子带中的音频信号采用单独的编码方案编码。在信道上传输时，将每个子带的代码复合。在接收端译码时，将每个子带的代码单独译码，再把它们组合起来，还原成原来的音频信号。子带编码如图 4-19 所示，编码/译码器可以采用 ADPCM、APCM 和 PCM 等。

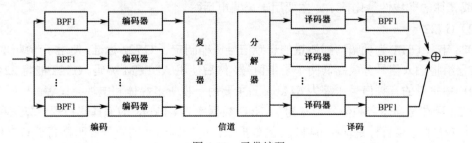

图 4-19　子带编码

采用对每个子带分别编码的好处有两个。第一，对每个子带信号分别进行自适应控制，量化阶的大小可以按照每个子带的能量电平来调节。具有较高能量电平的子带用大的量化阶量化，以减少总的量化噪声。第二，可根据每个子带信号在感觉上的重要性，对每个子带分配不同的位数，以表示每个样本值。例如，在低频子带中，为了保护音调和共振峰（声道传输频率响应上的极点）的结构，用较小的量化阶、较多的量化级数，即分配较多的位数来表示样本值。音频中的摩擦音和类似噪声的声音通常出现在高频子带中，分配较少的位数。

音频频带的分割可用树形结构进行划分。首先把整个音频信号带宽分成两个相等带宽的子带：高频子带和低频子带。然后对这两个子带用同样的方法划分，形成 4 个子带。这个过程可按需要重复下去，产生 $2^k$ 个子带，$k$ 为分割的次数。用这种办法可以产生等带宽的子带，也可以生成不等带宽的子带。例如，对带宽为 4000 Hz 的音频信号，当 $k = 3$ 时，可分为 8 个相等带宽的子带，每个子带的带宽为 500 Hz，也可生成 5 个不等带宽的子带，如[0, 500]，[500, 1000]，[1000, 2000]，[2000, 3000]，[3000, 4000]。

把音频信号分割成相邻的子带分量后，用 2 倍于子带带宽的采样频率对子带信号进行采样，就可用它的样本值重构出原来的子带信号。例如，把 4000 Hz 带宽分成 4 个等带宽子带时，子带带宽为 1000 Hz，采样频率可用 2000 Hz，其总采样率仍然是 8000 Hz。

由于分割频带所用的滤波器不是理想的滤波器，经过分带、编码、译码后合成的输出音频信号会出现混叠效应。据有关资料的分析，采用正交镜像滤波器（Quandrature Mirror Filter，QMF）来划分频带，混叠效应在最后合成时可以抵消。

## 4.3　音频编码标准

在音频编码技术领域，各厂家都在大力开发与推广自己的编码技术，使得在音频编码领域的产品种类繁多，兼容性差，各厂家的技术也难以尽快得到推广。所以，需要综合现有的编码技术，制定全球统一的音频编码标准。自 20 世纪 70 年代起，已先后推出了一系列音频编码技术标准，其中 CCITT 推出了 G 系列标准。

### 4.3.1　CCITT G 系列音频压缩标准

G 系列标准有很多，以下仅介绍常用的标准。

（1）G.711

1972 年，CCITT 为电话质量和音频压缩制定了 PCM 标准 G.711。其速率为 64 kbps，使用$\mu$律或 $A$ 律的非线性量化技术，主要用于公共电话网。

（2）G.722

1988 年，CCITT 为调幅广播质量的音频信号压缩制定了 G.722 标准，使用子带编码方案，其滤波器组将输入信号分成高低两个子带信号，然后使用 ADPCM 编码。G.722 能将 224 kbps 的调幅广播质量的音频信号压缩为 64 kbps，主要用于视听多媒体和电视会议等。

G.722 标准是描述音频信号带宽为 7 kHz、数据率为 64 kbps 的编译码原理、算法和计算细节。G.722 的主要目标是保持 64 kbps 的数据率，而音频信号的质量要明显高于 G.711 的质量。G.722 标准把音频信号采样频率由 8 kHz 提高到 16 kHz，因而待编码的信号频率由原来的 3.4 kHz 扩展到 7 kHz。这就使得音频信号的质量得到改善，由数字电话的音频质量提高到调幅（AM）无线电广播的质量。对语音信号质量来说，提高采样率并无多大改善，但对音乐信号来说，其质量却有很大提高。图 4-16 对窄带音频和宽带音频信道进行了比较。G.722编码标准在音频信号的低频端把截止频率扩展到 50 Hz，目的是改善音频信号的自然度。

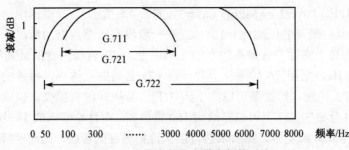

图 4-16　窄带音频和宽带音频的对比

在端对端的数字音频通信应用中，加到电话网上的回音音源不是很强，但把现存窄带通信链路和宽带会议系统相互连接时，就可能引入比较强的回音源。如果宽带信号端对端的延迟不加限制，那么回音控制就可能变得很困难。为了简化回音控制，G.722 编译码器引入的延迟时间限制在 4 ms 以内。

在某些应用场合，也许希望从 64 kbps 信道中让出一部分信道，用来传输其他数据。因此，G.722 制定了 3 种音频信号传送方式，即分别让出 8 kbps 和 16 kbps 信道传输数据或全部传输音频信号。北美洲的信息限制音频信号速率为 56 kbps，因此有 8 kbps 的数据率用来传输附加数据。

（3）G.723.1

1996 年，CCITT 通过了 G.723.1 标准——用于多媒体传输的 5.3 kbps 或 6.3 kbps 双速率语音编码。它采用多脉冲激励最大似然量化（MP-MLQ）算法，可应用于可视电话及 IP 电话等系统中。

（4）G.728

为了进一步降低压缩的速率，CCITT 于 1992 年制定了 G.728 标准，它使用基于低时延码本激励线性预测编码（LD-CELP）算法，速率为 16 kbps，主要用于公共电话网。

（5）G.729

CCITT 于 1996 年 3 月通过了 G.729 标准，它使用 8 kbps 共轭结构代数码激励线性预测（CS-ACELP）算法，此标准将在无线移动网、数字多路复用系统和计算机通信系统中应用。

以上音频编码标准的比较如表 4.5 所示。

表 4.5　音频编码标准比较

| 标准 | 传输速率 | 编码技术 | 应　用 | 制定日期 |
|------|----------|----------|--------|----------|
| G.711 | 64 kbps | PCM | 公共电话网 | 1972 年 |
| G.722 | 64 kbps | SBC+ADPCM | 视听多媒体和会议电话 | 1988 年 11 月 |
| G.723.1 | 5.3 kbps 或 6.3 kbps | MP-MLQ | 视频电话及 IP 电话等 | 1996 年 3 月 |
| G.728 | 16 kbps | LD-CELP | 公共电话网 | 1992 年 9 月 |
| G.729 | 8 kbps | CS-ACELP | 无线移动网、计算机通信系统等 | 1996 年 3 月 |

## 4.3.2　MP3 压缩标准

MP3（MPEG Layer3）是一种超级音频文件的压缩方法，具有文件小、音质佳的特点。MPEG 是由音频和视频两部分组成的，可以分别进行压缩。MPEG 在音频上的压缩可以分为 MPEG Layer1、MPEG Layer2 和 MPEG Layer3（如表 4.6 所示），并根据用途使用不同层次的编码，其中 MP3 具有最高的压缩比（12∶1）。在一般没有压缩数据的情况下，音频被数字化时，采样频率必须高于实际声音最高频率的 2 倍以上。CD 音质声音的最高频率是 20 kHz，采样频率为 44.1 kHz，采用 16 位量化。要获得 CD 音质的立体声，每秒的数据量需要超过 1.4 MB。采用 MP3 压缩，数据量可以缩小到 1/12，音质却没有损失。也就是说，在一张存放 16 首歌曲的 74 分钟的 CD 上可以存储约 160 首歌曲，而且能够播放 14 小时之久。如果进一步压缩数据量到 1/24 或更多，那么依然可以保持相当好的音质，比通过降低采样频率、缩短采样深度的方法要好得多。

表 4.6　MPEG 层次与压缩比

| 4∶1 | Layer 1（相当于 384 kbps 立体声信号） |
| --- | --- |
| 6∶1～8∶1 | Layer 2（相当于 192～256 kbps 立体声信号） |
| 10∶1～12∶1 | Layer 3（相当于 112～128 kbps 立体声信号） |

MP3 对音频信号采用的是有损压缩方式，为了降低声音失真度，MP3 采取了"感官编码技术"，即编码时先对音频文件进行频谱分析，然后用过滤器滤掉噪声电平，接着通过量化的方式将剩下的每一位散列排序，最后形成具有较高压缩比的 MP3 文件，并使压缩后的文件在回放时能够达到比较接近原音的效果。虽然它是一种有损压缩方式，但以极小的声音失真换来了较高的压缩比。

## 4.3.3　AAC 编码

AAC（Advanced Audio Coding，高级音频编码）出现于 1997 年，它基于 MPEG-2 的音频编码技术，由 Fraunhofer IIS、杜比实验室、AT&T、Sony 等公司共同开发，目的是取代 MP3 格式。2000 年，MPEG-4 标准出现后，AAC 重新集成了其特性，加入了 SBR（Spectral Band Replication，频段复制）技术和 PS（Parametric Stereo，参数立体声）技术。为了区别于传统的 MPEG-2 AAC，它又称 MPEG-4 AAC。

音乐的主要频谱集中在低频段，高频段幅度很小，但很重要，因为它决定了音质。如果对整个频段编码，那么为了保护高频，就会造成低频段编码过细以致文件巨大；若保存了低频的主要成分而失去了高频成分，就会丧失音质。SBR 切割频谱，对低频单独编码，保存主要成分，对高频单独放大编码，保存音质，在减小文件的情况下还保存了音质，完美地化解这一矛盾。

传统的立体声文件的大小是一个声道的 2 倍，但两个声道的声音存在某种相似性，根据香农信息熵编码定理，相关性应该被去掉才能减小文件，所以 PS 技术存储了一个声道的全部信息，然后花很少的字节用参数描述另一个声道与它不同的地方。

在较低的码率下，波形编码已经不能提供足够高的编码效率，此时 MP3 或 AAC 一般通过降低带宽的方式来满足码率的约束。在这种情况下，SBR 等频带扩展技术就能一定程度上弥补降低编码带宽造成的音质下降，保证我们能听到高频部分的一些重要信息。

AAC 的特点归纳如下：

① AAC 是一种高压缩比的音频压缩算法，但它的压缩比要远超其他音频压缩算法，如 AC-3、MP3 等，并且其质量能与未压缩的 CD 音质相媲美。

② 与其他类似的音频编码算法一样，AAC 也采用了变换编码算法，但 AAC 使用 MDCT[①]构建分辨率更高的滤波器组，因此它可以达到更高的压缩比。

③ AAC 使用了 TNS（Temporal Noise Shaping Module，时域噪声整形模块）、后向自适应线性预测、联合立体声技术和量化哈夫曼编码等最新技术，这些新技术的使用都使压缩比得到进一步提高。

④ AAC 支持多种采样率和比特率，支持 1～48 个音轨，支持多达 15 个低频音轨，具有多种语言的兼容能力，支持 15 个内嵌数据流。

⑤ AAC 支持更宽的声音频率范围，最高可达 96 kHz，最低可达 8 kHz，远宽于 MP3 的 16～48 kHz 范围。

⑥ 不同于 MP3 和 WMA，AAC 几乎不损失声音频率中的甚高、甚低频率成分，并且比 WMA 在频谱结构上更接近于原始音频，因而声音的保真度更好。专业评测表明，AAC 比 WMA 的声音更清晰，而且更接近原音。

⑦ AAC 采用优化算法达到了更高的解码效率，解码时只需较少的处理能力。

AAC 的音频文件格式有 ADIF 和 ADTS 两种[②]：

① ADIF（Audio Data Interchange Format，音频数据交换格式）：特征是可以确定地找到这个音频数据的开始位置，不需要进行音频数据流中间开始的解码，即它的解码必须在明确定义的开始处进行，所以这种格式常用在磁盘文件中。

② ADTS（Audio Data Transport Stream，音频数据传输流）：特征是一个有同步字的比特流，解码可以在这个流中的任何位置开始，类似于 MP3 数据流格式。

简单地说，ADTS 可以在任意帧解码，即它的每帧都有头信息。ADIF 只有一个统一的头部，所以必须得到所有的数据后解码，而且这两种头部的格式也是不同的，一般编码后的和抽取的都是 ADTS 格式的音频流。

## 4.3.4　Ogg Vobis

Ogg Vorbis 是一种通过有损压缩算法进行音频压缩的音乐格式，其主要特点是：源码完全开放，无专利限制，具有较大的编码灵活性。对高质量（高比特率）级别 CD 或 DAT 立体声、16/24 bit（量化）来说，与现有 MPEG-2 和 MPEG-4 等音频算法相当。输出码率可设置为平均比特率（ABR）或可变比特率（VBR），范围为 16～128 kbps/ch，输入音频信号支持：采样率 8～192 kHz；量化分辨率 16～24 bit；声道数：单声道、立体声、4 声道、5.1 声道，最高可支持 255 个独立声道。

---

① 扫描二维码可了解更多关于 MDCT 内容。

② 见 http://blog.csdn.net/yazhouren/article/details/18605339。

　　Ogg Vorbis 定位于开源的感知音频编码器,为避免专利壁垒,Vorbis 设计了自己的心理声学模型,对音调和噪声的掩蔽阈值的计算十分细致。

　　Ogg Vorbis 中的主要算法利用了 MDCT,不提供帧格式、同步及错误保护等,而只是接收输入的音频数据块,并压缩成数据包方式。与其他音频编码算法一样,Ogg Vorbis 编码过程也是对时域信号加窗处理并一帧一帧逐步进行的,其中帧的大小分长帧(2048 个采样值)和短帧(256 个采样值)。编码过程如下:

　　<1> 对输入音频 PCM 信号进行稳态/瞬态分析,确定 MCDT 的长度,同时对原始音频信号进行 FFT 分析。两种变换的频谱系数输入心理声学模型单元,MDCT 系数用于噪声掩蔽计算,FFT 结果用于音调掩蔽特性计算,共同构造总的掩蔽曲线。

　　<2> 根据 MDCT 系数及掩蔽曲线,对频谱系数进行线性预测分析,用 LPC 表示频谱包络,即基底曲线,或通过线性分段逼近方式获得基底曲线。从 MDCT 系数中去掉频谱包络则得到白化的残差频谱,由于残差频谱动态方位明显变小,从而降低量化误差。之后主要采用声道耦合技术进一步降低冗余度,耦合主要将左右声道数据从直角坐标映射到平方极坐标。

　　<3> 对白化的残差信号以有效的矢量量化表示。

　　<4> 将要传输的各种信息数据按 Vorbis 定义的包格式组装,形成 Vorbis 压缩码流。

　　Ogg Vorbis 的解码过程是其编码过程的逆过程,相对于编码过程,Vorbis 的解码过程复杂度较低,非常便于硬件实时实现。从 Ogg 数据流输入开始,Vorbis 解码器从 Ogg 数据流中逐页解码出一个个完整的 Vorbis 数据包,直至最后输出经重叠的累加重构的 PCM 数据。

## 4.3.5　移动平台常用的音频编码

　　音频编码当前的发展趋势主要是采用更宽的带宽和更高的采样频率来大幅度提高音频质量,使用户获得比传统窄带音频更舒适的听觉体验。随着智能手机的发展,出现了很多针对移动环境的数字音频压缩标准。本节重点介绍几种常用的音频编码技术。

### 1. AMR 编码

　　AMR(Adaptive Multi-Rate)编码是一种自适应多速率编码,根据传输信道的实际情况,调整编码模式、速率和纠错码位数来保证语音质量,进而在数据压缩和容错方面取得平衡。

　　AMR 支持 8 种速率:12.2 kbps、10.2 kbps、7.95 kbps、7.40 kbps、6.70 kbps、5.90 kbps、5.15 kbps 和 4.75 kbps。AMR 还包括低速率的背景噪声编码模式。

　　AMR 音频主要用于移动设备的音频压缩,在 GSM 网络中,基站、基站控制器可根据网络质量和信号质量情况动态调整语音编码模式,以提高不同网络状况下的语音质量。

　　AMR 编码压缩比非常高,但音质较差,主要用于语音类的音频压缩,不适合对音质要求较高的音乐类音频的压缩。

### 2. SILK 编码

　　SILK 编解码器是一种专门为 VoIP 应用设计的宽带语音编码算法,在目前广泛使用的 Skype 系统中得到了应用。SILK 编解码采用的信号编码带宽和采样频率与传统 ITU-T G.7xx 系列语音编码标准中描述的不太一致,它采用了 ITU-T 未使用的采样频率为 12 kHz 的中频带,并且 SILK 中定义的超宽带也不是常见的 32 kHz,而是 24 kHz。此外,SILK 编解码器使用了临界采样频率,如当采样频率为 16 kHz 时,最高到 8 kHz 的频率成分都将被编码器编码,而 ITU-T 的采样频率为 16 kHz 时,最高只对 7 kHz 的输入信号进行编码。

SILK 编解码器采用的长度为 20 ms,并且有 5 ms 的前瞻,目标比特率为 6～40 kbps。SILK 编码器在编码时支持冗余信息编码和多帧打包(最高 5 帧)方式。冗余信息编码会增加编码比特率,但可以提高丢帧时的语音质量;多帧打包方式可以提高编码效率,但会增加延时。SILK 算法的计算复杂度也可根据 CPU 资源实时调整,但当计算复杂度降低时,合成音频的质量将随之下降。

SILK 编码采用了如下两种核心技术。

(1)噪声整形分析

噪声整形分析模块需要找出预滤波器和噪声整形量化器中使用的增益与滤波器系数。计算这些参数是为了实现如下功能:

① 在量化噪声和编码比特率之间取得平衡。增加量化增益会放大量化噪声,但可以减少编码比特率,因为降低了量化标号的熵。

② 量化噪声的频谱整形。噪声整形量化器能够在频谱的某些部分降低量化噪声,代价是在其他部分增大噪声并且不明显地改变比特率。通过对噪声整形,使得噪声频谱跟随信号频谱变化,噪声变得更不容易听见。实际上,如果使得噪声频谱的形状比信号频谱更平坦,那么就能得到很好的结果。

③ 去加重频谱的波谷。通过在预滤波器和噪声整形量化器的分析与合成部分采用不同的系数,频谱波谷可以相对于频谱波峰(如音频的共振峰和谐波)减小。这将减少信号的熵,从而减少编码所需的比特率。

④ 使解码音频的共振峰与原始音频的共振峰更匹配。为了补偿噪声整形滤波器对电平和频谱倾斜的影响,需要计算出一个调整增益和一个一阶倾斜滤波器来进行补偿,使解码音频的共振峰与原始音频的共振峰更加匹配。

(2)预测分析

当前帧是清音帧还是浊音帧由基音分析模块给出,预测分析模块则针对当前帧是清音帧还是浊音帧分别采用不同的预测分析方法进行处理。

对浊音帧,基音脉冲在经过预白化的输入信号中仍占优势,可以对其进一步白化,因为这样可以在相同的比特率下获得更好的音质。所以,对每帧中的 4 个子帧各进行一次 LTP(Long Term Prediction)分析,并估计出一个 15 阶 LTP 滤波器系数。LTP 系数用于生成 LTP 残差信号,将 LTP 残差信号作为 LPC 分析模块的输入信号。计算 LPC 系数时应使残差信号的能量最小,估计的 LPC 系数将被转换为 LSF(Linear Spectral Frequency)系数。LSF 系数经过 LSF 量化器量化后,被重新转换回 LPC 系数(此时的 LPC 系数被称为已量化的 LPC 系数)。使用这些已量化的 LPC 系数,编码器可与解码器保持"完全同步"。已量化的 LPC 和 LTP 系数用于对经过高通滤波的输入信号进行滤波,并对每个子帧的残差能量进行计算。

清音帧不需要进行 LTP 滤波,因为清音信号的周期性不明显。因此,由基音分析模块输入的预白化输入信号将被丢弃,而直接采用只经过高通滤波的输入信号进行 LPC 分析。得到的 LPC 系数转换为 LSF 系数并进行量化,再转换回 LPC 系数,已量化的 LPC 系数将被用于对经过高通滤波的输入信号进行滤波,并对每个子帧的残差能量进行计算。

### 3. Speex 编码

Speex 是一套针对音频的开源、免费、无专利保护的音频压缩格式，是 2002 年由 Jean-Marc Valin 提出的一种基于 CELP 的开源算法，它支持多模式多速率音频编码，提供窄带（8 kHz）、宽带（16 kHz）、超宽带（32 kHz）音频编码算法。其中，窄带音频采用窄带模式编码；宽带音频则分解为两个子带，高带音频由宽带模式编码，低带音频由窄带模式编码；超宽带将重复两次分解，采用两次宽带模式编码和一次窄带模式编码。

在窄带模式中，Speex（8 kHz 采样率）的帧长 20 ms，对应 160 个采样，每帧又分为 4 个子帧，每个子帧有 40 个采样。对应大多数的窄带比特率（8 kHz 或以上），只有线谱对和全局激励增益两个参数是在整帧层编码的，其他所有参数都是在子帧层编码的。

在宽带模式中，Speex 采用正交镜像滤波器把带宽分成两部分。将 16 kHz 的信号分成两个 8 kHz 的信号，低带通过窄带模式编码，属于完整的 CELP 编码；高带通过宽带模式编码，仅用少量的编码位来表示高带的信息，并不是一个完整的 CELP 编码算法。

除了可以在同一个比特流中对语音信号实现窄带、宽带和超宽带的压缩，Speex 还提供了大多数其他编/解码器所不具备的技术性能，主要包括：支持声音强度的立体声编码；具有丢包补偿能力；具有可变比特率（VBR）特性，编/解码器可以在任意时刻动态地改变语音的比特率；能实现语音活动检测（Voice Activity Detection，VAD）；能实现声音的不连续传输（Discontinuous Transmission，DTX），当背景噪声稳定时，可以完全停止声音数据包的传输；具有语音处理的定点数计算功能；具有声学回声消除功能。

除编/解码模块外，Speex 还包括噪声消除、静音抑制和自动增益控制等预处理模块以及回声消除模块。正是由于其完备的功能和优良的性能，Speex 受到了许多嵌入式应用开发者的关注，它非常适合无线语音传输。

### 4. Opus 编码

Opus 编码是一种有损声音编码格式，由互联网工程任务组（IETF）开发。Opus 格式是一种开放格式，使用上没有任何专利或限制。

Opus 融合了 SILK 低比特率音频编码和 CELT 高比特率低延迟音频编码技术，实现了一种压缩音频编码覆盖从语音通话到高质量音乐流的目标。CELT（Constrained Energy Lapped Transform）编码器是一个超低延迟的音频编码器，主要用于实时高质量的音频传输，可以编码语音、音乐等，达到 MP3 的音质，但编码率很高，编码速度也很快。

Opus 可以降低音频延迟，应用广泛，包括互联网电话、高质量音频流媒体。音质方面，Opus 在低比特率状态下继承了 SILK 的优秀表现，在高比特率下的听音测试胜过 HE-AAC，具有低延迟特性。

Opus 编码器的结构和功能都非常简单。首先，输入信号被以最高 48 kHz 的采样率进行采样，因为人耳已经很难分辨更高采样率音频的更多细节。然后，根据频率的不同，数据流通过 CELT 或 SILK 进行编码。如果最终需要的是高品质音乐，那么 CELT 编码器是首选。而利用 SILK，人们可以使用最优化的带宽来传输音频。因此，SILK 编码必须做一些与之前的编码不一样的事情。

SILK 编码适合采样率不超过 16 kHz 的低频信号，典型的场景是语音通话。因此，在 Opus

编码中，所有低于 16 kHz 采样率的音频内容都由 SILK 编码。SILK 编码器包含一系列组件，包括 4 部分：分析、预过滤、编码和输出。其中，音频分析的背后其实是语音识别。首先，将音频信号分为语音和环境噪声两部分。根据频率，语音被分解为更小的音频碎片，SILK 编码器过滤掉延迟信息，识别出有效语音。第二项优化是噪声分析，将周围环境中重复的噪声打包为越小越好的音频子帧，使其占用更小的带宽。利用分析阶段获得的信息，SILK 编码器可进行音高预测和频率量化。例如，如果在一段对话中音高没有大的变化，那么只需要传输变化部分的信息，目标是让数据流在保证质量的同时越少越好。噪声的量化是另一个目标。在本例中，SILK 编码可以确保不进行不必要的优化，而且不可避免的噪声没有消耗过多的比特率。

所有高频信号，即频率最高达 20 kHz 的信号，都采用 CELT 编码器处理。与 MP3 和 AAC 编码一样，它通过修改后的离散余弦变换（MDCF）将频率转换为系数，从而消减在随后的量化中难以覆盖或人耳很难感知的频率。开发者为 Opus 定义了 3 种模式，使得 SILK 和 CELT 能够同时工作：纯 SILK 模式负责低带宽下的语音传输，混合模式负责高质量的语音传输，纯 CELT 模式负责音乐传输。

目前，Skype 自 2009 年 1 月以来一直采用自己的 SILK 音频编码解码器，但现在将过渡到新的 Opus 规格。Google 也在 Chrome 27 版本中采用了 Opus 编码格式。

Opus 格式的音频可以使用 Gstreamer、Libavcodec、Foobar 2000、Firefox（15 Beta 或更新）等播放。Fedora 和 Ubuntu 仓库中也已打包了相关的编码包和开发工具。此外，Opus 作为 Web RTC 的一部分已被应用在很多网络视频聊天软件中。

# 4.4　语音合成技术及应用

语音识别和语音合成技术是实现人与计算机进行语音通信所需的两项关键技术。

## 4.4.1　语音合成的基本方法

语言合成就是通过一定的技术手段使计算机能够"说话"，这包含两方面的可能性。一是机器能再生一个预先存入的语音信号，就像普通的录音机一样，只是采用了数字存储技术。简单地将预先存入的单音或词组拼接起来也能让计算机"说话"，但这种语音的机器味十足，人们很难接受。如果预先存入足够的语音单元，那么在合成时采用恰当的技术手段挑选出所需的语音单元进行拼接，也有可能生成高自然度的语句，这就是波形拼接的语音合成方法。为了节省存储容量，在存入机器之前可以对语音信号先进行数据压缩。

二是采用数字信号处理的方法，将人类的发声过程视为一个模拟声门状态的源，去激励一个表征声道谐振特性的时变数字滤波器，这个源可能是周期脉冲序列，代表浊音情况下的声带振动或随机噪声序列，代表不出声的清音。调整滤波器的参数等效于改变口腔及声道形状，达到控制发不同音的目的，而调整激励源脉冲序列的周期或强度将改变合成语音的音调、重音等。因此，只要正确控制激励源和滤波器参数（一般每隔 10～30 ms 送一组），这个模型就能灵活地合成出各种语句，因此又被称为参数合成的方法。根据结构的不同，时变滤波器分为共振峰合成和 LPC 合成等。

### 1. 共振峰合成

语音合成的理论基础是语音生成的数学模型，是指在激励信号的激励下，声波经谐振腔（声道）由嘴或鼻辐射声波。因此，声道参数、声道谐振特性一直是研究的重点。在图 4-20

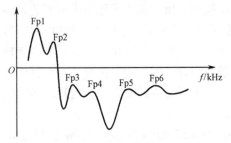

所示的某音频的频率响应图中，Fp1、Fp2、Fp3、…是频率响应的极点，此时声道的传输频率响应有极大值。语音的共振峰频率（极点频率）的分布特性决定着该语音的音色。

音色各异的语音具有不同的共振峰模式，因此以每个共振峰频率及其带宽作为参数，可以构成共振峰滤波器。再用若干这种滤波器的组合来模拟声道的传输特性（频率响应），对激励源发出的信号进

图 4-20　声道频率响应

行调制，然后经过辐射模型就能得到合成语音。这就是共振峰合成技术的基本原理。基于共振峰的理论有以下 3 种模型。

① 级联型共振峰模型。在该模型中，声道被认为是一组串联的二阶谐振器，主要用于绝大部分元音的合成。

② 并联型共振峰模型。许多研究者认为，对于鼻化元音等非一般元音和大部分辅音，级联型模型不能很好地进行描述和模拟，因此构筑和产生了并联型共振峰模型。

③ 混合型共振峰模型。在级联型共振峰合成模型中，共振峰滤波器首尾相接；而在并联型模型中，输入信号先分别通过幅度调节再加到每个共振峰滤波器上，然后将各路的输出叠加起来。将两者比较，对于合成声源位于声道末端的语音（大多数的元音），级联型合乎语音产生的声学理论，并且不需为每个滤波器分设幅度调节；而对于合成声源位于声道中间的语音，并联型比较合适，但其幅度调节很复杂。因此人们将两者结合，提出了混合型共振峰模型，它是对声道的一种较准确的模拟，可以合成出自然度较高的语音。另外，由于共振峰参数有着明确的物理意义，直接对应声道参数，因此容易用共振峰描述自然语音流中的各种现象，最终用于共振峰合成系统。

虽然共振峰模型描述了语音中最基本的部分，但并不能表征影响语音自然度的其他细微的语音成分，从而影响合成语音的自然度。共振峰合成器控制十分复杂，其控制参数往往达几十个，实现起来十分困难。

### 2. LPC 参数合成

波形拼接技术的发展与语音的编/解码技术的发展紧密联系，其中 LPC 技术的发展对波形拼接技术产生了巨大的影响。LPC 合成技术本质上是一种时间波形编码技术，目的是降低时间域信号的传输速率。LPC 合成技术的优点是简单直观，其合成过程实质上只是一种简单的解码和拼接过程。由于波形拼接技术的合成基元是语音的波形数据，保存了语音的全部信息，因而单个合成基元能够获得很高的自然度。由于自然语音流中的语音与孤立状况下的语音有着极大的区别，如果只是简单地把各孤立的语音生硬地拼接在一起，那么整个语音流的质量不理想。LPC 技术本质上是一种录音加重放，对于合成整个连续语流，LPC 合成技术的效果不好。因此，LPC 合成技术必须与其他技术结合，才能明显地改善 LPC 合成的质量。

参数合成一直都是学术界研究的热点，其重要的技术体现在两方面。

① 个性化语音库定制能力。在一定量的录音数据下，快速定制效果要好于性能稳定的发音人系统。这考验的是合成技术的通用性，也就是说，相关技术在不同语音库上都要有优异的表现。很多特殊发音人合成系统的构建是非常有难度的，如儿童、表现力丰富的发音人。

② 跨语种合成能力。目前，很多应用场景下对中文和英文的合成能力都有要求，但受到发音人英文水平的限制，英文合成一般都做得不好，尤其是在中英文混读的情况下，连续性和音色差异都很难做好。

音色的定制化需要跟踪录制大量语音库，重新训练一个模型；个性化表示方法的定制化可以录一些数据，通过深度学习训练模型，以自适应的方法来实现。

## 4.4.2 语音合成的三个层次

按照人类言语功能的不同层次，语音合成也可分成三个层次：从文字到语音的合成（Text-to-Speech），从概念到语音的合成（Concept-to-Speech），从意向到语音的合成（Intention-to-Speech）。这三个层次反映了人类大脑中形成说话内容的不同过程，涉及人类大脑的高级神经活动。不难想象，即使是规则的从文字到语音合成（文语合成），也是相当困难的任务。为了合成出高质量的语音，除了依赖各种规则，包括语义学规则、词汇规则、语音学规则，还必须很好地理解文字的内容，这涉及自然语言理解的问题。

文语转换过程先将文字序列转换成音韵序列，再由语音合成器生成语音波形。其中第一步涉及语言学处理，如分词、字音转换等，以及一整套有效的韵律控制规则；第二步需要先进的语音合成技术，能按要求实时合成出高质量的语音流。因此一般来说，文语合成系统需要一套复杂的文字序列到音素序列的转换程序，也就是说，文语转换系统不仅要应用数字信号处理技术，而且必须有大量语言学知识的支持。

## 4.4.3 语音合成技术的应用

目前，语音合成技术已全面支持多方言、多语种、多音色，专业 MOS 可达 4.0 以上，可为用户提供浑厚男声、甜美女声，并可根据用户需求实现音库定制，满足用户的个性化应用，如明星声音定制、童声定制、方言定制等。

虽然语音合成技术的发展还有很长的路要走，但目前取得的进展已使得其在不同的领域得到了更好的应用。

① 人机对话：计算机进入家庭步伐的加快，要求提供一种最简单的、不需要训练的操作方式，而用语言作为信息的媒体是最理想的方式。另外，PDA、车载计算机系统等使用传统操作方式有许多不便，而人机对话也是理想的方式。

② 电话咨询：把文字转换成语言后的一大好处是，可以通过目前普及的电话网进行传输。现有的电话咨询要事先录音，而采用文语转换技术则不需要录音，可以随时、动态地改变传输的信息。

③ 自动播音：在机场、码头、车站等需要随时有信息发布的场所，采用文语转换技术可以方便地将动态信息广播给公众。

④ 助讲助读：发音器官受损者可通过文语转换技术用语言来表达思想，盲人可借助文

语转换技术系统来操作计算机。

⑤ 语音教学：可以进一步开发成普通话的教学软件，解决边远地区推广普通话师资力量不足的问题，也能够为外国人学汉语提供方便。

⑥ 电话翻译：日本 ART 实验室已经做了多年的国际合作研究，实现了一个电话自动翻译系统。一个不懂英语的日本人可以与一个不懂日语的美国人交谈，口语翻译过程由电话中心完成。

⑦ 语音导航：在导航设备中，不用在驾驶过程中查看导航仪的屏幕，而只需在出发时输入目的地，设备就能在行进途中实时用语音播报行车路线，还可在地图上集成一些沿线的餐饮娱乐旅游等信息，以便实时播放。

# 4.5　语音识别技术的发展及应用

让人与计算机自由地交谈且机器能听懂人讲话，是语音识别技术最终要实现的目标。计算机技术的飞速发展使人与机器用自然语言进行对话的梦想一步步接近实现。进入 20 世纪 90 年代后，语音识别的研究进一步升温，除了连续语音听写机，还出现了诸多实用化的研究方向。IBM 公司率先推出的 ViaVoice 标志着大词汇量、非特定人、连续语音识别技术正在趋于成熟。今后语音识别技术的发展方向，将由连续语音进一步进入自然话语识别与理解，并着手解决语音识别中的一系列难题，如鲁棒性问题。

## 4.5.1　语音识别的发展历史

语音识别技术的研究工作始于 20 世纪 50 年代，当时 AT&T Bell 实验室实现了第一个可识别 10 个英文数字的语音识别系统——Audry 系统。20 世纪 60 年代，计算机的应用推动了语音识别的发展。这时的重要成果是提出了动态规划和线性预测分析技术，其中后者较好地解决了语音信号产生模型的问题，对语音识别的发展产生了深远影响。20 世纪 70 年代，语音识别领域取得了突破。在理论上，动态规划技术得到进一步发展，动态时间归正技术基本成熟，特别是提出了矢量量化（Vector Quantitation，VQ）和隐马尔可夫模型（Hidden Markov Model，HMM）理论，在实践上实现了基于线性预测倒谱和动态时间归正技术的特定人孤立语音识别系统。20 世纪 80 年代，语音识别研究进一步走向深入，其显著特征是 HMM 和 ANN（Artificial Neural Networks，人工神经元网络）在语音识别中的成功应用。HMM 的广泛应用应归功于 AT&T Bell 实验室 Rabiner 等科学家的努力，他们把原本艰涩的 HMM 纯数学模型工程化，从而为更多研究者了解和认识。ANN 与 HMM 建立的语音识别系统的性能相当。进入 20 世纪 90 年代，随着多媒体时代的来临，迫切要求语音识别系统从实验室走向实用。许多发达国家如美国、日本、韩国，以及 IBM、Apple、AT&T、NTT 等公司都为语音识别系统的实用化开发研究投以巨资。

图 4-21 显示了自 20 世纪 80 年代初以来语音识别技术经历的从孤立词、小词汇量、特定人到大词汇量、非特定人、自然口语识别的发展历程。

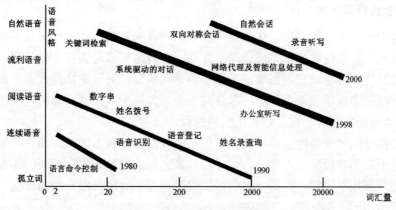

图 4-21　语音识别技术的发展历程

## 4.5.2　语音识别技术

不同的语音识别系统，虽然具体实现细节有所不同，但采用的技术相似，涉及的领域包括：信号处理、模式识别、概率论和信息论、发声机理和听觉机理、人工智能等。

典型语音识别系统的实现过程如图 4-22 所示。

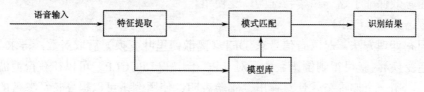

图 4-22　典型语音识别系统的实现过程

语音识别技术主要包括特征提取技术、模式匹配准则和模型训练技术三方面，还涉及语音识别单元的选取。

### 1. 语音识别单元的选取

选择识别单元是语音识别研究的第一步。语音识别单元有单词（句）、音节和音素三种，具体选择哪一种由具体的研究任务决定。

单词单元广泛应用于中小词汇语音识别系统，但不适合大词汇系统，原因在于模型库太大，训练模型任务繁重，模型匹配算法复杂，难以满足实时性要求。

音节单元多见于汉语语音识别，主要原因为汉语是单音节结构的语言，而英语是多音节结构的语言，且汉语虽然有约 1300 个音节，如果不考虑声调，那么约有 408 个无调音节，数量相对较少。因此，对于中、大词汇量汉语语音识别系统来说，以音节为识别单元基本上是可行的。

音素单元以前多见于英语语音识别的研究中，目前中、大词汇量汉语语音识别系统正被越来越多地采用。例如，汉语音节仅由声母（包括零声母 22 个）和韵母（共 28 个）构成，且声母、韵母声学特性相差很大。实际应用中，常把声母依后续韵母的不同而构成细化声母，这样虽然增加了模型数目，但提高了易混淆音节的区分能力。由于协同发音的影响，音素单元不稳定，如何获得稳定的音素单元还有待研究。

## 2. 特征参数提取技术

语音信号中含有丰富的信息，这些信息被称为语音的声学特征。如何从中提取对语音识别有用的信息呢？特征提取就是完成这项工作的，它对语音信号进行分析处理，去除对语音识别无关紧要的冗余信息，获得影响语音识别的重要信息。对于非特定人语音识别来说，希望特征参数尽可能多地反映语义信息，尽量减少说话人的个人信息（对特定人语音识别来说则相反）。从信息论角度讲，这是信息压缩的过程。

由于语音信号的时变特性，特征提取必须在一段语音信号上进行，即进行短时分析（这一段被认为是平稳的分析区间，称之为帧，帧与帧之间的偏移通常取帧长的 1/2 或 1/3），通常要对信号进行预加重以提升高频，对信号加窗以避免短时语音段边缘的影响。

下面介绍常用的声学特征。

（1）线性预测系数（LPC）

线性预测分析从人的发声机理入手，通过研究声道的模型，认为系统的传递函数符合全极点数字滤波器的形式，那么 $n$ 时刻的信号可用前面若干时刻的信号的线性组合来估计。通过使实际语音的采样值和线性预测采样值之间达到均方差最小（LMS）的方法，即可得到线性预测系数（LPC）。对 LPC 的计算方法有自相关法（Durbin 法）、协方差法、格型法等。计算上的快速有效保证了这一声学特征的广泛使用。

（2）倒谱系数（CEP）

利用同态处理方法，对语音信号求 DFT（离散傅里叶变换）后取对数，再求 IDFT（离散傅里叶逆变换），就可得到倒谱系数。对 LPC 倒谱（LPCCEP）可以在获得滤波器的线性预测系数后，用一个递推公式计算得出。实验表明，使用倒谱可以提高特征参数的稳定性。

（3）Mel 倒谱系数（MFCC）和感知线性预测（PLP）

不同于 LPC 等通过对人的发声机理的研究而得到的声学特征，Mel 倒谱系数（MFCC）和感知线性预测（PLP）是受人的听觉系统研究成果推动而导出的声学特征。对人的听觉机理的研究发现，当两个频率相近的音调同时发出时，人只能听到一个音调。临界带宽是指这样一种令人的主观感觉发生突变的带宽边界，即当两个音调的频率差小于临界带宽时，人就会把两个音调听成一个，这称为屏蔽效应。Mel 刻度是对这一临界带宽的度量方法之一。

MFCC 的计算首先用 FFT 将时域信号转化成频域，然后对其对数能量谱用依照 Mel 刻度分布的三角滤波器组进行卷积，最后对各滤波器的输出构成的矢量进行离散余弦变换（DCT），取前 $n$ 个系数。PLP 仍用德宾法计算 LPC 参数，但在计算自相关参数时，用的也是对听觉激励的对数能量谱进行 DCT 的方法。

## 3. 模式匹配及模型训练技术

模型训练是指按照一定的准则，从大量已知模式中获取表征该模式本质特征的模型参数。模式匹配是指根据一定的准则，使未知模式与模型库中的某个模型获得最佳匹配。

语音识别应用的模式匹配和模型训练技术有动态时间归正技术（Dynamic Time Warping，DTW，又称动态时间弯折技术）、隐马尔可夫模型（HMM）和人工神经元网络（ANN）。

DTW 是较早的一种模式匹配和模型训练技术，它应用动态规划方法，成功解决了语音信号特征参数序列比较时时长不等的难题，在孤立词语音识别中获得了良好性能。但因其不适合连续语音大词汇量语音识别系统，目前已被 HMM 和 ANN 代替。

马尔可夫模型（HMM）是一个离散时域有限状态自动机。马尔可夫模型的内部状态外界看不到，而只能看到各时刻的输出值。对语音识别系统，输出值通常是从各帧计算而得的声学特征。用 HMM 表征语音信号时需要做出两个假设：一是内部状态的转移只与上一状态有关，二是输出值只与当前状态（或当前的状态转移）有关。这两个假设大大降低了模型的复杂度。

HMM 是语音信号时变特征的有参表示法，它用相互关联的两个随机过程共同描述信号的统计特性，其中一个是隐蔽（不可观测）的具有有限状态的马尔可夫链，另一个是与马尔可夫链的每个状态相关联的观察矢量的随机过程（可观测）。隐蔽马尔可夫链的特征要靠可观测到的信号特征揭示。这样，语音等时变信号某一段的特征就由对应状态观察符号的随机过程描述，而信号随时间的变化由隐蔽马尔可夫链的转移概率描述。模型参数包括 HMM 拓扑结构、状态转移概率及描述观察符号统计特性的一组随机函数。按照随机函数的特点，HMM 可分为离散隐马尔可夫模型（Discrete HMM，DHMM，采用离散概率密度函数）、连续隐马尔可夫模型（Continuous HMM，CHMM，采用连续概率密度函数）和半连续隐马尔可夫模型（Semi-Continuous HMM，CHMM，集 DHMM 和 CHMM 特点）。一般来讲，在训练数据足够时，CHMM 优于 DHMM 和 SCHMM。

HMM 的训练和识别都已研究出有效的算法，它一直在不断完善，以增强其鲁棒性。

ANN 在语音识别中的应用是现在研究的又一热点。ANN 本质上是一个自适应非线性动力学系统，模拟了人类神经元活动的原理，具有自学、联想、对比、推理和概括能力。这些能力是 HMM 不具备的，但 ANN 不具有 HMM 的动态时间归正性能。因此，把二者的优点有机结合起来，能够提高整个模型的鲁棒性。

### 4.5.3　语音识别系统的类型

通常，语音识别系统有以下分类方式：① 根据对说话人的依赖程度，可以分为特定人和非特定人语音识别系统；② 根据对说话人说话方式的要求，可以分为孤立字（词）语音识别系统、连接字语音识别系统和连续语音识别系统；③ 根据词汇量大小，可以分为小词汇量、中等词汇量、大词汇量、无限词汇量语音识别系统。

#### 1. 特定人语音识别系统

特定人识别系统精明得足以了解讲话者的语音特点，从语音签名上就能知道讲话者的身份。只有在讲话者用特定单词组形成的词汇表训练系统后，它才能识别。为了训练系统识别单词，讲话者需要说出具体规定的词汇表中的单词，一次一个地把单词输入系统的过程要重复多次，才能在计算机中生成单词的参考模板。系统必须在将来使用的环境中训练，以便考虑周围环境的影响。例如，如果系统要在工厂中使用，那么就必须在工厂中训练它，以把背景噪声也考虑在内。训练很枯燥，但为使识别器能高效地工作，彻底训练是很重要的。如果不是在进行训练的环境中使用识别器，那么它也许会工作得很差。

特定人系统的优点是它可训练，系统很灵活，可以训练它来识别新词。通常，这种类型的系统用于词汇量少于 1000 词的小词汇表情况。这种小词汇表的典型应用是定制应用软件需要的用户命令和用户界面。虽然可以训练特定人的系统来识别更大的词汇表，但存在一些要权衡考虑的方面：① 需要彻底的训练，因为要把单词输入系统并重复进行；② 为识别大词汇表中的单词需要大量的存储；③ 为识别词而进行的搜索需要更长的时间，而这会影响系统的整体性能。

特定人语音识别系统的缺点是由一个用户训练的系统不能被另一用户使用。如果训练系统的用户感冒了或声音有一些变化，那么系统会识别不出用户或犯错误。在支持大量用户的系统中，存储要求是很高的，因为必须为每个用户存储语音识别数据。

### 2. 非特定人语音识别系统

非特定人语音识别系统可以识别任何用户的语音，而不需要任何来自用户的训练，因为它不依赖于个人的语音签名。是男声还是女声，用户是否感冒，环境是否改变，用户是否讲方言并带有口音，都没有关系。为生成非特定人识别系统、大量用户训练了大词汇表的识别器，在训练系统时，男声和女声、不同的口音和方言以及带有背景噪声的环境都计入考虑范围，以生成参考模板。系统并不是为每种情况下的每个用户建立模板，而是为每种声音生成一批模式，并在此基础上建立词汇表。

### 3. 孤立词语音识别系统

孤立词语音识别系统一次只提供一个词的识别。用户必须把输入的每个词用暂停分开。暂停像是一个标志，它标志着一个词的结束和下一个词的开始。识别器的首要任务是进行幅度和噪声归一化，以最小化由环境噪声、讲话者的声音、讲话者与麦克风的相对距离和位置及由讲话者的呼吸噪声引起的语音变化。下一步是参数分析，这是一个抽取语音参数的时间相关变化序列（如共振峰、辅音、线性可预测编码系数等）的预处理阶段。这一阶段的作用有两个：一是抽取与下一阶段相关的时间变化语音参数，二是通过抽取相关语音参数而减少数据量。如果识别器在训练方式下，那么会把新的帧加到参考表中。如果识别器在识别方式下，那么会把动态时间变形用于未知的模式上，以平均音素持续时间。然后将未知模式与参考模式进行比较，从表中选出具有最大相似度的参考模式。

把对应于一个词的大量样本聚集为单一群，可以获得非特定人孤立单词语音识别器。例如，把 100 个用户（带有不同的口音和方言）的每个单词 25 遍的发音收集成样本集，这样每个词就有 2500 个样本。把这 2500 个样本中声学上相似的样本聚集在一起，就形成了对应词的单一群，群就成了这个词的参考。

随着词汇表的增加，参考模式需要更多的存储空间，计算和搜索也需要更多的时间，此时反应时间会增长，同时随着要处理更多的信息，错误率会增加。

### 4. 连接词语音识别系统

连接词语音与连续语音的区别是什么？连接词的语音由所说的短语组成，短语又由词序列组成，如"总统 Gorge Bush"和"我的名字是 Hillary"。相应地，连续语音由在听写中形成段落的完整句子组成，同时它需要更大的词汇表。

一个明显的问题是，为什么要把连接词识别单独分出来？孤立词语音识别（也称命令识别）使用暂停作为词的结束和开端标志。讲出的连接词的序列像在短语中那样，也许在单词之间没有足够长的暂停来清楚地确定一个词的结束和下一个词的开始。识别连接词短语中单词的一种方法是采用词定位技术：通过补偿语音速率变化来完成识别，而补偿语音速率变化又是通过动态时间归正的过程，以及把调整后的连接词短语表示沿时间轴滑过所存储的单词模板，以找到可能的匹配这样一个过程来实现的。如果在给定时间内，任何相似性显示出已经在说出的短语和模板中找到了相同的词，那么识别器就定位了模板中的关键词。将动态时间归正技术用于连接词短语，可消除或减少由于讲话者个人或其他影响语音的因素，如因兴奋而造成的单词速率的变化。不同情况下，可用不同的重音和速度说出同一短语。如果人们在每次用不同的重音说出短语时，都抽取所说短语的瞬时写照，并在时间域中生成帧，那么会很快发现每一帧是如何相对其他帧而变化的。这就提供了表示所说短语中可能变化的时间变形参数范围。当把动态时间变形技术用于连接词语音识别时，就可压缩或扩展帧来去除可能的时间变化，然后把帧与存储模板相比较来进行识别。

为什么连接词语音识别是有用的？这是一种命令识别的高级形式，其中命令是短语而不是单一的词。例如，连接词语音识别可用于执行操作的应用中，如短语"给总部打电话"会引起查询总部电话并拨号。类似于孤立词语音识别，连接词语音识别用于命令和控制应用，并使用设计用于非特定人语音识别的有限词汇表。

孤立单词语音识别器与连接词语音识别器之间的主要区别是，它正确地分开了两个词之间的沉默与所讲词的音节之间的沉默。有效地使用单词识别的音素分析，有助于识别音节之间的间断。

很明显，这个问题对于连续语音识别来说，要比对于连接词语音识别复杂。高级语音识别系统使用了许多技术的组合，包括动态时间归正技术、参数分析和音素分析。

### 5．连续语音识别系统

连续语音识别要比孤立单词甚至连接词语音识别复杂，这就提出了两个主要问题：① 分割和标志过程，把语音段标记成代表音素、半音节、音节和单词等更小的单元；② 为跟上输入语音并实时地识别词序列所需的计算能力，用现行的数字信号处理器（DSP）可以通过选择正确的 CPU 体系结构，来获得实时连续语音识别需要的计算能力。

连续语音识别系统可以分成下列三部分。

第一部分包括数字化、幅度归一化、时间归一化和参数表示。

第二部分包括分割并把语音段标记成基于知识或规则系统的符号串。用于表征语言段特征的知识类型包括：① 语音学，描述了语音声音（英语只有 41 个音素）；② 词汇学，描述了声音类型；③ 语法，描述了语言的语法结构；④ 语义学，描述了词和句子的语义；⑤ 语用学，描述了句子的上下文。多数连续语音识别系统使用基于语音学、词汇学、语法的知识系统。

第三部分是设计用于识别词序列而进行的语音段匹配。

在连续语音识别系统中，语音信号的前端处理与孤立单词语音识别系统中的一样。它把模拟信号转换成数字信号，进行幅度和噪声归一化，以使由于周围噪声、讲话者的声音、讲话者相对于麦克风的距离和位置、讲语音的呼吸噪声等引起的语音变化最小。下一步由参数分析组成，这是一个抽取时间变化语音参数（如共振峰、辅音、线性可预测编码系数等）的预处理阶段。该步骤有两个目的：首先，抽取与下一步相关的时间变化语音参数；其次，通过抽取相关语音参数减少数据量。

　　然后把语音分割为 10 ms 的段并标记这些段。如何标记语音段？孤立词语音识别器使用了把未知发音与已知参考模式相比较的技术。如果未知发音与已知参考模式之一相似，那么就找到了一个匹配并识别出了发音。对于连续语音识别，如 100 个词的词汇表，需要超过 1000 个参考模式，这就要求更大的存储和更快的计算引擎来在模式中搜索，并完成把模式输入系统的处理。如果实时地完成上述处理，那么这将是一个很高的要求。为解决这一问题，要把语音分割成更小的符号单元段，它们表示语音、音素、半音节、音节，分割过程生成了 10 ms 的"快照"，并把语音的时间变化表示转换成符号表示。

　　下一步是对语音段进行标记，其中使用了由语音、词汇语法和语义知识组成的知识系统。该过程应用了一种基于知识系统来标记语音段的启发式方法：把语音段结合起来以形成音素，把音素结合起来以形成单词，单词经过确认过程并使用语法和语义知识来形成句子。该过程是极为数学化的，十分复杂，细节已超出了本书的范围。

# 4.6　声纹识别技术及其应用

　　声纹识别是生物识别技术的一种，也称说话人识别，通常分为两类，即说话人辨认和说话人确认。不同的任务和应用会使用不同的声纹识别技术，如缩小刑侦范围时可能需要辨认技术，而银行交易时则需要确认技术。

　　声纹识别就是把声信号转换成电信号，再用计算机进行识别。

### 1. 声纹识别的原理

　　声纹识别的基础是语音的特殊性和稳定性。

　　首先是特殊性。发音器官分为声门上系统、喉系统、声门下系统，每个人都有自己的一套发音器官，其形态、构造各有差别，每次发音需要众多发音器官相互配合、共同运动。这就决定了语音的物理属性（也称语音四要素）：音质、音长、音强、音高。这些物理量因人而异，因此语音在声纹图谱上呈现出不同的声纹特征，根据这些声纹特征参数，我们不但可以区分语声，而且可以认定同一人的语声。

　　其次是稳定性。一个人的发音器官发育成熟后，其解剖结构和生理状态是稳定不变的，加之发音人的言语习惯等语音的社会心理属性，使得每个人在不同时段所说的相同文本内容的话，基本语音特征是稳定不变的。因此，就像管乐中的号，长号、短号虽然都是号，但由于声道的形状、长短不同，吹出来的音质也不同。

### 2. 声纹识别过程

　　声纹识别本质上是一个模式识别问题。一般的声纹识别系统包含以下 5 个阶段：语音信号的预处理、特征提取、训练、模式匹配和判断。

　　语音信号的预处理包括信号的数字化和端点检测。数字化的主要作用是将原始输入的说话人语音转化为可供声纹识别系统处理的数字信号。端点检测的作用是将有效的语音从一段音频信号中提取出来。经过预处理后的语音信号才能进行特征提取。特征提取和模式识别是声纹识别的核心阶段，主要方式是对语音库中的每段语音提取特征，建立模型，然后建立模型库。输入的待测语音也通过同样的方式来进行特征提取过程，建立模型。对于每段待测语音，将它的概率模型与语音模型库中的模型一一进行似然估计，以最大似然的规则进行归类，即认定待测语音为似然概率最大的那一类。

声纹识别的核心为训练阶段和识别阶段。在训练阶段，系统的每个使用者说出若干训练语料，系统对这些训练语料进行数字化处理，根据特征参数建立每个使用者的模板或模型参考集。

在识别阶段，把从待识别说话人说出的语音信号中提取的特征参数，与在训练过程中得到的参考参量或模型模板进行对比，根据一定的相似性准则进行决策，从而得出识别结果。对于说话人辨识来说，所提取的参数要与训练过程中每个人的参考模型进行比较，并把与它距离最近的那个参考模型对应的使用者辨认为发出语音的说话人。声纹确认则将输入语音中提取的特征参量与其声称为某人的参考模板比较，若两者之间的差别小于某个阈值，则予以确认，否则予以拒绝。

每段语音信号中都包含非常丰富的说话人个性特征，除了短时平均能量、幅度等时域特征，还有很多能表示各种特征的频域参数。要把一段语音信号的特征较为准确地表示出来，就必须对该段语音信号进行处理，必须在寻找到信号的起始端后再完成待测信号的分析。从未处理的信号中提取的特征必须是有价值的特性系数，排除对声纹识别无意义的信息，减少后续识别过程中要分析的数据量。

选择有效的特征参数对系统的识别性能至关重要，这也是声纹识别系统是否能成功搭建的重要步骤。好的特征参数必须包含如下 5 个优势：

- ✠ 可以详细描述说话人身份的特性，如说话人的声道特征和听觉特征。
- ✠ 系数的各阶之间最好相互独立。
- ✠ 可以有效分开不同的说话人，且能在说话人的语音信号产生波动时维持相对稳定。
- ✠ 特征参数应不受时间与空间变化的影响，对环境变化具有良好的适应性和稳定性。
- ✠ 易于从说话人的语音信号中提取及求解，最好为有效的求解算法，以确保声纹识别系统的实时完成。

### 2．声纹识别的应用

① 考勤系统。声纹识别结合其他生物识别进行考勤，成本较低，能有效防止代打卡现象，特别适合流动性较高的大规模群体的考勤。

② 远程认证。在银行、证券和借贷等实名制与安全性要求较高的领域，可作为用户远程注册和密码找回环节中的辅助验证。

③ 门禁系统。声纹识别结合其他生物识别作为门禁系统的开锁方式，可实现不需携带任何物品的验证流程。

④ 娱乐应用。将某人与某明星或某卡通人物的脸进行对比，系统可以给出相应的相似度对比值。

# 思考与练习 4

1．列出你所知道的语音编码标准。

2．什么是均匀量化？什么是非均匀量化？

3．什么是 $\mu$ 律压扩？什么是 $A$ 律压扩？

4. 在增量调制中为什么会产生粒状噪声？

5. 自适应脉冲编码调制（APCM）的基本思想是什么？

6. 差分脉冲编码调制（DPCM）的基本思想是什么？

7. 智能手机上的应用软件一般采用哪些音频压缩技术？

8. 简述语音合成和语音识别技术的基本原理与应用领域。

9. 除了本章介绍的声纹识别应用，你认为声纹识别技术还能应用在哪些领域？

# 第 5 章　多媒体数据采集与编辑

**本章导读**

　　多媒体数据采集是多媒体系统的基础，熟悉 Windows 环境下如何利用系统提供的工具实现音频和视频数据的采集是必要的。而通过对多媒体创作工具、Microsoft DirectX 的了解则为多媒体系统的开发奠定了一定的基础。

　　通过本章的学习，读者还可以了解常见的图像特效的常用方法和技术手段，以及主流多媒体播放器的特点。

　　如果说硬件是多媒体计算机的基础，那么软件就是多媒体计算机的灵魂。由于多媒体系统涉及种类繁多的硬件，而且要处理形形色色的差异巨大的各种多媒体数据，因此多媒体软件的主要任务是使用户能够方便、有效地组织和调度多媒体数据，让多媒体硬件去处理相应的媒体数据，实现音频、视频同步，真正实现多媒体的信息表达方式。除了常见软件的一般特点，多媒体软件常常要反映多媒体技术的特有内容，如数据压缩、各类多媒体软件接口的驱动和集成、新型的交互方式以及基于多媒体的各种支撑软件和应用软件等。

## 5.1　多媒体数据采集

　　多媒体数据采集是指用于采集多种多媒体数据的软件，如声音录制、编辑软件、图像扫描及预处理软件、全动态视频采集软件和动画生成编辑系统等。

　　不同操作系统环境中，为了满足应用程序对多媒体数据采集的需要，通常会提供专门的中间件，以支持对多媒体数据的获取。基于这些中间件，避免了应用程序直接与不同的硬件驱动程序打交道，提高了多媒体应用程序的独立性。本节仅简单介绍 Windows 环境下音频和视频数据的采集方式。

### 5.1.1　Windows 环境下声音数据的采集

　　Windows 环境中可以通过 MCI 命令来控制声卡。MCI 提供了一组与设备无关的控制命令，是一种访问多媒体设备的高层次方法，提供给程序员的灵活性有限。利用 MCI 命令来控制声卡录音时，程序员不能在录音的过程中访问内存中的采样数据，只有在录音完成后，通过访问 WAVE 文件才可以得到采样数据。这种方式不但烦琐，而且对文件的存取需要耗费时间，使得声卡在采样的过程中有可能停下来等待文件操作，造成采样的断续。这在一些实时性要求比较高的场合（如波形分析、实时控制等）是不允许的。

Windows 的低级波形音频函数提供了对声卡的最大灵活性的操作，允许在采样过程中随机地访问内存中的每个采样数据，完全可以克服使用 MCI 命令所遇到的实时性问题。

Windows 以动态链接库 Mmsystem.dll 的形式提供低级波形音频函数，Mmsystem.dll 中包括了 14 个有关波形录入的函数，如表 5.1 所示。

表 5.1　有关波形录入的函数

| 函数名称 | 功　　能 | 函数名称 | 功　　能 |
| --- | --- | --- | --- |
| waveInAddBuffer | 向声音输入设备发送缓冲区 | WaveInStop | 停止声音输入 |
| waveInGetDevCaps | 获取声音输入设备性能 | waveInGetErrorText | 获取声音出错信息文本 |
| waveInGetID | 获取声音输入设备 ID | waveInClose | 关闭声音输入设备 |
| waveInGetPosition | 获取声音设备输入位置 | waveInGetNumDevs | 返回声音输入设备数量 |
| WaveInOpen | 打开声音输入设备 | waveInMessage | 向声音输入设备发送信息 |
| WaveInReset | 重置语音输入设备 | waveInPrepareHeader | 预备声音输入缓冲区 |
| WaveInStart | 开始声音输入 | waveInUnprepareHeader | 清除预备的声音文件头 |

需要说明的是，不同的编程工具包含对这些低级波形音频函数进行说明的头文件（如在 Delphi 4.0 中，对 Mmsystem.dll 说明的文件是 Mmsystem.pas），所以在不同的编程工具中调用这些函数时有可能使用不同的名称。

与使用其他设备一样，要用波形音频函数来控制声卡，必须经过以下步骤。

### 1．打开波形输入设备

函数 waveInOpen 用于打开波形输入设备，其原型如下：

　　　　WORD waveInOpen(lphWaveIn,wDeviceID,lpFormat,dwCallback,dwCallbackInstance,dwFlags)

其中的参数含义说明如下。

① lphWaveIn：用来接收波形输入设备的句柄，该句柄应当保存下来，因为其他波形输入函数还会用到它。

② wDeviceID：用来指明波形输入设备的标记号。当计算机中有多块声卡（准确地说是波形输入设备）时，操作系统会为每块声卡分配一个标记号。用函数 waveInGetNumDevs() 得到能够作为波形输入设备的数目 $N$，则 wDeviceID 的取值范围为 $0 \sim N-1$。如果想得到某个标记号所对应的录音性能，可以使用函数 waveInGetDevCaps()。若把 wDeviceID 设为 WAVE_MAPPER（即 $-1$），则系统会自动选择符合要求的设备（根据 lpFormat 的要求）。

③ lpFormat：指向 PCMWAVEFORMAT 数据结构的指针，应当在这个数据结构中指明所期望的采样模式。这个数据结构的定义如下：

```
typedef structure pcmwaveformat_tag {
    WAVEFORMAT wf;              // 有关 PCM 格式设置的另外一种数据结构
    WORD   wBitsPerSample;      // 量化位数
}PCMWAVEFORMAT;
typedef structure waveformat_tag {
    WORD wFormatTag;            // 采样数据格式，目前只能用 PCM 格式
```

```
        WORD nChannels;                    // 通道数目（1 或 2）
        DWORD nSamplesPerSec;              // 采样速率
        DWORD nAvgBytesPerSec;             // 每秒采样得到的数据
        WORD nBlockAlign;        // 记录区块对齐的单位，此值为"nChannels*wBitsPerSample/8"
    } WAVEFORMAT;
```

④ DWORD dwCallback：定义回调函数的地址或回调窗口的句柄。回调函数的地址或回调窗口用来处理波形输入设备产生的消息。

⑤ DWORD dwCallbackInstance：一个用户自定义的数据，该数据会被一起传给回调函数（或窗口）。

⑥ DWORD dwFlags：定义打开波形输入设备的标记，其中：CALLBACK_WINDOW—定义 dwCallback 为窗口句柄；CALLBACK_FUNCTION—定义 dwCallback 为函数地址。

另外，还可以在此指定：WAVE_FORMAT_QUERY—只查询波形输入设备是否支持给定的格式，而不真正打开波形输入设备；WAVE_ALLOWSYNC—同步方式开启波形输入设备，录音工作在后台进行。

### 2．为采样数据分配缓冲空间

在 Windows 环境中可以用 GlobalAllocPtr()来获取一段内存空间，但由于 Windows 操作系统采用了虚拟存储管理机制，这块内存空间随时有可能会被置换到硬盘上，读写硬盘所耗费的时间会造成采样的不连续。因此，在将缓冲区送往波形输入设备之前，必须调用 WaveInPrepareHeader()函数，以保证缓冲区不会被置换到硬盘上。当然，在用 GlobalFreePtr() 函数来释放缓冲区前，必须先用 WaveInUnprepareHeader()函数来解除这种保护。

但是，如果只为波形输入设备开辟一个缓冲区，那么当该缓冲区被采样数据填满后，波形输入设备就无缓冲区可用，不得不停止采样，从而造成了采样的断续。所以在实际应用中，至少要为波形输入设备准备两个缓冲区，同时送给波形输入设备。

### 3．启动波形输入设备

上述一切都准备好后，用 WaveInStart()启动波形输入设备即可开始进行数据采集。在采集的过程中，一旦有缓冲区被采样数据填满，系统回调 WaveInOpen()中指定的 dwCallback() 函数（或向指定的窗口发送消息）。在 Delphi 4.0 中，回调函数的格式如下：

```
        procedure CallBack(uMsg, dwInstance, dwParam1, dwParam2 : DWORD); stdcall;
```

其中，uMsg 是 Windows 的消息标记号，有 3 种情况：

✠ MM_WIM_OPEN 表示波形输入设备开启成功。

✠ MM_WIM_DATA 表示一个缓冲区已满。此时 dwParam1 中带有数据缓冲区头的指针。正是通过这个指针，才可以随机地访问缓冲区中的每个采样数据。

✠ MM_WIM_CLOSE 表示波形输入设备关闭成功。

当波形输入设备关闭后，要用 WaveInPrepareHeader()和 GlobalFreePtr()函数来释放缓冲区内存。

### 4．关闭语音输入设备

waveInStop(hWaveIn)：停止语音输入。

WaveInReset(hWaveIn)：重置语音输入设备。

WaveInClose(hWaveIn)：关闭语音输入设备。

其中，hWaveIn 是 WaveInOpen 得到的设备句柄。

在关闭语音输入设备前，必须重置语音输入设备，否则系统会出现这样的错误提示："MMSYSTEM033 媒体数据仍在播放中，请重置设备或等到数据播放完毕"。但是只有当一个缓冲区填满数据后，才能重置语音输入设备。

以上波形输入函数，若调用成功，则返回 0，否则返回非 0。此时可以用函数 waveInGetErrorText() 来得到出错信息，这样做的目的是方便调试。

## 5.1.2　Windows 环境下视频数据的采集

数字视频数据是通过对模拟视频信号（如 PAL 或 NTSC 制式电视信号）的音频、视频信号同步捕获并数字化而得到的。在 Windows 环境下，数字视频数据的获取与图像输入的方式有关。目前，计算机上视频图像的输入主要有两种方式：一种是捕获卡+模拟摄像头的方式，另一种是基于 USB（通用串行接口）接口的数字摄像头。前者是在计算机的主板上插入一块图像捕获卡，模拟摄像头通过捕获卡接入计算机，视频信号的捕获通过捕获卡获得。后者则是直接通过 USB 接口将摄像头连入计算机，这种方式安装比较简单，而且价钱比较便宜。但由于图像数量巨大，而 USB 接口的数据传输速率有限，因此数据在进入计算机之前要进行必要的压缩，这使得图像的质量和帧率受到一定的影响。所以，对图像质量要求比较高的场合一般采用前一种方式。

不论采用上述何种方式，应用程序一般都不能直接从输入设备获取数字视频信号，但可以通过 Video for Windows（VFW）获得视频流。

### 1. VFW 简介

VFW 是 Microsoft 公司 1992 年推出的关于数字视频的一个软件包，能使应用程序从传统模拟视频源得到视频剪辑。VFW 引进了一种叫 AVI 的文件标准，该标准未规定如何对视频进行捕获、压缩及播放，仅规定视频和音频该如何存储在硬盘上，在 AVI 文件中交替存储视频帧和与之匹配的音频数据。VFW 给程序员提供 AVICap 窗口类的高级编程工具，使程序员能通过发送消息或设置属性来捕获、播放和编辑视频剪辑。早期的 VFW 必须单独安装，但现在用户不必专门安装 VFW，Windows 本身包括了 VFW 1.1。用户安装 Windows 时，安装程序会自动安装配置视频所需的组件，如设备驱动程序、视频压缩程序等。Microsoft Visual C++ 从 4.0 版就开始支持 VFW，这给视频捕获编程带来了很大的方便。

VFW 主要由以下 5 个模块组成：

✠ AVICAP.DLL：包含执行视频捕获的函数，给 AVI 文件 I/O 和视频、音频设备驱动程序提供一个高级接口。

✠ MSVIDEO.DLL：用一套特殊的 DrawDib 函数来处理屏幕上的视频操作。

✠ MCIAVI.DRV：包括对 VFW 的 MCI 命令的解释器。

✠ AVIFILE.DLL：支持由标准多媒体 I/O 函数提供的更高的命令来访问 AVI 文件。

✠ 压缩管理器（ICM）：管理用于视频压缩/解压缩的编解码器（CODEC）。

✖ 音频压缩管理器（ACM）：提供与 ICM 相似的服务，适用于波形音频。

Visual C++在支持 VFW 方面提供 vfw32.lib、msacm32.lib 和 winmm.lib 等类似的库，特别是提供了功能强大、简单易行、类似 MCIWnd 的窗口类 AVICap。AVICap 为应用程序提供了简单的、基于消息的接口，使之能访问视频和波形音频硬件，并能在将视频流捕获到硬盘的过程中进行控制。

### 2. AVICap 编程简介

AVICap 支持实时的视频流捕获和单帧捕获并提供对视频源的控制。虽然 MCI 也提供数字视频服务，如它为显示 AVI 文件的视频提供了 avivideo 命令集，为视频叠加提供了 overlay 命令集，但这些命令主要基于文件的操作，不能满足实时地直接从视频缓存中取数据的要求。对于使用没有视频叠加能力的捕获卡的 PC 来说，用 MCI 提供的命令集是无法捕获视频流的。而 AVICap 在捕获视频方面具有一定的优势，它能直接访问视频缓冲区，不需要生成中间文件，实时性很强，效率很高。同时，它可将数字视频捕获到文件。

在视频捕获之需要创建一个捕获窗，所有的捕获操作及其设置都以它为基础。用 AVICap 窗口类创建的窗口（通过 capCreateCaptureWindow()函数创建）被称为"捕获窗"，其窗口风格一般为 WS_CHILD 和 WS_VISIBLE。在概念上，捕获窗类似标准控制（如按钮、列表框等）。捕获窗具有下列功能：

✖ 将视频流和音频流捕获到一个 AVI 文件中。

✖ 动态地同视频和音频输入器件连接或断开。

✖ 以 Overlay 或 Preview 模式对输入的视频流进行实时显示。

✖ 在捕获时可指定所用的文件名，并将捕获文件的内容复制到另一个文件。

✖ 设置捕获速率。

✖ 显示控制视频源、视频格式、视频压缩的对话框。

✖ 创建、保存或载入调色板。

✖ 将图像和相关的调色板复制到剪贴板。

✖ 将捕获的一个单帧图像保存为 DIB 格式的文件。

这里需要解释 AVICap 在显示视频时提供的两种模式。

① 预览（Preview）模式：使用 CPU 资源，视频帧先从捕获硬件传到系统内存，再采用 GDI 函数在捕获窗中显示。在物理上，这种模式需要通过 VGA 卡在监视器上显示。

② 叠加（Overlay）模式：使用硬件叠加进行视频显示，叠加视频的显示不经过 VGA 卡，叠加视频的硬件将 VGA 的输出信号与其自身的输出信号合并，形成组合信号显示在计算机的监视器上。只有部分视频捕获卡才具有视频叠加能力。

除了利用捕获窗的 9 个功能，灵活编写 AVICap 提供的回调函数还可以满足一些特殊需求，如将宏 capCaptureSequenceNoFile 同用 capSetCallbackOnVideoStream 登记的回调函数一起使用，可使应用程序直接使用视频和音频数据，在视频会议的应用程序中可利用这一点来获得视频帧，回调函数将捕获的图像传到远端的计算机。应用程序可用捕获窗来登记回调函数（由用户编写，而由系统调用），以便在发生下列情况时它能通知应用程序做出相应的反应：① 捕获窗状态改变；② 出错；③ 视频帧和音频缓存可以使用；④ 在捕获过程中，其他应用程序处于让步地位。

　　与普通 SDK 编程一样，视频捕获编程也要用到涉及视频捕获的结构、宏、消息和函数。不过，发送 AVICap 窗口消息能完成的功能都能调用相应的宏来完成。函数 SendMessage (hWndCap, WM_CAP_DRIVER_CONNECT, 0, 0L)与 capDriverConnect(hWndCap, 0)的作用相同，都是将创建的捕获窗同视频输入器件连接起来。

　　在利用 AVICap 编程时，应该熟悉与视频捕获相关的结构，下面对常用的 4 个结构进行简要介绍（前 3 个结构都有对应的函数来设置和获得结构包含的信息）。

- ✠ CAPSTATUS 定义了捕获窗口的当前状态，如图像的宽、高等。
- ✠ CAPDRIVERCAPS 定义了捕获驱动器的能力，如视频叠加能力、控制视频源、视频格式的对话框等。
- ✠ CAPTUREPARMS 包含控制视频流捕获过程的参数，如捕获帧频、指定键盘或鼠标以终止捕获和捕获时间限制等。
- ✠ VIDEOHDR 定义了视频数据块的头信息，在编写回调函数时常用到其数据成员 lpData（指向数据缓存的指针）和 dwBufferLength（数据缓存的大小）。

### 3．视频数据采集过程

通常视频数据的采集过程可以分为以下 6 个步骤。

（1）创建视频捕获窗口

调用函数 capCreateCaptureWindow()。函数调用的具体要求需要参考相关开发工具的帮助或说明。

（2）设置视频捕获的相关回调函数

①　capSetCallbackOnError()：设置错误回调函数，错误发生时，AVICap 将调用此回调函数。

②　capSetCallbackOnStatus()：设置状态回调函数，状态发生改变时，AVICap 将调用此回调函数。

③　capSetCallbackOnFrame()：设置帧预览回调函数，对帧进行预览时，AVICap 将调用此回调函数。

④　capSetCallbackOnVideoStream()：设置返回视频帧相关信息的回调函数，视频缓冲区被填满时此函数被调用。

通过设置这些回调函数，应用程序可以根据需要对视频帧进行修改或存入磁盘。

（3）搜寻视频设备并连接相关设备

①　capGetDriverDescription()：获取设备版本信息。

②　capDriverConnect()：连接设备驱动程序。

一台计算机可能连接多个视频输入设备，因此可以通过函数 capGetDriverDescription()搜寻所有的设备，函数的返回值可以区分不同的设备，然后通过函数 capDriverConnect()与其中一个设备驱动程序建立连接。需要说明的是，当一种设备被连接时，其他正在被连接的设备将自动被断掉。

（4）获取连接设备当前的参数设置并根据需要进行修改

①　capCaptureGetSetup()：获取当前设置。

②　capCaptureSetSetup()：修改当前设置。

③ capDlgVideoFormat()：弹出 Video format 对话框，用户可根据需要，对视频格式进行修改。

④ capDlgVideoSource()：弹出 Video source 对话框，用户可根据需要选择视频源。

后两个函数弹出的对话框与捕获卡生产商提供的驱动程序有关，不同的捕获卡对应的对话框界面和用户能够选择的参数可能有很大的不同。

（5）设置预览帧率

① capPreviewRate()：设置 Preview 模式的显示速率。

② capPreview()：启动 Preview 模式。

如果驱动器有叠加（overlay）能力，那么可通过调用函数 capOverlay()启动 Overlay 模式。

（6）开始捕获数据

① capCaptureSequenceNoFile()：开始捕获视频序列到另一缓存中，回调函数 capSetCallbackOnVideoStream()负责处理缓存中的视频数据。

② capCaptureSequence()：开始捕获视频序列到指定的文件中。

# 5.2　Microsoft DirectX

DirectX（Direct eXtension）是由 Microsoft 公司开发的用途广泛的 API，由 C++语言实现，遵循 COM。DirectX 开发之初是为了弥补 Windows 3.1 系统对图形、声音处理能力的不足，而今已发展成为对整个多媒体系统的各个方面都有较大影响的接口。

DirectX 是一组低级“应用程序编程接口”（API），可为 Windows 程序提供高性能的硬件加速多媒体支持，增强计算机的多媒体功能。使用 DirectX 可直接访问显卡与声卡，从而使程序提供逼真的三维图形和令人如醉如痴的音乐与音效。

DirectX 使程序能够轻松确定计算机的硬件性能，然后设置与之匹配的程序参数。该程序使得多媒体软件程序能够在基于 Windows 的具有 DirectX 兼容硬件与驱动程序的计算机上运行，同时可确保多媒体程序能够充分利用高性能硬件。

DirectX 提供了一整套的多媒体接口方案，由很多 API 组成，按照性质分类，可以分为四大部分：显示部分、声音部分、输入部分和网络部分。

显示部分担任图形处理的关键，分为 DirectDraw 和 Direct3D。前者主要负责 2D 图像加速，包括很多方面：播放 mpg、DVD 电影、看图、玩小游戏等用的都是 DirectDraw。后者主要负责 3D 效果的显示，如 CS[①]中的场景和人物、FIFA[②]中的人物等，都使用了 DirectX 的 Direct3D。

声音部分中最主要的 API 是 DirectSound，除了播放声音和处理混音，还加强了 3D 音效，并提供了录音功能。

输入部分 DirectInput 可以支持很多的游戏输入设备，能够让这些设备充分发挥最佳状态和全部功能，除了键盘和鼠标，还可以连接手柄、摇杆、模拟器等。

在网络部分，DirectPlay 主要就是为了具有网络功能游戏而开发的，提供了多种连接方

---

① 射击系列游戏：反恐精英（Counter-Strike）。

② 美国艺电公司出品的足球系列游戏。

式：TCP/IP、IPX（互联网分组交换协议）、Modem（调制解调器）和串口等，让玩家可以用各种联网方式来进行对战，也提供网络对话功能及保密措施。

本节仅对 DirectSound 和 DirectShow 进行简要介绍。

## 5.2.1　DirectX 的特性

### 1．DirectX 5.0

Microsoft 公司并没有推出 DirectX 4.0，而是直接推出了 DirectX 5.0。此版本对 Direct3D 做出了很大的改动，加入了雾化效果、Alpha 混合等三维特效，使三维游戏中的空间感和真实感得以增强，还加入了 S3 的纹理压缩技术。同时，DirectX 5.0 在其他各组件方面也有加强，在声卡、游戏控制器方面均做了改进，支持了更多的设备。

### 2．DirectX 6.0

DirectX 6.0 中加入了双线性过滤、三线性过滤等优化三维图像质量的技术，游戏中的 3D 技术逐渐走入成熟阶段。

### 3．DirectX 7.0

DirectX 7.0 最大的特色是支持 T&L（Transform and Lighting，坐标转换和光源）。三维游戏中，任何一个物体都有一个坐标，当此物体运动时，它的坐标发生变化，即所谓的坐标转换；除了场景、物体，还需要灯光，没有灯光就没有三维物体的表现，无论是实时三维游戏还是三维影像渲染，加上灯光的三维渲染是最消耗资源的。虽然 OpenGL 中已有相关技术，但此前从未在民用级硬件中出现。在 T&L 问世前，位置转换和灯光都需要 GPU（Graphic Processing Unit）来计算，CPU 运算速率越快，游戏表现越流畅。使用 T&L 功能后，这两种效果的计算用显卡的 GPU 来计算，这样就可以把 CPU 从繁忙的劳动中解脱出来。换句话说，拥有 T&L 显卡，使用 DirectX 7.0，即使没有高速的 CPU，同样能流畅地运行三维游戏。

### 4．DirectX 8.0

DirectX 8.0 的推出引发了一场显卡革命，首次引入了"像素渲染"概念，同时具备像素渲染引擎（Pixel Shader，PS）和顶点渲染引擎（Vertex Shader，VS），反映在特效上就是动态光影效果。同硬件 T&L 仅仅实现的固定光影转换相比，VS 和 PS 单元的灵活性更大，使 GPU 真正成了可编程的处理器。这意味着程序员可通过它们实现三维场景构建的难度大大降低，通过 VS 和 PS 的渲染，可以容易地做出真实的水面动态波纹光影效果。

### 5．DirectX 9.0

2002 年年底，Microsoft 公司发布 DirectX 9.0。DirectX 9.0 中 PS 单元的渲染精度已达到浮点精度，传统的硬件 T&L 单元也被取消。全新的 VS 编程将比以前复杂得多，新的 VS 标准增加了流程控制和更多的常量，每个程序的着色指令增加到了 1024 条。

PS 2.0 具备完全可编程的架构，能对纹理效果即时演算、动态纹理贴图，还不占用显存，理论上对材质贴图的分辨率的精度提高无限多；另外，PS 1.4 只能支持 28 个硬件指令，同时操作 6 个材质，而 PS 2.0 可以支持 160 个硬件指令，同时操作 16 个材质，新的高精度浮点数据规格可以使用多重纹理贴图，可操作的指令数可以任意长，电影级别的显示效果轻而易举地实现。

VS 2.0 通过增加 Vertex 程序的灵活性，显著提高了老版本（DirectX 8）的 VS 性能，新的控制指令可以用通用的程序代替以前专用的单独着色程序，效率提高许多倍；增加循环操作指令，减少工作时间，提高处理效率；扩展着色指令个数从 128 个提升到 256 个。

DirectX 9.0 增加了对浮点数据的处理功能，以前只能对整数进行处理，这样提高渲染精度，使最终处理的色彩格式达到电影级别。突破了以前限制 PC 图形图像质量在数学上的精度障碍，它的每条渲染流水线都升级为 128 位浮点颜色，让游戏程序设计师们更容易、更轻松地创造出更漂亮的效果，让程序员编程更容易。

### 6．DirectX 9.0c

与过去的 DirectX 9.0b 和 Shader Model 2.0 相比较，DirectX 9.0c 最大的改进便是引入了对 Shader Model 3.0（包括 Pixel Shader 3.0 和 Vertex Shader 3.0 两个着色语言规范）的全面支持。例如，DirectX 9.0b 的 Shader Model 2.0 支持的 Vertex Shader 最大指令数仅为 256 个，PS 最大指令数更是只有 96 个。而在最新的 Shader Model 3.0 中，VS 和 PS 的最大指令数都大幅上升至 65535 个，全新的动态程序流控制、位移贴图、多渲染目标、次表面散射（Subsurface Scattering）、柔和阴影（Soft Shadows）、环境和地面阴影（Environmental and Ground Shadows）、全局照明（Global Illumination）等新技术特性，使 GeForce 6、GeForce 7 系列和 Radeon X1000 系列立刻为新一代游戏以及具备无比真实感、幻想般的复杂的数字世界和逼真的角色在影视品质的环境中活动提供强大动力。

除了取消指令数限制和加入位移贴图等新特性，Shader Model 3.0 更多的特性是在解决游戏的执行效率和品质上下功夫。Shader Model 3.0 诞生后，人们对待游戏的态度也开始从过去单纯地追求速度，转变到游戏画质和运行速度两者兼顾。因此，Shader Model 3.0 对游戏产业有深远的影响。

### 7．DirectX 10

DirectX 10 的主要优势是更好、更合理地利用了 GPU 资源，进而降低了对 CPU 的依赖。为了实现这个目标，DirectX 10 主要从以下 3 方面来解决。

（1）提高绘图效率，通过修改 API 核心技术，令三维绘图和材质切换时降低资源消耗

DirectX 10 的 Shader Model 版本首次更新到 4.0，带来了与 Shader Model 3.0 不同的特性。例如引入了 Geometry Shader，这种技术允许 GPU 生成或者删除几何的图元数据，并且配合后面提到的流式输出功能，极大提高了 GPU 的可编程性。

统一的 Shader 架构是这代产品的主要特性之一，具体表现为显卡使用通用标量着色器来代替分离式的 PS 和 VS。不仅如此，通用标量着色器还能实现在 Shader Model 4.0 中才引入的 Geometry Shader。这样的设计有利于程序员在编程时，不用考虑针对某种 Shader 进行特殊设计。同时，Shader Model 4.0 将 Temporary Registers 从 32 个扩展至 4096 个，Constant Registers 从 256 扩展至 65535 个。

随着图形特效的逐渐增加，对目标的数量要求也日益增多。一般而言，Render Targets 很多情况下需要在物体位置、像素等部分绘制全部信息。为了提高效率，很多显卡在 Shader 执行结束后，把不同的信息绘制到不同的 Render Targets 中。但是 DirectX 10 将 Render Targets

的数量从 DirectX 9 的 4 个提高到了 8 个，大大缓解了在 Render Targets 资源短缺时造成的资源紧张。

（2）提高 GPU 利用率

通过新的 API 技术，可以使绘图运算更合理、有效地利用 GPU 资源，从而解放 CPU。新的 API 技术是指 Texture Arrays（纹理阵列）、Predicated Draw（绘制预测）和 Stream Out（流式输出）。

在 DirectX 10 以前的 DirectX 版本中，多张纹理切换操作在一定程度上会增加 CPU 负荷。而在 DirectX 10 中，通过新加入的 Texture Arrays 技术，可以允许 GPU 进行 512 张纹理切换处理，同时 Shader 使用新函数指令自由提取任意一张纹理贴图。也就是说，GPU 将纹理切换工作全部承担下来，从而降低了对 CPU 的依赖和负载。

值得一提的是，在 DirectX 10 中每张纹理贴图的分辨率从 DirectX 9 的 4048×4048 提升至 8192×8192，并且每个 Shader 能够同时访问的数量也从 16 个增加到 128 个。总之，DirectX 10 将 Texture 的细节精细度和多样性都提升了一个新台阶。

由于在很多三维场景中，一些渲染出来的物体是被遮挡的，如果仍然对这些被遮挡的部分进行渲染，那么势必会造成资源浪费。之前为了避免过多的资源浪费，GPU 设计者通过某种程序设计赋予 GPU 具有消隐功能，即对被遮挡不显示的部分不进行渲染，但仍然会造成不少的渲染资源。为了解决这个问题，DirectX 10 加入了 Predicated Draw 技术。Predicated Draw 是对一个简单物体进行大致渲染，用以判断复杂物体哪部分会被遮挡，这种用小规模的渲染来判断大规模、高复杂化的渲染节约了更多的系统资源。

Stream Out 是 DirectX 10 的重要特性之一，允许 GPU 中 VS 或者 Geometry Shader 直接向显存中写入数据，而在此之前的 DirectX 版本中，VS 是只读 Shader，不能写入。

（3）指令优化

当进行三维建模、绘图时，更多的是调用单条 DirectX 指令进行批量处理绘制。之前版本的 DirectX 中一直是由 CPU 对渲染状态进行管理，每次调用 DirectX 函数都将增加 CPU 的负载，从某种意义上来说，这样的运行机制制约了显卡渲染速率。为了让这些操作能够做到批量处理，DirectX 10 引入了全新的 State Object 和 Constant Buffers 两项技术来达到这个目的。

## 8. DirectX 11

2009 年 10 月 22 日，微软公司正式发布 Windows 7，DirectX 11 集成在 Windows 7 中同步登场，但 DirectX 11 只是 DirectX 10 的大幅度加强版，而不是 9.0c 和 10.0/10.1 的彻底革新。

DirectX 11 带来了 Tessellation（拆嵌式细分曲面技术）、Multi-Threading（多线程）、DirectCompute（通用计算）、Shader Model 5.0（渲染引擎 5.0）以及 Texture Compression（纹理压缩）五个重要特性，为用户带来更好的视觉享受。

DirectX 11 开始，DirectX 增加了一种计算着色器（Compute Shader），是专门为与图形无关的通用计算设计的。

DirectX 11 的主要目标仍是降低游戏开发难度和成本，同时有效地发挥新硬件的能力、提高物理效果和游戏 AI、增强画面细节复杂度、针对多核心处理器进行全面优化。

### 9. DirectX 12

微软在 2014 年的 GDC 上正式发布了 DirectX 12，Windows 10 系统正式集成 DirectX 12，而且只支持 Windows 10。

DirectX 12 应用可追踪 GPU 流水线、控制资源状态转换（如从渲染目标到纹理）、控制资源重命名、更少的 API 和驱动跟踪、可预判属性等。另外，DirectX 12 大大提高了多线程效率，可以充分发挥多线程硬件的潜力。DirectX 11 在这方面受 CPU 性能的严重制约，主要是因为不能有效利用多核心。

目前，很多硬件厂商提供了对 DirectX 12 的支持，包括 GeForce 200 系列、Radeon HD 7000、Radeon R200 系列、Intel 第四代 Haswell 处理器等。

## 5.2.2　Microsoft DirectSound 简介

Microsoft DirectSound 是 DirectX API 的音频组件之一，为程序和音频适配器的混音、声音播放和声音捕获功能之间提供了链接。DirectSound 为多媒体软件程序提供低延迟混合、硬件加速和直接访问声音设备等功能。

### 1. DirectSound 的主要优点

① 即时查询硬件特性的能力，并且根据当前计算机硬件配置来决定最好的解决问题的方法。

② 通过属性集，可以使用那些尚未由 DirectSound 直接支持的硬件新特性。

③ 音频流的低延迟时间混音，保证了程序的快速响应。

④ 实现 3D 音效。

⑤ 音频捕获支持。

### 2. DirectSound 的体系结构

DirectSound 引入了一个新的模型来实现音频样本的捕获、回放和混音。类似 DirectX 的其他组件，DirectSound 充分发挥了硬件的性能，同时通过软件对硬件不支持的特性进行仿真。

DirectSound 的音频回放部分建立在 IDirectSound 和 IDirectSoundBuffer COM 接口上，后者用于控制音频缓冲区。DirectSound 的音频捕获部分建立在 COM 接口 IDirectSoundCapture 和 IDirectSoundCaptureBuffer 上。IDirectSoundNotify 接口用来设定当捕获或回放音频数据到大缓冲区中某个特定位置时，产生用户指定的事件。

### 3. DirectSound 中的音频数据格式

DirectSound 和 DirectSoundCapture 中均要用到频率恒定的波形音频数据。声音的详细格式可以用 WAVEFORMATEX 结构进行描述。以下是 WAVEFORMATEX 的结构定义：

```
typedef struct tWAVEFORMATEX {
    WORD      wFormatTag;          // format type
    WORD      nChannels;           // number of channels (i.e. mono, stereo...)
    DWORD     nSamplesPerSec;      // sample rate
    DWORD     nAvgBytesPerSec;     // for buffer estimation
    WORD      nBlockAlign;         // block size of data
```

```
    WORD            wBitsPerSample;              // number of bits per sample of mono data
    WORD            cbSize;
} WAVEFORMATEX
```

wFormatTag 中包含了一个由 Microsoft 公司设定的表示数据编码格式的标示符（ID）。对于 DirectSound 而言，WAVE_FORMAT_PCM 是唯一合法的标示符，它表示音频数据采用 PCM 方式进行编码；而 DirectSoundCapture 可以通过音频压缩捕获到其他格式的数据。

nChannels 描述了采样时音频数据的声道数，通常为 1（单声道）或 2（立体声）。对于立体声音频，数据的存储方式为先左声道再右声道，交替存储。

nSamplesPerSec 以赫兹为单位，描述采样率，即声音的采样率。

wBitsPerSample 描述每个采样的量化位数，通常为 8 或 16 位。

nBlockAlign 给出一个完整的音频采样数据所需的字节数，对于 PCM 格式的数据，有 nBlockAlign = (wBitsPerSample×nChannels)/8，NAvgBytesPerSec 是 nBlockAlign 与 wBitsPerSample 的乘积。

cbSize 给出描述特定 WAV 格式文件的扩充域长度。对于 PCM 格式的音频数据，cbSize 的值恒为 0。

## 4．音频回放

DirectSound 中的音频缓冲区对象代表了含有音频数据的缓冲区。音频缓冲区对象用来启动、停止和暂停对应缓冲区中声音数据的回放，也可以用来设定音频的频率和格式等参数。

DirectSound 可以自动建立一个主缓冲区，应用程序则负责建立自己的次缓冲区，每个音频缓冲区中都包含一段音频数据或音频流。在主音频缓冲区中存放用户将要听到的音频数据。当播放多个次缓冲区中的音频数据时，DirectSound 将在主缓冲区中对它们进行混音和合成，并将最终结果送到输出设备（声卡等）。DirectSound 能够同时进行混音处理的次缓冲区个数仅仅受时间的限制。

DirectSound 中没有对声音文件或波形资源进行分析的方法，程序设计者需要负责将音频数据以正确的格式读入次音频缓冲区。

根据不同的硬件环境，DirectSound 可以使用声卡上的 RAM、波表内存、直接内存存取 DMA 通道或虚拟缓存（对基于声卡的 I/O 端口）等实现音频缓冲区。如果硬件不支持，那么 DirectSound 可以用系统内存进行软件模拟。

多个应用程序可以使用同一个声音设备创建不同的 DirectSound 对象。当输入焦点在应用程序之间进行切换时，音频输出也将自动切换，而应用程序不需在任务切换时反复停止或重新播放对应的音频缓冲区。

应用程序可以通过 IDirectSoundNotify 接口设定通知位置，以便在某个流缓冲区接收新数据或某个缓冲区已停止播放时及时获得通知。当 DirectSound 回放指针到达设定位置时，事先设定好的事件将被引发。应用程序也可以查询播放指针的位置。

## 5．音频捕获

DirectSoundCapture 对象用来查询音频输入设备的能力，并由输入资源为音频捕获创建缓冲区。DirectSoundCapture 允许捕获 PCM 格式或压缩格式的音频数据。

　　DirectSoundCaptureBufer 对象表征了用于从输入设备捕获数据的缓冲区。与回放缓冲区类似，这是一个环状的回绕缓冲区，当输入指针到达缓冲区末尾时，将自动回到缓冲区的开头重新开始。DirectSoundCaptureBufer 对象包含若干方法，允许获得缓冲区属性、开始和停止音频捕获，以及锁定某块内存以便安全地读出其中的数据。

　　与音频回放一样，DirectSound 允许应用程序通过 IDirectSoundNotify 接口来设定通知位置，以便当捕获指针到达缓冲区指定位置或停止捕获时，及时获得通知。

### 6．硬件抽象及模拟

　　DirectSound 通过音频设备驱动程序提供的硬件抽象层（HAL）接口来访问音频硬件。DirectSound 的 HAL 提供功能的主要功能包括：① 获得和释放音频硬件的控制权；② 描述音频硬件的能力；③ 当音频硬件可用时，完成指定的操作；④ 当音频硬件不可用时，向操作请求返回错误报告。

　　设备驱动程序并不执行任何软件模拟，只是简单地将硬件能力报告给 DirectSound，并将来自 DirectSound 的请求传送给硬件。如果硬件无法完成指定的操作，那么设备驱动程序就报告请求失败，并由 DirectSound 通过软件模拟这一操作。

　　只要系统安装了 DirectX 的运行文件，应用程序就能使用 DirectSound。如果没有安装与音频硬件相对应的 DirectSound 驱动程序，那么 DirectSound 将使用其硬件模拟层（HEL），通过调用 Windows 的音频函数 WaveIn()和 WaveOut()来完成操作。通过 HEL，DirectSound 的大多数功能都能完成，但无法使用硬件加速。应用程序可通过调用 IDirectSound::GetCaps() 函数，并检查标志 DSCAPS_EMULDRIVER 是否置位，来确定程序是否运行于模拟的驱动程序上。

　　DirectSound 会自动利用音频硬件设备的加速功能，如硬件混音、硬件支持的音频缓冲区等。应用程序不需要专门指定使用硬件加速，但为了更充分地利用硬件资源，可以在程序运行时实时地查询 DirectSound（通过调用一系列 GetCaps()函数），取得对音频设备性能的完整描述，然后对给定的特性使用不同的方式进行优化。当然，应用程序也可以指定某个音频缓冲区获得硬件加速。

### 7．系统集成

　　图 5-1 显示了 DirectSound 与系统中其他音频组件的关系。

　　DirectSound 和标准 Windows 波形音频函数分别提供了两条不同的访问硬件音频功能的途径。然而，对于一个单独的音频设备而言，同一时刻仅能通过一条途径进行访问。如果已经将波形音频驱动程序分配给了一个音频设备，那么此时再通过 DirectSound 对同一设备进行分配将会失败，反之亦然。但是，如果系统中安装了两个音频设备（声卡等），那么应用程序就可以同时使用 DirectSound 和波形音频函数分别访问这两个设备。

## 5.2.3　Microsoft DirectShow 简介

　　Microsoft DirectShow 为多媒体流的捕获与回放提供了强有力的支持。DirectShow 可以方便地从支持 WDM（Win32 Driver Model）的采集卡上捕获数据，并且进行相应的后期处理乃

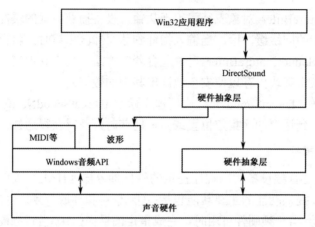

图 5-1　DirectSound 与系统中其他音频组件的关系

至存储到文件中。DirectShow 支持各种音频、视频格式，包括 ASF（高级流式格式）、AVI、DV（数字视频）、MPEG、MP3、WMA/WMV（Windows 媒体音频/视频）和 WAV 格式文件。DirectShow 还具有直接支持 DVD 回放、视频的非线性编辑、与数字摄像机的数据交换、硬件加速视频解码以及调谐广播模拟和数字电视信号等功能。DirectShow 提供的是一种开放式的开发环境，可以根据自己的需要定制自己的组件。

图 5-2 显示了 DirectShow 的系统结构。中央最大的一块即 DirectShow 系统，虚线以下是 Ring0 特权级别的硬件设备，虚线以上是 Ring3 特权级别的应用层。

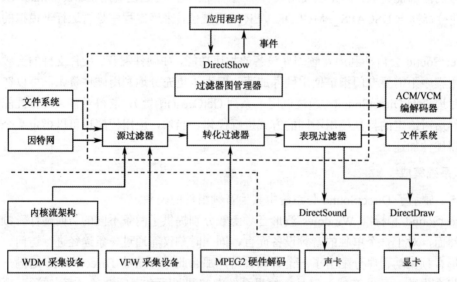

图 5-2　DirectShow 的系统结构

DirectShow 系统位于应用层中，使用过滤器图管理器的模型来管理整个数据流的处理过程；参与数据处理的各功能模块称为过滤器；过滤器在过滤器图中按一定顺序连接成一条"流水线"协同工作。

按照功能，过滤器大致分为 3 类：源过滤器、转换过滤器和表现过滤器。源过滤器主要负责取得数据，数据源可以是文件、因特网或者计算机的采集卡（WDM/VFW 驱动的）、数

字摄像机等，然后将数据往下传输；转换过滤器主要负责数据的格式转换，如数据流分离/
合成、解码/编码等，以及继续往下传输；表现过滤器主要负责数据的最终去向——将数据送
给显卡、声卡进行多媒体的演示，或者输出到文件进行存储。

　　在过滤器图中，为了完成特定的任务，必须把所需要的过滤器连接起来协同工作。因此，
上一级过滤器的输出必定成为下一级过滤器的输入，一个过滤器至少有一个输入引脚和输出
引脚。除了系统提供的大量过滤器，还可以把系统提供的若干过滤器连接在一起，以完成特
定的功能。一组连接在一起的过滤器被称为过滤器图（如图 5-3 所示），过滤器图管理器管理
过滤器图的建立。

图 5-3　过滤器图

　　过滤器之间以样本的形式来传输数据。一个媒体样本就是在某一时刻内在一个过滤器图
中从一个过滤器流向另一个过滤器的数据，还包括特定媒体样本中的各种信息，如类型、大
小和时间戳。数据传输主要有两种模式：推模式和拉模式，如图 5-4 所示。

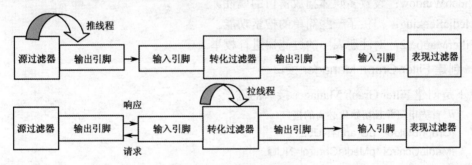

图 5-4　推模式和拉模式

　　推模式最典型的情况发生在实时源中。这种源能够自己产生数据，并且使用专门线程将
这些数据"推"下去。数据从源过滤器输出引脚出来，调用转换过滤器输入引脚上的
IMemInputPin::Receive()函数，实现数据从源过滤器到转化过滤器的传送。在转化过滤器的内
部，输入引脚接收到数据后，过滤器将这块数据进行格式转换，并将转换后的数据放到输出
引脚中，调用表现过滤器的输入引脚的 IMemInputPin::Receive()函数，从而实现数据的进一
步传输。表现过滤器接收到数据进行必要的处理后就返回。至此完成了数据传输的一个轮回。

　　拉模式通常出现在文件源中，这种源过滤器管理着数据，但没有把数据"推"下去的能
力，而要靠后面的过滤器来"拉"。转化过滤器一般会有个"拉"数据的线程，不断调用源
过滤器的输出引脚的 IAsyncReader 接口方法来取得数据。转化过滤器内部将从源过滤器取得
的数据进行分析、分离后，分别通过各输出引脚发送出去。转化过滤器输出引脚往下传输数
据的方式与推模式是相同的。

## 5.2.4　DirectShow 应用程序的开发

在 DirectShow 系统之上是应用程序。应用程序要按照一定的意图建立起相应的过滤器图，然后通过过滤器图管理器来控制整个数据处理过程。DirectShow 能在过滤器图运行时接收各种事件，并以消息方式发送到特定的应用程序。这样就实现了应用程序与 DirectShow 系统之间的交互。

### 1．COM Library 的调用

由于 DirectShow Filter 都是以 COM 的形式存在的，因此用户使用 DirectShow Filter 开发自己的应用程序时必须在开始时初始化 COM Library，调用 CoInitialize()函数嵌入所有的动态链接库和资源。而且在程序结束时，调用 CoUninitialize()函数释放所有的动态链接库和资源。

### 2．Filter Graph 管理器接口

IgraphBuilder：负责 Filter Graph 的创建。

IMediaControl：操作 Filter Graph 中的多媒体数据流。

IMediaEvent：处理 Filter Graph 的事件（Event）。

IVideoWindow：设置多媒体播放窗口的属性。

IMediaSeeking：提供了一些简单的搜索功能。

IFilterMapper2：对注册表中的过滤器进行枚举。

### 3．创建 Filter Graph Manager 接口

以下是创建 Filter Graph Manager 接口的例子：

```
// 首先申明并且初始化必需的接口
IGraphBuilder *pGraph=NULL;
IMediaCcntrol *pMediaControl=NULL;
IMediaEvent *pEvent=NULL;
IVideoWindow *pVW=NULL;
IMediaSeeking *pMS=NULL;
IFilterMapper2 *pMapper=NULL;
// 实例化一个 Filter Graph Manager，并且查询各接口
CoCreateInstance(CLSID_FilterGraph, NULL, CI_INPROC_SERVER,
                                   IID_IGraphBuilder, (void**) &pGraph);
pGraph->QueryInterface (IID_IMediaControl, (void **)&pMediaControl);
pGraph->QueryInterface (IID_ImediaEvem, (void **)&pEvent);
pGraph->QueryInterface (IID_IvideoWindow, (void**)&pVW);
pGraph->QueryInterface (IID_ImediaSeeking, (void **)&pMS);
CoCreateInstance(CLSID_FiherMapper2, NULL, CLSCTX_INPROC,
                                   IID_ IFiherMapper2, (void**)&pMapper);
```

### 4．创建 Filter Graph

所有的 DirectShow Filter 都必须在 Windows 注册表中注册，对应 GUID（Global Uniquely Identifier）和一些其他过滤器的属性，如支持的多媒体类型、过滤器的种类等。过滤器图管

理器通过搜索 Windows 注册表来得到过滤器的信息，并采用合乎需要的过滤器来构建过滤器图。

应用 DirectShow 创建过滤器图可以使用户完全不用关心系统使用了哪类过滤器，过滤器是怎样连接的。只要调用 IGraphBuilder::RenderFile()函数，就产生了一个完整的过滤器图。下面分析 IGraphBuilder::RenderFile 的内部动作。

首先，IGraphBuilder 调用 AddSourceFilter()去检测文件的类型，以确定应该使用哪类源过滤器。确定源过滤器后，再用 IFilterMapper2::EnumMatchingFilters()来搜索注册表中的过滤器，根据源过滤器的输出类型来确定转换过滤器，再用 IFilterGraph::AddFilter 添加搜索到的过滤器。IFilterGraph 可以由 IGraphBuilder::AddSourceFilter()后得到的一个 GUID，再用 CoCreateInstance 来得到。然后可以使用 IGraphBuilder::Connect 去连接两个过滤器。还可以用同样的方法添加其他过滤器，于是便建立了整个过滤器图。

**5. 使用 DirectShow 的事件响应机制**

DirectShow 的事件响应机制是过滤器图管理器与用户进行交互的接口，可以处理一些事先可以预期的事件（如数据流的结束）或者一些无法预期的错误。有的事件可以由过滤器图管理器自己处理，如果过滤器图管理器自己无法处理这些事件，那么就把事件的通知放在事件队列中。用户程序可以通过 IMediaEvent 接口得到事件，并对它做出响应。

## 5.2.5　DirectShow 应用示例

以下以提取视频帧为例说明 DirectShow 的具体应用示例。

DierctShow 的捕获过滤器提供了当样本通过过滤器图时获得样本的一种方法，是一个具有单输入引脚和单输出引脚的转换过滤器。捕获过滤器将通过它的所有样本不做改变地向下传递，因此可以将它插入过滤器图而不改变数据流。应用程序可以通过调用 ISampleGrabber 接口来访问每个样本。当数据从该过滤器流过时，会自动调用用户定义的回调函数，从而实时地完成对图像数据的各种处理。

利用样本捕获过滤器访问帧数据的能力，可以构造如图 5-5 所示的过滤器图。图中视频格式以 MPEG-1 为例，将样本捕获过滤器插入视频解码过滤器和视频呈现过滤器之间，从而获得访问视频每帧数据的能力。通过设置回调处理函数，用户可以定义自己的图像处理算法进行视频在线处理。

如果只获取 Bitmap 格式的视频帧并处理，那么可以使用媒体监测器对象。创建媒体监测器实际上创建了一个包含捕获过滤器的过滤器图。媒体监测器能获得媒体源文件的格式信息，也能从视频流中抓取位图图像，获得的位图是 24 位 RGB 格式。

媒体监测器不是一个过滤器，应用程序不需要使用过滤器图管理器，也不需要创建过滤器图。事实上，媒体监测器创建了一个包含捕获过滤器的过滤器图，它能够搜索和暂停过滤器图，然后从捕获过滤器中获取位图。应用程序可以通过调用 IMediaDet 接口与其进行交互。媒体监测器是将过滤器图封装到对象中的一个很好的例子，从而可以使应用程序屏蔽掉与图相关的一些细节。

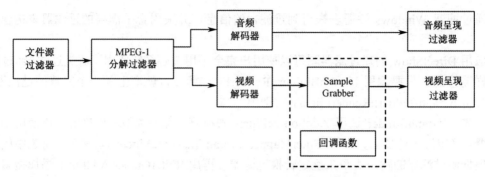

图 5-5　加入样本捕获过滤器后的过滤器图

利用媒体监测对象和样本捕获过滤器实时在线获取视频图像帧主要包括以下 4 个步骤。

（1）创建媒体监测器

MediaDet 的创建是通过 API 函数 CoCreateInstance()来完成的：

```
CComPtr<IMediaDet>pDet;
h=CoCreateInstance(CLSID_MediaDet, NULL, CLSCTX_INPROC_SERVER,
                                    IID_ImediaDet, (void**)&pDet);
```

IMediaDet::get_OutputStreams()函数可获取视频流数目，IMediaDet::put_Currentstream()函数选择一个媒体流，IMediaDet::get_SteramMediaType()函数可获得被选择的流媒体类型，然后查找 majortype 为 MediaType_Video 的输出流。媒体监测器将所有视频流转化成带有 VideoInfoHeader 的非压缩格式。

（2）设置回调方法

IMediaDet::EnterBitmapGrabMode(StreamTime)函数在 SteramTime 秒处将媒体监测器转换成位图抓取模式，并搜索过滤器图到指定的时间。IMediaDet::GetSampleGrabber()函数获得 ISampleGrabber 接口的指针，从而使应用程序提取位图格式的视频帧；ISampleGrabberCB 接口为 ISampleGrabbe 接口的 SetCallback()函数提供了回调函数。其中，回调函数 SampleCB()返回一个指向样本的 IMediaSample 接口指针，而回调函数 BueffrCB()返回一个指向样本缓冲区的指针；ISampleGrabber::SetOneShot(False)函数设置当获得一帧数据后不停止过滤器图的运行状态；ISampleGrabber::SetBufferSamples(False)函数设置当一帧数据到来时，不把数据存入缓冲区；ISampleGrabber:: GetConnectedMediaType()函数获得捕获过滤器输入管脚的媒体类型，然后从指向该媒体类型的指针中获得位图信息头结构，存入指针变量 BitmapInof 中。IBaseFilter::QueryFilterInof()函数从样本捕获过滤器中查找过滤器图接口，然后调用接口 IMediaSeeking、IMediaEvent、IMediaControl 等。

（3）编写回调函数

在 SampleCB()回调函数中编写镜头分割的程序，在视频播放过程中对每帧图像都会自动地调用该回调函数，首先对每帧图像灰度化，然后进行镜头分割的判断。

（4）运行过滤器图播放视频流，自动调用回调函数，实现对视频帧的处理

IMediaControl::Run()函数运行过滤器图，数据流向样本捕获过滤器时，调用 SampleCB()回调函数处理，IMediaEvent::WaitForCompletion()函数则等待过滤器图显示所有的视频流。

# 5.3　多媒体创作工具

多媒体数据库和创作工具为多媒体应用提供资源和信息加工，如音频录制、编辑，视频采集、剪接，以及动画生成和网页制作等。

## 5.3.1　多媒体创作工具的分类

从系统工具的功能角度划分，多媒体创作工具大致可以分为如下 4 类。

### 1．媒体创作工具：用于建立媒体模型、产生媒体数据

应用较广泛的媒体创作工具有三维图形视觉空间的设计和创作软件。Macromedia 公司的 Extreme 3D 能提供包括建模、动画、渲染和后期制作等功能，乃至专业级视频制作。Autodesk 公司的 2D Animation 和 3D Studio（包括 3DS Max）等也是很受欢迎的媒体创作工具。

波形声音工具有 EXPStudio's Audio Editor V3.5.1。它是一个功能强大的多媒体音频文件编辑工具，程序可以显示每个声音文件的波形，并支持缩放操作、录音、播放功能，可以单独播放指定的片段，采用可视化编辑窗口，编辑音频文件像编辑文本一样容易，包括放大、延迟、加速、压缩、反转、格式化、切割修整、颤音、淡入淡出等强大的音频特效和滤镜，支持在音频文件插入或者修改该音频文件的版权信息，支持 WAV、PCM、Compressed WAV、MP2/MP3、VOX、WMA、RAW、CDA、OGG、G.721、G.723/G.726 等音频文件格式。

### 2．多媒体节目写作软件：提供不同的编辑、写作方式

第一类是基于脚本语言的写作工具，如 Toolbook 能帮助创作者控制各种媒体的播放，其中 OpenScript 语言允许对 Windows 的 MCI（媒体控制接口）进行调用，控制各类媒体设备的播放或录制。第二类是基于流程图的写作工具，如 Authorware 和 IconAuthor 使用流程图来安排节目，每个流程图由许多图标组成，这些图标扮演脚本命令的角色，并与一个对话框对应，在对话框中输入相应内容即可。第三类写作工具是基于时序的，如 Action 通过将元素和检验时间轴线安排来达到使多媒体内容演示的同步控制。

### 3．媒体播放工具：可以在计算机上播放，有的甚至能在消费类电子产品中播放

这类软件非常多，其中 Video for Windows 可以对视频序列（包括伴音）进行一系列处理，实现软件播放功能。

### 4．其他各类媒体处理工具

除了以上工具，还有其他软件，如多媒体数据库管理系统、多媒体节目制作工具、基于多媒体板卡（如 MPEG 卡）的工具、多媒体出版系统软件、多媒体 CAI 制作软件、各种 MDK（Multimedia Development Kit，多媒体开放平台）等。

## 5.3.2　音频处理软件

音频数据处理软件是为多媒体计算机应用录制、编辑、修改数字化声音的工具软件。在 Windows 环境下的数字化声音文件格式是波形声音文件，通常以 .wav 为扩展名，称为 WAV

格式文件。随着网络技术和数字压缩技术的发展，Windows 环境下出现愈来愈多的其他格式文件，如 RM 流式文件和 MP3 文件，处理这些不同格式的文件需要不同的软件。在这些文件中，WAV 格式文件是一种最基本的文件格式，因为其他格式的文件通常都是根据一定的需要（如存储或流式传输的需要）由 WAV 格式文件转换而来的。

完整的数字化声音处理软件应包括如下功能：

① 音频数据的录制，应能选择不同的录音参数，包括多种采样频率、多种采样大小、录音声道数，以及它们的不同组合。

② 音频数据的编辑和回放，对录制或通过打开声音文件得到的数字化音频进行播放选块、复制、删除、粘贴、声音混合等编辑操作。

③ 音频数据的参数修改，包括采样频率的修改（不改变声音的间距而延长或缩短声音的播放时间）和格式转换（一种原为某种采样频率、多种采样大小、录音声道数的声音转换为另一种采样频率、多种采样大小、录音声道数的声音，不改变声音的播放时间而延长或缩短声音的间距）。

④ 效果处理，包括逆向播放、增减回声、增减音量、增减速度、声音的淡入淡出、交换左右声道等。

⑤ 图形化的工作界面，应能按比例把实际的声音波形显示成图形，做了修改后，应能实时显示其变化。

⑥ 非破坏式修改，即所有修改都是先在内存上进行的，只有进行存储操作后，才能破坏原来的数据。

⑦ 能以 WAV 格式文件存储数字化声音数据。

## 5.3.3　图形、图像及动画制作与编辑软件

### 1. 动画创作与编辑软件的功能要求

动画通过 15～30 帧/s 的速率（接近全运动视频帧速）顺序地播放静止图像，以产生运动的错觉。因为眼睛能足够长时间地保留图像，以允许大脑以连续的序列把帧连接起来，所以能够产生运动的错觉。

动画是多媒体计算机技术处理的重要媒体。与传统的计算机动画不同，多媒体计算机动画不仅要求有图形的动态变化，还要求至少有与动作一致的音频，为增强表现效果，常常需要相关的背景音乐。

动画的创作是一种艺术实践，其编剧、造型、格调和色彩等的设计都需要高素质的专业美工人员。计算机动画创作与编辑软件的用户就是这类美工人员，所以其使用方式要求尽可能地简单、直接和方便。同时，动画创作涉及十分复杂的功能需要，这又要求计算机动画创作与编辑软件具有较完备的功能。

计算机动画创作与编辑软件的目的是制作出一系列能产生视觉变化效果的连续画面，其基本功能如下。

（1）造型，即构造目标物体的骨架

造型是形成逼真物体的基础，对造型得到骨架是以后修饰的主体。计算机动画创作与编辑软件应能提供多种造型工具、手段和方法。

（2）材料库

为提高动画创作的效率，计算机动画创作与编辑软件应提供常见物体的骨架、质感、光照等效果的基本素材库，以供创作人员参考使用。

（3）动态编辑

要使物体产生动态变化的效果，就要求物体的位置、形态或相互关系发生一定的变化，计算机动画创作与编辑软件的动态编辑能力应具有如下的基本功能：

①　确定物体的位置及相互关系，能方便地建立各自的运动轨迹、确定运动速度、选择运动方式。

② 建立物体的形变方式和变化速率。

③ 能选择不同的观察位置、方向、运动轨迹和速度。

④ 能实时播放动画效果，以方便用户做进一步修改。

⑤ 具备较完善的画面编辑能力。

（4）动画生成

动画生成的最简单方法是，把产生的所有画面连续播放，得到动画效果，但这样做的工作量太大，因为动画要求达到 15～30 帧/s 的画面速率，一般要求动画创作与编辑软件在生成的两幅画面之间，利用插值、光源变化、透明、反射、折射、阴影等方式检索产生一些中间画面，以减轻画面编辑的工作量。

（5）声音同步

在生成连续画面后，应能配上与之同步的声音或相应的背景音乐。

**2．多媒体编辑软件的分类**

按不同的方式，多媒体编辑软件可以进行如下分类。

按其编辑成的应用软件的运行方式，多媒体编辑软件可以分成：① 运行时需要整个编辑软件来解释程序的解释型多媒体编辑软件；② 先运行一定的编译，运行时只需一个解释程序来解释的半编译型多媒体编辑软件；③ 可把程序完全变成可执行程序的编译型多媒体编辑软件。

按其应用领域及价格，多媒体编辑软件可以分成：① 应用于影视创作等专业领域的高档多媒体编辑软件；② 应用于教育、娱乐的产品创作中的中档多媒体编辑软件；③ 用于普通商业介绍、剪报创作的低档多媒体编辑软件。

按其编辑媒体的手法，多媒体编辑软件可以分成：① 利用描述各媒体的特性、控制媒体的播放和运动方式的描述语言实现程序流程的基于描述的多媒体编辑软件；② 按时间顺序来表达整个多媒体事件中各种媒体出现的顺序及其播放的基于时间轴的多媒体编辑软件；③ 运用人类整理资料卡的方法，即在每张卡上都可能有丰富的图、文、声、视信息，使用者可通过明显的关键字、关联词、索引等，快速地从大量的数据中找到所需的信息，来表现多媒体综合的基于超文本的多媒体编辑软件。

按用户使用时构造多媒体应用软件的组织方式，多媒体编辑软件可以分成：① 书结构的多媒体编辑软件；② 流程图结构的多媒体编辑软件。

书结构的多媒体编辑软件按照书的编排方式，即以页为基本单元来组织媒体数据，在每页中分布着应出现的各种媒体（图、文、声、视等）及跳转控制（按钮、热点等）。页与页之间即可按一定的脚本描述的编排顺序跳转，也可按其编排的相关关系随机跳转，还可按关键字或索引等来查询跳转。

　　流程图结构的多媒体编辑软件一般以图标方式来编辑程序，以不同的图标来代表不同的媒体和控制。编程时，把需要的媒体或控制按照流程图的方式放在相应的位置，即可实现按流程图定义的方式运行的程序。

## 5.3.4　网络音频、视频文件制作

　　随着互联网的发展，浏览者对于网络上媒体的要求也越来越高。人们常常希望看到丰富多彩的视频和音频。但是这些音频、视频文件即使采用本书前面介绍的压缩算法压缩处理后数据量仍比较大，这与现在拥挤的网络和缓慢的上网速率成为一对尖锐的矛盾。如果将音频、视频文件从网上全部下载下来才能播放，那么简直不可想象，于是出现了流式技术。所谓流式技术，是指将音频文件和视频文件变换为若干数据小包，在网络上像流水一样传输。这样可以下载一个小包就播放一个，在播放的同时，后台下载其他小包，避免了漫长的等待时间。在众多流式音频、视频格式中，目前应用最广泛的是 Real 格式的影音文件，很适合网络传输。Real Networks 公司出品的制作网络上运行音频和视频文件（扩展名为 .rm）的软件 RealProducer 可以将常见的音频、视频文件转换成 Real 格式的文件。RealProducer 的主要功能是将 WAV、AU、QT、MOV、AVI 格式的声音文件转换成 Real 格式的影音文件。如果把 CD、MP3、MIDI 格式的文件转换成 RM 文件，那么必须先把它们转换成 WAV 格式文件。

　　由于 RM 格式的编码比 MP3 的压缩量还要大，因此可以得到更小的磁盘占用空间。在回放质量上，RM 与 MP3 之间的差别并不明显。在媒体格式文件转换方面，RealProducer 提供了非常适合初级用户使用的 Wizard 方式操作，用户只要选择需要转换的文件，然后设置相关参数，即可完成压缩转换操作，极为简单。除了提供转换功能，RealProducer 还提供了直接将硬盘中的 RM 格式媒体文件制作为网页功能，提供即时发布本机中的 Real Media 文件到网站功能，给用户提供了很多方便。RealProducer 的强大功能还表现在直接创建转换文件的 HTML 格式文件和传输制作的 HTML 网页文件到网络服务器上发布功能，这项功能非常适合网页制作者使用。

　　由于目前存在各种各样的音频/视频格式，而不同的运行环境能够支持的音频、视频格式也会存在一定的差异，因此某些情况下需要对音频/视频文件进行特定格式的转换。针对这些需求，网络上出现了许许多多进行不同格式之间进行转换的工具。

## 5.4　图像特效

　　图像特效是利用数字图像处理相关的技术与方法来处理图像，以产生一定的视觉冲击或模拟某种场景的统称，图像特效的应用非常广泛，在我们的生活中，小到一本书的封面大到大型户外广告，都离不开对图像的合成与特效处理。对一幅特效作品来说，特效通常只针对某个元素附加一些特殊效果，可以将特效理解为以现实中存在的内容为基础，通过单纯的模拟或进行一定的美化处理后，得到更有视觉冲击力的特殊效果。

图像特效的应用非常广泛，在与图像有关的领域都会涉及图像特效，如平面设计、广告摄影、影像创意、网页制作、图标制作、界面设计、绘画等。

## 5.4.1　图像特效的常用手法

依据特效最终所表现的视觉效果，可以将特效大致分为针对图形和图像两种。图形特效主要利用带有韵律的线条、复杂繁杂的图形来突出作品的整体视觉效果；图像特效更多的是改变图像的肌理、色彩、光照、维度来突出图像的视觉特效。

特效产生的具体手法非常多，根据不同的表现手法，特效可以分为绘画特效、发光特效、肌理特效等。以下列举一些特效处理中经常会用到的手法。

（1）异边特效

通常情况下，图像的边缘总是平整而规则的，通过一定的技术手段使图像的边缘异化后，比较容易取得吸引观众注意力的效果。最常见的特异边缘类型包括残破的边缘、不规则形状的边缘、紊乱的边缘、撕裂的边缘、灼烧的边缘等。掌握了异化边缘的处理方法，就能产生新奇、特异的效果。

（2）动态特效

当需要处理的图像与运动以及体育有关时，或者图像表现的主体需要加入运动概念时，动态表现手法是一个很好的选择。使用这种手法处理的图像作品可以使画面整体具有很强的动态感觉，如运动模糊。

（3）肌理特效

重新定义图像要突出对象的肌理，是肌理特效所要表现的核心内容。反常的图像纹理可以增加视觉冲击力，如颜色转换、肤色转换等。

（4）绘画特效

绘画是一种古老的艺术表现形式，也是视觉艺术的基础与发源地。纯净的绘画艺术通常成体现出一种悠久的、与生俱来的视觉感染力，如素描、油画等。

（5）发光特效

视觉测试表明，绝大多数人对于光线具有较强的敏感性，通过增加图像的光线、光源，往往能够使整个图像更令人注目，如霓虹灯、日光灯、夜景等。

（6）简影特效

图像的纹理、色彩可谓千姿百态，通过简化的手法反其道而行之，在画面上极大地简化影像，也从某种角度上体现了朴素的哲学思想。简化的影像可以从某种程度上保留更大的想象空间，如图像二值化、色调分离等。

（7）趣味特效

如果为一幅图像增加一些趣味的元素，那么或许可以将一幅普通的、严肃的照片曲解化，以产生有趣的味道，这种手法在魔图精灵③中应用非常广泛，如趣味装饰、搞笑文字等。

目前，专业的图像处理软件有 Windows 平台的 Photoshop、Paint.NET 和 Linux 平台的 GIMP（GNU Image Manipulation Program），它们都是图像特效制作工具。Photoshop 是 Adobe

---

③ 百度魔图（原魔图精灵）是一款掌上美图工具，致力于提供手机上图片拍摄、美化、分享和云端相册的一站式图片服务，支持 iOS 及 Android 系统。

公司最出名的图像处理软件之一，应用非常广泛，在图像、图形、文字、视频等方面都有涉及；Windows 平台开源图像处理软件 Paint.NET 由华盛顿州立大学的学生使用 C#语言开发，不仅界面看起来非常像 Photoshop，各项工具的使用方法也与 Photoshop 基本保持一致；GIMP（GNU Image Manipulation Program）是跨平台的图像处理程序，几乎包括图像处理所需的所有功能，号称 Linux 下的 Photoshop。在 Android 智能手机平台上图像应用类软件相对比较少，其中做得稍好的有国内的美图秀秀④、魔图精灵以及国外的 Phoster⑤。

图像特效通常是通过这些专业的图像处理软件制作的，Photoshop 和 Paint.NET 本身包含一些特效处理，如云彩、浮雕、运动模糊、素描等，更复杂的特效还需要使用这些工具对图像进行切分、融合、渲染等操作才能产生。

## 5.4.2　图像特效的技术手段

图像特效的手法是基于一些基本的技术手段来完成的，以下简要介绍常用的技术手段。

### 1. 模糊

模糊与锐化是一个相对的概念，从效果上看，模糊会降低相邻像素之间的反差，使图片在视觉上显得更平滑、更柔和，而锐化的效果正好与模糊相反。实现模糊的本质是降低相邻像素间的差异，其具体实现方法有高斯滤波、均值滤波和中值滤波等。

（1）高斯滤波

对于图像处理来说，高斯滤波利用高斯核的一个二维的卷积算子来对图像做卷积，相当于对图像做低通滤波。高斯滤波可以去除图像的细节和噪声，使图片变得模糊。高斯滤波后图像被平滑的程度取决于它的标准差，它的输出是邻域像素的加权平均，同时离中心越近的像素权重越高。如二位模板为 $m{\times}n$，则模板上的元素$(x, y)$对应的高斯计算公式为

$$g(x, y) = \frac{1}{2\pi\sigma^2}e^{-\frac{(x-m/2)^2+(y-n/2)^2}{2\sigma^2}}$$

在二维空间中，这个公式生成的曲面的等高线是从中心开始呈正态分布的同心圆。分布不为零的像素组成的卷积矩阵与原始图像做变换。每个像素的值都是周围相邻像素值的加权平均。原始像素的值有最大的高斯分布值，所以有最大的权重，相邻像素随着距离原始像素越来越远，其权重也越来越小。这样进行模糊处理比其他均衡模糊过滤器更好地保留了边缘效果。

（2）均值滤波

均值滤波的思想是通过一点和邻域内像素点求平均来去除突变的像素点，用邻域均值来替代原图像中的各像素值。均值滤波是典型的线性滤波算法，是指在图像上对目标像素生成一个模板，该模板包括了其周围的临近像素点和其本身像素点。再用模板中的全体像素的平均值来代替原像素值。

均值滤波虽然简单，可以在一定程度上使图像变得平滑，但这种方法本身存在着固有的缺陷，不能很好地保护图像的细节，去噪的同时会破坏图像的细节，从而使图像变得模糊。

---

④ 一款免费的图片处理的软件，具有图片特效、美容、拼图、场景、边框、饰品等功能。官方网站 https://www.meitu.com/。

⑤ 一款海报制作工具。

以去噪的效果来看，高斯滤波要优于均值滤波，但从模糊的效果来看，均值滤波的实现比高斯滤波要快。

### 2. 去斑点滤镜

去斑点滤镜与模糊其实有异曲同工的作用，实现模糊的高斯滤波和均值滤波都可以用来去除斑点，去除斑点的同时难免使图像变得模糊。实际应用中，去斑点滤镜通常用来消除图像局部区域上的色斑、杂点，可以将去斑点滤镜称为去噪。图像中比较常见的两种噪声是高斯噪声、椒盐噪声，去除的方法很多，除了前面提到的高斯滤波、均值滤波，还有中值滤波、评分法滤波、基于中值的加权均值滤波等。

（1）中值滤波

中值滤波是一种由 Tukey 提出的非线性信号处理方法，对于抑制图像中的噪声非常有用。它是基于排序的非线性滤波的典型算法，被成功地应用于保留需要的图像细节的同时消除图像中的脉冲噪声。中值滤波用局部中值来替代对应点的像素值，实现比较简单，在边长为 $n$ 的方阵邻域中，方阵的中心像素取该方阵内 $n \times n$ 个像素的中值。

（2）评分法滤波

评分法滤波是基于均值滤波的一种改进型滤波方法，针对噪声在图像中是最大值或最小值情况下提出的，能有效抑制高频噪声。计算方法如下：在边长为 $n$ 的方阵邻域中，去除像素值为最大和最小的两个值，方阵的中心像素取该邻域中剩余 $n^2-2$ 个像素的均值。

（3）基于中值的加权均值滤波

基于中值的加权均值滤波是中值滤波和均值滤波的一种改进，其思想是将排序后的像素分配不同的权值，越靠近中值的像素权值越大，权值以中值向两边逐渐减少，然后对这些像素进行加权平均。

这些滤波算法中只有均值滤波属于线形滤波，其他几个方法都属于非线性滤波。高斯滤波和均值滤波对去除高斯噪声的效果比较好，这两种过滤器可以用来抑制图像的低频噪声。中值滤波、评分法滤波和基于中值的加权均值滤波对去除图像的椒盐噪声的效果比较好，这三种过滤器容易抑制图像的高频噪声。

### 3. 锐化

消除图像模糊的方法称为锐化。锐化通过加强图像中物体的边缘和轮廓以及图像细节来增强相邻像素之间的反差，使图片的边缘更突出，细节更清晰。

图像的边缘与轮廓一般都位于灰度突变的地方，并且突变常常具有任意的方向，从数学角度上来看，图像模糊的实质是图像受到平均运算或者积分运算的影响，从模糊和去斑点滤镜中也能够看出这个原理，要使边缘和轮廓变得清晰，就需要对其进行逆运算，即微分运算或差分运算。微分或差分在数学上可以用梯度表示。

锐化的核心是边缘检测算法，常用的检测算法有 Sobel 边缘检测算法、Prewitt 边缘检测算法和 Laplace 边缘检测算法，在此基础上对图像进行锐化，所以又把这些算法分别称为 Sobel 算子、Prewitt 算子和 Laplace 算子。

Sobel 边缘检测算法的优点是计算简单、速度快，只采用了两个方向的模块，所有 Sobel 算子只能检测出水平和竖直方向的边缘，所以对于纹理较为复杂的图像，其边缘检测的效果并不理想。Prewitt 边缘检测与 Sobel 边缘检测使用的方法一样，不同的是，Sobel 算子认为不同距离的邻域像素对当前像素产生的影响不相等，所有距离不同的像素具有不同的权值，一般来说，距离越远的像素产生的影响越小，而 Prewitt 算子中所有邻域内的像素都具有相同的梯度权值。Laplace 算子对于 90° 的旋转是各向同性的。所谓对于某角度各向同性，是指把原图像旋转该角度后再进行滤波与先对原图像滤波再旋转该角度的结果相同。这说明 Laplace 算子对于接近水平和接近竖直方向的边缘都有很好的增强，从而避免了在使用梯度算子时要进行两次滤波的麻烦，所以一般采用 Laplace 算子对图像进行锐化。

### 4．浮雕

物体的轮廓、边缘外貌可以形象为浮雕。浮雕类似边缘检测，目的是突出物体的边缘、轮廓。浮雕可以采用边缘检测的相关的方法来实现，如 Laplace 边缘检测、Sobel 边缘检测算子、Prewitt 边缘检测算子等。

### 5．亮度、曝光

亮度体现的是整个图像的明暗特征，偏亮图像的整体像素倾向于白色，偏暗图像的整体像素倾向于黑色。曝光表现的是图像亮度的变化快慢，曝光过度的图像会显得过于明亮，曝光不足的图像亮度会偏暗。亮度与曝光容易混淆，两者的定义不同，但效果有相似之处。

亮度调节与对比度调节是图像处理中最基本、最常用的方法，正常情况下，图像的亮度曲线是一条正比例直线。在 Photoshop、GIMP 等图像处理软件中，都是直接为图片的每个像素增加一个常量，使亮度直线向 $y$ 轴正向平移来增强图像的亮度。

曝光也与图像的亮度有关，在光线较强的环境下拍摄的照片表现为曝光过度，而在光线较暗的环境下拍摄的照片则表现为曝光不足。在 Photoshop 中，使图片表现出曝光效果通过调节图像的亮度曲线来实现，调节亮度直线使其斜率大于 1，可以实现曝光过度。

### 6．对比度

对比度是图像中颜色的比值，即从黑到白的渐变层次。比值越大，从黑到白的渐变层次就越多，从而色彩表现越丰富。对比度对视觉效果的影响非常关键，一般来说，对比度越大，图像越清晰醒目，色彩也越鲜明艳丽；而对比度小，则会让整个画面都灰蒙蒙的。高对比度对于图像的清晰度、细节表现、灰度层次表现都有很大帮助。

从第 3 章介绍的 RGB 彩色空间（又称彩色立方体）可知，RGB 颜色立方体的 8 个角都对应 8 种纯色。这 8 种纯色向立方体的中心逐渐混合，越靠近立方体的中心(127, 127, 127)，颜色的可区分性越弱，对比度越小。因此可以调节各 RGB 分量向 127 靠拢，来降低图像的对比度，相反，调节各 RGB 分量向 127 发散来增强图像的对比度。

### 7．翻转与镜像

图像沿着水平中心线翻转 180° 称为垂直翻转，沿着竖直中心线翻转 180° 称为水平翻转。

镜像与翻转相似，翻转将图像的两半以中心对称轴为基准进行交换，镜像则将图像的一半以中心对称轴为基准映射到另一半，两者的实现方式相同。

### 8. 缩放

图像放大时，像素会相应地增加，但这些增加的像素需要利用邻域插值来实现。插值就是在不生成像素的情况下增加图像像素大小的一种方法，在周围像素色彩的基础上用数学公式计算丢失像素的色彩，所以在放大图像时，图像看上去会比较平滑、干净，但插值并不能增加图像信息。常用的差值算法有最近邻差值、双线性插值、立方卷积插值。

最简单的插值算法是最近邻插值，也称零阶插值，输出的像素灰度值等于距离它映射到的位置最近的输入像素的灰度值，最近邻插值算法简单，在许多情况下都能得到满意的结果，但是当图像中包含像素之间灰度级有变化的细微结构时，该算法会在图像中产生人为加工的痕迹。双线性插值算法计算量比零阶插值大，但缩放后图像质量高，不会出现像素值不连续的情况，这样就可以获得一个令人满意的结果。

最近邻插值取插值点的 4 个邻点中距离最近的邻点灰度值作为该点的灰度值。设插值点 $(i_0, j_0)$ 到周边 4 个邻点 $(i_k, j_k)$（$k = 1, 2, 3, 4$）的距离为 $d_k$（$k = 1, 2, 3, 4$）且 $d_l = \min(d_1, d_2, d_3, d_4)$（$l = 1, 2, 3, 4$），则 $(i_0, j_0)$ 的灰度值 $f(i_0, j_0) = (i_l, j_l)$。

双线性插值选择距离映射点最近的 4 个像素值进行线性内插作为插值结果。在数学上，双线性插值是有两个变量的插值函数的线性插值扩展，其核心思想是在两个方向分别进行一次线性插值。

立方卷积插值是函数内插方法的一种，也是比较常用的网格数据内插方法。它选择距离映射像素最近的 16 个像素值，根据立方卷积公式计算输出。

最近邻插值与其他两种插值算法相比较，有简单快速的特点，但是插值运算的结果非常粗糙，插值后的图像呈块状、锯齿状。双线性插值方法具有低通过滤器的特点，会损害图像的高频信息，使图像的轮廓比较模糊，边缘处的过渡还比较自然，运算量也不大，是一种应用比较广泛的插值算法。立方卷积法的计算量非常大，但它的精度非常高，能保持较好的图像边缘、轮廓细节。

### 9. 雾化

从效果上看，雾使图像蒙上一层白纱，实现雾化需要理解图层、图层混合两个概念，雾化后的图由雾图和原图混合而成。实际运用中，通常用柏林噪声（Perlin Noise）函数来产生随机的雾图，这种效果产生的随机雾图非常逼真，但它的不足是计算量很大。渐变雾图、均匀雾图相对来说计算量小，但效果稍差。

自然界中很多事物都是分形的，它们有很多层次的细节。最平常的例子是山峰轮廓，包含着高度上的很大变化（山峰）、中等变化（丘陵）、小的变化（砾石）、微小变化（石头）。通过观察可以发现，几乎所有事物都表现出一种大小的变化，如田间的草、海洋中波浪、大理石的花纹、雾、大气等。柏林噪声函数可以通过直接添加一定范围内、不同比例的噪声函数来重现这种现象，因此在描述自然现象中的物体时具有广泛的用途。

柏林噪声函数由三部分组成，即一组不同频率和幅度的噪声函数集、一个平滑函数和一个插值函数。其输出是多个不同频率和幅度的噪声函数经过平滑和插值后叠加的结果。

### 10. 油画

油画是用快干性的植物油（亚麻仁油、罂粟油、核桃油等）调和颜料，在亚麻布、纸板或木板上进行制作的一种绘画。油画的典型特征是笔画粗、细节少，具有抽象感、富有想象力，将一副图像的色阶和细节减少就可以呈现油画的这些特征。目前，油画有亲笔油画和数字油画之分。亲笔油画是由艺术家纯手工绘制的作品，而数字油画（又名数字彩绘和编码油画）是通过特殊工艺将画作加工成线条和数字符号，绘制者只要在标有号码的填色区内填上相应号码的颜料，就可以完成的手绘产品。

### 11. 马赛克

马赛克指的是对图像的某个区域进行模糊处理，降低该区域的可视性。马赛克特效的实现比较简单，将待处理区域进行分块，将每个小方块区域中所有像素的 R、G、B 分量都累加后，计算该区域内所有像素的三个分量的均值，然后将方块区域的所有像素用该均值替代，如此便可实现马赛克效果。当然，用这种方法实现的马赛克是不可逆向解码的，它丢失了像素的详细信息。

### 12. 负片

负片是指颜色的反色，分为彩色负片和黑白负片。前者是彩色图像的反色，后者是黑白图像的反色。负片的实现非常简单，一幅彩色图像的像素$(r, g, b)$经彩色负片处理后的像素为$(255-r, 255-g, 255-b)$，黑白负片的实现需要先对图像进行灰度化，再对像素进行反色。

### 13. 怀旧

怀旧是指对图像进行褪色、老化处理，使它具有老照片的风格。大多时候，人们希望图像以丰富多彩的颜色、完全真实的画面出现，但有时人们更希望看到一些具有艺术性的、经过岁月冲淡过的令人缅怀的图片。

怀旧风格图像的特点是图像泛黄而陈旧，处理的重点是如何把真实的彩色图像转化成内容不变、柔和自然的怀旧风格图像。图像怀旧特效处理的一般分成两个步骤：第一步是调整各颜色的通道颜色值，对图像进行灰度化，将彩色图像转变为灰度图像，然后调整每个像素点蓝色分量的值，使图像显示泛黄的效果；第二步是叠加随机噪声，照片会随着时间慢慢褪色，印制照片的纸质也会受蛀虫、腐蚀等影响而降低图像的清晰度，可以通过增加噪声来实现这种效果，叠加背景高斯噪声、均匀噪声或椒盐噪声都能在一定程度上增强老照片的感觉。

### 14. 素描

素描是指运用铅笔或者炭笔之类的单色调画笔对物体进行刻画，先利用线条勾画出物体的轮廓特征，再进行黑白灰的刻画。素描舍弃了对象的多种色彩关系，用单一颜色的线条或明暗，描绘对象的外形、比例、结构、体积、空间、质感和色彩的浓淡。

实现素描有两个关键点：提取出对象的轮廓、叠加对象的明暗背景。素描实现可以分成三个步骤来实现：利用灰度合成的方法生成图像的轮廓；对源图像进行一些处理，作为下一步叠加的背景；把前两步得到的图像轮廓与背景利用一定的算法进行叠加，最后得到彩色素描图像。

（1）轮廓图像的生成

轮廓的生成为素描生成提供轮廓的基准，采用灰度合成的方法生成轮廓图像。相比锐化中提到的各种算子，灰度合成提取图像的轮廓比较柔和自然。

（2）素描背景图像的生成

彩色素描是由轮廓和背景叠加的结果，为了更好地体现手绘风格，必须满足生成的轮廓鲜明而背景柔和清淡。生成清淡背景的方式是先将图片进行高斯模糊，减弱非轮廓区域的鲜明度，然后适当增强图像的对比度和亮度。

（3）轮廓与背景的叠加

将前面两个步骤生成的轮廓图像与背景图像进行叠加便得到最终的彩色素描图像，如果需要得到黑白素描，那么需要进一步对彩色素描进行灰度化。

## 5.4.3 图像特效在人脸美化中的应用

由于人们对人脸与生俱来的关注以及对美丽的不懈追求，人脸美化系统应运而生，Photoshop 等图像处理软件开始深入现代人的生活，然而其操作的复杂性和专业性限制了专业图像软件在普通互联网用户中的普及程度，市场需要高度自动化的人脸美化变形系统应用，能够满足在不失真的前提下对人脸五官进行快速美化变形。

常见的人脸特效处理包括人脸素描化、马赛克化、卡通变形、夸张处理、艺术风格变形等，伴随社交网络的兴起和发展，越来越丰富的人脸特效处理得到追求趣味和个性的互联网用户的喜爱，所以基于互联网的人脸特效变化应用需求越来越多，对于应用的美化、特效和交互的要求也越来越高。

### 1. 美颜滤镜

美颜滤镜包括对人脸的美白与平滑处理，通常采用具有边缘保护特性的滤波算法进行皮肤平滑处理，并通过映射法或公式法等方法美白皮肤。

在 Photoshop 处理技术中，平滑皮肤处理的主要方法是减少色斑、斑点等瑕疵与周围正常皮肤的色差，通常通过相关工具选取瑕疵区域，增加该区域的亮度值，使其接近周围皮肤的亮度值。当瑕疵区域较多时，Photoshop 常常采用高反差保留滤镜结合叠加混合进行预处理，从而自动选取人物面部中的瑕疵。通高反差保留实际上是一种高通过滤器，可以保留图像中的高频部分，即图像中与周围反差较大的部分，并且剔除低频部分。通过对包含噪声的人像进行高反差保留处理，可以保留图像中的噪声。

高反差保留将原始图像的每个像素点的值减去该点经过高斯模糊处理后的值，并在此基础上增加 128。高反差保留处理首先对图像使用高斯模糊处理，窗口的大小是高斯模糊效果的一个重要参数，它决定了高斯模糊的效果。

高斯模糊是一种低通过滤器，对图像执行高斯模糊后，图像中较为平坦的地方变化不大，而边缘部分被模糊了，并且过滤掉了部分噪声，即人脸中的瑕疵部分。用原图减去模糊后的图片，可以得到各像素点的反差。该差值在皮肤平滑部分因噪声少所以接近 0，而在边缘部分和噪声部分因被过滤掉一些信息所以差值小于 0。在差值的基础上增加上 128，调节像素为负的部分即噪声部分，防止丢失图像信息。最终结果即为高反差保留后的图片，经过高反差后的图像，除了边缘，其他区域都变成了中性灰即亮度值为 128，而噪声部分或者边缘区域的亮度值降低，均小于 128。此时通过高反差保留处理后的图像可以计算出皮肤中噪声部分和正常皮肤的差值，但是此差值的区别仍不明显。因此需要使用叠加混合模式处理，通过与自身进行若干次的叠加模式混合，可使得原先亮度较高的区域亮度值更高，而亮度值较低的区域变得更低。皮肤区域中的噪声点经过若干次叠加模式后变得更加明显，相对周围像素的差值加大。

如果对整幅图像进行处理，那么会对非皮肤区域，如对眼睛、嘴唇、头发等细节造成一定影响，因此需要在处理时减少对非皮肤区域的损耗。在高反差保留过程中进行的高斯模糊执行了大量的运算，留给皮肤检测的空间很小，无法通过需要大量计算的方法来处理非皮肤区域。一种方式是计算人脸大致矩形区域并传递给着色器，但该方法对硬件的性能要求较高。通过将图像转换为灰度图后发现，相对于其他区域，皮肤区域亮度值较高，头发、眼睛、嘴唇等细节部分亮度值较低，因此可以以灰度值的大小作为合成时的透明度，根据透明度，将每个点的亮度值与原图相应点的亮度值进行合成，提高噪声点的亮度，达到平滑皮肤的效果。

### 2．皮肤识别

皮肤识别是美颜处理重要的一步，目的是防止非皮肤区域被过度处理。目前，常用于肤色检测的颜色空间有 RGB 空间、YCbCr 空间等。

### 3．皮肤美白

皮肤美白的目的是通过增加皮肤部分亮度，使得皮肤视觉效果上更加白皙、自然。在 Photoshop 中，通常使用色彩平衡功能来美白图像，即通过增加 RGB 三个通道分量，并且保证三者的增加量相同或者差别很小，不然会出现偏色现象。在实际图像处理过程中，对于一幅图像，若仅仅增加每个像素点的 RGB 分量，相当于仅仅提高了图像的亮度，容易产生高光现象。例如，面部油光区域通常 RGB 分量较大，若在此基础上再次增加亮度，则结果值会趋近甚至等于最大值 255，从而使图像失真。因此，皮肤美白需要具体表现为亮度的两端增强较弱，中间部分较强的映射表，通常采用查表法和公式法来实现此类映射。

### 4．皮肤平滑

人脸美化功能主要用于对图片的二次处理，不需要较高的实时性，因此可采用具有边缘保护特性的滤波算法消除瑕疵区域与周边皮肤的差值，从而实现皮肤平滑的功能。中值滤波在处理效果上很差，达不到平滑皮肤的要求；双边滤波效率较低，其优化的方法往往牺牲了滤波的效果；指导滤波在速度上远远优于其他滤波算法，效果更好，通过可变参数可以快速调节平滑效果。

## 5.5　多媒体应用软件

应用软件主要为用户提供在各具体领域中的辅助功能，也是绝大多数用户学习、使用计算机时最感兴趣的内容。

应用软件具有很强的实用性，专门用于解决某个应用领域中的具体问题，因此具有很强的专用性。计算机应用的日益普及，各行各业、各领域的应用软件越来越多。也正是这些应用软件的不断开发和推广，更显示出计算机无比强大的威力和无限广阔的前景。

应用软件的内容很广泛，涉及社会的许多领域，很难概括齐全，也很难确切进行分类。常见的应用软件有以下几种：信息管理软件，办公自动化系统，文字处理软件，辅助设计软件以及辅助教学软件，软件包，如数值计算程序库、图形软件包等。

多媒体应用软件的开发是指多媒体软件开发人员在多媒体核心软件的基础上，借助多媒体软件开发工具编制多媒体应用软件的过程。这里涉及三个重要的层次，即多媒体软件的开发者、环境（多媒体软件运行的操作系统环境）和工具（开发者用于开发多媒体软件的工具软件）。

图 5-6 显示了多媒体应用程序的开发过程。因为多媒体技术的文、声、图、视等的综合集成性，所以多媒体应用软件的开发不仅涉及计算机专业人员和应用领域专家，也需要剧本编导、文字编辑、声音效果、音乐、美术、电视等方面的专业艺术人才。他们的工作主要集中在多媒体文、声、图、视等媒体的数据处理和多媒体应用软件的总体剧情构思上。一旦多媒体数据和剧情构思完成，多媒体计算机软件工程师就成了整个工作的主导者，他们的主要任务是用多媒体工具软件按照剧情构思编制程序和组织多媒体数据，以形成完整的多媒体应用程序。

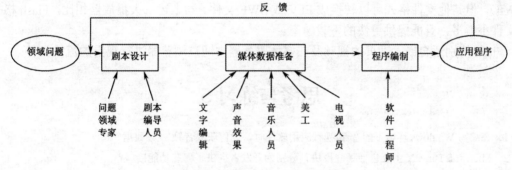

图 5-6　多媒体应用程序的开发过程

多媒体计算机软件开发者在编制程序时首先要考虑程序运行的操作系统环境，然后需要确定用于编程的工具。根据应用程序的特点和编程者个人的风格，可以选择程序设计语言、多媒体编辑软件或多媒体数据库系统作为基本的编程工具。

# 5.6　多媒体播放器

多媒体播放器是指那些能够回放不同编码格式音频、视频文件的软件。这类软件一般分为两类：一类是运行在个人计算机上并用来播放本地存储的音频、视频文件的播放器；另一类是播放基于 Web 的音频、视频流的播放器。

播放基于 Web 的音频、视频流的播放器主要包括 Apple 公司的 QuickTime、Microsoft 公司的 Windows Media Player 和 Real Networks 公司的 RealPlayer。QuickTime 和 Windows Media Player 都是在 1991 年推向市场的，而 RealPlayer 是在 1995 年推出的。这三种软件具有各自的特点。

QuickTime 软件是免费的，但其开发工具和音频、视频内容是需要付费的。QuickTime 支持很多视频格式，包括 AVI 格式，但不支持 WMV（Windows Media Video）格式。

除了支持 Windows 环境下的几乎所有音频、视频格式，Windows Media Player 在其最新的版本中提供了将录制的电视节目转换为便携式设备能够浏览的文件格式的能力。

　　RealPlayer 对流媒体的支持功能上与 QuickTime、Windows Media Player 类似，支持几乎所有主流的音频、视频格式，包括 WMV、AVI、MP3、MP4 以及 Apple 公司的 MOV 格式。此外，对不同平台的兼容性是 RealPlayer 的十分重要的优势，不仅可以运行在 Windows、MacOS、Linux 上，还可以运行在嵌入式平台 Symbian、Windows CE 和嵌入式 Linux 中。

　　除了上述三种播放器，Adobe 公司的 Flash 也提供对网络视频的支持。

　　Flash 原本是由 Macromedia（该公司后来被 Adobe 公司收购）推出的一种网页制作软件，不同于 FrontPage 和 Homesite 等普通的网页制作软件。严格地说，Flash 是一种动画编辑软件，可以用于制作出一种后缀名为 .swf 的动画，该类动画可以插入 HTML 页，也可以单独成页。不同于普通的动态 GIF 或简单图片拼接成的幻灯动画，Flash 动画是一种交互式矢量多媒体技术，或者说是一种矢量动画插件。使用者必须事先安装 Shockwave 插件才能在浏览器里观看 Flash 动画效果。

　　Flash 仅支持采用 Flash Video 格式（FLV）编码的视频格式或 Shock-Wave Flash 格式（SWF），但其他文件格式可以转换成 FLV 或 SWF 文件。与上述三大播放器相比，Flash 格式的文件小得多，且能提供更快的下载速率。

　　Flash 特别适合嵌入网页的视频及在媒体服务器中通过浏览器进行观看的流式文件。

# 思考与练习 5

1. 在编写 Windows 环境下的音频/视频应用软件时，如何获取音频/视频数据？
2. Microsoft DirectX 主要包括哪些模块？分别为开发者提供了哪些功能接口？
3. 对照本章介绍的图像特效手段，分析手机中相关图像应用软件可能采用的技术。
4. 调研并比较常用的几种媒体播放器，说明 Flash 的特点。

# 第 6 章　多媒体文档的组织与设计

**本章导读**

　　互联网的普及离不开超文本技术和不断涌现的各种各样的动态网页设计语言。通过本章的学习，读者可以了解超文本系统的概念和特征，还可以对HTML、XML、SMIL、JavaScript、动态网页设计中的常用语言和互联网应用中的一些新的技术和趋势有初步的认识。

　　计算机的出现使人类处理信息的能力步入了一个崭新的阶段。随着当今社会各领域的迅猛发展，信息以爆炸的方式不断增长，而且种类繁杂，文本、数字，图形、图像、声音、动态视频等多媒体信息开始大量涌入信息处理领域，人们感到现有的信息存储与检索机制越来越不能使信息得到全面而有效的利用，尤其不能像人类思维那样通过"联想"来明确信息内部的关联性。而这种关联可以使人们了解分散存储在不同信息块之间的连接关系及相似性。

　　今天，我们已经拥有大量的信息，就应该把这些信息组织成有效的知识。现在的信息之多，相互关系之复杂，甚至连某学科的专家也不可能掌握该领域的全部知识。就像美国作家D. Pember 在 *Mass Media* 一书中描述的那样："我们可能已经发现了一种治疗癌症或心脏病的方法，我们可能已经找到摆脱时空限制的途径；我们可能……这种问题的答案细分成成百上千部分，以点滴信息的形式分散在世界各地，有待于搜索起来、联系起来。"因此人们迫切需要一种技术或工具，使各种信息能够得到广泛应用，形成有效的知识。本章介绍的超文本就是这样的技术。

## 6.1　超文本和超媒体

### 6.1.1　超文本概述

　　超文本系统是作为一种复杂的信息管理系统而出现的。这些系统允许人们从各种媒体如文本、图形、音频、视频、动画和程序等创建、互连和共享信息。与传统的以自然顺序的信息系统不同，超文本系统提供了一种全新的非线性信息访问方式。

　　超文本（Hypertext）与数学家 F. Klein 在 1704 年提出并流行于 19 世纪的 hyperbolic space 有关。Klein 用 hyperspace 描述了一个多维几何空间，而人类的思维结构也是一个多维空间。科学研究表明，人类的记忆是一种联想式的记忆，构成了人类记忆的网状结构，对联想、记忆的探索形成了人类思维概念化的基础。人类的这种联想结构不同于文本的结构。文本最显

图 6-1　文本的线性结构

著的特点是它在组织上是线性和顺序的，如图 6-1 所示。这种线性结构体现在阅读文本时只能按固定的线性顺序先读第 1 页，然后读第 2 页、第 3 页……这样一页页读下去。就像读金庸的武侠小说，读者必须一口气从头读到尾，才能弄清楚故事的来龙去脉，这就是线性文本。但人类记忆的网状结构使人类的记忆可以产生跳跃性。我们可能常常有这样的感觉：当几个人在一起讨论某个问题时，从一个话题往往不知不觉就跳到了一个甚至与开始话题风马牛不相及的话题，这就是思维的非线性特征。

超文本结构类似人类的这种联想记忆结构，采用一种非线性的网状结构来组织块状信息，没有固定的顺序，也不要求读者必须按某种顺序来阅读。

实际上，超文本的最早思想是在 1945 年由 Bush 提出的。他描述了一种称为 Memex 的设备，在这种设备中，一个人可以存储书籍、记录和通信并能够机械化，从而以极快的速度灵活地进行查询。他把 Memex 的重要特征描述为其连接两种不同条目的能力。

1965 年，Ted Nelson 在他的论文中创造了 Hypertext 一词，并把它定义为一种不易表示的以复杂方式互连的文本或插图。他还设想了一个称为 Xanadu 的系统，所以被认为是早期超文本的创始人。在他的 Xanadu 计划的长远目标中，试图使用超文本方法把世界上文献资源联机。

通常，超文本被定义为：由信息节点和表示信息节点间相关性的链构成的一个具有一定逻辑结构与语义的网络。节点可以包含文本、图形、音频、视频、源程序或其他形式的数据。包含多媒体的超文本称为"超媒体"。超媒体的目的是产生巨大、复杂、丰富链接和交叉引用的信息体。图 6-2 是一个完整的小型超文本结构。

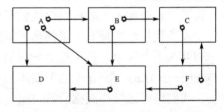

图 6-2　一个完整的小型超文本结构

如同近年来被定义的那样，超文本的本质特征是计算机支撑的链的概念，正是这种链使得它具备了对文本的非线性组织能力。

由于像 Windows 操作系统中的"帮助"这样的产品具备类似超文本的特征，一些信息系统专家认为超文本只是一种新的用户接口方法而已。然而，超文本是一个跨越传统边界的混合体，是一种能够直接访问和管理数据的数据库方法。超文本还是一种表示方法，一种采用更正式、更机械化的过程并混合文字信息资料的语义网络。超文本是一种刻画链接图标或标记的界面形态，这些图标或标记能够被嵌入任意的内容，并在信息系统中作为导航的目的。简而言之，超文本系统是一个提供了崭新的访问信息手段的数据库系统。传统的数据库一般存在着某些结构，而超文本数据库没有规则的数据结构，用户可以自由地以不同的方式挖掘和获取信息。

## 6.1.2　超文本系统的基本特征

基于超文本信息管理技术的系统被称为超文本系统。超文本系统的基本特征可以分为以下 5 方面。

- ✄ 图形用户接口。在浏览器和图标的帮助下，用户可以通过单击链接并阅读节点的内容来获取大量的信息。
- ✄ 向用户给出一个网络结构动态总貌图，使用户在每一时刻都能得到当前节点的邻接环境。
- ✄ 超文本系统中一般使用双向链，支持跨越各种网络，如局域网（LAN）、企业内部网（Intranet）和 Internet。
- ✄ 包含管理节点和链信息的引擎。用户可以根据自己的需要动态地改变网络中的节点和链，以便对网络中的信息进行快速、直观、灵活的访问，如浏览、查询、标注等。
- ✄ 尽可能不依赖于超文本的具体特性、命令或信息结构，而更多强调其用户界面的"视觉"和"感觉"。

超文本系统是由节点和链组成的。节点通常表示一个单一的概念或围绕某一特殊主题组织起来的数据集合，是表达信息的一个基本单位，可以包含文本、图形、动画、音频、视频、图像或一段计算机程序。不同系统中表达节点的方式可能是不同的。在超文本系统中，节点分成不同的类型来表示不同的信息。

根据节点表示方法的不同，节点可以分为如下 8 种。

- ✄ 文本节点（Text Node）：由文本或其片段组成。文本可以是一本资料、一个文件，也可以是其中的一部分。
- ✄ 图像节点和图形节点（Image Node，Graph Node）：用扫描仪、摄像机输入的一幅图像称为图像节点，图形节点是指用绘图工具绘制的一幅图形或其中的一部分组成的节点。它们都可以嵌入进文本里，彼此之间互为补充。
- ✄ 动画节点和视频节点（Moving Picture Node，Video Node）：由动画信息或视频信息等内容组成的节点。
- ✄ 音乐节点和数字化语音节点（Sound Node）：由一段数字音乐或语音组成的节点。
- ✄ 混合媒体节点（Mixed-media Node）：由上述多种媒体信息组成的节点。
- ✄ 动作与操作节点（Button Node）：通过超文本按钮来访问的节点。
- ✄ 组织型节点：主要指目录节点（Content Node）和索引节点（Indexed Node），这些节点与相应目录项或索引项的链接可以让用户访问相关的内容。
- ✄ 推理型节点：主要指对象节点（Object Node）和规则节点（Rule Node）。对象节点用来描述对象的性质；规则节点用来存放规则，指明符合规则的对象，判定规则是否被使用，以及对规则的解释说明等。

节点通过链与另一个或多个节点连接起来。图 6-3 的箭头或指针所指即为节点中粗体加下画线文字所表示的内容。在实际的超文本系统中，这些箭头对用户是不可见的。节点间链接时，起始（出发）节点称为引用节点，终止节点称为目的节点。有时又称它们为锚节点。节点的内容通过单击链来显示。

链也是组成超文本的基本单位，用来连接节点。链有多种，通常是有向的，可以是双向的。链的数量通常不是事先确定的，依赖于每个节点的内容。有些节点与其他节点有许多关联，因此它就有许多链。

超文本的链通常连接的是节点中有关联的一部分而不是整个节点。

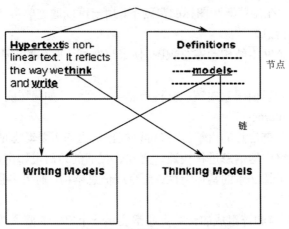

图 6-3　超文本的节点通过链连接

链的一般结构可分为三部分：链源、链宿和链的属性。链源是导致节点信息的原因，它可以是热字（图 6-3 中的粗体加下画线的文本）、热区（如图形节点中的一部分）、图元（如一个按钮）、热点、媒体对象或节点。链宿是链的目的所在，通常都是节点。链的属性指链的版本、权限等。

在超文本系统中，链可分为如下类型。

✠ 基本链（Base Link）：用来建立节点之间的基本顺序，使节点信息在总体上呈现为某一层次结构，如同一本书上的章、节、小节等。

✠ 移动链（Move to Link）：可以简单地移动到一个相关的节点。人们可以将这种链作为超文本系统中的导航。

✠ 缩放链（Zoom Link）：可以扩大当前节点。例如，在城市地图中，选定某一区域将它放大，可以更清楚地看清该区域的地图。

✠ 全景链（Pan Link）：将返回超文本系统的高层视图，与缩放链相对应。

✠ 视图链（View Link）：依赖于用户的使用目的，常常被用来实现可靠性和安全性。视图链是隐藏的，只有特殊用户才能使用它们。例如，对于天文学家来说，水星与行星节点之间存在一个视图链；但对于环境化学家或气象学家来说，这个链是被抑制的。

上面的链类型主要用于导航和检索信息，下面的链类型则涉及超媒体节点和链的组织与推理。

✠ 索引链（Index Link）：实现节点中的“点”“域”之间的连接。链的起始点称为锚；终止点被称为目的，通常为节点中的“域”。索引链通常呈现该链的标识符，给出链的名字和类型以及目标节点的名字和类型。有些超文本系统还对索引链给出内部名字，使用索引链加速实现对相关信息的检索和实现交叉引用。

✠ Is-a 链（Is-a Link）：类似在语义网络和对象系统中未指出某一范畴的成员使用的那一种，Is-a 链用来组织节点。

✠ Has-a 链（Has-a Link）：用来描述节点的性质。

✠ 蕴含链（Implication Link）：用于在推理树中事实的连接，通常等价于规则。

✠ 执行链（Execute Link）：或称为按钮，一种特殊的链，允许超媒体系统与高级程序设

　　计接口，触发执行链引起执行一段代码。

　　通过链连接在一起的节点群称为宏节点。实际上，宏节点就是超文本网络的一部分——子网。图 6-4 中虚线框内的节点和链组成宏节点，宏节点与宏节点之间用实线连接，表示它们之间的物理关系。实际上，位于不同宏节点内的节点在逻辑上可以任意连接（图中的虚线）。

　　宏节点的概念十分有用，因为当超文本系统十分巨大或分散在各物理节点上时，仅通过一个层次的超文本网络管理会很复杂，因此分层是简化网络拓扑结构的最有效的方法。

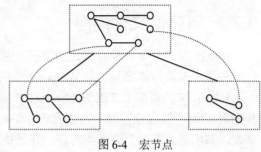

　　宏节点的引入虽然简化了网络结构，却增加了管理和检索的层次。因此，基于宏节点和超文本系统文献的查询和检索成为国内外研究的主要问题之一，现已推出许多模型。

图 6-4　宏节点

# 6.2　HTML 简介

　　万维网（WWW）是一个信息资源网络，之所以能够使这些信息资源为广大用户所利用主要依靠三种基本技术：指定网上信息资源地址的统一资源定位器（Uniform Resource Locator，URL），存取资源的协议（HyperText Transfer Protocol，HTTP），在资源之间容易浏览的超链接技术。

　　为了出版可在全球发行的信息，人们需要一种所有计算机都能够理解的出版语言，现在 WWW 使用文档就是 HTML（HyperText Markup Language），称为超文本标记语言。

　　HTML 是组织多媒体文档的重要语言，不仅用来编写 Web 网页，也越来越多地用来制作光盘上的多媒体节目。HTML 可用来编排文档、创建列表、建立链接、插入声音和影视片段。目前，市场上已有很多 HTML 编辑器。虽然编写多媒体文档不一定直接使用 HTML，但为了更好地理解和使用 HTML 编辑器，添加一些使用中遇到的编辑器所不支持的功能，学习一些 HTML 的基础知识是相当必要的。

## 6.2.1　HTML 的发展历史

　　HTML 最早是由 Tim Berners-Lee 开发并随着 NCSA（National Computer Security Association，美国国家计算机安全协会）开发的 Mosaic 浏览器而普及起来的，于 20 世纪 90 年代随着万维网的快速发展而逐渐兴旺起来。同时，HTML 已经被扩展为许多方式，万维网依赖于创作者和开发商遵从统一的 HTML 约定，从而刺激了 HTML 标准化的进程。

　　HTML 2.0（参考 RFC1866）于 1995 年 11 月在 IETF（Internet Engineering Task Force）组织的支持下制定的，之后提出了一个更完善的版本 HTML 3.0。尽管在标准的讨论过程中从来没有取得一致意见，但这些讨论草案导致采用了许多新的特征。

　　经过万维网协会 HTML 工作组的努力，在 1997 年 1 月推出了 HTML 3.2，12 月又推出了 HTML 4.0。HTML 5.0 的草案于 2009 年第二季度出台。

　　多数人认为，HTML 文档应该跨越不同的浏览器和平台，实现互通性，降低内容提供者的开支，因为他们只需要提供一种版本的文档，否则由于不同格式之间可能存在的冲突，将会最终减少万维网的商业价值。

HTML 已经发展成一种使所有设备都可以使用万维网信息的语言，这些设备包括支持图形显示的个人计算机、移动电话、手持设备、语音输入/输出设备等。

## 6.2.2　HTML 文件结构

HTML 文档是一种没有格式的文档，也称为 ASCII 文件。因此，HTML 文档可以使用任何一种文本编辑器来编写，如 Windows 中的记事本、写字板等。

HTML 文档通常由文档头（head）、文档名称（title）、表格（table）、段落（paragraph）和列表（list）等成分构成。为了表达方便，我们把这些成分称为文档元素（element），简称文素，它们是文本文档的基本构件，并且使用 HTML 规定的标签（tag）来标识。

HTML 标签由三部分组成："<""标签名称"和">"。标签通常是成对出现的，"<"表示开始的"开始标签"（start tag），">"表示结束的"结束标签"（end tag）。例如，<H1>与</H1>分别表示一级标题的开始标签和结束标签，"H1"是一级标签的名称。除了在结束标签名称前面加一个"/"，开始标签名称和结束标签名称都是相同的。

某些文素还可以包含"属性"（attribute）。属性是指背景颜色、字体属性（大小、颜色、正体、斜体等）、对齐方式等，是包含在开始标签中的附加信息。例如，<P ALIGN=CENTER>表示这段文字是居中对齐的，同样可以指定图像的对齐属性（如图像在顶部、在底部或在中间）。

HTML 标签名不区分大小写。例如，<title>与<TITLE>或<TiTlE>都是等效的。此外，Web 浏览器不一定对所有的 HTML 标签都支持。如果浏览器遇到不认识的标签，那么它就不予理睬，但在这一对不认识的标签之间的文本仍然会显示在计算机的屏幕上。

HTML 编写的网页超文本信息按多级标题结构进行组织。每个 HTML 文档都由标签<HTML>开始，以标签</HTML>结束。每个 HTML 文档分成两部分：文档头（head）和正文（body），并分别用<HEAD>…</HEAD>和<BODY>…</BODY>作为标记。文档头标签<HEAD>…</HEAD>之间包含的是文档的名称（title），如"HTML 简介"。正文标签<BODY>…</BODY>之间包含用各种 HTML 标签作为标记的段落、列表和其他文素组成的实际文档。一个简单的 HTML 文档如下：

```
<HTML>
<HEAD>
<TITLE> HTML 简介</TITLE>
</HEAD>
<BODY>
<H1> HTML 的发展历史</H1>
<P> HTML 最早是由 Tim Berners-Lee 开发并随着 NCSA（National Computer Security
    Association，美国国家计算机安全协会）开发的 Mosaic 浏览器而普及起来的。……</P>
</BODY>
</HTML>
```

## 6.2.3　HTML 的标签和属性

HTML 标签和属性很多，为了了解标签和属性的含义，这里仅选择了少数标签和属性做一些解释。

① HTML 标签。<HTML>…</HTML>标签告诉浏览器在这中间的文件是用 HTML 编写的文档。

② 文档头标签 <HEAD>。<HEAD>…</HEAD>之间包含的是 HTML 文档名称。

③ 文档名称标签 <TITLE>。<TITLE>…</TITLE>之间包含的是具体的 HTML 文档名称，字符数通常不超过 64。

④ 正文标签 <BODY>。<BODY>…</BODY>之间是正文部分，这是 HTML 文档最多的部分，它包含的是显示在浏览器文本窗口中的文档内容。

⑤ 标题（Heading）标签<Hn>。HTML 定义了 6 个等级的标题标签，其中 $n = 1, 2, \cdots, 6$。<Hn>…</Hn>之间包含的是第 $n$ 级标题。

⑥ 段落（Paragraph）标签<P>。<P>…</P>之间包含的是一段文本。HTML 中没有使用硬换行（carriage return）来分段落，这是与字处理软件不同的。在 HTML 文档中，<P>和</P>之间不论有多少行，不论每行有多长或有多短，也不论其间有多少个空格，浏览器都把它作为一个段落来处理。

⑦ 字体：黑体，<B>文本</B>；斜体，<I>文本</I>；下画线，<U>文本</U>；打字体，<TT>文本</TT>。

⑧ 字号和颜色。字号和颜色实际上是字体的属性，其基本格式为：

<FONT COLOR="#hex_rgb" SIZE="n">文本</FONT>

其中，hex_rgb 是一个 24 位的十六进制色彩值，$n$ 为字号，取正整数。例如：

<P><FONT COLOR="#FF0000" SIZE="4">理解字符属性的概念</FONT></P>

这条语句表示"理解字符属性的概念"的颜色是红色，字号等于 4。

## 6.2.4　超链接

超文本链接通常被称为超链接，或简称链接。链接是 HTML 的一个最强大和最有价值的功能。链接是指文档中的文素或图像与另一个文档、文档的一部分或一幅图像链接在一起。在 HTML 中，简单的链接标签是<A>，也称为锚签。

要把一个文档包含在某个文档中，其基本语法如下：

<A HREF="文件名"> … </A>

或　　　　<A HREF="URL"> … </A>

其中，HREF 是 hypertext reference 的缩略词。

（1）文本链接

可通过单击文本检索浏览另一超文本网页。例如：

<A HREF="art.html"> 单击进入 Art</A>

单击"单击进入"这四个字时，浏览器就会自动打开与当前网页在同一路径下的文件名

为 art.html 的网页。在很多情况下，链接的文件不在同一目录下，这时要在文件名的位置指明文件的路径。路径分为相对路径和绝对路径。相对路径是指相对于当前的工作路径，绝对路径是指一个完整的路径。如果一个文档在同一路径下，那么 HTML 可以使用相对路径或绝对路径来链接该文档，否则只能使用绝对路径。

　　需要指出的是：使用相对路径比使用绝对路径的运行效率会更高，移动一组文档时也更容易；UNIX 系统是区分大小写的，而 DOS 和 Mac OS 系统是不区分大小写的。因此在编写 HTML 文档时，对文档的大小写要严格区分，否则 UNIX 系统上的浏览器找不到文档，路径名应使用标准 UNIX 系统的句法。

　　还有一种情况就是链接的网页不在本地机器中，这时需要使用 URL 作为文件名。例如：

　　　　<A HREF="http://www.hust.edu.cn/art/art.html">单击进入 Art</A>

（2）文档内部之间的链接

　　有些文档比较长，在文档内部之间往往需要建立相互链接。在这种情况下，首先对被链接的文件进行命名，也就是给它们进行编号，然后建立它们之间的链接关系。文件的命名或编号要清楚，便于阅读和修改。

　　在下面的例子中，假设文档分成 4 部分，而且这 4 部分都在同一个文档中，要求在浏览器上显示如图 6-6 所示的样式。

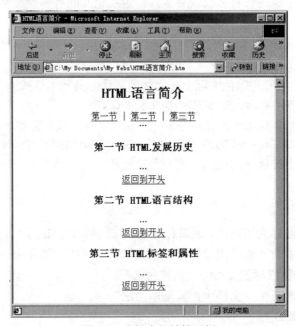

图 6-6　文档内部链接示例

　　单击"第一节"时，浏览器就显示"第一节 HTML 的发展历史"的内容，单击"返回到开头"时就返回到"HTML 简介"，其他几个链接的设计也是如此。实现显示这个页面的 HTML 文档的源文件如下所示：

```
<HTML>
<HEAD>
<TITLE>HTML 简介</TITLE>
```

```
</HEAD>
<BODY>
<H2 ALIGN="CENTER"><A NAME="HTML 入门"></A>HTML 语言简介</H2>
<CENTER>
<A><A HREF="#第一节 HTML 的发展历史">第一节</A> |
<A><A HREF="#第二节 HTML 文件结构">第二节</A> |
<A><A HREF="#第三节 HTML 的标签和属性">第三节</A></CENTER>
<CENTER>…</CENTER><BR>
<H3 ALIGN="CENTER"><A NAME="第一节 HTML 的发展历史">第一节 HTML 的发展历史</A></H3>
<CENTER>…</CENTER>
<CENTER><A HREF="#HTML 入门">返回到开头</A></CENTER>
<H3 ALIGN="CENTER"><A NAME="第二节 HTML 文件结构"></A>第二节 HTML 文件结构</H3>
<CENTER>…</CENTER>
<CENTER><A HREF="#HTML 入门">返回到开头</A></CENTER>
<H3 ALIGN="CENTER"><A NAME="第三节 HTML 的标签和属性"></A>第三节 HTML 的标签和属性</H3>
<CENTER>…</CENTER>
<CENTER><A HREF="#HTML 入门">返回到开头</A></CENTER>
</BODY>
</HTML>
```

## 6.2.5　HTML 的多媒体实现

### 1．播放音乐

在 HTML 中，可以播放 WAV 音乐或 MIDI 音乐，使用一个超链接就可以。格式如下：

```
<A HREF="MIDI 或 WAV 文件的超链接地址（URL）">超链接提示</A>
```

下面就是一个使用超链接播放 MIDI 音乐的 HTML 文档，在浏览器中打开该文档，单击超链接"请您欣赏"，即可听到音乐。所用的 MIDI 文件是指定路径的 MIDI 文件。

```
<HTML>
<HEAD>
<TITLE>演奏 MIDI 音乐 bird</TITLE>
</HEAD>
<BODY>
<CENTER><I>演奏 MIDI 音乐 bird
<A HREF="FILE:///C:/MIDI/bird.mid">请您欣赏</A>
</I></CENTER>
</BODY>
</HTML>
```

### 2．插入图像

在 HTML 中可以方便地插入 GIF 格式或 JPG 格式的图像，这可以用 IMG 标记来实现，具体格式如下：

```
<IMG SRC="GIF 或 JPG 文件所在的超链接地址（URL 地址）"
                WIDTH=w HEIGHT=h BORDER=b ALIGN=a>
```

其中，WIDTH = w 和 HEIGHT = h 确定图像的宽度和高度，BORDER = b 确定图像边框的厚度，它们都是以像素为单位的。ALIGN = a 确定图像的对齐方式，可以取值为 LEFT、RIGHT、TOP、MIDDLE 和 BOTTOM。

下面是一个 HTML 文档示例：

```
<HTML>
<HEAD>
<TITLE>插入图像</TITLE>
</HEAD>
<BODY>
<CENTER><H3>在 HTML 文件中插入图像</H3></CENTER>
<IMG SRC=FILE:///C:/PIC/image.gif WIDTH=120 HEIGHT=130 BORDER=2 ALIGN=LEFT>
</BODY>
</HTML>
```

### 3．播放电影

在 HTML 中，播放电影（AVI 文件）也像播放音乐一样，采用如下格式：

```
<A HREF="AVI 文件的超链接地址（URL）">"超链接提示"</A>
```

下面是一个使用超链接播放电影的例子，在浏览器中单击超链接"请您欣赏"就开始播放电影。

```
<HTML>
<HEAD>
<TITLE>演奏 MIDI 音乐 bird</TITLE>
</HEAD>
<BODY>
<CENTER><I><H3>播放电影
<A HREF="film.avi">请您欣赏</A>
</H3></I></CENTER>
</BODY>
</HTML>
```

### 4．制作背景音乐

BGSOUND 标记可以把 MIDI 文件或 WAV 文件设置为背景音乐，其格式如下：

```
<BGSOUND SRC="MIDI 或 WAV 音乐文件" LOOP=N>
```

其中，LOOP 属性决定音乐的播放次数，如果 LOOP = infinite，那么会无限重复。

### 5．图像作为背景

在 HTML 中，把图像作为背景很容易，只要在 BODY 标记中加入 BACKGROUND 属性即可。下面的例子把 image.gif 文件的图像平铺在浏览器中，作为背景图像。

```
<HTML>
<HEAD>
<TITLE>背景图像的设置</TITLE>
</HEAD>
<BODY BACKGROUND="image.gif">
<CENTER>
```

```
<FONT COLOR=#FF0000><H1>背景图像的设置</H1></FONT>
</CENTER>
</BODY>
</HTML>
```

# 6.3　HTML5

1999 年 12 月发布 HTML4.01 后，后继的 HTML5 和其他标准被束之高阁。为了推动 Web 标准化运动的发展，一些公司联合起来，成立了 Web Hypertext Application Technology Working Group（Web 超文本应用技术工作组，WHATWG）组织。WHATWG 致力于 Web 表单和应用程序，而 W3C（World Wide Web Consortium，万维网联盟）专注于 XHTML2.0。2006 年，双方决定进行合作，来创建一个新版本的 HTML。HTML5 的第一份正式草案已于 2008 年 1 月 22 日公布，2012 年 12 月 17 日，W3C 正式宣布凝结了大量网络工作者心血的 HTML5 规范已经正式定稿。目前，大部分现代浏览器已经具备了对 HTML5 的支持。

HTML5 的设计目的是为了在移动设备上支持多媒体。新的语法特征被引进，以支持这一目标，如 VIDEO、AUDIO 和 CANVAS 标记。HTML5 还引进了新的功能，可以真正改变用户与文档的交互方式。

## 6.3.1　HTML5 的主要特性

HTML5 是近年来 Web 标准最巨大的飞跃。与以前的版本不同，HTML5 并非仅仅用来表示 Web 内容，它的使命是将 Web 带入一个成熟的应用平台，在这个平台上，视频、音频、图像、动画以及与计算机的交互都被标准化。通过制订如何处理所有 HTML 元素以及如何从错误中恢复的精确规则，HTML5 改进了互操作性，并减少了开发成本。HTML5 的新特性包括嵌入音频、视频和图形的功能、客户端数据存储、交互式文档，还包含新的元素，如<NVA>、<HEARDER>、<FOOTER>、<FIGURE>等。

HTML5 主要包含以下 6 个特性。

### 1．Web Socket

Web Socket 是 HTML5 规格中的一个非常重要的新特性，可以允许服务器与客户端、浏览器之间实现双向连接，这个连接是实时的，可以实现数据的及时推送，并且持续开放，直到明确关闭它为止。这就使得人们可以通过网页实现很多以前无法实现的应用。例如在线聊天应用，如果用户想要发送一句话，那么在按下"发送"按钮的同时，浏览器会发送给目标服务器一个请求，然后服务器端会将这句话显示在网页上。而用户如果想要看到这句话，那么需要刷新自己的浏览器以获得最新页面才可以。通过 Web Socket 技术构建的 HTML5 应用，用户不再需要频繁的刷新页面来获取新数据，新数据会自动由服务器端推送至用户的屏幕上。这样可以用网页做到许多即时聊天工具如 QQ 等的效果。相较于这些聊天工具，用户不需安装客户端，只需要有支持 HTML5 的浏览器即可。

HTML5 的 Web Socket 定义了一个全双工的通信通道，通过一个单一的套接字在 Web 上进行操作，从而减少了不必要的网络流量与延迟，使得数据字节数最大可减少到 2 字节，延迟从 150 ms 减少到 50 ms。Web Socket 在连接建立使用上也比长轮询和流连接便捷。

首先，在 Web Socket 建立的时候是通过将客户端与服务器之间 HTTP 的初始握手阶段升级到 Web Socket 协议来建立的，而其底层仍使用 TCP/IP 连接。其次，在连接建立成功后，Web Socket 通过使用标准 HTTP 端口（80 和 443）进行通信。因此，HTML5 Web Socket 不需要安装新的硬件，或要求网络开放新的端口。在浏览器与 Web Socket 服务器之间不需要任何中间服务器（代理或反向代理服务器、防火墙、负载平衡路由器等），只要服务器和客户端双方都理解 Web Socket 协议，Web Socket 连接就可以顺利地建立。

### 2．地理定位

网络中定位用户位置的技术主要是通过 IP 地址来探测的。HTML5 的地理定位是一个精确定位用户的替代方法，其通过加入 geolocation 的 API 来实现，使得 Web 第一次能真正在自己的领地里实现地理定位。该功能通过 getCurrentPosition 和 watchPosition 这两个函数实现。其中 getCurrentPosition 用来获取用户当前位置，而 watchPosition 保持用户的位置，并且按照常规的时间间隔持续查看用户的位置是否发生变化。如果用户位置发生变化，那么告知 getCurrentPosition 做出改动。如果 getCurrentPosition 函数调用成功，那么会进入回调 success 函数。success 函数有一个参数是 position 对象，这个 position 对象有一个 coords 对象。coords 对象包含了很多地理位置信息，如 latitude（纬度）和 longitude（经度），这样就可以知道具体位置了。这个功能在一些手机上已经有广泛的应用。

HTML5 在获取具体位置上是通过 GPS 或网络信息来获取的。GPS 虽然是获取信息最显著的方法之一，但是在室内或是周围遮挡较多的时候，GPS 难以使用，这时通过网络方式来获取信息就是一个很好的方案，即根据网络信号如 IP 地址、RFID、Wi-Fi 及蓝牙 MAC 地址推断出位置信息的。具体来说，就是运行 HTML5 的浏览器会去获取有效范围内检测到的无线热点对应地址，然后将这些无线热点信息及终端本身的 IP 地址、网卡 MAC 地址提交到服务供应商。服务供应商的数据库中保存着固定、持久的无线热点信息，会根据浏览器提交的请求信息，搜索对应的无线热点信息，然后通过 Wi-Fi 三角测量等方法将最近的那个无线热点的坐标位置返回。与此同时，服务提供商把新的 MAC 地址加入那个数据库，如同把用户的终端转化成一个 Wi-Fi 感应器。该功能最显著的应用是在手机上，通过支持 HTML5 的浏览器获取定位信息，就能定位到两三米的距离，这对手机用户来说拥有很大的价值。通过 HTML5 定位更有价值的地方是，这种定位方式除了可以定位自己的位置，还可以获取到他人的定位信息。当然，这种信息的获取是要在他人对你开放信息的前提下。此外，Web 服务提供商可以利用该功能为用户提供用户间的互动类服务。

### 3．数据存储

Web 应用传统的客户端存储方式有 Cookie、Firefox 下的 globalStorage、Flash 插件的存储方式，但是这几种方式都有其局限性（安全性和兼容性）。以 Cookie 存储为例，大多数浏览器对 Cookie 的限制最多不能超过 4096 字节，且 Cookie 的数量总共不得超过 300 个，单个域或本地的 Cookie 不得超过 20 个，这些限制已经完全无法满足如今的 Web 站点的需求。因此，HTML5 提出了自己的数据存储方式，主要有两种。

① Web SQL 数据库：将 Web 数据存储为数据库形式，开发者可以基于 SQL 语句来对这

些数据进行查询、插入等操作。

② 客户端存储方式：在实现上有两种方式，即局部存储（Local Storage）和对话期存储。局部存储可以永久保存数据，即对支持 HTML5 本地存储的浏览器，会在用户的本地分配空间中永久性存放指定的数据，在用户关闭浏览器后，下次打开浏览器还能取得存储的数据，除非用户主动删除这些数据。此外，这些数据是在同一个域名下共享的。它的存储对象是以键-值对形式存放的。对话期存储只在当前的会话中可用，即在用户关闭窗口后，数据将清除，而且这种存储方式在同域中无法共享。它的存储对象也是以键-值对形式存放的。

HTML5 的客户端存储方式存储的数据是不能跨浏览器读取的，即用浏览器打开站点保存的数据，用其他浏览器是取不到的。而且这两种方式存储的数据在用户浏览期间不能够像 Cookie 一样传输到服务器，如果需要把数据发送服务器，那么必须使用 XMLHttpRequest 对象做异步传输。

与 Cookie 相比，HTML5 的 Web Storage 存在以下 4 点优势。

- ✠ 存储空间更大。Web Storage 的存储空间可达 5 MB，在浏览器的实现足以取代 4 KB 的存储容量的 Cookies。
- ✠ 存储内容不会发送到服务器。设置了 Cookie 后，Cookie 的内容会随着请求一并发送到服务器，这对于本地存储的数据是一种带宽浪费。Web Storage 中的数据则仅仅存在本地，不会与服务器发生任何交互。
- ✠ 更丰富、易用的接口。Web Storage 提供了一套更丰富的接口，使得数据操作更简便。
- ✠ 独立的存储空间。每个域（包括子域）有独立的存储空间，各存储空间是完全独立的，因此不会造成数据混乱。

在实际应用中，HTML5 的特性使得当程序需要处理大量的数据时，避免了数据频繁地在客户端与服务器的往来。对移动设备来说，可以极大地减少流量的消耗，其最大应用是在用户在没有网络连接的时候，如火车驶入隧道的情况下，可以通过本地缓存正常使用 Web 应用。当连接到网络后，再同步到 Web 上，并自动在这些本地缓存的副本改变时更新，这就是 Web 的离线应用。

### 4．多线程支持

由于 JavaScript 不是一种支持并发编程的语言，因此长期以来 Web 应用程序被局限在一个单线程世界中。同时 Web 页面已经发展成为 Web 应用程序，使用 JavaScript 完成的任务的复杂程度已经大大增加，这些复杂的 JavaScript 存在 UI 应用程序死锁的风险。HTML5 利用 Web Workers 将多线程引入 Web 应用程序，使这些复杂的应用成为可能。Web Workers 提供了一种标准的方式让浏览器能够在后台运行 JavaScript。有了它，就可以通过创建一个 Worker 对象实现多线程了。页面动态加载 JavaScript 文件后，就可以在后台处理诸如复杂的数学运算、发送请求或操作本地数据库这样的代码，而不影响用户界面和响应速度，与此同时页面可以响应用户的滚屏、单击或输入操作。这就使得那些需要长时间运行的脚本不会被用户单击或交互而运行的脚本中断，还可以不必为考虑页面响应的问题，而去终止那些需要长时间执行的任务。在后台处理结束相应的任务之后，前台只要使用回调函数接收处理返回的数据即可。

### 5．播放器

HTML5 提供了 VIDEO 和 AUDIO 标签，允许开发者直接将视频和音频嵌入网页，不需第三方插件（如 Adobe 公司的 Flash）就能播放。目前，支持 HTML5 的浏览器在支持音频/视频格式上并没有统一的标准，浏览器自行选择支持的格式。VIDEO 元素主要支持 3 种视频格式：① Ogg 格式，即带有 Thedora 视频编码和 Vorbis 音频编码的 Ogg 文件；② MPEG4 格式，即带有 H.264 视频编码和 AAC（Advanced Audio Coding）音频编码的 MPEG4 文件；③ WebM 格式，即带有 VP8 视频编码和 Vorbis 音频编码的 WebM 文件。AUDIO 元素支持 3 种音频格式：① Ogg Vorbis 格式；② MP3 格式；③ WAV 格式。

音频、视频格式之所以无法统一，主要是各浏览器厂商之间的竞争引起的。以视频编码方式为例，因为苹果公司和微软公司都是 MPEG-LA "专利池"的所有者，所以支持推广以 H.264 编码的 MPGE4，而其他厂商使用 Thedora 这种开源的、无专利的编码方式或 Google 推出的开源的 V8 模式。

这些音频/视频嵌入网页的使用直接冲击了以 Flash、Silverlight、Java FX 为代表的富互联网应用（Rich Internet Application，RIA）。

首先，RIA 要在页面中包含插件，此时页面需要保留某一个绘制区域给插件。对浏览器来说，该区域始终是一个黑盒，浏览器不会处理或解释在其中的任何事情。当页面布局和插件的绘图区域重叠或页面有动态的布局变化的时候，都会引发问题。而 HTML5 标签通过 CSS 样式处理和 JavaScript 的操作，一切都是利用浏览器内建功能完成的。

其次，这些插件容易成为浏览器不稳定的重要原因。随着浏览器中的插件的增多，要跟踪每个浏览器插件中可能存在的安全漏洞越来越复杂，存在安全隐患。HTML5 把这些功能内置而不是使用插件，能够降低安全风险，避免了与插件开发有关的多个环节出现问题，更可以防止有人故意利用插件中的 API 安装恶意代码。而且 HTML5 是由多组织共同制定的，相较于插件（如 Flash 只由 Adobe 一家公司控制的封闭式系统），在漏洞、安全处理上更严密。

再次，HTML5 比 RIA 技术占用更少的系统资源，特别是在移动设备使用上，可以通过硬件解码支持视频播放，提高了性能，节省了资源以及电池的电力消耗。移动设备相同的电力上通过 Flash 和 HTML5 播放视频的时间比可达到 1∶2。

最后，基于 HTML5 的音频、视频或 Web 应用程序，相较于使用 RIA 开发的具有更好的移植性，只要有支持 HTML5 的浏览器存在就可以播放运行，无论是在 Windows、UNIX、Mac OS 还是手机系统上。

当然，Flash 对于 HTML5 也存在优势。视频旋转、音频/视频会议和录音、视频动态覆盖对象等都是 HTML5 目前无法实现的，Flash 在其他功能应用上还有其独特之处，如多点触摸、人脸识别、Socket 通信同步、AR（增强现实）等。所以，未来 HTML5 可能会作为一个承载的平台，与 RIA 相结合，共同运用。

### 6．画布

HTML5 提供了 CANVAS（画布）标记元素来实现画布功能。该元素可以使用浏览器脚本语言（通常是 JavaScript）进行图形绘制，如可以画矢量图、合成栅格图，或绘制复杂的动画以及文本文字，这些图形将直接渲染在浏览器上。相较于传统的在服务器端先画好图片，再把图片发到浏览器中，用 Flash 或其他第三方插件显示的方式，画布与浏览器渲染引擎紧密结合，节约了资源，并极大地简化了图形和网页中其他元素的交互过程。但画布只提供了矩形和路径的绘制，不直接提供点、线、多边形的绘制，所有其他复杂的图形都是通过一些函数来实现的。

画布绘制在实现上可以有两种方式：其一，通过 CANVAS 元素的"上下文"，类似绘图板上的一页，在其中可以绘制任意二维图形或动画；其二，通过 Web GL 技术来实现三维图形动画的绘制。

## 6.3.2  HTML5 在移动开发中的应用

快速增长的手机应用软件（Application，简称 App）市场以及智能手机的普及，使得基于原生的手机 App 快速占领了 App 市场，成了 App 开发的主流。但其平台的不通用性、开发成本高以及多版本开发等问题，一直困扰着专业 App 开发企业和 App 服务提供商。 安卓（Android）和 iOS 的操作方式、开发模式和界面显示方面的差别，也使得原生 App 的不同版本体验有很大的区别，仅是做兼容性调测，都要花费开发企业大量的时间。

HTML5 的出现为 App 开发提供了一种新的应用形态——基于 HTML5 技术的 Web App。与原生 App 开发相比，HTML5 App 的最主要优势如下：

❂ HTML5 App 同时适用 Android、iOS 平台甚至其他平台，适配性和体验较好。

❂ 版本服务器端更新，用户看到的都是最新的 App 信息。

❂ 存储数据较少，可以节约用户手机空间。

❂ 技术难度较低，开发工作量小，开发成本低。

为了给开发者提供快速进行 App 开发，目前有很多 HTML5 App 开发框。

### 1. PhoneGap

PhoneGap 是一个用基于 HTML5、CSS 和 JavaScript 创建移动跨平台移动应用程序的快速开发平台，使开发者能够利用 iPhone、Android、Palm、Symbian、WP7、WP8、Bada 和 Blackberry 智能手机的核心功能，包括地理定位、加速器、联系人、声音和振动等，还拥有丰富的插件，可以调用。PhoneGap 的主要优点如下。

❂ 支持跨平台。PhoneGap 框架解决了不同应用平台的差异性，JavaScript 与平台系统的连接由 PhoneGap 框架完成。成为连接移动终端的适配器，或者说中间件。

❂ 提供硬件访问控制。PhoneGap 可直接调用加速计、摄像头、罗盘、通讯录、文档、地理定位、媒体、网络、通知（警告、声音和振动）、存储地址。

❂ 可利用成熟的 JavaScript 框架。

PhoneGap 的缺点如下：

❂ 性能差。在低端手机上运行速度慢，UI 反应延时。

❂ 不能完全跨平台，不同平台代码需要微调。

❂ 内存消耗大。

❂ 调试难度大。

## 2. Ionic

Ionic 是一个强大的 HTML5 应用程序开发框架，能够基于 Web 技术，如 HTML5、CSS 和 JavaScript 构建接近原生体验的移动应用程序。Ionic 主要关注外观和体验，以及与应用程序的 UI 交互，特别适合基于混合模式的 HTML5 移动应用程序开发。

Ionic 是一个轻量的手机 UI 库，具有速度快、界面美观等特点，主要优点为：

- ✠ 追求性能，运行速度快。
- ✠ 轻量级框架。
- ✠ 基于 Angularjs[①]，支持 Angularjs 的特性，代码易维护。
- ✠ 通过 SASS[②]构建应用程序，提供了很多 UI 组件来帮助开发者开发强大的应用。
- ✠ 接近原生。
- ✠ 强大的命令行工具。
- ✠ 可利用成熟的 JavaScript 框架。

Ionic 的缺点为：Ionic 是一个前端框架，不能完全取代 PhoneGap 和 JavaScript 框架的作用；需要结合插件使用。

## 3. Wex5

Wex5 是国内推出的一款开源、免费且无任何使用限制的快速开发框架，提供了完整的 SDK API 及全部源码，一次开发、跨端运行。Wex5 主要定位于开发面向消费者和公众的开放应用系统，适用开发一般 App、电商 App、客服 App、会员 App、微店微商等。

Wex5 的前端支持安卓 App、苹果 App、微信服务号和 PC Web App，提供了后端数据处理组件，能够对接各主流技术平台。Wex5 的主要优点如下：

- ✠ 高效精致的 UI 组件体系，基于 jQuery 和 bootstrap 技术，采用增强的 RequireJS 模块化技术。
- ✠ 基于 PhoneGap（Cordova[③]）框架，能够访问如相机、地图、LBS 定位、指南针、通讯录、文件、语音、电池信息等。
- ✠ 可视化拖曳式集成开发环境 IDE，全能力的调试支持和智能代码提示。

Wex5 的缺点如下：使用范围有限，用户量小，存在不稳定因素。

# 6.4　XML 简介

XML（Extensible Markup Language）是一种扩展性标记语言，类似 HTML，其设计宗旨是传输数据，而非显示数据。XML 标签没有被预定义，需要使用者自行定义标签。XML 被设计为具有自我描述性。

---

① 一款优秀的 JavaScript 框架，已经被用于 Google 的多款产品中。

② 一种专业级的 CSS 扩展语言。

③ 从 PhoneGap 框架中抽出的核心代码库，通过改代码库中的 API，移动应用能够以 JavaScript 访问原生的设备功能。

## 6.4.1　XML 的特点

XML 的主要优点如下。

① XML 可以广泛地运用于 Web 的任何地方，可以满足网络应用的需求，支持 EDI（Electric Data Interchange，电子数据交换）和 Java 技术，便于在网络上与其他地方进行数据交换和共享，具有强大的数据处理能力。

② XML 是基于文本格式的，与 HTML 一样，都是来源于 SGML。但是 XML 可以自由定义标志，具有很好的可扩展性，而且数据搜索可以根据标记进行，不需要对整个文档进行搜索，比较高效。但是 XML 要区分标记的大小写，而 HTML 的标志是预先定义好的。

③ XML 的数据的存储格式不受限于数据的显示格式，采用样式单文件来实现显示功能，与数据内容彼此独立，这样可以对同一个数据文件使用不同的风格来实现，提高了数据的重复性。因此当需要改变显示风格时，只需对样式单文件进行修改，而用 HTML 编写的文档需要改变其显示方式时需要重新建立一个新的文档，麻烦且浪费时间和资源。

④ XML 使编程更加简单。

⑤ XML 便于学习和创建。

⑥ XML 代码清晰，便于阅读理解。

## 6.4.2　XML 与 HTML 的区别

XML 和 HTML 都是用于操作数据或数据结构，在结构上大致是相同的，但它们在本质上存在着明显的区别。

（1）语法要求不同

① 在 HTML 中不区分大小写，在 XML 中严格区分。

② 在 HTML 中，如果上下文清楚地显示出段落或列表键在何处结尾，那么可以省略</p>或</li>之类的结束标记。XML 中是严格的树状结构，绝对不能省略结束标记。

③ XML 中拥有单个标记而没有匹配的结束标记的元素必须用一个 "/" 字符作为结尾，这样分析器就知道不用查找结束标记了。

④ 在 XML 中，属性值必须分装在引号中；在 HTML 中，引号是可有可无的。

⑤ 在 HTML 中，可以拥有不带值的属性名；在 XML 中，所有属性必须带有相应的值。

⑥ 在 XML 文档中，空白部分不会被解析器自动删除；但是 HTML 是过滤掉空格的。

（2）标记不同

① HTML 使用固有的标记，而 XML 没有固有的标记。

② HTML 标签是预定义的，而 XML 标签是免费的、自定义的、可扩展的。

（3）作用不同

① HTML 是用来显示数据的；XML 是用来描述数据、存放数据的。HTML 将数据和显示结合在一起，在页面中把这数据显示出来；XML 则将数据和显示分开。XML 被设计用来描述数据，其焦点是数据的内容；HTML 被设计用来显示数据，其焦点是数据的外观。

② XML 不是 HTML 的替代品，XML 和 HTML 是两种不同用途的语言。XML 不是要

替换 HTML，实际上 XML 可以视作对 HTML 的补充。

③ 没有任何行为的 XML，与 HTML 相似，XML 不进行任何操作。

# 6.5 SMIL 及其应用示例

## 6.5.1 SMIL 简介

SMIL（Synchronized Multimedia Integration Language，同步多媒体集成语言）是由 W3C 组织规定的多媒体操纵语言。有关 SMIL 的详细内容可从以下网站获取：http://www.w3.org/AudioVideo/#SMIL，http://www.multimedia4everyone.com/。

SMIL 与 HTML 的语法格式非常相似。HTML 主要针对普通的网络媒体文件进行控制（文字、图片、声音、动画、视频的机械堆砌），而 SMIL 控制多媒体片段（对多媒体片段的有机的、智能的组合）。

SMIL 通过时序排列对声音、影像、文字及图形文件进行顺序安排，然后让这些媒体看起来是同步的，使得用户在 Web 页中可以看到与电视节目一样表现形式的内容。

电视制作中使用了大量多媒体元素，其中图像的显示、伴音、文字等是同步的。而现在的 Web 虽然已经是一个多媒体环境，但缺少一种时间上的同步控制机制，如"打开音频文件 A 的同时打开视频文件 B"或"在音频文件播放完之后显示图像 C"等，只要一个文字编辑器及几行 HTML 类似的标签，SMIL 就可以让网页设计者指定动作：在影像文件 B 开始播放前 5 秒钟，演奏声音文件 A，再显示图形文件 C，从而轻易地在网络上创造一个低频宽、像电视效果类似的内容。SMIL 还可以将简报中各对象，依照时间先后或因果关系，放置在网页的适当位置，使得多媒体的同步化工作更加容易和可控。

SMIL 是一种描述性语言，一些简单标志的书写就可以完成一个 SMIL 文件。很多 SMIL 文件只需要文本编辑器就可以创建修改。网页设计者可容易地安排网页上的视频、声音及文字各部分的时序，而不需要任何编程。同时，SMIL 可显著节省带宽，因为在同一网页中只有被使用的资料才会下载。表 6.1 列出了 SMIL 支持的媒体。

表 6.1　SMIL 支持的媒体

| 标记名称 | 关联的媒体 |
| --- | --- |
| &lt;animation···/&gt; | 动画文件，如 GIF、Flash 动画等 |
| &lt;text···/&gt; | 文本文件（TXT） |
| &lt;textstream···/&gt; | RealText 的流式文本文件（RM） |
| &lt;img···/&gt; | 图片文件（如 JPEG、GIF、PNG 等） |
| &lt;audio···/&gt; | 声音文件（如 RP、MP3、WAV 等） |
| &lt;video···/&gt; | 视频文件（如 RP、MOV、MPEG 等） |
| &lt;ref···/&gt; | 适用于所有格式文件，尤其是其他媒体无法描述的格式 |

## 6.5.2 SMIL 的基本语法规则

SMIL 的语法非常简单，采用了简捷明了的语法命令，通过对各种标记、元素、属性等的设置，建立与文本、图片、声音、视频等多媒体信息的关联和播放的各种设置。

以下是一个最简单的 SMIL 文件的源代码，设置了 Real 服务器上的 3 个音频文件的顺序播放。

```
<smil>
<body>
    <audio src="rstp://realserver.example.com/examplel.rm" />
    <audio src="rstp://realserver.example.com/example2.rm"/>
    <audio src="rstp://realserver.example.com/example3.rm"/>
</body>
</smil>
```

一般说来，SMIL 具有以下一些常用的语法规则。

① SMIL 所有的标记、元素和属性，除了表示关联媒体文件的路径和名称，都必须以小写字母来表示，这与 HTML 有很大的不同。

② 整个文件以<smil>开始，以</smil>结束。

③ 与 HTML 文件一样，SMIL 文件由<head>和</head>标记定义的头部以及由<body>和</body>标记定义的正文两部分组成。正文部分是必需的，头部是可选的。SMIL 文件的头部除了与 HTML 文件一样，包含文件的标题、作者、版权等通用信息，还包含了对播放布局的设置。

④ 所有的标记都是封装类型的，但并不是所有的标记都是成对出现的。有的标记通过"/"来表示结束，如<audio src="rstp://realserver.example.com/example1.rm"/>。

⑤ 所有的属性值都必须封闭在" "中。表示文件路径和名称的属性值可以用大写、小写或大小写混合来表示，必须与文件的实际情况完全一致。

⑥ SMIL 文件是纯文本，可以使用任何文本编辑软件建立一个 SMIL 文件，完成编辑后，将输出文件设为纯文本格式，文件的后缀名为".smil"或".smi"。一般使用".smil"，以避免与其他文件类型冲突。文件名中不可含有空格。

⑦ 用头部标记描述文件信息时，需要用代码来表示诸如"、&、( )、' 等特殊符号，以保证这些符号在媒体播放器中能正确显示。

⑧ 与 HTML 文件一样，SMIL 文件源代码中也可以包括注释行。

⑨ 与 HTML 源代码一样，在编辑 SMIL 文件时，对源代码的段落格式一般采用按层次缩进排列的格式。

## 6.5.3　SMIL 应用设计

本节介绍 SMIL 设计过程中常用的元素或属性，其中涉及的 JPEG、RM 等表示设计中应用的媒体文件。

### 1．布局设计

首先进行页面的整体布局。这里所说的布局就是在屏幕上定出各多媒体片段显示的位置。定义基本显示窗口，设定窗口的属性。以下是具体实现的代码：

```
<layout>
<!--定义基本显示窗口及属性-->
```

```
<root-layout width="800" height="600" background-color="white"/>
<!--定义多媒体播放窗口及属性-->
<region id="vedio_region" left="5" top="5" width="290" height="260"/>
此处定义了媒体播放窗口的位置及高度和宽度
……
<!—指定多媒体片段 chapter1.rm 在 vedio_region 这个区域播放-->
<par>
<vedio src="chapter1.rm" region="vedio_region"/>
</par>
</layout>
```

布局设计中还应用到了 fit 属性和 z-index 属性，用来解决显示窗口的大小和多媒体片段的尺寸大小不一致的问题。fit 属性的属性值有 4 个：hidden、meet、fill、scroll 和 slice，其中 hidden 是默认的属性值。

下面的代码表示窗口 vedio_region 以 meet 方式显示多媒体片段：

```
<region id="vedio_region" width="80%" height="80%" fit="meet"/>
```

z-index 属性规定了相互重叠的窗口的显示次序，可以实现电视的画中画效果。数字大的显示在上面。下面的代码表示 vedio2_region 窗口在 vedio1_region 上面：

```
<region id="vedio1_region" width="300" height="300" z-index="0"/>
<region id="vedio2_region" left="270" top="270" width="30" height="30" z-index="1"/>
```

### 2．多媒体片段的结构组织

多媒体片段的结构组织主要包括了<seq></seq>和<par></par>标记的单独使用和协同使用。这里的结构主要是指媒体的顺序和并行播放。

（1）<seq></seq>标记

此标记实现多媒体片段顺序播放。下例实现了这样的效果：首先显示 image1.jpg，然后显示 image2.jpg。

```
<seq>
<img src="image1.jpg"/>
<img src="image2.jpg"/>
</seq>
```

（2）<par></par>标记

此标记实现多媒体片段并行播放。下面实现了这样的效果：播放器同时显示两个图片 image1.jpg 和 image2.jpg。

```
<par>
<img src="image1.jpg"/>
<img src="image2.jpg"/>
</par>
```

（3）<seq></seq>和<par></par>标记的协同使用

下面实现了这样的效果：播放器首先显示 image1.jpg，然后同时显示 image2.jpg 和 image3.jpg，再显示 image4.jpg。

```
<seq>
```

```
<img src="image1.jpg"/>
<par>
<img src="image2.jpg"/>
<img src="image3.jpg"/>
</par>
<img src="image4.jpg"/>
</seq>
```

把上面的图像文件换成其他媒体文件，如 RM、ASF、WMV 等，就可以实现视频媒体片段的顺序或并行播放。

**3．时间控制**

因为媒体播放存在时间的问题，所以需要介绍如何进行时间控制。采用 SMIL 对媒体播放的时间控制，不需要对视频文件进行分割，就可以播放任意时间段的视频文件。下面的若干属性用于控制播放时刻和时间长度。

（1）dur 属性

下面对 image1.jpg 和 image2.jpg 的持续时间进行了控制，其中 image1.jpg 持续时间 5 s，image2.jpg 持续时间 10 s。

```
<seq>
<img src="image1.jpg" dur="5s"/>
<img src="image2.jpg" dur="10s"/>
</seq>
```

（2）begin 和 end 属性

下面对播放时间进行了控制：图片 image1.jpg 在整个演示进行 2 s 后开始显示，持续的时间是 5 s。

```
<img src="image1.jpg"begin="2"dur="5s"/>
```

下面对视频/音频的时间进行了控制：在整个演示开始 5 s 后开始播放，在整个演示播放 40 s 以后，就结束播放。

```
<video src="test.rm" begin="5s" end="40s"/>
```

（3）clip-begin 和 clip-end 属性

如果只要求播放 test.rm 文件中的 5～10 s 时间段，那么可以通过 clip-begin 和 clip-end 属性来实现，而不需要像传统方法那样把文件切割成所需时间段的文件。

```
<video src="test.rm" clip-begin="5s" clip-end="10s"/>
```

（4）fill 属性

当演示中的某个片段播放完成后，可以用 fill 属性来规定它的显示状态，或者清屏或者冻结屏幕。

（5）repeat 属性

如果希望演示中的某个片段或全部的片段重复播放若干次（如 2 次），那么可以用 repeat 属性来实现该效果。例如：

```
<vedio src="test.rm" dur="1min" repeat="2"/>
```

如果想让某个片段一直播放下去，那么只需设置 repeat="indefinite"。

### 4．链接制作

传统的流媒体技术的一个最大缺陷是缺乏交互性（Interaction），而 SMIL 提供了实现大部分流媒体交互性的一种工具。

（1）<a></a>标记

此标记用于超链接制作，为播放的文件建立超链接。例如，下列程序段为 videotest.rm 建立超链接，单击 videotest.rm 时，转向播放文件 test1.rm。

```
<a href="test1.rm">
<video src="videotest.rm" region="videoregion"/>
</a>
```

（2）<area>属性

这个属性用来创建更加复杂的链接。

① 分时段链接。下面演示在 0～10 s 链接到一个文件，10～20 s 链接到另一个文件。

```
<video src="test.avi" region="videoregion">
<area href="test.jpg" begin="0s" end="10s">
<area href="videotest.rm" begin="10s" end="20s"/>
</video>
```

这样，播放器将播放 test.avi，在 0～10 s 链接到 test.jpg，在 10～20 s 链接到 videotest.rm。此处不支持 dur、clip-begin 和 clip-end。

② 链接部分 SMIL。SMIL 文件中使用的多媒体片段可以在另一个 SMIL 文件中进行链接。例如：

```
<!—第一个 SMIL 文件，文件名为 test1.smil-->
<body>
<video id="testlink" src="test1.avi" clip-begin="150" region="videoregion"/>
</body>
<!—第二个 SMIL 文件-->
<body>
<video src="test1.avi" region="videoregion">
<!--建立指向第一个 SMIL 文件的超链接-->
<area href="test1.smil#testlink"/>
</video>
</body>
```

（3）coords 属性

此属性采用了坐标规定链接区，这样可以在任意指定区域建立超链接：

```
<area href="test1.rm" coords="0,0,150,300"/>
```

或者

```
<area href="test1.rm" coords="0%,0%,50%,100%"/>
```

（4）链接中文件位置的规定

由于要演示的文件基本上都放在服务器上，因此文件的位置的规定就非常重要。如果文件位置出错，那么播放器将找不到文件而不能播放。

以下代码说明如何创建基地址：

```
<!--规定了整个 SMIL 文件的基地址为 rtsp://mysite.com/-->
<meta name="base" content="rtsp://mysite.com/"/>
<!—如果使用基地址服务器上的文件，那么只需写出相对地址-->
<video src="video/first.rm"/>
<video src="video/second.rm"/>
<!—如果使用其他服务器上的文件，那么要写出绝对地址-->
<audio src="rtsp://mysite.com:8080/audio/test.mp3"/>
<img src="http//www.mysite.com/image/welcome.jpg"/>
```

## 6.5.4　SMIL 应用示例

下述代码中，凡未出现在 6.5.3 节中的元素和属性，可在如下网站中查找：

http://www.w3.org/AudioVideo/#SMIL

示例代码如下：

```
<smil xmlns="http://www.w3.org/2001/SMIL20/Language">
<head>
    <meta name="title" content="SMIL 2 example" />
    <layout>
    <root-layout id="flavor" title="SMIL2 example" width="600" height="400" backgroundColor="black"/>
    <region id="region_1" title="SMIL2 example" top="0" left="0" width="600" height="400" z-index="1" />
    <region id="region_2" title="SMIL2 example" top="0" left="0" width="600" height="400" z-index="2" />
    <region id="region_3" title="SMIL2 example" top="0" left="0" width="600" height="400" z-index="3" />
    <region id="region_4" title="SMIL2 example" top="0" left="0" width="600" height="400" z-index="4" />
    </layout>
    <transition id="fade_1" dur="1s" type="fade" />
    <transition id="fade_8" dur="8s" type="fade" />
    <transition id="clockWipe_1" dur="3.00s" type="clockWipe" />
</head>
<body>
    <seq>
    <prefetch src="chttp://www.multimedia4everyone.com/flavor/media/sfx10_combi29.mp3"
                                                        mediaSize="100%" />
    <prefetch src="chttp://www.multimedia4everyone.com/flavor/media/add_3.png" mediaSize="100%" />
    <prefetch src="chttp://www.multimedia4everyone.com/flavor/media/flavor_3.png" mediaSize="100%" />
    <prefetch src="chttp://www.multimedia4everyone.com/flavor/media/flavor_3_1.png" mediaSize="100%" />
    <prefetch src="chttp://www.multimedia4everyone.com/flavor/media/to_5.png" mediaSize="100%" />
    <prefetch src="chttp://www.multimedia4everyone.com/flavor/media/info_3.png" mediaSize="100%" />
    <prefetch src="chttp://www.multimedia4everyone.com/flavor/media/with_smil2.rt" mediaSize="100%" />
    <prefetch src="chttp://www.multimedia4everyone.com/flavor/media/end.rt" mediaSize="100%" />
    </seq>
    <par>
    <audio src="chttp://www.multimedia4everyone.com/flavor/media/sfx10_combi29.mp3"
                                                        begin="1" dur="28.65s" />
```

```
<brush id="brush_1" region="region_1" transIn="clockWipe_1" begin="2.20s" dur="6.74s" color="white"/>
<brush id="brush_2" region="region_1" begin="8.94s" end="29.65s" color="white" />
<animate targetElement="brush_2" attributeName="color" from="white"
                                          to="black" begin="9.94s" dur="42s" />
<img id="image_1" src="chttp://www.multimedia4everyone.com/flavor/media/add_3.png"
       region="region_2" begin="10.94s" dur="22.00s" top="0" left="200" transIn="fade_1" />
<img id="image_2" src="chttp://www.multimedia4everyone.com/flavor/media/ flavor_3.png"
            region="region_3" begin="11.94s" dur="22.00s" top="100" left="600" />
<animate targetElement="image_2" attributeName="left" from="600" to="168" begin="11.94s" dur="5" />
<img id="image_2_2" src="chttp://www.multimedia4everyone.com/flavor/media/flavor_3_1.png"
             region="region_4" begin="16.94s" dur="17.00s" top="100" left="166"
                                        transIn="fade_8" transOut="fade_1" />
<img id="image_3" src="chttp://www.multimedia4everyone.com/flavor/media/to_5.png"
      region="region_2" begin="15.94s" dur="17.00s" top="200" left="252" transIn="fade_1" />
<img id="image_4" src="chttp://www.multimedia4everyone.com/flavor/media/info_3.png"
       region="region_2" begin="16.94s" dur="16.00s" top="300" left="50" transIn="fade_1" />
<text id="with_Smil" src="chttp://www.multimedia4everyone.com/flavor/media/with_smil2.rt"
              region="region_4" begin="29.75s" end="33.94s" top="200" left="225"
                                       transIn="fade_1" transOut="fade_1" />
<text id="the_end" src="chttp://www.multimedia4everyone.com/flavor/media/end.rt"
                    region="region_4" begin="36.94s" end="41.95s" top="100"
                          left="50" transIn="fade_1" transOut="fade_1" />
    </par>
  </body>
</smil>
```

# 6.6　设计超文本的工具

设计超文本的最基本方法是直接用 HTML 编写 HTML 文档。但这种方法要求编写者非常熟悉 HTML 语言的语法和功能，对大多数人来说很难满足这个要求。随着互联网技术的发展，网页设计显得日益重要，为了方便人们编写超文本文档，制作出精美的网页，目前推出了很多编写超文本的可视化编程工具。在 Windows 环境下最常用的网页制作工具是 Microsoft 公司的 FrontPage 和 Macromedia 公司的 Dreamweaver。此外，对于那些需要复杂处理（如数据库访问）的网页程序设计，Visual Studio .NET 中的 Visual C#是一种比较方便的设计工具。利用这些软件编程，用户不需要熟悉 HTML 本身，而仅需要熟悉软件本身所提供的功能。对这些编程语言的详细介绍超出了本书的范围，这里只对网页设计中所采用的一些关键技术或语言进行简单介绍。

## 6.6.1　JavaScript

JavaScript 语言是一种新型的脚本语言，由 Netscape 公司首创，并在其发行的 Netscape Navigator 2.0 及以后版本中予以支持。Netscape 浏览器可以识别嵌在 HTML 中的 JavaScript

语句，能够响应用户单击鼠标、输入表格、页面导航等事件。JavaScript 的出现引起了有关公司的密切注视，已有大约 30 家公司同意支持这种语言。

### 1．JavaScript 语言的发展

JavaScript 语言起初并不叫此名称，它的早期 Netscape 的开发者们称之为 Mocha 的语言，开始在网上进行α测试时，名字改为 LiveScript，直至发行 Netscape 2.0α测试版时才称其为 JavaScript。支持 JavaScript 的 Navigator 2.0 的网络浏览器能够解释并执行嵌在 HTML 中的 JavaScript 书写的"程序"。JavaScript 具有很多采用 CGI/PERL 编写脚本的能力，其优点是可以引用主机资源，响应位于服务器 Web 页中相应语法元素要完成的功能，又不与主机服务器进行交互会话。

Sun 公司推出 Java 后，Netscape 引进了 Sun 的有关概念，将自己的 LiveScript 更名为 JavaScript，不仅支持 Java 的 Applet 小程序，还向 Web 作者提供一种嵌入 HTML 文档进行编程的、基于对象的脚本程序设计语言，采用的许多结构与 Java 相似。

JavaScript 与 Sun 公司推出的 Java 语言在起名上有些相近，容易引起概念上的混淆，其差异如下。

（1）JavaScript 不是 Java 的替代语言

尽管 JavaScript 有许多与 Java 相似的结构，但它的使用背景不同。Java 是面向计算机程序设计人员提供的语言，对非程序设计人员不易学习掌握；JavaScript 是一种脚本语言，是面向非程序设计人员编写 Web 页、增加编写交互界面灵活性的一种简洁易懂的语言。后来发布的 Navigator 3.0α测试版中，内嵌支持的 JavaScript 能够真正调用嵌在同一个 HTML 文档中的 Java Applet，内嵌的 Java Applet 小程序也可以调用 JavaScript。这两种语言相互支持、相互补充，而非相互代替。

（2）JavaScript 源代码不需编译

嵌入 HTML 文档中的 JavaScript 源代码实际上是作为 HTML 文档 Web 页的一部分存在的。在浏览者使用 Netscape 浏览器浏览具有 JavaScript 源代码的 HTML 文档页时，由浏览器本身对该 HTML 文档进行分析、识别、解释，并执行用 JavaScript 编写的源代码（用户可以使用查看 HTML 源代码的功能看到 JavaScript 源代码的存在）。

Java 则与之不同。Java 的源代码必须进行编译，成为存在服务器中的代码，通过 HTML 文档中的<applet>标记，经过 HTTP 的连接、加载后方能运行。

（3）JavaScript 不需特殊开发环境

由于 JavaScript 是嵌在 HTML 文档中的一部分，以一般的文本编辑器就可以连同 HTML 一起进行编辑，开发使用较 Java 快捷。

### 2．JavaScript 的特点

（1）节省 CGI 的交互时间

随着 WWW 的迅速发展，有许多 WWW 服务器提供的服务要求与浏览者进行交互，确定浏览者的身份、需要服务的内容等，这项工作通常由 CGI/Perl 编写相应的接口程序与用户进行交互来完成。显然，通过网络与用户交互的过程一方面增加了网络的通信量，另一方面

影响了服务器的服务性能。服务器为一个用户运行一个 CGI 时，需要一个进程为它服务，要占用服务器的资源（如 CPU 服务、内存耗费等），如果用户填表出现错误，那么交互服务占用的时间会相应增加。被访问的热点主机与用户交互越多，服务器的性能影响就越大。

JavaScript 是一种基于客户端浏览器的语言，用户在浏览中填表、验证的交互过程只是通过浏览器，对调入 HTML 文档中的 JavaScript 源代码进行解释、执行来完成，即使是必须调用 CGI 的部分，浏览器只将用户输入验证后的信息提交给远程的服务器，大大减少了服务器的开销。

（2）节省了浏览者的访问时间和网络的流量

由于用户与主机的交互工作放在了客户端浏览器进行，用户输入的信息在本地就可以得到验证、处理，用户与主机的交互时间减少，网络的通信量相应降低，也免除了用户提交一个无意出错的表格后的等待时间。

（3）将 Java Applet 作为处理对象

JavaScript 是一种面向对象的语言，Web 页中的窗口、当前所处的 URL 地址、浏览资源的历史、文档的属性（如标题、题头、背景色、表格等）都是作为对象来处理的。同样，Java 中的 Applet 也被 JavaScript 当作对象来引用、控制。Applet 可以与 JavaScript 通信，可以改变一个 Web 页的构成，具有很大的灵活性。

### 3．JavaScript 的编程特点

（1）一个简单的例子

JavaScript 的编程工作复杂程度与 HTML 文档所提供的功能大小密切相关，下面用几个简单的例子来介绍它的编程特点。

【例 6-1】　一个简单的脚本。

```
<HTML>
<TITLE>This is a test</TITLE>
<HEAD>
<SCRIPT LANGUAGE="JavaScript">
    <!--to hide script contents from old browsers
    //end hiding contents from old browsers-->
</SCRIPT>
</HEAD>
<BODY> This is a test:
<SCRIPT LANGUAGE="JavaScript"> document.write"Hello!" </SCRIPT>
</BODY>
</HTML>
```

显示结果如下：

```
This is a test:Hello!
```

从上例可以发现，JavaScript 源代码被嵌在一个 HTML 文档中，可以出现在文档头部（HEAD 节）和文档体（BODY 节）中。SCRIPT 标记的一般格式如下：

```
<SCRIPT LANGUAGE="JavaScript">
    JavaScript 语句串…
</SCRIPT>
```

　　为了使老版本的浏览器（即 Navigator 2.0 版以前的浏览器）避开不识别的"JavaScript
语句串"，用 JavaScript 编写的源代码可以用注解括起来，即使用 HTML 的注解标记<!--……-->。
Navigator 2.x 可以识别放在注解行中的 JavaScript 源代码。

　　（2）一个调用函数的例子

　　内建函数在 JavaScript 中占有很大的比例，由 Netscape 浏览器支持并解释执行，给 Web
制作者提供了编写的工具函数；JavaScript 为用户提供了自己定义函数和调用函数的能力，使
Web 编写者具有编程手段的灵活性。

　　函数的定义与调用同一般的程序设计语言类似，但由于浏览器浏览的 Web 页是顺序从
WWW 服务器调出并由 Netscape 浏览器解释执行的，函数必须先定义（一般放在 HEAD 节）
后调用（一般放在 BODY 节）。

　　【例 6-2】　一个有函数定义和调用的脚本。

```
<HTML>
<TITLE>This is a function's test</TITLE>
<HEAD>
<SCRIPT LANGUAGE="JavaScript">
    <!--to hide script contents from old browsers>
    function square(i) {
        document.write("The call passed ", i, " to the square function." , "<BR>");
        return i*i;
    }
    document.write("The function returned", square(8) , ".");
    //end hiding contents from old browsers-->
</SCRIPT>
</HEAD>
<BODY>
<BR>
All done.
</BODY>
</HTML>
```

　　运行后的显示结果如下：

```
The call passed 8 to the square function.
The function returned 64.
All done.
```

　　从结果可以看出，函数定义时并不发生作用，只有在引用时（函数定义后的 document.write
语句）才被激活。

　　（3）编写事件处理程序

　　JavaScript 的应用中大量采用事件驱动。Web 页中的事件是指用户做一件事后引起的动
作，如用户移动鼠标到某个链接点、单击鼠标、针对表格填写后的提交动作等都被认为是一
个事件。Web 页作者可以定义事件处理程序（eventhandler），在出现一个事件后自动触发执
行该事件处理程序。例 6-3 是一个由事件驱动（输入后单击 Calculate 按钮的动作）的例子。

**【例 6-3】** 具有填表和提交功能的事件处理脚本。

```
<HTML>
<TITLE>Form Object example</TITLE>
<HEAD>
<SCRIPT LANGUAGE="JavaScript">
    function compute(obj){
        obj.result.value=eval(obj.expr.value);
    }
</SCRIPT>
</HEAD>
<BODY>
<FORM NAME="evalform" METHOD="get">
    Enter an expression:
<INPUT TYPE="text" NAME="expr" SIZE=20> <BR>
    Result:
<INPUT TYPE="text" NAME="result" SIZE=15> <BR>
 <INPUT TYPE="button" NAME="Bottom1" VALUE="Calculate" onClick="compute(this.form)">
</FORM> </BODY>
</HTML>
```

该例运行时出现：

```
Enter an expression:_____
Result:_____
Calculate
```

在"Enter an expression:"栏中输入一个表达式（如 22*3-6），然后单击 Calculate 按钮，相应的结果显示在 Result 栏中（如 60）。

由例 6-3 的源代码和运行结果可以看出：在 HTML 源代码的头部定义了一个函数 compute()，其形参 obj 是一个 form（表格）；当用户输入表达式后，单击 Calculate 按钮，由此触发的事件处理程序 onClick 调用 compute()函数，并携带了参数 this.form，将表格对象（由 <FORM> …</FORM>定义）交给事件处理程序调用的函数 compute()去处理。

函数 compute()由一条赋值语句构成，其右部是 JavaScript 的内建函数 eval()，它可以自动分析表格中名为"expr"栏中的字符串，计算出其值；计算出的结果传给表格（form）中名为"result"的栏中。这样，在屏幕上"Result:"后的框中出现计算结果。

除了例 6-3 中出现的 JavaScript 事件处理程序 onClick，还有一些类似程序，包括 onBlur、onChange、onFocus、onLoad、on-MouseOver、onSelect、onSubmit、onUnload 等。

### 4．JavaScript 的语法描述

（1）Navigator 对象

使用 Navigator 加载一个 Web 页时，便会产生大量相应该页的对象供 JavaScript 引用。一般，每个 Web 页有以下对象：

✠ 窗口：顶级对象，含有 Web 页整个窗口的属性。

✖ URL 属性：含有当前加载 Web 页的 URL 地址。
✖ 历史：含有当前 Web 页之前所访问的 URL 地址。
✖ 文档：含有当前文档内容的属性，如标题、背景色、表格等。

引用对象时采用如下形式（以例 6-3 为例）：

    document.evalform
    document.evalform.result
    document.evalform.Buttonl
    document.evalform.resute.value

各对象具有的属性名为：

    document.evalform.method=get
    document.evalform.result.value=60（计算出的结果）
    document.evalform.result.length=15
    document.evalform.Buttonl.name=Buttonl
    document.evalform.Buttonl.value="Calculate"

另外，使用帧（frame）结构可以在一个 Web 页构成多个卷动的帧，每个帧指向不同的 URL，也有自己独立的 Navigator 对象和引用方式，这里不再详细介绍。

（2）JavaScript 的值、名字、常量、表达式级运算符

JavaScript 识别以下类型的值：

✖ 数字，如 36、3.1415926、−3.1E12 等。
✖ 逻辑值，如 true、false。
✖ 字符串，如"Hello!"。
✖ null，指定 null（空值）的一个关键字。

JavaScript 应用中可以建立变量，供用户使用和引用。变量名以字母或下画线开头，后跟字母数字字符。JavaScript 识别的表达式分为计算算术值、字符串值及逻辑值的各种表达式，与常见的程序设计语言相仿。

JavaScript 可以使用的运算符类似 C 语言，包括：算术运算符，如+、−、*、/、%、++、+=、−=、<<=等；位运算符，如&（与）、|（或）、^（异或）、<<（左移）、>>（右移）等；逻辑运算符，如&&（与）、||（或）、!（非）等；串运算符，如+；关系及比较运算符，如==、!=、<、<=、>、>=等。

（3）JavaScript 的内建（Built-in）对象

JavaScript 在处理 Web 页中建立了许多内部对象供用户使用，包括：

✖ 字符串对象：用户输入字符串值到一个变量或一个对象属性中去时，便会产生一个字符串对象，供 JavaScript 编写源代码中使用。
✖ 数学对象：数学函数在 JavaScript 的数学对象中被称为方法（method），包括 abs，acos，asin，atan，ceil，cos，exp，floor，log，pow，random，round，sin，sqrt，an 等。另一类数学函数在 JavaScript 数学函数中被称为属性，包括 E，LN2，LN10，LOG2E，LOG10E，PI，SQRT1_2，SQRT2 等。
✖ 日期对象：供用户产生或设置日期、时间，包括 getDate，getDay，getHours，getMinutes，getMonth，getSeconds，getTime，getTimeZoneOffset，getYear，parse，setDate，setHours，

setMinutes，setMonth，set-Seconds，setTime，setYear 等。

（4）JavaScript 编程语句

JavaScript 支持编程的语句比较紧凑。条件语句如下：

    if (条件) {语句串 1}

    [else {语句串 2}]

循环语句包括 for 语句和 while 语句的语法如下：

    for( [初值表达式;][条件;][增量表达式]) {语句串}

    while(条件) {语句串}

break 语句和 continue 语句：与常用的程序设计语言的相同语句功能一致。

对象监控语句如下：

    for(变量 in 对象) {语句串}

new 操作符用于产生一个用户定义的对象类型：

    对象名 ＝ new 对象类型(参数 1[, 参数 2],…[, 参数 n])

with 语句如下：

    with(对象) {语句串}

注解有两种，与 Java 和 C 语言的相似：用"//"放在一行的行首；或用"/*"放在前，跨多注解行后，以"*/"结束注解。

JavaScript 引用 this 关键词是为了便于用户引用当前所指的对象，格式如下：

    this[.属性名]

加属性名后是指当前对象的某一属性。

### 5．JavaScript 的安全问题

由于浏览器本身允许用户查看浏览到的 HTML 文档的源代码，因此采用 JavaScript 编写的源代码会在用户面前暴露无遗。用户通过查看源代码，往往可以不费力地发现正确输入用户名和口令登录的代码，或是找到有关输入之后源代码中要加载的 URL 地址。用户使用该 URL 地址完全可以绕过防护措施，直接进入该 Web 页。

当然，任何一个 Internet 标准都不可能声称自己有 100%的安全性，JavaScript 的开发者针对安全性问题正在做一些补漏工作。

## 6.6.2　动态网页设计

早期广泛使用 CGI（Common Gateway Interface）设计动态网页，但是随着网络技术发展，CGI 显露出很大弊端，于是又出现了很多动态网页设计的新技术。

（1）ASP

ASP（Active Server Page）是由 Microsoft 公司开发的服务器端脚本运行环境，使用 VBScript 和 JavaScript 作为脚本语言，可兼容 HTML 代码，大大减少了代码的重复编写。由于它没有自己专门的编程语言，因此需要操作系统的技术支持，不能跨平台使用，但是它可以组合 HTML 页、脚本命令 script 和 ActiveX 组件，以创建交互的 Web 页和基于 Web 的功能强大的应用程序。

（2）JSP

JSP（Java Server Page）是由 Sun Microsystems 公司倡导、许多公司参与一起建立的一种动态网页技术标准。JSP 用 Java 作为脚本语言，因此可以进行面向对象的编程，而且可以防止系统的崩溃和内存的泄漏。另外，JSP 技术的标签有很好的可扩充性，与 XML 的自定义标签相兼容，使编程更加方便、高效。JSP 的组件支持跨平台使用。

在传统的网页 HTML 文件（*.htm，*.html）中加入 Java 程序片段（Scriptlet）和 JSP 标记（tag），就构成了 JSP 网页（*.jsp）。Web 服务器在遇到访问 JSP 网页的请求时，首先执行其中的程序片段，然后将执行结果以 HTML 格式返回给客户。程序片段可以操作数据库、重新定向网页以及发送 E-mail 等，这就是建立动态网站所需要的功能。所有程序操作都在服务器端执行，网络上传输给客户端的仅是得到的结果，对客户浏览器的要求最低，可以实现无 Plugin、无 ActiveX、无 Java Applet，甚至无 Frame。

（3）PHP

PHP（Hypertext Preprocessor，超文本预处理器）是一种服务器端 HTML 嵌入式脚本描述语言。由于 PHP 提供了对象和类，因此可以面向对象编程。PHP 与 HTML 有很好的兼容性，PHP 程序可以内嵌在 HTML 代码中，也可以在 PHP 脚本程序中内嵌 HTML 标签。

PHP 有丰富的函数库，提供了与多种数据库连接的接口，因而其最强大和最重要的特征是其数据库集成，完成一个含有数据库功能的网页非常简单。在 HTML 文件中，PHP 脚本程序（语法类似 Perl 或 C 语言）可以使用特别的 PHP 标签进行引用，这样网页制作者不必完全依赖 HTML 生成网页。PHP 是在服务器端执行的，客户端是看不到 PHP 代码的。PHP 可以完成任何 CGI 脚本可以完成的任务，但它的功能的发挥取决于它与各种数据库的兼容性。

PHP 除了可以使用 HTTP 进行通信，也可以使用 IMAP、SNMP、NNTP、POP3 协议。

## 6.6.3　Ajax 技术

传统的 Web 应用允许用户填写表单（form），当提交表单时就向 Web 服务器发送一个请求。服务器接收并处理传来的表单，然后返回一个新的网页。这种处理方法浪费了许多带宽，因为在前后两个页面中的大部分 HTML 代码往往是相同的。由于每次应用的交互都需要向服务器发送请求，因此应用的响应时间就依赖于服务器的响应时间。这导致了用户界面的响应比本地应用慢得多。

Ajax（Asynchronous JavaScript + XML 的简写）不是一种技术，实际上由几种技术以新的强大方式组合而成，这些技术包含：基于 XHTML 和 CSS 标准的表示，使用 Document Object Model 进行动态显示和交互，使用 XmlHttpRequest 与服务器进行异步通信，使用 JavaScript 绑定一切。

与传统的 Web 应用不同的是，Ajax 应用可以仅向服务器发送并取回所需的数据，使用 SOAP（Simple Object Access Protocol，简单对象访问协议）或其他一些基于 XML 的 Web Service 接口，并在客户端采用 JavaScript 处理来自服务器的响应。因为在服务器和浏览器之间交换的数据大量减少，就使得客户端能看到响应更快的应用。同时，很多处理工作可以在发出请求的客户端上完成，Web 服务器的处理时间也减少了。

Ajax 的核心是 JavaScript 对象 XmlHttpRequest。该对象在 Internet Explorer 5 中首次引入，

是一种支持异步请求的技术。简而言之，XmlHttpRequest 使用户可以使用 JavaScript 向服务器提出请求并处理响应，而不阻塞用户。

## 6.6.4　SVG

SVG（Scalable Vector Graphics，可缩放矢量图形）是 W3C 在 2000 年 8 月制定的一种新的描述二维矢量图形格式，也是规范中的网络矢量图形标准。

SVG 严格遵从 XML 语法，并用文本格式的描述性语言来描述图像内容，因此是一种与图像分辨率无关的矢量图形格式。

SVG 图形格式的优点如下：
- 图像文件可读，易于修改和编辑。
- 与现有技术可以互动融合。例如，SVG 技术本身的动态部分（包括时序控制和动画）就是基于 SMIL 标准。另外，SVG 文件可嵌入 JavaScript 脚本来控制 SVG 对象。
- SVG 图形格式可以方便地建立文字索引，从而实现基于内容的图像搜索。
- SVG 图形格式支持多种滤镜和特殊效果，在不改变图像内容的前提下，可以实现位图格式中类似文字阴影的效果。
- SVG 图形格式可以用来动态生成图形。例如，可用 SVG 动态生成具有交互功能的地图，嵌入网页中，并显示给终端用户。

## 6.6.5　Web 2.0 和 Web 3.0

Web 2.0 是相对 Web 1.0 的一类互联网应用的统称。Web 1.0 的主要特点在于用户通过浏览器获取信息。Web 2.0 更注重用户的交互作用，用户既是网站内容的浏览者，也是网站内容的提供者。目前，这些应用主要包括博客（Blog）、微博（MicroBlog）、RSS、百科全书（Wiki）、社会网络（SNS）、P2P、即时信息（IM）等。

博客（Blog，全名应该是 Web log）是一个易于使用的网站，用户可以在其中迅速发布想法、与他人交流以及从事其他活动。所有这一切都是免费的。

微博（MicroBlog），是微博客的简称，是一个基于用户关系的信息分享、传播以及获取平台，用户可以通过 Web、WAP 以及各种客户端组件个人社区，以 140 字左右的文字更新信息，并实现即时分享。最早也是最著名的微博是美国的 Twitter。相对于强调版面布置的博客来说，微博的内容组成只是由简单的只言片语组成，对用户的技术要求门槛很低，而且在语言的编排组织上，没有博客那么高；此外，微博开通的多种 API 使得大量的用户可以通过手机、网络等方式来即时更新自己的个人信息。

RSS（Really Simple Syndication）是站点和站点之间在线共享内容的一种简易方式（也叫聚合内容）的技术，最初源自浏览器“新闻频道”的技术，现在被用于新闻和其他按顺序排列的网站，如 Blog。网络用户可以在客户端借助支持 RSS 的聚合工具软件（如 SharpReader、NewzCrawler、FeedDemon），在不打开网站内容页面的情况下阅读支持 RSS 输出的网站内容。

百科全书（Wiki）是一种多人协作的写作工具。Wiki 站点可以有多人（甚至任何访问者）维护，每个人都可以发表自己的意见，或者对共同的主题进行扩展或探讨。Wiki 系统可以被视为一种人类知识网格系统，我们可以在 Web 的基础上对 Wiki 文本进行浏览、创建、更改，而且创建、更改、发布的代价远比 HTML 文本小。同时，Wiki 系统支持面向社群的协作式写作，为协作式写作提供必要帮助。Wiki 的写作者自然构成了一个社群，也是这个社群的交流工具。

在互联网领域，SNS 有三层含义：服务（Social Network Service）、软件（Social Network Software）和网站（Social Network Site）。Social Network Service 直译为社会性网络服务或社会化网络服务，意译为社交网络服务。人们习惯上用社交网络来代指 SNS（包括 Social Network Service 的三层含义），用社交软件代指 Social Network Software，用社交网站代指 Social Network Site。SNS 专指旨在帮助人们建立社会性网络的互联网应用服务。

1967 年，哈佛大学的心理学教授 Stanley Milgram 创立了六度分割理论，简单地说："任何两个陌生人之间所间隔的人不会超过 6 个，也就是说，最多通过 6 个人，两个陌生人就可以建立相识关系。"按照六度分割理论，每个个体的社交圈都不断放大，最后成为一个大型网络。六度分割理论是建立 SNS 的理论基础。

与 Web 2.0 时代使用互联网是为了把人与人联系起来不同，在 Web 3.0 时代，使用互联网是为了把信息与信息联系起来，并且能够利用这些信息结合你的个人偏好来回答你提出的各种问题。

比如，我们使用互联网搜索引擎时，搜索引擎其实并不真正理解我们要搜索的东西，只是简单地查找出现搜索框中的关键字的众多网页，而无法告诉某网页是不是真的与搜索的东西相关。换句话说，它只能告诉我们关键字出现在该网页上。而未来的 Web 3.0 搜索引擎不但能找到出现搜索词中的关键字的网页，而且能理解我们搜索请求的具体语境，会返回相关结果，并建议关注与搜索词有关的其他内容。

Web 3.0 将应用 Mashup（糅合）技术对用户生成的内容信息进行整合，使得内容信息的特征性更加明显，便于检索，将精确地阐明信息内容特征的标签进行整合，提高信息描述的精确度，从而便于互联网用户的搜索与整理。同时，对于 UGC（User Generated Content，用户原创内容）的筛选性过滤也将成为 Web 3.0 不同于 Web 2.0 的主要特征之一。对于互联网用户的发布权限经过长期的认证，对其发布的信息做不同可信度的分离，可信度高的信息将会被推到互联网信息检索的首项，同时提供信息的互联网用户的可信度也会得到相应的提高。最后，聚合技术的应用将在 Web 3.0 模式下发挥更大的作用，TAG/ONTO/RSS 基础聚合设施，渐进式语义网的发展也将为 Web 3.0 构建完备的内容聚合与应用聚合平台，将传统意义的聚合技术和挖掘技术相结合，创造出更加个性化、搜索反应迅速、准确的"Web 挖掘个性化搜索引擎"。

Web 3.0 中的一个非常重要的概念就是"语义网"。简单地说，语义网是一种能理解人类语言的智能网络，不但能够理解人类的语言，而且可以使人与计算机之间的交流变得像人与人之间交流一样轻松。语义网将使人类从搜索相关网页的繁重劳动中解放出来。因为网络中的计算机能利用自己的智能软件，在搜索数以万计的网页时，通过"智能代理"从中筛选出相关的有用信息，而不像现在的万维网，只能罗列出数以万计的无用搜索结果。

目前，在 RDF（Resource Description Framework，资源描述框架）和 OWL（Web Ontology Language，网络实体语言）的支持下，语义网已经成为能够牢牢嵌入现有网页并且完善 RDF

知识储备的新科技。

　　Web 3.0 将是多种新技术的融合和发展。大数据、云计算、高速高可靠移动网络、物联网、智能硬件等新的技术和概念无一不与 Web 3.0 密切相关。正是因为 Web 3.0，人们随时随地在社会生活的各方面与 Web 的融合，才有了大数据爆发式的需求增长。云计算不仅可以用来处理 Web 3.0 时代的大数据，还简化了 Web 3.0 时代服务制造者开发服务的难度，并为服务的高效和高质量提供保障。高速高可靠性移动网络保证用户可以随时随地访问 Web，提供了人与 Web 融合的媒介。智能硬件和物联网让更多的设备接入互联网，融入用户的社会生活，是 Web 3.0 时代的基础。

# 思考与练习 6

1. 什么是超文本？超文本系统由哪些要素组成？
2. 什么是超文本系统？典型的超文本系统具备哪些主要特征？
3. 除了本章介绍的几种超文本系统，你还了解哪些超文本系统？
4. 选择一种 HTML5 开发框架，尝试编写一个简单的手机 App。
5. JavaScript 语言与 Java 语言的主要区别是什么？简述 JavaScript 语言在网页设计中的作用。
6. XML 是 HTML 的替代语言吗？其主要优点有哪些？
7. 什么是 SMIL？其主要目的是什么？
8. Web 2.0 与 Web 3.0 有什么区别？

# 第7章　多媒体数据存储与管理

**本章导读**

传统数据模型应用于多媒体数据描述时存在的不足促进了数据库技术的发展。通过本章的学习，读者可以了解多媒体数据的特点、构建多媒体数据库的主要方法、数据检索，尤其是基于内容的多媒体信息检索技术，如"以图搜图"是如何实现的。

本章还将介绍结构化查询语言的数据类型和基本语法，简单说明如何在Oracle 和 SQL Server 中存取图片文件，介绍多媒体数据挖掘。

许多复杂的应用对象，如 CAD、CAM、GIS 等，涉及大量的图形、图像、文字、声音、动画等多媒体数据类型。传统的数据库技术，如数据类型、数据模型、操作语言、存储结构、存取路径、检索机制以及网络和数据传递等，都不能适应复杂对象的应用需求。这种需求促使了新技术的产生，即多媒体数据库。多媒体数据库是数据库与多媒体技术相结合的产物。

## 7.1　多媒体数据的特点

传统的数据处理中所处理的数据类型主要是整型、实型、布尔型和字符型，而多媒体数据处理中的数据类型除了上述常规数据类型，还要处理图形、图像、声音、文字和动画等复杂数据类型。多媒体数据与常规数据有许多差别，主要表现在以下 6 方面。

### 1. 数据量

常规数据的数据量较小，而多媒体数据的数据量巨大，两者之间的差别可大到几千、几万甚至几十万倍。例如，100 MB 的硬盘可以存放一个中等规模的常规数据库，而同一空间只能存放 10 分钟的电视节目。

### 2. 数据长度

常规数据的数据项一般为几字节或几十字节，因此在组织存储时一般采用定长记录处理，存取方便，存储结构简单。而多媒体数据的数据量大小是可变的，且无法预先估计。例如，一个人的自传可少到几十个文字，也可多到几万个文字；CAD 中所用的图纸可以是一个简单的零件图，也可以是一部机器的复杂设计图。这种数据不可能用定长结构来存储，因此在组织数据存储时就比较复杂，其结构和检索处理都与常规数据不一样。

### 3．数据模型

对于常规数据来说，可用定长记录来存储，因而可以构造成一张张的二维表，表的每行是一个元组，每列表示一种属性，每个数据都是不可再分的原子数据，数据结构简单明了。而多媒体数据对应的是一些复杂对象，这些复杂对象通常具有层次结构关系。

### 4．数据定义及操作

传统的关系数据库（如 Oracle 和 Sybase 等）处理的是规范关系，即每个元组由定长的属性值组成，而每个属性值又是不可再分的原子数据。因而，这些规范关系可方便地定义并执行各种标准操作，如投影、选择、连接和各种集合运算，利用简单方便且功能强大的数据库语言，为用户提供简明的数据视图。而传统的关系数据库在描述多媒体对象时会遇到很大困难，如对人脸的描述、对指纹的描述、对人的声音的描述等。因此在多媒体信息如音频、图像、视频引入计算机后，由于其数据的不规则性，即无格式数据，给传统的数据库系统带来了很大的挑战。

### 5．数据的时间特性和版本概念

在多媒体系统中，通常利用多种媒体从不同侧面表现同一个主题，此时每种媒体单元之间就存在媒体内（intramedium）的时间同步，不同媒体之间存在媒体间（intermedia）时间同步的问题。例如，视频播放时伴音应与口形相吻合，演播幻灯片时解说词与正在显示的内容相对应等。在具体的应用中常常会涉及记录和处理某个处理对象的不同版本。版本包括两个概念。一是历史版本，同一处理对象在不同的时间有不同的内容；二是选择版本，同一处理对象有不同的表述。因此，需要进行多版本的标识、存储、更新和查询等。多媒体数据库系统应提供很强的版本管理能力。

### 6．数据传送

多媒体数据，无论是音频还是视频，都要求连续传输或输出，否则会导致严重失真，大大影响效果。这就对计算机的处理速率、输入/输出、内存、网络传输的带宽及算法等方面提出了更高的要求。

## 7.2　多媒体数据的管理

多媒体数据包括多媒体数据（数据源）、多媒体数据的属性信息（元数据）、与数据相关的方法。

### 7.2.1　多媒体数据模型

数据模型是用来描述数据、组织数据和对数据进行操作的，是数据库系统的核心和基础。常见的数据模型有层次模型、网状模型、关系模型和面向对象模型等。建立多媒体数据库应先将多媒体数据抽象为数据模型。建立多媒体数据库模型的方法主要是在关系数据模型和面向对象数据模型基础上进行扩充或改进，主要方法如下。

### 1．扩展关系数据模型

关系数据模型是数据库中最重要的一种数据模型，大多数数据库支持关系模型。关系数据模型具有数据结构简单、易于管理和维护等优点，但是采用关系模型的传统数据库支持整型、字符型、日期类型、布尔类型等结构化的数据类型，缺乏对非结构化的多媒体数据的支持，也不支持多媒体数据的时间特性和空间特性。因此要使关系数据库系统支持多媒体数据必须对关系模型进行扩充，可以从以下两方面考虑扩展关系模型。

（1）扩展关系模型的数据类型

关系数据库除了基本的数据类型，还有大对象类型（Large Object，LOB）。LOB 是一种能够存储大数据的数据类型，可用来存储和管理多媒体数据。具体的大对象类型包括：① 二进制大对象 BLOB，用于图像等二进制数据类型的对象的存储，可作为关系模型的一个字段存储在数据库中，通过访问 BLOB 获得数据；② 外部文件对象 BFiles，可以将多媒体数据存储在文件系统中，然后通过 BFiles 定位器来定位多媒体数据；③ 字符集大对象类型 CLOB，以字符集的形式存储字符串组成的大对象，如大的字符串、文档等；④ NCLOB（National Character Set Large Object），同 CLOB 一样，用来存储字符集大对象类型，但该对象以国家字符集的形式来存储大对象。

在关系模型中，用户还可以自定义满足对媒体数据管理需求的多媒体数据类型，将该数据类型作为关系模型的一列，定义与该数据类型相关的操作。

（2）采用 $NF^2$（Non First Normal Form）数据模型

$NF^2$ 就是打破传统关系数据库中关于范式的要求，将一个表引入另一个表中作为该表的一列，即表中有表，如图 7-1 所示。

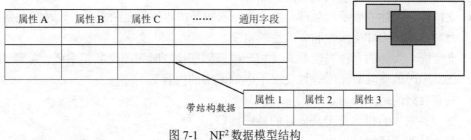

图 7-1  $NF^2$ 数据模型结构

扩充的关系模型解决了多媒体数据存储的问题，但多媒体数据不仅包括数据信息，还包括与数据相关的属性信息，对这些属性信息的处理还需要根据需求进行扩展。

### 2．面向对象数据模型

面向对象数据模型以面向对象技术为基础，在数据库中引入对象的概念。首先，数据库具有"抽象的概念"，从而使数据库能够管理复杂的多媒体数据；其次，对象的继承、封装等特性，既能实现数据之间的嵌套关系，又能保证数据的独立性，还便于系统的扩充和修改；最后，面向对象数据库支持大对象数据、支持 SQL 等。此外，面向对象的数据库吸收了面向对象的编程技术和其他数据模型的优点，能提供对不同媒体的统一的用户界面，具有对复杂对象的描述能力和对象间关系的表示能力，因此面向对象模型适合表示和处理多媒体信息，也适合多媒体数据库中各种媒体数据的存取和不同操作的实现。但是，面向对象的数据模型目前尚无统一的标准，缺乏坚实的理论基础，许多实际技术不够成熟。需要对面向对象数据模型进一步研究和改进，以满足多媒体数据管理的需求。

### 3. 对象-关系模型

将面向对象模型和关系模型结合形成对象-关系模型，建立对象-关系数据库管理系统，不但具有关系数据库的代数理论基础，而且结构简单，易扩充，适应性强，同时支持面向对象的继承、封装等特性，扩充了表达复杂关系语义和数据抽象的机制。因此，对象-关系模型在解决多媒体数据管理的问题上可选的，随着理论的不断深入和实践的不断探索，对象-关系模型将成为新一代多媒体数据库数据模型的基础。

此外，超媒体模型也是多媒体数据模型之一，采用节点结构支持多媒体数据的管理，节点可以存放图像、视频、音频等多媒体数据。

## 7.2.2　多媒体数据库体系结构

数据库，顾名思义，是存放数据的仓库，严格来讲，数据库是长期存储在计算机内、有组织的、可共享的大量数据的集合。数据库管理系统就是定义、存储、管理、维护、查询、访问数据库的软件。而多媒体数据库（Multimedia Database，MMDB）就是管理计算机中多媒体数据的集合，提供对各种多媒体数据的支持，包括多媒体数据的存储、对多媒体数据库的创建、访问、查询等操作。

根据多媒体数据的特点，多媒体数据库应具有以下功能：

- ✠ 支持图形、图像、动画、声音、动态视频、文本等多媒体类型及用户自定义类型。
- ✠ 支持定长数据和非定长数据的集成管理。
- ✠ 支持复杂实体的表示和处理，要求有表示和处理实体间复杂关系（如时空关系）的能力，有保证实体完整性和一致性的机制。
- ✠ 支持同一实体的多种表现形式（如一段视频在播放时可改变其帧率或一幅静态图像，在显示时改变其对比度等性质而不影响库中的内容等）。
- ✠ 具有良好的用户界面。
- ✠ 支持多媒体的特殊查询及良好的处理接口。
- ✠ 支持分布式环境。

根据多媒体数据的特点和多媒体数据库管理系统的特点，多媒体数据库的体系结构有以下 4 种情况。

### 1. 联邦型结构

图像、视频、音频等媒体数据数据结构、属性信息等不同，可以针对各种媒体单独建立数据库和数据库管理系统，媒体数据库之间可以通过相互通信来进行协调和执行相应的操作。用户既可以访问单一媒体，又可以同时访问多个媒体库。该类型的体系结构如图 7-2 所示。这种多媒体数据库对多媒体的联合操作是交给用户实现的，虽然给用户操作带来了更多的灵活性，但是增加了用户的负担。此外，多种媒体的联合操作、处理等的实现也比较困难。如果没有按照标准化的原则设计各媒体数据库，那么会给各媒体数据库间的相互通信和使用带来问题。

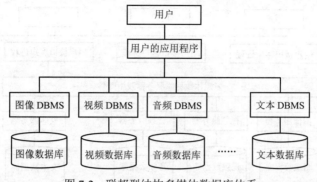

图 7-2  联邦型结构多媒体数据库体系

### 2．集中统一型结构

集中统一型结构是指只存在一个单一的多媒体数据库和一个单一的多媒体数据库管理系统，对各种媒体数据统一建模，采用一个数据库管理系统集中的管理和操纵各种媒体数据，用户的各种需求被统一到一个接口上，多媒体检索结果能够统一表现（如图 7-3 所示）。理论上，这种系统是统一设计和研制的，能够有效地管理和操作多媒体数据，但实际上，由于目前为止还没有合适而有效的方法来管理所有类型的多媒体数据，所以这种多媒体数据库系统是很难实现的。

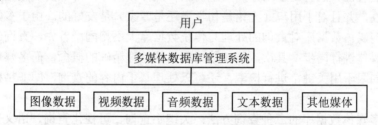

图 7-3  集中统一型结构多媒体数据库体系

### 3．客户－服务器结构

客户－服务器结构中，各种单一类型媒体数据仍然相对独立，系统建立各种媒体独立的服务器来管理和操作多媒体数据，所有服务器的综合和操纵也用一个服务器完成，用户通过客户进程与服务器交互，客户进程与服务器之间通过特定的中间件系统连接（如图 7-4 所示）。设计者将不同的服务器与客户进程组合来实现不同的应用需求，容易满足应用需要，对每种媒体数据也可以采用适合处理这种媒体对象的方法。这种结构容易扩展到网络环境下工作。

### 4．分布式超媒体数据库

以超媒体信息管理技术为基础的分布式系统被称作为分布式超媒体数据库。由于多媒体数据具有形象直观、语义丰富和时空关联等特点，并且如果是在分布式的环境条件下，那么还应该将多媒体信息经过网络进行分布，这会造成多媒体处理环境变得更加复杂，而分布式超媒体数据库所具备的功能特点则可以对这些问题进行较好的解决。分布式超媒体数据库是以主题、节点名和媒体对象作为查询对象，而基于内容的查询可向用户提供良好的人机交互方式。与此同时，它运用超媒体浏览导航机制，除了具备一般的查询功能，还具备浏览过滤功能，可以自动对用户感兴趣的主题进行锁定。

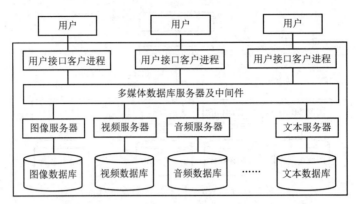

图 7-4　客户 - 服务器结构多媒体数据库体系

# 7.3　多媒体数据检索与查询

## 7.3.1　查询方法

　　查询方法是数据库系统极其重要的特性之一，是鉴别数据库管理系统成功与否的重要依据。功能强大的查询方法有助于用户高效地操纵多媒体数据库，可以实现数据库与应用程序间的相互独立性，并且对于用户（无论是初学者还是专家）是友好的。由于多媒体数据本身的特性，使得多媒体数据库对查询的处理与传统数据库大不相同。首先，查询结果的表达经常需要对连续媒体进行同步；其次，传统数据库只能处理精确的概念，而多媒体数据库的查询方法应不仅局限于用关键字进行检索，还可以处理基于内容的查询，即非精确的查询或模糊查询。

　　下面讨论多媒体数据库的三种查询方法：关键字查询、可视化查询、语义查询。

### 1．关键字查询

　　关键字查询是最简单的查询方法，要求每个对象都带有精确描述其内容的关键字（或标签），然后通过关键字进行快速查询。大多数多媒体数据库系统采取了这种方法，主要原因是，对于标准 SQL 容易实现。但是关键字查询也存在缺点：

　　① 关键字的准确性问题。在许多情况下，一幅图像很难用一个确切的词把它的内容描述出来，或者面对许多可以使用的词选取哪个也难以达成一致的意见。

　　② 信息的丢失。关键字不能保存媒体之间的时空关系，也无法存储媒体本身的特性，在某些情况下，不可避免的信息丢失是令人无法忍受的。因此，在许多系统中将关键字查询与其他查询方法一起使用，这样既可以利用关键字查询的简单高效的特点，又可以实现基于内容的查询。

### 2．可视化查询

　　由于多媒体数据的复杂结构和时空关系，可视化查询在多媒体数据库中显得非常重要。通常，用户为了找到所需对象而放宽查询条件或难于描绘一个对象时，就可能发出非确定性查询。查询的每个对象都有本身的相似范围，对象间的相似程度依权重而定。可视化查询不仅包括数字字符表达式，还包括非数字字符表达式，如图像、图标、样本帧等。可视化查询允许用户发出视图查询，并将其转化成低层的查询原语，所以可视为查询模型与用户间的接口。通过该接口，用户用不完全或相似的图片来实现模糊查询，如向一个图像数据库发出"寻找所有与该照片相像的人"，数据库先把该照片中人的一些特点抽取并加以转化，最后在数据库中进行查询。实现这一功能有两点要求：① 查询系统必须将模糊查询映射成内部查询表示，即把诸如颜色、形状等非精确定义的特征转变成底层查询原语可以处理的查询条件；② 必须对查询语言加以改动。

标准 SQL 中不允许模棱两可的查询语义，所以只有对查询语言扩展才能实现查询。首先，提供实现模糊查询的运算符来计算不同对象间的相似程度；其次，对多媒体字段查询时不能使用 GROUP BY、ORDER BY 等子句。目前，已有一些系统实现了可视化查询，如 PICQUERY+、SCORE、EVA 等。总之，可视化查询对初学者非常有用，他们不必了解数据库的查询语言就能轻松地进行操作。有时人们很难用数据库查询语言表达所要查询的对象，可视化查询是非常有用的。

### 3．语义查询

语义查询（或基于内容的查询）是各种方法中最具挑战性的，采用索引、模式匹配等技术，要求数据库中信息的表示必须包括隐含或明显的语义。明显的语义可以通过声明的知识表达技术实现。一个对象的语义或内容可通过本身的性质及与其他对象的关系表示。这些性质的识别依赖多媒体数据的处理技术，包括图像处理、模式识别、语音识别、动态检测等。这些技术的目标就是从输入数据中精确地提取其性质。例如，在一个图像数据库中，语义查询允许用户使用各种图像描述符，如颜色、材料、形状（既可以描述空间，又可以表达内容信息），来进行信息的检索。这样通过图像描述符，把一幅图像分解成一些独立的子对象而被描绘。但是，目前模式匹配的条件还不能很好地处理，模式识别的准确率令人不满意，因此数据库管理系统模式匹配条件的查询还有待更大的进展。

## 7.3.2  万维网文档的检索技术

万维网（WWW）上的文档按照 HTML 的规范书写和组织，这样的文档称为 HTML 文档。对万维网上的 HTML 文档设计检索系统时，主要考虑以下 4 方面。

① 分布性。网络文档的最重要的特点是它们分布在各地的服务器上，由各自的服务器进行维护，这与集中式光盘文档有很大的区别。

② 数据量巨大。为了便于网络传输，每个 HTML 文档相对来说都比较小，但总数极多，它们以独立的形式存放在 Web 服务器上。因此要对万维网文档提供全文检索，必须考虑海量数据处理时的许多实际技术问题。

③ 动态性。网络上的文档是动态改变的，文档由各自的服务器进行维护，文档的创建、改动甚至删除是不可预测的，这就要求检索系统能采取有效措施，对索引库进行动态维护，使索引库及时反映网络上文档的实时变化。

④ 复杂的标识符处理。HTML 文档中除了正文文本，还包括各种标识符，进行全文检索处理时，必须能够识别各种标识符。

一个简单的万维网全文检索系统的结构如图 7-5 所示，检索工作流程大致如下。

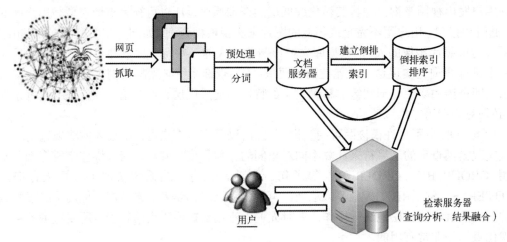

图 7-5　全文检索系统的结构

### 1. 网页抓取

搜索引擎派出一个能够在网络上发现新网页并抓取数据的程序，这个程序通常被称为蜘蛛（Spider）或爬虫。

Spider 是基于 Web 的程序，从已知的网页出发，通过请求站点上的 HTML 文档访问某个站点，不断从一个站点移到另一个站点，自动建立索引，加入网页数据库，这个过程就称为爬行。Spider 进入某个超文本时，利用 HTML 的标记结构来搜索信息及获取指向其他超文本的 URL 地址，不需用户干预，实现网络上的自动爬行和搜索。Spider 每遇到一个新文档，都要搜索它上面的链接。通常采取的爬行策略有两种：深度优先，即先沿一条路径采集叶节点，再从同层其他路径进行采集；广度优先，即先采集完同一层网页，再采集下一层网页。

以深度优先搜索为例，Spider 沿着一条选中的链接向下搜寻，顺着一级级链接，查询到不再含链接的 Web 页面，再沿原路返回到出发点，选择下一个链接继续搜索，遍历 Web 空间。所以，跟踪网页链接是 Spider 发现新网址的最基本的方法，通过页面间的链接关系自动获取页面信息。这个过程必须确保有效资源的覆盖和及时更新，还要考虑效率问题。

搜索引擎抓取的页面文件与用户浏览器得到的完全一样，抓取的文件存入数据库。

### 2. 索引

Spider 将抓取的页面文件分解、分析，并以巨大表格的形式存入数据库，这个过程即索引。在索引数据库中，网页文字内容，关键字出现的位置、字体、颜色、加粗、斜体等相关信息都有相应记录。

索引的方法主要分为两种：基于关键字的索引、基于概念的索引。第一种是大多数搜索引擎使用的方法，是从文档中提取重要的词作为索引。在文档中顶部出现的词以及在整个文档中出现多次的词可以认为是比较重要的。第二种方法与第一种的不同之处在于，试着了解语义，用一个词能代表许多意义相近的词，这样既节省了索引空间，又为检索时可返回有关主题的所有文档，甚至这些文档中的词与检索词并不精确匹配。Excite 是当前网络中比较著名的基于概念检索的搜索引擎。

### 3．搜索词处理

用户在搜索引擎界面输入关键词，单击"搜索"按钮后，搜索引擎程序即对搜索词进行处理，如中文特有的分词处理、去除停止词、判断是否需要启动整合搜索、判断是否有拼写错误或错别字等情况。

分词就是从每个页面文档中提取一定数量的关键字或者知识。为了提取关键字或知识，必须分割出单个词或句子。可以通过对英文文章或句子的语法和语义分析来提取该文章的主要意思。但这些方法都是基于英文本身就有明显的词间分割这个事实上的，因而英文根本不存在分词问题。但对于汉语等无明显词间隔的语言来说，必须先对原文进行分词，再提取它。中文分词技术属于自然语言处理技术范畴对于一句话，人可以通过自己的知识来明白哪些是词，哪些不是词，但如何让计算机也能理解，其处理过程就是分词算法。现有的分词算法可分为三大类：基于字符串匹配的分词方法、基于理解的分词方法和基于统计的分词方法。

### 4．排序

对搜索词处理后，搜索引擎程序便开始工作，从索引数据库中找出所有包含搜索词的网页，并根据排名算法计算出哪些网页应该排在前面，然后按照一定格式返回到"搜索"页面。

排名算法决定了搜索结果中不同网站的排名，为了提升网站的排名，搜索引擎优化技术应运而生。搜索引擎优化（Search Engine Optimization，SEO）一般可简称为搜索优化，其目的是通过了解各类搜索引擎如何抓取网页，如何进行索引，以及如何确定其对某一特定关键词的搜索结果排名等技术，来对网页内容进行相关的优化，使其符合用户浏览习惯，在不损害用户体验的情况下提高搜索引擎排名，从而提高网站访问量，最终提升网站的销售能力或宣传能力的技术。

## 7.3.3　基于内容的多媒体数据检索

所谓基于内容的检索，就是从媒体数据中提取特定的信息线索，然后根据这些线索从存储在数据库的大量媒体中进行查找，检索出具有相似特征的媒体数据。

由于多媒体信息的内容具有丰富的内涵，在许多情况下仅用几个关键词难以全面描述，而且其特征描述极易带主观性，于是基于内容的检索（Content-Based Retrieval，CBR）技术应运而生。基于内容的检索就是根据媒体对象的语义和上下文联系进行检索，特点如下。

① 从媒体内容中提取信息线索：突破了传统的基于表达式检索的局限，直接对图像、视频、音频进行分析，抽取特征，利用这些内容特征建立索引来进行检索。

② 近似匹配：采用相似匹配的方法逐步求精，以获得查询结果。这与常规数据库检索的精确匹配方法明显不同。

③ 大型数据库的快速检索：多媒体数据库不但数据库巨大，而且种类和数量繁多，CBR技术能快速实现对大型数据库的检索。

④ 多种检索手段：除了利用多媒体内容的特征来进行检索，CBR 还提供了许多其他检索手段，如可通过提供样本图像进行相似性检索，也可通过人机交互进行浏览检索。

20 世纪 90 年代初，国际上就开始了对基于内容的多媒体信息检索方面的研究。从基本的颜色检索，到综合利用多种多媒体特征进行检索，该项技术已经发展到了高级阶段，大量原型系统已经推出，部分已投入实际应用，以检验其有效性，如 IBM 公司 20 世纪 90 年代研制开发的图像和动态影像检索系统（Query By Image Content，QBIC）。

## 1．基于内容的图像检索

基于内容的图像检索（Content-Based Image Retrieval，CBIR）的概念最初是 Kato 提出的，基本思想是：由计算机根据图像的颜色和形状特征，自动地从图像数据库中提取所需图像。随着多媒体技术的迅速普及，我们将接触和处理大量多媒体信息，而每种媒体数据都具有难以用符号化方法描述的信息线索，如图像中的颜色、对象分布等。当用户希望利用这些信息线索对数据进行检索时，由于传统的数据库检索采用关键词的检索方式，一方面，在许多情况下，媒体内容难以仅仅用一个关键词来充分描述，而且作为关键词的图像特征的选取也有很大的主观性；另一方面，用户难以将这些信息线索转化为某种符号的形式。因此，要求数据库系统能够对多媒体数据进行内容语义分析，以达到更深的检索层次，于是基于内容的图像数据库检索系统应运而生。

简单地说，基于内容的图像检索技术就是对图像内容进行标注或索引（image indexing），并据此实现图像检索的一项综合性技术。CBIR 通过对图像内容的语义分析，从中抽取其颜色、纹理、形状、对象空间关系和对象语义等特征，在此基础上，利用图像相似性度量函数（similarity metric）计算或评估图像之间的相似性（评价的准则是预先定义的），并将最相似的一些图像作为检索结果返回给用户。

CBIR 的特点如下：

① 不是单纯的数据库管理和计算机视觉问题，需要处理前所未有的数据，因此在处理速度、准确度、算法的鲁棒性方面都提出了更高的要求。

② 图像数据的表达本身不是单一的，多种表达方式并存是可能的，表达方法的选择要依赖特定的用户和特定的应用领域，随着识别技术的发展，还可能采用更新和更好的表达方法。因此，基于内容的图像检索应该针对不同的用户、不同的检索要求、目的和方式采用不同的实现算法，并且通过不断学习达到较高的检索速度，满足不同用户的检索要求。

③ 在传统的图像数据库中，符号数据可以用基本的数据类型精确地表示，检索匹配是精确的匹配。而图像数据是一段二进制数据流，对图像进行像素和像素之间的精确匹配是不科学的。事实上，人对两个图像的相似和不相似的判断是根据图像中所包含的内容，很难将其精确描述，因此内容的表达是近似的。实现 CBIR 不是实现图像内容的精确理解，而是将图像进行准确分类。分类的标准和类别要根据实际的应用领域而确定，因为不同的对象在不同的环境中将代表不同的语义信息。

④ 从媒体内容中提取信息线索。CBIR 突破了传统的基于关键词检索的局限，直接对图像进行分析和提取特征，使得检索更加接近媒体对象。提取特征的方法多种多样，以图像的特征提取为例，可以提取颜色特征、纹理特征、形状特征、角点特征等。

⑤ 符号数据库本身就具有语义信息，在符号数据命名的过程中就赋予特定的信息。但是图像中的内容本身不包含语义信息，对图像的匹配主要针对图像中的内容特征进行相似性匹配。为了减小语义差距，必须将不同来源的图像信息和图像结合在一起，这些外在信息包括：图像的内容注释、与图像紧密联系的标识、图像内嵌的文本信息等。只有将这些信息相

互融合，才能够实现图像检索的优化。同时，自然语言处理与计算机视觉技术相结合将会有更高的研究价值。

⑥ 由于内容表达的不精确性，因此检索得到的结果可能包含一些不相关的图像，这种情况对于基于内容的检索是允许的，重要的是在检索中不要将相关的图像漏掉。因此，针对人机之间的交互问题，如何设定用户数据模型，如何针对用户的反馈信息决定图像数据库的检索方向，如何估计用户的检索要求和期望达到的检索目标，是基于内容的图像检索的关键问题。人机交互不是实现对检索结果的最终矫正，而是检索的首要步骤，这样才能针对性地确定检索算法和检索方向。

CBIR 的检索内容主要包括：

- 颜色：图像颜色分布、相互关系、组成等。
- 纹理：图像的纹理结构、方向、组成及对称关系等。
- 形状：图像轮廓组成、形状、大小等。
- 对象：图像中子对象的关系、数量、属性、旋转等。

CBIR 的常见方式如下：

- 选择颜色的比例、层次和纹理图案的图样进行查询。
- 用工具生成表示物体和物体间空间关系的符号图像进行查询。
- 用画图工具生成与希望查找的图像颜色分布相似的图像进行查询。
- 从当前窗口所陈列的全部图像中选择接近自己意愿的图像进行查找，重复多次，直至找到为止。
- 上述方法与字符的关键词结合进行查找。

基于内容的图像检索技术不但基于内容，而且从应用的关键技术看，本质是一门信息检索技术，利用认知科学、用户模型、图像处理、模式识别、知识库系统、计算机图形学、数据库管理系统和信息检索领域的研究成果和方法，研究新的媒体数据的表示方式和数据模型、有效和可靠的数据库索引、智能查询接口及与应用领域无关的结构。

## 2. 以图搜图

"以图搜图"或称为相似图片搜索，即通过搜索图像文本或者视觉特征，为用户提供互联网上相关图像检索服务的搜索技术，是搜索引擎的一种细分。对于目标图片，用户可以通过输入与图片名称或内容相似的关键字来进行检索，也可以通过上传与搜索结果相似的图片或图片 URL 进行搜索。

从使用价值上来说，以图搜图可以发现图片的来源与相关信息，追踪图片信息在互联网的传播，寻找更高质量的图片，找到包含相关人物照片的网页，查看这张图片有哪些版本等。

以图搜图需要为互联网上浏览过的图像建立索引，进行图像分析和判别，给图像添加注释，通过存储索引信息来建立索引库，一般可以利用基于内容的图像检索。

常用的图像识别方法包括两种。其一是自动查找图像文件，有两个 HTML 标签来检测是否存在可显示的图像文件，分别是 IMGSRC（显示下面的图像文件）和 HREF（下面是一个链接），通过检查文件扩展名来判断是否是图像文件。其二是人工干预找到图像并且对图像进行分类，这种方法的查询结果比较准确，但是劳动强度比较大，不适用于较大数量的图像的情况，而且每个人对图像文本的理解的描述也存在差别。

检索途径主要有以下几种。第一种是基于图像的外部信息，也就是由图像的文件名、目录名或路径、链路等信息进行检索，这是目前最普遍的方法。第二种是基于图像内容的方法，需要对图像的内容（如背景、物体、颜色特征等）进行描述并分类，确定描述词，在检索的过程中搜索这些检索词，这种方法查询比较准确，但是需要人工参与，因此不适用于大规模的情况。第三种是基于图像形式的特征的抽取，利用图像分析软件自动提取图像的颜色、形状、纹理等特征，然后建立索引库，用户提供需要查询的图像的大致特征，就可以找到与该图像具有相近特征的图像，该方法最接近用户的需求，但是目前主要用于图像数据库的检索。

2011 年，Google 把"相似图片搜索"正式放上了首页（如图 7-6 所示），可以用一张图片，搜索互联网上所有与它相似的图片。图中的麦克风标识可以采用语音搜索。单击搜索框中照相机的图标，出现图片搜索对话框，输入网片的网址，或者直接上传图片，Google 就会找出与其相似的图片。

图 7-6　Google 的搜索界面[①]

### 3．基于内容的视频检索

基于内容的视频检索（Content-Based Video Retrieval，CBVR）是目前 CBR 研究的热点。视频检索要求在大量的视频数据中找到所需的视频片段，但由于视频内容繁多且复杂，对视频的检索十分困难，与图像检索有很大不同。视频是目前包含信息量最丰富的数据，因而对视频的检索已成为实际应用中一个十分突出的问题。

视频是一种信息的载体，内容大致可以分为两类：一是最高层的视频级内容，包括视频的语义、视频的概要、视频的一般属性；二是视频的视听内容，即视频中的音频和运动的图像信息。

视频可用帧、镜头、场景和故事单元等描述。

帧是直接从视频中抽取的每幅图像，是视频流的最小单位，数据量非常庞大，视频浏览和检索如果建立在这一层次，那么用户是无法接受的。

镜头是视频序列经过时序分割后的结果，是基于内容的视频检索中的最小语义单元。镜头可以用诸多属性来表示，如镜头长度、位置、镜头内的运动物体的检测、跟踪和摄像机的拍摄类型等（如推、拉、摇等）。为了减少数据量，提高检索效率，通常从镜头中提取一帧或多帧图像来表达镜头，称为关键帧。

场景是在镜头的基础上，为了抽取高一级的语义单元而聚类的相似镜头。

---

① 见 https://www.google.com.hk/imghp?hl=zh-CN&tab=wi。

故事单元是相同的场景经过聚类后形成的。

视频检索的方式目前主要有以下两种。

① 基于关键帧的检索。这是对代表视频镜头的关键帧进行检索。关键帧是用于描述一个镜头的关键图像，可以采用类似图像检索的方法来进行检索。一旦检索到目标关键帧，用户就可播放它代表的视频片段。

② 基于运动的检索。这是基于镜头和视频图像的时间特征来检索，是视频查询的进一步要求。这种方式可以查询摄像机的移动、操作和场景移动，以及用运动方向和运动幅度等特征来检索运动的主体对象。

典型的 CBVR 系统至少包括媒体库、特征库、方法库和检索界面四部分。媒体库是多媒体数据的集合。特征库是对媒体库内容和结构的描述，其中往往包括一个索引库，用来对特征库中各种特征进行快速匹配。方法库是特征提取和特征匹配的方法集合，可以组成大的实用的检索系统。对于一个实用的检索系统来说，用户是通过检索界面和系统进行交互的，因此还可以引入一个外围的数据库，来记录各种用户的信息。由于不同用户对系统的理解存在差异，因此用户库的建立有助于解决检索的有效性问题。此外，在高层次特征提取和内容分析的过程中还需要一个辅助的知识库，用来进行语义关联和理解等。

由于视频具有非结构化的特点，要求在 CBVR 系统的设计过程中首先解决视频的结构化问题。合理的结构化表示有助于后续的特征和内容分析及用户检索，但是如何划分具体的结构是值得探讨的问题。传统的视频是事件顺序的媒体流，要实现基于内容的检索，必须有效地提取视频结构。前人在这方面已经做了大量的工作，其中较成功的是镜头分割。在镜头检测的基础上可以实现基于镜头的浏览。由于镜头的单位太小，对于一段较长的视频，镜头数量倍增，有必要抽取更高层的视频单元。目前，其研究热点集中在结合多类特征（音频、视频、文本等）抽取视频的语义和叙事结构上，在多个层次上组织视频内容。

此外，为了更有效地描述视频中的内容，需要从低层次的视觉特征中提取高层次的语义信息，这也是目前研究的难点所在。人们在实际的视频查询中习惯使用简便的概念，如用"汽车""日出"等词语来表达具体的含义，它们属于高层语义的抽象概念，而基于低层次特征的检索与这些抽象语义的匹配是一个不可忽视的鸿沟。如果能够建立这些低层的特征与高层语义概念的关联，那么就能够使计算机自动抽取视频语义。在特定应用领域中，如面部识别和指纹识别已经可以做到这一点。对于一般的特征，建立这种关联是非常困难的。

最后，怎样综合运用各种知识指导及用户反馈，不断提高视频检索的有效性，也是 CBVR 系统设计和实现过程中的难点所在。

基于内容的视频检索用途非常广泛，包括新闻视频信息的检索、各类比赛节目的检索、卫星云图变化情况的检索等。随着视频内容的增多和视频生成技术、拍摄技术的提高，CBVR 的研究内容将更广泛。

### 4．基于内容的音频检索

音频的听觉特性决定其查询方式不同于常规的信息检索系统。基于内容的查询是一种相似查询，实际上是检索出与用户指定的要求非常相似的所有声音。查询中可以指定返回的声音数或相似度。而且，这种检索可以强调或关闭（忽略）某些特征成分，甚至可以施加逻辑

"非"（或模糊的 less 匹配关系）来指定检索条件，检索那些不具有或较少有某种特征成分（如指定没有"尖锐"或较少有"尖锐"）的声音。另外，这种检索可以对给定的一组声音，按照声学特征进行排序，如按声音的嘈杂程度排序。

在查询接口上，用户可以采用以下形式提交查询。

① 示例。用户选择一个声音例子表达其查询要求，查找与该声音在某些特征方面相似的所有声音，如查询与飞机的轰鸣声相似的所有声音。

② 直喻。通过选择一些声学、感知物理特性来描述查询要求，如亮度、音调和音量等。这种方式与可视查询中的描绘查询相似。

③ 拟声。发出与要查找的声音性质相似的声音来表达查询要求，如用户可以发出嗡嗡声来查找蜜蜂或电器嘈杂声。

④ 主观特征，即用个人的描述语言来描述声音。这需要训练系统理解这些描述术语的含义，如用户可能要寻找"欢快"的声音。

⑤ 浏览。这是信息发现的一种重要手段，尤其是对于音频这种时序媒体。除了在分类的基础上浏览目录，重要的是基于音频的结构进行浏览。

根据对音频媒体的划分，语音、音乐和其他声响具有显著不同的特性，因而目前的处理方法可以分为相应的三种：处理包含语音的音频和不包含语音的音频，后者又把音乐单独划分出来。换句话说，第一种是利用自动语音识别技术，后两种是利用更一般性的音频分析，以适合更广泛的音频媒体，如音乐和声音效果，当然包含数字化语音信号。

音频信息检索分为以下 3 方面。

（1）基于语音技术的检索

语音检索是以语音为中心的检索，主要采用语音识别等技术，如电台节目、电话交谈、会议录音等。基于语音技术的检索是利用语音处理技术检索音频信息。过去人们对语音处理开展了大量的研究，许多成果可以用于语音检索。

① 利用大词汇语音识别技术进行检索。这种方法是利用 ASR（Auto Sound Recognition，自动语音识别）技术把语音转换为文本，从而可以采用文本检索方法进行检索。虽然好的连续语音识别系统在小心操作下，可以达到 90%以上的词语正确度，但在实际应用中（如电话和新闻广播等），识别率并不高。即使这样，ASR 识别出来的脚本仍然对信息检索有用，这是因为检索任务只是匹配包含在音频数据中的查询语句，而不是要求一篇可读性好的文章。例如，采用这种方法把视频的语音对话轨迹转换为文本脚本，然后组织成适合全文检索的形式来支持检索。

② 基于子词单元进行检索。当语音识别系统处理各方面无限制主题的大范围语音资料时，识别性能会变差，尤其当一些专业词汇（如人名、地点）不在系统词库中时。一种变通的方法是利用子词索引单元，当执行查询时，用户的查询首先被分解为子词单元，然后将这些单元的特征与库中的特征进行匹配。

③ 基于识别关键词进行检索。在无约束的语音中自动检测词或短语，通常称为关键词的发现（spotting）。利用该技术，识别或标记出长段录音或音轨中反映用户感兴趣的事件，这些标记可以用于检索，如通过捕捉体育比赛解说词中"进球"的词语可以标记进球的内容。

④ 基于说话人的辨认进行分割。这种技术是简单地辨别出说话人语音的差别，而不是

识别出说的是什么。这种技术在合适的环境中可以做得非常准确，可以根据说话人的变化分割录音，并建立录音索引。如用这种技术检测视频或多媒体资源的声音轨迹中的说话人的变化，建立索引和确定某种类型的结构（如对话）。例如，分割和分析会议录音，分割的区段对应不同的说话人，可以方便地直接浏览长篇的会议资料。

（2）音频检索

音频检索是以波形声音为对象的检索。这里的音频可以是汽车发动机声、雨声、鸟叫声，也可以是语音和音乐等，都统一用声学特征来检索。

虽然 ASR 可以对语音内容给出有价值的线索，但是还有大量其他音频数据需要处理，从声音效果到动物叫声和合成声音等。因此，对于一般的音频，仅仅有语音技术是不够的，使用户能从大型音频数据库中或一段长录音中找到感兴趣的音频内容是音频检索要做的事。音频数据的训练、分类和分割方便了音频数据库的浏览和查找，基于听觉特征的检索为用户提供高级的音频查询接口。这里的音频检索就是针对广泛的音频数据的检索，包含语音和音乐，但是采用的是更一般性的声学特性分析方法。

① 声音训练和分类。通过训练来形成一个声音类。用户选择一些表达某类特性的声音例子（样本），如"脚步声"。对于每个进入数据库中的声音，先计算其 $N$ 维声学特征矢量，然后计算这些训练样本的平均矢量和协方差矩阵，这个均值和协方差就是用户训练得出的表达某类声音的类模型。

声音分类是把声音按照预定的类组合。首先，计算被分类声音与以上类模型的距离，可以利用欧氏或马氏距离度量，然后进行距离值与门限（阈值）比较，以确定该声音是否纳入或不属于比较的声音类。也有某个声音不属于任何比较的类的情况发生，这时可以建立新的类，或纳入一个其他类，或归并到距离最近的类中。

② 听觉检索。听觉感知特性，如基音和音高等，可以被自动提取并用于听觉感知的检索，也可以提取其他能够区分不同声音的声学特征，形成特征矢量。

例如，按时间片计算一组听觉感知特征：基音、响度、音调等。考虑到声音波形随时间的变化，最终的特征矢量是这些特征的统计值，如用平均值、方差和自相关值表示。这种方法适合检索和对声音效果数据进行分类，如动物声、机器声、乐器声、语音和其他自然声等。

③ 音频分割。以上方法适合单体声音的情况，如一小段电话铃声、汽车鸣笛声等。一般情况是，一段录音包含许多类型的声音，更复杂的情况是，以上各种声音可能混在一起，如一个有背景音乐的朗诵、同声翻译等。这需要在处理单体声音之前先分割长段的音频，还涉及区分语音、音乐或其他声音。例如，对电台新闻节目进行分割，分割出语音、静音、音乐、广告声和音乐背景上的语音等。

通过信号的声学分析并查找声音的转变点就可以实现音频的分割。转变点是度量特征突然改变的地方。转变点定义信号的区段，然后这些区段就可以作为单个的声音处理。例如，对一段音乐会的录音可通过自动扫描找到鼓掌声音，以确定音乐片段的边界。这些技术包括：暂停段检测、说话人改变检测、男女声辨别，以及其他声学特征。

音频是时基线性媒体。目前，典型的音频播放接口是与磁带录音机相似的界面，具有停止、暂停、播放、快进、倒带等按钮。为了不丢失其中的重要东西，必须从头到尾听一遍声音文件，这样要花费很多时间，即使使用"快进"，也容易丢失重要的片段，不能满足信息技术的要求。因此，在分割的基础上可以结构化表示音频的内容，建立超越常规的顺序浏览界面和基于内容的音频浏览接口。

（3）音乐检索

音乐检索是以音乐为中心的检索，利用音乐的音符和旋律等音乐特性来检索，如检索乐器、声乐作品等。

音乐是人们经常接触的媒体，像 MIDI、MP3 和各种压缩音乐制品、实时的音乐广播等。音乐检索虽然可以利用文本注释，但音乐的旋律和感受并不都是可以用语言讲得清楚的。通过在查询中显示例子，基于内容的检索技术在某种程度上可以解决这种问题。

音乐检索利用的是诸如节奏、音符、乐器特征等。节奏是可度量的节拍，是音乐的一种周期特性和表示。音乐的乐谱通常以事件形式描述，如以起始时间、持续时间和一组声学参数（基音、音高、颤音等）来描述一个音乐事件。注意到许多特征是随时间变化的，所以我们应该用统计方法来度量音乐的特性。

人的音乐认知可以基于时间和频率模式。就像其他声音分析一样，时间结构的分析基于振幅统计，得到音乐中的节奏和旋律。频谱分析获得音乐的基本频率，可以用这些基本频率进行音乐检索。有的方法是使用直接获得的节奏特征，即假设低音乐器更适合提取节拍特征，通过归一化低音时间序列得到节奏特征矢量。

除了用示例进行音乐查询，用户甚至可以唱或哼出要查找的曲调。基音抽取算法把这些录音转换成音符形式的表示，然后用于对音乐数据库的查询。但是，抽取乐谱这样的属性，哪怕是极其简单的一段也是非常困难的。

# 7.4　结构化查询语言 SQL

## 7.4.1　SQL 简介

结构化查询语言（Structured Query Language，SQL）是 Bovce 和 Chamberlin 于 1974 年提出的，并首先在 IBM 的关系数据库系统 System R 上实现，开始称为 SEQUEL（Structured English Query Language），后来简称 SQL。

由于 SQL 使用方便、功能丰富、语言简明易学，很快得到推广和应用。几种主要的关系数据库产品，如 SQL/DS、DB2 和 Oracle 等，都实现了 SQL，SQL 便被整个计算机界认可了。1986 年 10 月，美国国家标准局（ANSI）颁布了 SQL 的美国标准，即 SQL86。1987 年 6 月，国际标准化组织（ISO）把 SQL 定为数据库语言的国际标准。SQL86 主要包括如下 4 部分。

- ✖ 模块定义语言（DDL）：用于描述关系数据库表、视图的结构和授权规则。
- ✖ 数据操纵语言（DML）：用于数据库数据的查询和更新。
- ✖ 模块语言：用于说明数据库和用宿主语言编写的应用程序之间的调用界面。
- ✖ 嵌入式语法：在宿主语言编写的应用程序中作为 SQL 语句的使用规则。

自从 SQL 成为国际标准数据库语言以后，数据库产品厂家及各种数据库研究机构纷纷推出支持 SQL 的软件或能与 SQL 接口的软件，使得不管是微机、小型机，还是中型机、大型机，也不管是哪种数据库系统，都采用 SQL 作为共同的数据存取语言和标准接口，从而使数据库世界成为一个统一的整体。这个前景十分诱人，其意义也十分重大，使 SQL 标准的影响超出了数据库领域。在软件工程、人工智能等领域，SQL 也有很大的潜力。

现在，SQL 已做了多次修正，ISO 于 1989 年 4 月颁布了 SQL89 版本。它在 SQL86 的基础上增强了完整性特征，如在 CREATE TABLE 语句中加入了如下 3 个子句。

✠ CHECK 子句：用于限制某列值的范围。

✠ DEFAULT 子句：系统为行中未提供值的列，自动预置某个默认值。

✠ REFERENCES 子句：表示一个表的某列，只允许引用另一个表中存在的值，而不允许引用不存在的值。

1992 年，ISO 公布了新的 SQL 版本 SQL92，或称为 SQL2，分为以下 3 个级别。

① 初级 SQL2，对 SQL89 所做的扩充主要包括：SELECT 语句中可以用 AS 子句给表达式起名字；CREATE 语句的表名或列名可以加 """ 作为专有名词使用；增加宿主语言 Ada 和 C。

② 中级 SQL2，是 SQL2 的主要部分，在初级 SQL2 的基础上又做了扩充：增加时间数据类型，并可做算术和比较操作；增加非拉丁字母的字符串数据类型；增加"域"的概念；增加模式操纵语言，使用户可以更新数据库模式的结构；增加临时表；对表达式、函数、子查询等做了更详细的规定；提供动态 SQL 语句，使对于游标（CHRSOR）的操作可以进退自如；支持空值处理等。

③ 完全 SQL2，在中级 SQL2 上又做了扩充：增加 BIT 数据类型，便于对图像等多媒体数据进行处理；增加"并连接"操作；实现更广泛的正交性，放宽对"并、交、差"等操作的规则，只要两个表有同名列就可操作；保持完整性约束功能，提供处理在更新数据操作时有可能引起的连锁反应等。

此外，SQL2 充分考虑了对远程数据库访问的支持，增加了模式信息表，引入了 SQL 用户会话概念，为在网络环境中使用数据库提供有力的支持。

SQL3 对 SQL2 做了较大扩充，扩充的目的在于增强数据库的可扩充性、可表示性、可重用性，使关系和面向对象集成在一种语言中，主要包括如下。

① 增加面向对象的概念和功能，扩充数据类型：抽象数据类型（ADT），用 CREATE TYPE 定义；子类和超类的关系，继承性，用 CREATE TYPE…UNDER…定义；带参数的类型，用 CREATE TYPE TEMPLATE…定义等。

② 非过程查询语言的扩充：触发器，递归并，增加谓词，增加量词类型，其他（如参照完整性、主键和外键的相互影响等）。

③ 过程扩充：增加 Multi-statements，如控制流语句、发信号语句等。

## 7.4.2  SQL 的数据类型

SQL 中包含 5 种基本数据类型：字符型、文本型、数值型、逻辑型和日期型。除了这些基本数据类型，不同的数据库系统还定义了自己的数据类型，而且这些基本的数据类型的关键字也有所不同。

### 1．基本数据类型

（1）字符型：VARCHAR、CHAR

VARCHAR 型和 CHAR 型数据的这个差别是细微的，但是非常重要。它们都是用来存储长度小于 255 的字符串。

假如向一个长度为 40 字符的 VARCHAR 型字段中输入数据"Bill Gates"。当以后从这个字段中取出此数据时，取出的数据其长度为 10——字符串"Bill Gates"的长度。如果把字符串输入一个长度为 40 字符的 CHAR 型字段中，那么当取出数据时，所取出的数据长度将是 40。字符串的后面会被附加多余的空格。

VARCHAR 型字段的另一个突出的好处是，可以比 CHAR 型字段占用更少的内存和硬盘空间。当数据库很大时，这种内存和磁盘空间的节省会变得非常重要。

（2）文本型：TEXT

文本型数据可以存放超过 20 亿个字符的字符串。当需要存储大的字符串时，应该使用文本型数据。注意：文本型数据没有长度，而字符型数据是有长度的。一个文本型字段中的数据通常要么为空，要么很大。

如需从 HTML FORM 的多行文本编辑框（TEXTAREA）中获取的数据存入数据库中，应该采用文本型字段。但一般尽可能避免使用文本型字段。因为文本型字段既大又慢，滥用文本型字段会使服务器的读写速度变慢。文本型字段还会占用大量的磁盘空间。

一旦向文本型字段中输入了任何数据（甚至是空值），就会有 2 KB 的空间被自动分配给该数据。除非删除该记录，否则无法收回这部分存储空间。

（3）数值型：INT、SMALLINT、TINYINT

SQL 支持多种数值型数据，它们的区别只是字符长度。

INT 型数据的范围为–2 147 483 647～2 147 483 647 的整数；SMALLINT 型数据的范围为–32768～32768 的整数；TINYINT 型数据的范围为 0～255 的整数，不能用来存储负数。

通常，为了节省空间，应该尽可能使用最小的整型数据。一个 TINYINT 型数据只占用 1 字节；一个 INT 型数据占用 4 字节。这看起来似乎差别不大，但是在比较大的表中，表的长度的增长是很快的。另一方面，一旦创建了一个字段，要修改它是很困难的。因此，选择适当的数据类型是非常重要的。

（4）NUMERIC

为了能对字段所存放的数据有更多的控制，可以使用 NUMERIC 型数据来同时表示一个数的整数部分和小数部分。NUMERIC 型数据表示非常大的数——比 INT 型数据要大得多，而且能够表示有小数部分的数。例如，可以在 NUMERIC 型字段中存储小数 3.14。

当定义一个 NUMERIC 型字段时，需要同时指定整数部分的大小和小数部分的大小，如 NUMERIC(23, 0)。

一个 NUMERIC 型数据的整数部分最大只能有 28 位，小数部分的位数必须小于或等于整数部分的位数，小数部分可以是零。

（5）货币型：MONEY、SMALLMONEY

可以使用 INT 型或 NUMERIC 型数据来存储货币数值。但是，专门有两种数据类型用于此目的。MONEY 型数据的范围为–922 337 203 685 477.5808～922 337 203 685 477.5807。如果需要存储比这还大的金额，那么可以使用 NUMERIC 型数据。

SMALLMONEY 型数据的范围为–214 748.3648～214 748.3647。同样，如果可以，那么应该用 SMALLMONEY 型来代替 MONEY 型数据，以节省空间。

（6）逻辑型：BIT

如果需要把使用复选框（CHECKBOX）从网页中搜集的信息进行存储，那么可以把此信息存储在 BIT 型字段中。BIT 型字段只能取两个值：0 或 1。

BIT 型字段只能在创建表时完成，而当一个表创建成功后，不能向表中添加 BIT 型字段。

（7）日期型：DATETIME、SMALLDATETIME

DATETIME 型的字段可以存储的日期范围是从 1753 年 1 月 1 日第一毫秒到 9999 年 12 月 31 日最后一毫秒。

如果不需要覆盖这么大范围的日期和时间，那么可以使用 SMALLDATETIME 型数据。它与 DATETIME 型数据同样使用，只不过能表示的日期和时间范围比 DATETIME 型数据小，而且不如 DATETIME 型数据精确。SMALLDATETIME 型的字段能够存储从 1900 年 1 月 1日到 2079 年 6 月 6 日的日期，只能精确到秒。

**2．支持多媒体数据的数据类型**

目前，对于多媒体数据的管理大都采用"表+实体"的方法，即多媒体数据（如图像）以文件形式存放于指定的计算机目录下，在数据库表中只反映图像数据文件的存储路径。这种管理模式给数据的维护增加了难度，也给数据的安全带来一定的隐患。因此，要真正做到各类数据在数据库中安全管理，了解直接将多媒体数据存储在数据库关系表中的方法是非常必要的。

在计算机中，一个二进制长对象被称为 BLOB。BLOB 是一个大文件，典型的 BLOB 是一张图片或一个声音文件，由于它们的尺寸，必须使用特殊的方式来处理（如上传、下载或者存放到一个数据库）。表 7.1 列出了支持多媒体数据存储的相关数据类型。

表 7.1 支持多媒体数据存储的相关数据类型

| 数据类型 | 数据库系统 | 说 明 |
|---|---|---|
| raw | Oracle | 存储非结构化数据的变长字符数据，长度≤2000 B |
| long raw | Oracle | 存储非结构化数据的变长字符数据，长度≤2 GB |
| blob | Oracle | 用来存储表中列的物理地址的二进制数据，占用固定的 10 字节，用来保存较大的图形文件或带格式的文本文件，如 Microsoft Word 文档，以及音频、视频等非文本文件，最大长度是 4 GB |
| bfile | Oracle | 把非结构化的二进制数据存储在数据库以外的操作系统文件中。在数据库外部保存的大型二进制对象文件，最大长度是 4 GB。这种外部的 LOB 类型，通过数据库记录变化情况，但是数据的具体保存是在数据库外部进行的 |
| image | SQL Server | 变长二进制数据，最大长度为 $2^{31}-1$（2G），用来保存较大的图形文件或带格式的文本文件 |

BLOB 数据是数据量很大的数据类型，会占用大量的硬盘空间、内存和网络资源，因此合理地设计包含 BLOB 数据类型的属性表，对提高存储效率、查询速度有很大的影响。BLOB 的设计原则一般如下。

（1）使用 BLOB 还是 VARCHAR

二进制长对象不一定要存储为 BLOB 数据类型，也可以作为 VARCHAR 数据类型存储在表格中。数据类型的选择要根据将存储的 BLOB 的实际大小。如果数据不会超过 8 KB，那么使用 VARCHAR 或 VARBINARY 数据类型；如果超过 8 KB，那么使用 TEXT、NTEXT 或者 IMAGE 数据类型。

（2）存储 BLOB 数据在数据库中或者在文件系统中

常见的设计问题是将图片存在数据库中还是存在文件系统中。大多数情况下，最好把图片文件与其他数据一起存在数据库中，因为将影像数据文件存储在数据库中有许多优点。

① 易于管理。当 BLOB 与其他数据一起存储在数据库中时，BLOB 和表格一起被备份和恢复。这样降低了表格数据与 BLOB 数据不同步的机会，而且降低了其他用户无意中删除了文件系统中 BLOB 数据位置的路径和风险。另外，将数据存储在数据库中，BLOB 和其他数据的插入、更新和删除都在同一个事务中实现。这样确保了数据的一致性和文件与数据库之间的一致性。还有一个好处是，不需要为文件系统中的文件单独设置安全性。

② 可伸缩性。尽管文件系统被设计为能够处理大量不同大小的对象，但是文件系统不能对大量小文件进行优化。在这种情况下，数据库系统可以进行优化。

③ 可用性。数据库具有比文件系统更多的可用性。数据库复制允许在分布式环境下进行。在主系统失效的情况下，日志转移提供了保留数据库备用副本的方法。

当然，在某些情况下，将图片存储在文件系统中将是更好的选择：

④ 使用图片的应用程序需要数据流性能，如实时的视频重现。

⑤ 像 Microsoft PhotoDraw 或 Adobe Photoshop 这样的应用程序经常访问 BLOB，这些应用程序只知道怎样访问文件。

## 7.4.3　SQL 的基本语法

### 1. 创建表

表是数据库的最基本元素之一，表与表之间可以相互独立，也可以相互关联。创建表的基本语法如下：

```
CREATE TABLE table_name(
    column1 DATATYPE [NOT NULL] [NOT NULL PRIMARY KEY],
    column2 DATATYPE [NOT NULL],
    ...
)
```

说明：DATATYPE—字段数据类型；NOT NULL—是否允许资料为空；PRIMARY KEY—该表的主键。

CREATE TABLE 还有一些其他选项，如创建临时表和使用 SELECT 子句从其他表中读取某些字段组成新表等。在创建表时可用 PRIMARY KEY、KEY、INDEX 等标识符设定某些字段为主键或索引等。

### 2. 创建索引

索引用于对数据库的查询。一般数据库建有多种索引方案，每种方案都精于某一特定的查询类。索引可以加速对数据库的查询过程。创建索引的基本语法如下：

```
CREATE INDEX index_name ON table_name (column_name)
```

## 3．改变表结构

在数据库的使用过程中，有时需要改变它的表结构，包括改变字段名，甚至改变不同数据库字段间的关系。可以实现上述改变的命令是 ALTER，其基本语法如下：

> ALTER TABLE table_name alter_spec [, alter_spec ...]

## 4．删除数据对象

很多数据库是动态使用的，有时可能需要删除某个表或索引。大多数数据库对象可以用下面的命令删除：

> DROP object_name

## 5．执行查询

查询是使用最多的 SQL 命令。查询数据库需要考虑结构、索引和字段类型等因素。大多数数据库含有一个优化器，把用户的查询语句转换成可选的形式，以提高查询效率。其基本语法如下：

> SELECT fieldlist　FROM table　WHERE selectcriteria
> GROUP BY groupfieldlist　HAVING groupcriteria

参数说明如下：

① fieldlist：显示被查询的字段名称（可与 ALL、DISTINCT、DISTINCTROW 或 TOP 相结合），各字段之间用 "，" 隔开。

② table：欲查询数据的表格名称。

③ selectcriteria：选取条件。

④ groupfieldlist：分组记录的字段名称，最多 10 个字段。而这些字段的顺序决定了最高到最低的分组阶层。

⑤ groupcriteria：决定什么样的分组记录要被显示。

⑥ HAVING：与 WHERE 的用法类似，不同之处在于，HAVING 必须用于 GROUP 后的分组数据上。

## 6．修改表中数据

在使用数据库过程中，往往要修改其表中的数据，如往表中添加新数据、删除表中原有数据，或对表中原有数据进行更新。它们的基本语法如下。

数据添加：

> INSERT [into] table_name [(column(s))] VALUES (expression(s))

数据删除：

> DELETE from table_name where search_condition

数据更改：

> UPDATE table_name set column1=expression1, column2=expression2,…
> WHERE search_condition

## 7．数据库切换

当存在多个数据库时，可以用下面的命令定义用户想使用的数据库：

> USE database_name

### 8．统计函数

SQL 有一些统计函数，对于生成数据表格很有帮助。下面介绍几个常用的统计函数：

① SUM(expression)：计算表达式的和。

② AVG(expression)：计算表达式的平均值。

③ COUNT(expression)：对表达式进行简单的计数。

④ COUNT()：统计记录数。

⑤ MAX(expression)：求最大值。

⑥ MIN(expression)：求最小值。

其中，expression 为任何有效的 SQL 表达式，可以是一个或多个记录，也可以是其他 SQL 函数的组合。

## 7.4.4　多媒体数据保存与获取示例

多媒体数据库系统一般都提供了保存多媒体数据的字段类型，理论上可以将任意格式的多媒体数据作为二进制数据流存入数据库，但对于音频、视频或动画这样数据量较大的文件，将其完整地存入数据库中，不仅不能为这些数据的管理带来便利，反而会严重增加数据库的负担，并可能随着数据规模的不断增长导致数据库的崩溃。因此，对这类数据的存储，仅在数据库中保存其文件路径要比将其全部存入数据库可能更合理。

因此，以下仅以图片为例说明在 ASP.NET 中如何实现其在 SQL Server 和 Oracle 数据库系统中的存储和获取。

### 1．图片文件的保存

图片是以二进制的形式保存在数据库中的，把图片保存到数据库中大体需要如下几个步骤：将图片转换为二进制数组（byte[]）→把转换后的二进制数组作为参数传递给要执行的 Command 对象 →执行 Command 对象。

在 ASP.NET 2.0 中，可以使用 FileUpLoad 控件把图片转换成 byte[]，即首先创建一个名字为 ImgFileUpload 的 FileUpLoad 控件，然后执行以下代码：

```
byte[] fileData = this.ImgFileUpload.FileBytes;
```

接下来把已经得到的 byte[]作为参数传递给 Command 对象。因为不同的数据库系统定义的 Command 对象不同，所以在不同的数据库系统中实现的代码有些不同。在以下讨论中，假设在 Web.config 中定义了连接数据库的字符串 dbStr（针对不同的数据库系统，语法上会有些不同），并创建了数据库表 t_img，表 t_img 中包含字段 imgid 和 imgdata。

① SQL Server 数据库

SQL Server 有 Image 字段类型，最大可以存储 2 GB 的数据。以下代码可以实现将控件 ImgFileUpload 中指定的图片文件添加到数据库表 t_img 中：

```
byte[] fileData = this. ImgFileUpload.FileBytes;
string sql = "insert into t_img(imgid, imgdata) values (100, @img)";
string strconn = System.Configuration.ConfigurationManager.ConnectionStrings["dbStr"].ToString();
SqlConnection sqlConn = new SqlConnection(strconn);
SqlCommand sqlComm = new SqlCommand(sql, sqlConn);
```

```
sqlComm.Parameters.Add("@img", SqlDbType.Image);          //添加参数
sqlComm.Parameters["@img"].Value = fileData;              //为参数赋值
sqlConn.Open();
sqlComm.ExecuteNonQuery();
sqlConn.Close();
```

② Oracle 数据库

在 Oracle 数据库中可以使用 BLOB 字段类型，最大可以存储 4 GB 的数据。以下代码可以实现将控件 ImgFileUpload 中指定的图片文件添加到数据库表 t_img 中：

```
byte[] fileData = this. ImgFileUpload.FileBytes;
string sql = "insert into t_img(imgid,imgdata) values(100,:IMGDATA)";
string strconn = System.Configuration.ConfigurationManager.ConnectionStrings["dbStr"].ToString();
OracleConnection oraConn = new OracleConnection(strconn);
OracleCommand oraComm = new OracleCommand(sql, oraConn);
oraComm.Parameters.Add(":IMGDATA", OracleType.Blob);      //添加参数
oraComm.Parameters[":IMGDATA"].Value = fileData;          //为参数赋值
oraConn.Open();
oraComm.ExecuteNonQuery();
oraConn.Close();
```

### 2. 图片文件的获取

从数据库中读取图片的过程是插入操作相反的过程：先把从数据库中获取的图片数据转换为数组，再把数组转换为图片。不同数据库之间没有太大的差异，这里只给出从 Oracle 数据库中读取图片数据的例子。

```
private byte[] getImageDataFromOracle(){
    string sql = "select imgdata from t_img where imgid=100";
    string strconn = System.Configuration.ConfigurationManager.ConnectionStrings["dbStr"].ToString();
    OracleConnection oraConn = new OracleConnection(strconn);
    OracleCommand oraComm = new OracleCommand(sql, oraConn);
    oraConn.Open();
    byte[] fileData = (byte[])oraComm.ExecuteScalar();
    oraConn.Close();
    return fileData;
}
```

获取数据后，把 byte[]转换为图片的过程都是一样的。例如：

```
private System.Drawing.Image convertByteToImg(byte[] imgData) {
    System.IO.MemoryStream ms = new System.IO.MemoryStream(imgData);
    System.Drawing.Image img = System.Drawing.Image.FromStream(ms);
    return img;
}
```

在 ASP.NET 中，可以在单独的一个页面把图片输出；在另一个页面，把 Image 控件的 ImageUrl 属性指向图片输出页面。比如，输出页面 getImg.aspx 的代码如下：

```
protected void Page_Load(object sender, EventArgs e) {
```

```
        string sql = "select imgdata from t_img where imgid=100";
        string strconn = System.Configuration.ConfigurationManager.ConnectionStrings["dbStr"].ToString();
        OracleConnection oraConn = new OracleConnection(strconn);
        OracleCommand oraComm = new OracleCommand(sql, oraConn);
        oraConn.Open();
        byte[] fileData = (byte[])oraComm.ExecuteScalar();
        oraConn.Close();
        System.IO.MemoryStream ms = new System.IO.MemoryStream(fileData);
        System.Drawing.Image img = System.Drawing.Image.FromStream(ms);
        img.Save(Response.OutputStream, System.Drawing.Imaging.ImageFormat.Jpeg);
    }
```

# 7.5　多媒体数据挖掘

## 7.5.1　数据挖掘的概念

数据挖掘是从大量的、不完全的、有噪声的、模糊的、随机的实际应用数据中，提取隐含在其中的、人们事先不知道的但又是潜在有用的信息和知识的过程。从商业角度讲，数据挖掘是一种新的商业信息处理技术，其主要特点是对商业数据库中的大量业务数据进行抽取、转换、分析和其他模型化处理，从中提取辅助商业决策的关键性数据。从本质上讲，数据挖掘其实是一类深层次的数据分析方法，其主要任务是关联分析、聚类分析、分类、预测、时序模式和偏差分析等。

### 1. 关联分析

两个或两个以上变量的取值之间如果存在某种规律性，那么就称为关联。数据关联是数据库中存在的一类重要的、可被发现的知识。关联分为简单关联、时序关联和因果关联。关联分析的目的是找出数据库中隐藏的关联网。一般用支持度和可信度两个阈值来度量关联规则的相关性，还可以引入兴趣度、相关性等参数，使得所挖掘的规则更符合实际需求。

关联分析的典型例子是由微软亚洲研究院网络搜索与挖掘组研发的对象级别互联网搜索引擎——人立方关系搜索，可以从超过十亿的中文网页中自动抽取出人名、地名、机构名以及中文短语，并且通过算法，自动计算出它们之间存在关系的可能性。

### 2. 聚类分析

聚类是把数据按照相似性归纳成若干类别，同一类中的数据彼此相似，不同类中的数据相异。聚类分析可以建立宏观的概念，发现数据的分布模式，以及可能的数据属性之间的相互关系。

### 3. 分类

分类就是找出一个类别的概念描述，它代表了这类数据的整体信息，即该类的内涵描述，并用这种描述来构造模型，一般用规则或决策树模式表示。分类是利用训练数据集通过一定的算法而求得的规则，可被用于规则描述和预测。

### 4．预测

预测是利用历史数据找出变化规律，建立模型，并由此模型对未来数据的种类及特征进行预测。预测关心的是精度和不确定性，通常用预测方差来度量。

### 5．时序模式

时序模式是指通过时间序列搜索出的重复发生概率较高的模式。与统计学中的回归一样，它也是用已知的数据预测未来的值，但这些数据的区别是变量所处时间的不同。

### 6．偏差分析

在偏差中包括很多有用的知识，数据库中的数据存在很多异常情况，发现数据库中数据存在的异常情况非常重要。偏差检验的基本方法就是寻找观察结果与参照信息之间的差别。

## 7.5.2　Web 挖掘

Web 挖掘是数据挖掘在 Web 上的应用，利用数据挖掘技术从与 WWW 相关的资源和行为中抽取感兴趣的、有用的模式和隐含信息，涉及 Web 技术、数据挖掘、计算机语言学、信息学等领域，是一项综合技术。

Web 挖掘的目的是通过对 Web 内容的分析，获取竞争对手和客户信息、发现用户访问模式等。从建立电子商务网站的角度看，网站的内容和层次、用词、标题、奖励方案、服务等任何一个地方都有可能成为吸引客户的因素，而如何通过对在线交易生成的记录文件和登记表中的数据进行分析和挖掘，充分了解客户的喜好、购买模式，设计出满足不同客户群体需要的个性化网站，对于吸引客户，增加网站的竞争力是非常必要的。

在对网站进行数据挖掘时，所需要的数据主要来自两方面：一方面是客户的背景信息，主要来自客户的登记表；另一方面，数据主要来自浏览者的点击流，主要用于考察客户的行为表现。

## 7.5.3　多媒体数据挖掘

多媒体数据挖掘是在大量多媒体数据集中，通过综合分析视听特性和语义，发现隐含的、有效的、有价值的、可理解的模式，进而发现知识，得出事件的趋向和关联，为用户提供问题求解层次的决策支持能力。

多媒体数据挖掘相对于传统的数据挖掘至少有两个需要解决的问题。首先，多媒体数据为非结构化、异构数据。要在这些非结构化的数据上进行挖掘以获取知识，必须将这些非结构化数据转化为结构数据，在此基础上通过特征提取，用特征矢量作为元数据建立元数据库。其次，多媒体数据的特征矢量通常是数十维甚至数百维，如何对高维矢量进行数据挖掘是要考虑的一个重要问题。

### 1．多媒体数据挖掘系统的一般结构

多媒体数据挖掘系统是在基于内容的多媒体数据检索系统的基础上出现的，主要由 4 部分组成：多媒体数据库、预处理模块、多媒体数据挖掘引擎和用户接口。

① 多媒体数据库。多媒体数据库是利用了多媒体检索系统的数据库，包括媒体库、特征库、知识库。大型多媒体数据库可能包含几十万幅图片、几千小时的视频和音频，它们的媒体结构与元数据库中的描述关联，用于可视化表现和存取。

② 预处理模块。预处理模块主要对多媒体原始数据进行预处理，提取有效特征，将特征矢量以元数据的形式记录在元数据库中。元数据库是一种按照挖掘要求组织的多维、多层次、多媒体属性数据库，支持高效率的多媒体挖掘。

③ 挖掘引擎。挖掘引擎是多媒体数据挖掘的重要部分，包括多媒体数据特征空间和挖掘功能模块两部分。挖掘引擎包含一组快速挖掘算法，如分类、聚类、关联、总结、摘要和趋势分析等。系统可以根据具体的应用选择一个或多个相应的挖掘算法，对元数据库进行挖掘。元数据库中的特征矢量通常是高维的，而传统的数据挖掘方法一般只适用于低维数据，因而需要研究高维数据索引结构的相关算法。

④ 用户接口。用户接口可以实现挖掘结果的可视化和解释界面，也可以为用户提供交互接口扩展 SQL 挖掘语言。由于多媒体的视听和时空特性，因此挖掘出来的模式应该以新的表现方式呈现出来，如导航式知识展开和交互式问题求解过程，提供挖掘结果的可视化接口。

### 2. 多媒体数据挖掘的内容

多媒体数据包含着十分丰富的内容特性，对于这些特性的分析、提取以及获得它们之间的关系和模式都属于多媒体数据挖掘的范畴。

① 文本数据挖掘。文本数据挖掘就是从大量的文本数据中发现有意义的模式的过程。对文本数据挖掘最行之有效的途径就是将文本数据结构化后，再对结构化数据采用数据挖掘方法。例如，在客户服务中心，把同客户的谈话转化为文本数据，再对这些数据进行分析，进而了解客户对服务的满意程度和客户的需求以及客户之间的相互关系等信息。

② 图像数据挖掘。图像数据挖掘就是从大量的图像数据中发现有意义的模式的过程。图像数据挖掘的一个十分关键的问题是图像数据本身的表示问题。原始图像不能直接用于图像挖掘。首先，对原始图像进行预处理，以生成可供高层挖掘模块使用的图像特征数据库，然后在特征数据库的基础上进行对图像数据挖掘操作，这也是图像处理和模式识别的关键。一般说来，可以用颜色、纹理、形状和运动矢量等基本特征来表示图像的基本特征。

③ 视频数据挖掘。运用视频处理技术，可以将视频按照各种属性（如场景、视频对象或运动特性）进行分割，然后进行分类、聚类等操作，得到视频的结构模式。也可以从视频中提取视频对象，跟踪其运动，结合时间特性分析其模式以及与其他对象之间的关联，从而发现高层次的事件摘要、概念或模式。

视频挖掘可以广泛地应用到新闻视频、监控视频、纪录影片、数字图书馆等应用系统中，如从交通监视视频中提取交通事故的模式，分析交通拥塞的原因、趋势，或者从连续的侦察图像中分析战场情况的变化等。

⑤ 音频数据挖掘。音频挖掘通常有两种途径：运用语音识别技术将语音识别成文字，将音频挖掘转换成文本挖掘；或者直接从音频中提取声音特征，如音调、韵律等，运用聚类的方法分析声音模式。机器学习技术，包括粗糙集、人工神经网络和决策树技术，能够用于分析音频的基频、能量分布及其他特征，从而获得音频事件和对象的结构，挖掘出隐含在音

频流中的信息线索、规律和模式。如通过对海量语音数据库中语音特征的提取和学习，获得音调和韵律变化的模式，使得语音合成更加自然化和智能化。

# 思考与练习 7

1．多媒体数据具有哪些主要特点？这些特点对多媒体数据库提出了哪些要求？

2．什么是数据模型？它由哪些要素组成？多媒体数据的复合性、分散性、时序性对数据模型提出了哪些要求？

3．多媒体数据库有哪些查询方法？试分别对其特点进行分析。

4．传统数据库在进行多媒体数据存储时，采用了哪些数据类型？有条件的话，建立一个简单的数据库应用程序，使其能够存储并读取 JPEG 文件。

5．在 SQL Server 数据库中如何存取一个 Microsoft Word 文档？

6．什么是数据挖掘？多媒体数据挖掘包括哪些内容？

# 第 8 章　多媒体计算机网络

**本章导读**

　　互联网改变了人们的通信和娱乐方式。这种改变得益于层出不穷的网络接入技术和不断涌现的网络应用技术。

　　通过本章的学习，读者可以了解几种典型网络接入技术、短距离无线通信技术、移动通信技术及标准、分布式多媒体计算机系统、基于分布式多媒体计算机系统的应用——网格、云计算、P2P 网络、无线传感器网络、物联网，初步认识流媒体及其传输协议。

　　网络技术的发展是与多媒体计算机技术的发展密不可分的，多媒体计算机为网络的发展奠定了物质基础，网络的发展反过来又推动了人们对多媒体信息传输的需求，从而促进了多媒体计算机的发展。目前，已显示出广阔应用前景的多媒体应用领域包括信息检索（图像、视频信息共享与检索）、远程教育、远程医疗（异地专家会诊）、娱乐（视频点播）、视频会议等，它们都是多媒体计算机技术与网络技术融合的结果。

## 8.1　多媒体网络通信技术

　　Internet 和计算机技术的发展改变了商业和个人计算的传统做法。经过多年的发展，万维网（WWW）备受欢迎。廉价的网络工具和交换技术的问世，使计算机性能和可靠性迅速提高，开创了一个崭新的网络多媒体时代。这个时代的来临，使人们可不受限制地利用实时多媒体信息。而越来越多实时多媒体数据在网络上的流动，对计算机系统和网络技术提出了前所未有的要求。

### 8.1.1　三大定律和互联网的特性

　　随着互联网的发展，人们提出了网络时代的三大定律。

　　（1）第一定律：摩尔定律

　　早在 1964 年，英特尔公司创始人戈登·摩尔就在一篇很短的论文里断言：每 18 个月，集成电路的性能将提高一倍，而其价格将降低一半。这就是著名的摩尔定律。由此，微处理器的速度会每 18 个月翻一番。这就意味着每 5 年它的速度会快 10 倍，每 10 年会快 100 倍。同等价位的微处理器会越变越快，同等运算速率的微处理器会越来越便宜。在可以想见的未来，世界各地的人不但可以通过自己的计算机上网，而且可以通过他们的电视、电话、电子书和电子钱包上网。作为迄今为止半导体发展史上意义最深远的定律，摩尔定律正被集成电路几十年的发展历史准确无误地验证。

（2）第二定律：吉尔德定律

乔治·吉尔德曾预测，在未来 25 年，主干网的带宽将每 6 个月增加 1 倍。吉尔德定律中描述的主干网增长速度比 CPU 的增长速度要快得多。微软公司曾经通过实验证明，在 300 km 的范围内无线传输 1 GB 的信息仅需 1 s 时间，这一事实表明带宽的增加早已不存在技术上的障碍，而只取决于用户的需求——需求日渐强烈，带宽会相应增加，上网的费用自然也会下降。

吉尔德定律和摩尔定律之所以联系在一起，是因为带宽的增长不仅受路由传输介质的影响，还受路由等传输设备的运算速率和作为节点的计算机的运算速率的提高的影响，而吉尔德定律是由摩尔定律决定的。

（3）第三定律：麦特卡尔夫定律

以太网的发明人鲍勃·麦特卡尔夫告诉我们：网络价值同网络用户数量的平方成正比。在网络上，每个人可以看到其他人的内容，100 人中的每人能看到 100 人的内容，所以效率是 1 万。1 万人的效率就是 1 亿。梅特卡夫注意到：虽然建立一个网络的费用与这个网络的节点数成正比增长，但潜在价值却是其网络节点数的二次函数。

上述三大定律告诉了我们互联网的一些特性：空前的信息容纳能力、高速的信息传递能力、有力的信息组织与检索能力、普遍的可连接性（时间、地点和设备）、多种多样的信息媒体。互联网的这些特性消除了人们进行信息交流的时空限制、媒体限制、语言限制……

互联网的这些特性使得我们已经接近这样一个现实，那就是任何物体与任何物体都可以联系，任何人都可以找到世界上的任何信息，任何人都可以与任何人交朋友。这种变化已经远远超出了提升生产效率的层面。

## 8.1.2　多媒体通信网络的基本结构和特点

多媒体计算机通信网络的基本结构和特点表现如下。

① 多媒体计算机通信网络与人的交互界面主要是文字、图像、图形、声音等人性化信息，主要体现了人类感觉器官对多媒体信息的自然需求。

在这里，人机多媒体交互界面应该是双向的：一方面，网络以文字、图形、图像和声音等综合多媒体信息向人们提供各种应用服务；另一方面，人们也以多种信息方式向计算机通信网络输入信息，如手写文字输入、声控输入、传真扫描输入、图像扫描输入、活动图像摄影输入等，虚拟现实技术在人机交互界面上更逼真地模拟了人的感觉、视觉、听觉、嗅觉和触觉等，使人机交互的多媒体信息更加人性化。

② 多媒体计算机通信网络除可通过人性化多媒体信息与人交互外，还可通过各种属性信息直接与外界交互，如气象信息、地质勘探信息等自然属性信息，生产过程控制中的各种状态信息，电力监控调度中的各种控制参数信息等。

人类社会活动的属性信息，如经济信息、金融信息、市场信息等，大部分经过我们的大脑处理变换成文字和数字数据等信息形式，再输入计算机通信网络。但在多媒体计算机通信网络中，也有一部分信息可以直接通过摄影采集技术，把某些社会生活情况直接以图像信息形式输入计算机通信网络。因此，客观世界与计算机通信网络直接交互的各种属性信息都可视为一种广义的多媒体信息。事实上，如气象信息中的温度、湿度、风向、风速等，生产过程控制中检测的产品数量、质量以及人体检测的血压、脉搏、体温等，都具有综合、相关、动态的多媒体信息特征，都是以多种信息形式综合表征某一事物的属性。

③ 在多媒体计算机通信网络中，无论是与人交互的人性化的多媒体信息，还是与客观世界直接交互的多媒体信息，在进入计算机通信网络进行处理、存储和传输时，都被转换成统一的数字编码信息。

因此，在整个多媒体计算机通信网络中，多媒体采集和多媒体显示部分除了具有对各种信息类型的采集和显示控制功能，还有一个实现各种信息类型与数字编码信息的变换功能。如何把文字、图形、图像、语音及各种属性信息转换成计算机通信网络能进行处理、存储和传输的数字编码信息并进行反变换，自然也是多媒体网络技术的一个重要问题。

在多媒体计算机通信网络中，多媒体信息虽然都被转换成统一形式的数字编码信息，但不同的信息源转换成的数字编码信息，其特征仍然有很大的差别，它们既有一定的相关性，又有相对独立的特征。换句话说，多媒体计算机通信网络中的多媒体是指包括文字数字编码信息、图形图像数字编码信息、语音数字编码信息或其他属性编码信息（常称为数据）的综合，这正是多媒体计算机通信网络中多媒体处理、存储和传输不同于一般单一信息的特点。也正是由于多媒体的各种信息类型在计算机通信网络中都被转换成统一的数字编码形式，才使多媒体信息的综合处理、传输、存储成为可能。所以，多媒体技术正是在数字化的基础上与计算机通信网络紧密融合在一起的。

④ 人对多媒体计算机通信网络有特别重要的作用。人类通过观察世界、认识世界所积累的知识，创造了各种信息技术，也创造了计算机通信网络，并以人类对多媒体信息的自然需求，推动其向多媒体计算机通信网络的方向发展。我们通过文字、图像、图形、语音等人性化的信息与多媒体计算机图形网络进行交互，实质上是人的思维信息（知识）与多媒体计算机通信网络的数字编码信息进行交互，也是不同信息类型的转换，人类头脑中的知识通过多媒体计算机通信网络可以以更自然的方式、更友好的界面和更丰富的内容在全球范围内更高效、更快速地交流、积累和共享。总之，多媒体计算机通信网络系统是一个人机联系更为紧密的人机共栖系统，将进一步加速人类社会信息化的进程，也将进一步推动计算机通信网络系统本身的发展。

## 8.1.3　计算机网络概述

通过通信线路将多台地理上分散的且独立工作的计算机连接起来，以达到通信和资源共享的目的，这样一个松散耦合的系统就称为计算机网络。如果按辖域分类，那么计算机网络可以分为局域网（Local Area Network，LAN）、城域网（Metropolitan Area Network，MAN）、广域网（Wide Area Network，WAN）和互联网。

表 8.1 给出了几类网络的传输速率范围。总的规律是距离越长，速率越低。局域网距离最短，传输速率最高。一般来说，传输速率是关键因素，它极大地影响着计算机网络硬件技术的各方面。例如，广域网一般采用点对点的通信技术，而局域网一般采用广播式通信技术。

在距离、速率和技术细节的相互关系中，距离影响速率，速率影响技术细节。

表 8.1　几类网络的传输速率范围

| 网络分类 | 缩写 | 分布距离约为 | 处理机位于同一 | 传输速率范围 |
|---|---|---|---|---|
| 局域网 | LAN | 10 m | 房间 | 4 Mbps～2 Gbps |
|  |  | 100 m | 建筑物 |  |
|  |  | 1 km | 校园 |  |
| 城域网 | MAN | 10 km | 城市 | 40 kbps～100 Mbps |
| 广域网 | WAN | 100 km | 国家 | 9.6 kbps～45 Mbps |
| 互联网 | internet | 1000 km | 洲或洲际 |  |

（1）局域网

局域网（LAN）是将分布在数千米范围内不同物理位置的计算机设备连接在一起，在网络软件的支持下能相互通信和资源共享的网络系统。通常，计算机网络的传输媒介主要是铜缆或光缆，它们构成了有线局域网。

局域网的分布范围一般为几千米，最大距离不超过 10 km，属于一个地区或一个单位组建的网络。局域网是在小型计算机和微型计算机大量推广使用后才逐渐发展起来的。一方面，局域网容易管理和配置；另一方面，局域网容易构成简洁、整齐的拓扑结构。局域网速率高，延迟小，因此网络站点往往能对等地参与整个网络的使用与监控。再加上成本低、应用广、组网方便及使用灵活等特点，局域网深受用户欢迎，是目前计算机网络技术发展中最活跃的一个分支。

局域网往往采用广播通信方式，不存在寻径问题，所以其通信子网不包括网络层。局域网的物理网络通常只包含物理层和数据链路层。

（2）无线局域网

有线网络虽然存在上述优点，但在某些场合要受到布线的限制：布线、改线工程量大，线路容易损坏，网络中的各节点不可移动。特别是要把相距较远的节点连接起来时，敷设专用通信线路的布线施工难度之大，费用、耗时之多，令人生畏。这些问题都对正在迅速扩大的联网需求形成了严重的瓶颈阻塞，限制了用户联网。

无线局域网（WLAN）就是解决有线网络的以上问题而出现的。无线局域网利用电磁波在空气中发送和接收数据，不需要线缆介质。无线局域网的数据传输速率现在已达 11 Mbps，传输距离可达 20 km 以上。无线联网方式是对有线联网方式的一种补充和扩展，使网络上的计算机具有可移动性，能快速、方便地解决以有线方式不易实现的网络连通问题。

与有线网络相比，无线局域网具有以下优点：

① 安装便捷。在网络建设中，施工周期最长、对周边环境影响最大的是网络布线的施工，往往需要破墙掘地、穿线架管。而无线局域网最大的优势是免去或减少了这部分繁杂的网络布线工作量，一般只要安放一个或多个接入点，设备就可建立覆盖整个建筑或地区的局域网。

② 使用灵活。在有线网络中，网络设备的安放位置受网络信息点位置的限制。而一旦无线局域网建成，在无线网信号覆盖区域内的任何一个位置就都能接入网络，进行通信。

③ 经济节约。有线网络缺少灵活性，因此要求网络的规划者尽可能考虑未来发展的需要，而这往往需要预设大量利用率较低的信息点。一旦网络的发展超出了设计规划时的预期，就要花费较多的费用来改造网络。无线局域网可以避免或减少以上情况的发生。

④ 易于扩展。无线局域网有多种配置方式，能够根据实际需要灵活选择。这样，无线局域网就能够胜任只有几个用户的小型局域网到上千用户的大型网络，并且能够提供像"漫游"等有线网络无法提供的特性。

由于无线局域网具有多方面的优点，其发展十分迅速。在最近几年里，无线局域网已经在医院、商店、工厂和学校等不适合网络布线的场合得到了广泛应用。

（3）广域网

广域网（WAN）一般跨城市、地区甚至国家。此类网络出于军事、国防和科学研究的需要，发展较早。例如，美国国防部的 ARPANET 于 1971 年在全美推广使用并已延伸到世界各地。由于广域网分布距离太远，其速率要比局域网的低得多，一般约为 64 kbps。在广域网中，网络之间连接用的通信线路大多租用专线，当然也有专门敷设的线路。其物理网络本身往往包含了一组复杂的分组交换设备——接口信息处理机（Interface Message Processor，IMP），通过通信线路连接起来，构成网状结构。因为广域网一般采用点对点的通信技术，所以必须解决寻径问题。这便是广域网的物理网络中必须包含网络层的原因。IMP 的主要功能之一便是寻径。

（4）城域网

城域网（MAN）是介于局域网与广域网之间的一种大范围的高速网络。随着局域网使用带来的好处，人们逐渐要求扩大局域网的范围，或要求将已经使用的局域网互相连接起来，使其成为一个规模较大的城市范围内的网络。因此，城域网设计的目标是要满足几十千米范围内大量企业、机关、公司与社会服务部门的计算机联网需求，实现大量用户、多种信息传输的综合信息网络，它将采用 IEEE 802.6 标准。

（5）互联网

互联网其实并不是一种具体的物理网络技术，而是将不同的物理网络技术按某种协议统一起来的一种高层技术。广域网与广域网、广域网与局域网、局域网与局域网之间的互联，形成了局部处理与远程处理、有限地域范围资源共享与广大地域范围资源共享相结合的互联网。目前，世界上发展最快、最热门的网络就是 Internet，它是最大的互联网。

## 8.1.4　网络接入技术

网络接入方式的结构统称为网络的接入技术，其发生在连接网络与用户的最后一段路程，网络的接入部分是目前最有希望大幅提高网络性能的环节。

为了适应新的形势和需要，出现了多种宽带接入网技术，包括铜线接入技术、光纤接入技术、混合光纤同轴（HFC）接入技术等有线接入技术及无线接入技术。

（1）非对称数字用户线路

传统铜线接入技术，即借助电话线路，通过 Modem 拨号实现用户接入的方式，速率已达 56 kbps（通信一方应为数字线路接入），但这种速率远远不能满足用户对宽带业务的需求。

虽然铜线的传输带宽有限，但由于电话网非常普及，电话线占据着全世界用户线的 90% 以上，如何充分利用这部分宝贵资源，采用各种先进的调制技术和编码技术，提高铜线的传输速率，是中短期接入网宽带化的重要任务。DSL 技术就是解决这个问题的较好技术手段。

DSL（Digital Subscriber Line，数字用户线路）是以铜质电话线为传输介质的传输技术组合，包括 HDSL、SDSL、VDSL、ADSL 和 RADSL 等，一般称之为 xDSL。它们的主要区别体现在两方面：信号传输速率和距离的不同，上行速率和下行速率对称性的不同。其中，ADSL（非对称数字用户环路）是最具前景和竞争力的一种，预测它将在未来十几年甚至几十年内占主导地位。

虽然具有这样的优点，但 ADSL 并非什么新技术。早在 20 世纪 60 年代，传统 T1 线路每隔约 3 km 就需要一个放大器，成本较高，这就促使人们寻找一种廉价的传输方式，于是出现了 HDSL（High-speed Digital Subscriber Line）。HDSL 使用两对铜线作为传输介质，可以在不使用放大器的情况下使数字信号传输距离大约 11 km。后来，T1 线路也改为使用 HDSL，到了 20 世纪 90 年代就演变出了使用一对铜线的 ADSL。

ADSL 在开发初期是专为视频节目点播设计的，具有不对称性和高速的下行通道。随着 Internet 的高速发展，ADSL 作为一种高速接入 Internet 的技术变得更具生命力，使得在现有 Internet 上提供多媒体服务成为可能。

ADSL（Asymmetric Digital Subscriber Line，非对称式数字用户线路）技术采用过去未使用的频宽，经由电话线路（铜线）提供高速数据传输功能。将 ADSL 信号放在语音信号频率上，就可让 ADSL 服务和电话服务共享同一条线路。ADSL 为非对称技术，即它提供的数据下载（接收）速率高于上传（传输）速率。

通过 ADSL 技术，一根电话线上便产生了 3 个信道：一个速率为 1.5～9 Mbps 的高速下行通道，用于用户下载；一个速率为 16 kbps～1 Mbps 的中速双工通道；一个普通的老式电话服务通道。这 3 个通道可以同时工作。ADSL 采用了复杂的数字信号处理技术和新的数据压缩算法，使大量的信息得以在网络上高速传输。

为了在电话线上分隔有效带宽，产生多路信道，ADSL 调制解调器一般采用两种方法实现：频分多路复用（FDM）和回波消除（Echo Cancellation）。FDM 在现有带宽中分配一段频带作为数据下行通道，同时分配另一段频带作为数据上行通道。下行通道通过 TDMC 时分多路复用技术再分为多个高速信道和低速信道。同样，上行通道也由多路低速信道组成。回波消除技术则使上行频带与下行频带叠加，通过本地回波抵消来区分这两个频带。ADSL 分离出 4 kHz 的频带用于传统电话服务（POTS）。

当前，ADSL 调制解调设备多采用三种线路编码技术：抑制载波幅度和相位（Carrierless Amplitude and Phase，CAP）、离散多音复用（Discrete Multitone，DMT）、离散小波多音复用（Discrete Wavelet Multitone，DWMT）。CAP 的基础是正交幅度调制（QAM）。在 CAP 中，数据被调制到单一载波上；在 DMT 中，数据被调制到多个载波上，每个载波上的数据使用 QAM 进行调制。DMT 使用快速傅里叶变换算法进行数字信号处理，DWMT 则用近年来新兴的小波变换算法进行数字信号处理。

在 DMT 技术中，一对铜线上的 0～4 kHz 频段用来传输电话音频，26 kHz～1.1 MHz 频段用来传输数据，并把它以 4 kHz 的宽度划分为 25 个上行子通道和 249 个下行子通道，输入的数据经过 TCM 编码（一种将编码和调制结合在一起的技术）及 QAM 调制后，送往子信道，所以理论上的上行速率可达 1.5 Mbps，下行速率可达 14.9 Mbps。考虑到干扰等情况，实际上的传输速率一般为上行 640 kbps、下行 8 Mbps。

ADSL 调制解调器将多路下行通道、双工通道及维护信道中的数据流组合成数据块，并在每个数据块中附加纠错代码，接收端则通过此纠错代码对传输过程中产生的误码进行纠错。实验表明，此纠错编码技术完全可以达到 MPEG-2 和其他数字图像压缩方法的要求。

随着 ADSL 技术的进一步推广，ADSL 接入还将能够提供点对点的远程医疗、远程教学、异地可视会议服务。

（2）电缆调制解调器

Cable Modem（电缆调制解调器）又名线缆调制解调器，是近年来随着网络应用的扩大而发展起来的，主要用于有线电视网进行数据传输。

Cable Modem 与以往的 Modem 传输机理相同，都将数据进行调制后在电缆的一个频率范围内传输，接收时进行解调；不同之处在于，Cable Modem 是通过有线电视（CATV）的某个传输频带进行调制解调的。普通 Modem 的传输介质在用户与交换机之间是独立的，即用户独享通信介质。Cable Modem 属于共享介质系统，其他空闲频段仍然可用于有线电视信号的传输。

Cable Modem 彻底解决了传输声音图像引起的阻塞，速率已达 10 Mbps 以上，下行速率更高。传统的 Modem 虽然已经开发出了 56 kbps 的产品，但其理论传输极限为 64 kbps，再想提高已不大可能。

与 ADSL 相比，Cable Modem 技术有些不足。Cable Modem 的 HFC（光纤同轴混合网络）接入方案采用分层树形结构，其优势是带宽比较高（10 Mbps），但这种技术本身是一个较粗糙的总线形网络。这意味着用户要与邻近用户分享有限的带宽，当一条线路上的用户激增时，其速度将会减慢。有关资料表明，大部分情况下，HFC 方案由于必须兼顾现有的有线电视节目而占用部分带宽，只剩余一部分可供传送其他数据信号，所以 Cable Modem 的理论传输速率只能达到一小半。

目前，Cable Modem 接入技术在全球尤其是北美地区的发展势头很猛，每年用户数的增长率超过 100%，是 xDSL 技术最大的竞争对手。未来，电信公司阵营鼎力发展的基于传统电话网络的 xDSL 接入技术与广电系统有线电视厂商极力推广的 Cable Modem 技术将在接入网市场（特别是高速 Internet 接入市场）展开激烈的竞争。CATV 网的覆盖范围广，入网户数多，网络频谱范围宽，起点高，大多数新建的 CATV 网采用 HFC 网，使用 550 MHz 以上频宽的邻频传输系统，适合提供宽带功能业务。Cable Modem 技术是基于 CATV（HFC）网的网络接入技术，虽然有些不足，但今后仍有相当大的发展空间。

（3）电力线接入方案

随着因特网应用的不断扩展和各种新技术的出现，电力线通信开始应用于高速数据接入和室内组网，通过电力线载波方式传送语音和数据信息，把电力网用于网络通信，以节省通信网络的建设成本。

电力线接入把户外通信设备插入变压器用户侧的输出电力线上，该通信设备可以通过光纤与主干网相连，向用户提供数据、语音和多媒体等业务。在通信设备内部，高频网络信号与 50/60 Hz 低频电信号一起，耦合到用户端电力线上，由此可把通信网、电力输送网和用户驻地网连接起来。户外设备与各用户端设备之间的所有连接都可视为具有不同特性和通信质量的信道，如果通信系统支持室内组网，那么室内任意两个电源插座间的连接都是一个通信信道。因此，低压电力网有多个通信信道。通信质量的好坏与通信信道直接相关，很大程度上取决于接收端的噪声水平和不同频率信号的衰减。噪声越大，在接收端将越难提取有用的信号；同样，如果信号从发送端到接收端的传输过程中发生衰减，那么在接收端，信号可能被淹没在噪声中，也很难提取有用的信号。

电力线通信的噪声主要来源于与低压电网相连的所有负载及无线电广播的干扰等，由于负载的开关会引起电力线上电流的波动，使得电力线的周围会产生电磁辐射，因此沿电力线传送数据时会出现许多意想不到的问题。另外，信号衰减与信道的物理长度和低压电网的阻抗匹配情况有关，由于低压电网上负载的开关是随机的，因此其阻抗是随时间而变化的，很难进行匹配。所以，电力线通信的环境极为恶劣，很难保证数据传输的质量，必须采用许多相关技术加以解决。

## 8.1.5　短距离无线通信技术

常见的短距无线通信包括蓝牙、Wi-Fi、NFC（Near Field Communication，近场通信）和 ZigBee 等。

### 1. 蓝牙技术

"蓝牙"是一种短距离无线通信标准，其技术界面是专用半导体集成电路芯片，用于"嵌入"电子器件；而与用户直接见面的产品界面则是各种时尚的电子产品，用于在这些产品之间无线互连。

"蓝牙"以公元 10 世纪统一丹麦和瑞典的一位斯堪的纳维亚国王的名字命名。它孕育着颇为神奇的前景：对手机而言，与耳机之间不再需要连线；在个人计算机场合，主机与键盘、显示器和打印机之间可以摆脱纷乱的连线；在更大范围内，电冰箱、微波炉和其他家用电器可以与计算机网络连接，实现智能化操作。

蓝牙计划是由 Ericsson、IBM、Intel、NOKIA 和 Toshiba 等公司联合主推的一项最新的无线网络技术。1998 年 5 月，这 5 家公司组建了一个 SIG（Special Interest Group）来开发此技术及协议，如今包括 Microsoft、3Com、Lucent、Motorola 等大企业在内的 1500 多家公司也加入其中。1999 年 7 月，蓝牙 SIG 推出了 Bluetooth 协议的 1.0 版，将其推向应用阶段。

蓝牙计划主要面向网络中的各类数据及语音设备，如 PC、拨号网络、笔记本计算机、打印机、传真机、数码相机、移动电话、高品质耳机等，使用无线方式将它们连成小网（Piconet），多个小网之间也可互连形成 Scatternet，从而方便、快速地实现各类设备之间的通信。蓝牙技术的协议结构如图 8-1 所示。RF 通过 2.4 GHz ISM 频段的微波，实现数据位流的过滤和传输，基带负责跳频和数据帧传输，LMP 负责连接的建立和拆除及链路控制，L2CAP 完成数据的拆装、服务质量和协议复用等功能。Audio 模块与下层合作可实现语音的无线传输。整个协议结构简单，使用重传等机制保证链路的可靠性，在基带、LMP 和应用层中可实现分级的多种安全机制。遵循蓝牙协议的设备将能够用微波取代传统网络中错综复杂的电缆，非常方便地实现快速灵活、安全、低代价、低功耗的数据和语音通信。

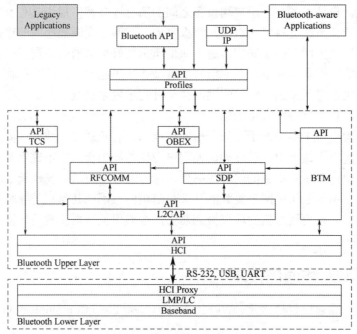

图 8-1　蓝牙技术的协议结构

　　各种应用程序可以通过各自对应的 Profile 实现无线通信（图中每个竖向的协议栈就是一种 Profile，即应用模式）。拨号网络应用可以通过由 RFCOMM 仿真的串口访问 Piconet，数据设备也可由此接入传统的局域网；用户可以通过协议栈中的 Audio 层在手机和耳塞中实现音频流的无线传输；多台微机或笔记本计算机之间不用任何连线，即可快速、灵活地传输文件，共享信息，多台设备也可由此实现操作的同步。随着手机功能的不断增强，手机无线遥控也将成为蓝牙技术的主要应用方向之一。

　　遵循蓝牙协议的各种应用都将保证简单易用的安装和操作、高效的安全机制和完全的互操作性，从而实现随时随地的通信。蓝牙技术将在多个领域迅速发展，其典型应用环境包括无线办公环境、汽车工业、医疗设备等。

### 2. IEEE 802.11 协议与 Wi-Fi

　　IEEE 802.11 是 IEEE（电气和电子工程师协会）1997 年 6 月正式颁布实施的第一个无线局域网标准，主要用于解决办公室局域网和校园网中用户与用户终端之间的无线接入。

　　IEEE 802.11 支持无线电波和红外线，规定了一些至关重要的技术机制：CSMA/CA 协议、RTS/CTS 协议、信包重整、多信道漫游及可靠的安全性能。

　　IEEE 802.11 定义了两种认证服务：开放系统认证和共享密钥认证。开放系统认证使用口令对入网者进行鉴权；共享密钥认证使用 WEP（有线等效保密算法）对服务进行加密，使之成为密文，实现信息的保密传输。

　　IEEE 802.11 标准的网络以 1 Mbps 或 2 Mbps 的速率传输数据，传输距离可达 100 m。但是，IEEE 802.11 标准的 WLAN 的弱点在于传输速率最高只能达到 2 Mbps，与广泛使用的 10 Mbps 甚至 100 Mbps 速率的有线网络相比，速度太慢，无法满足人们的实际应用，特别是那些需要较高带宽的多媒体应用的需要。所以，IEEE 随后又推出了 IEEE 802.11a 和 IEEE

802.11b 两个新标准。

IEEE 802.11a 工作在 5 GHz U 频带，避开了拥挤的 2.4 GHz 频段，物理层速率可达 54 Mbps，传输层可达 25 Mbps；采用正交频分复用（OFDM）的独特扩频技术；可提供 25 Mbps 的无线 ATM 接口、10 Mbps 的以太网无线帧结构接口和 TDD/TDMA 的空中接口，支持语音、数据、图像业务；一个扇区可接入多个用户，每个用户可带多个用户终端。

IEEE 802.11b（Wi-Fi）使用开放的 2.4 GHz 直接序列扩频，最大数据传输速率为 11 Mbps，不需要直线传播；使用动态速率转换，当射频情况变差时，可将数据传输速率降低为 5.5 Mbps、2 Mbps 和 1 Mbps；工作于 2 Mbps 和 1 Mbps 速率时，可向下兼容 IEEE 802.11。

IEEE 802.11b 的使用范围在室外为 300 m，在办公环境中最远为 100 m，使用与以太网类似的连接协议和数据包确认，提供可靠的数据传送，进而有效使用网络带宽。

IEEE 802.11b 的运作模式基本分为两种：点对点模式和基本模式。点对点模式是指无线网卡和无线网卡之间的通信方式。基本模式是指无线网络规模扩充或无线和有线网络并存时的通信方式，这是 IEEE 802.11b 最常用的方式。

IEEE 802.11g 为 IEEE 802.11 规格的修订版，它将数据传输率提高到 54 Mbps，与 IEEE 802.11b 使用同样的频带和载波。由于 IEEE 802.11g 设备能够把通信速率降到与 IEEE 802.11b 相同的 11 Mbps，因此即便在同一网络中存在支持不同规格的设备，它们之间也能正常通信。

Wi-Fi 是一种帮助用户访问电子邮件、Web 和流式媒体的互联网技术，为用户提供了无线的宽带互联网访问。同时，Wi-Fi 也是在家庭、办公室或在旅途中上网的快速、便捷的途径。能够访问 Wi-Fi 网络的地方被称为热点。

Wi-Fi 最初只是无线局域网联盟（WLANA）的一个商标，该商标仅保障使用该商标的商品互相之间可以合作，与标准本身实际上没有关系。但是后来人们逐渐习惯用 Wi-Fi 来称呼 IEEE 802.11b 协议。它的最大优点就是传输速率较高，可达 11 Mbps，有效距离也很长，也与已有的各种 IEEE 802.11 DSSS 设备兼容。

随着技术的发展，以及 IEEE 802.11a/g 等标准的出现，现在 IEEE 802.11 标准已被统称为 Wi-Fi。从应用层面来说，要使用 Wi-Fi，用户首先要有 Wi-Fi 兼容的用户端装置。

Wi-Fi 是由 AP（Access Point）和无线网卡组成的无线网络。AP 一般称为网络桥接器或接入点，又称"热点"，是传统有线局域网与无线局域网之间的桥梁，因此任何一台装有无线网卡的计算机均可通过 AP 分享有线局域网甚至广域网的资源，其作用相当于一个内置无线发射器的集线器或路由器，而无线网卡是负责接收由 AP 所发射信号的客户端设备。

Wi-Fi AP 的一般覆盖范围为 91 m。当一台支持 Wi-Fi 的设备（如 Pocket PC）遇到一个 AP 时，这个设备可以用无线方式连接到 AP 所在的网络。大部分 AP 都位于供大众访问的地方，如机场、咖啡店、旅馆、书店、校园等。许多家庭和办公室也拥有 Wi-Fi 网络。

### 3. NFC

NFC（近场通信技术）由非接触式射频识别（Radio Frequency Identification，RFID）及互联互通技术整合演变而来，它在单一芯片上结合感应式读卡器、感应式卡片和点对点的功能，能在短距离内与兼容设备进行识别和数据交换。工作频率为 13.56 MHz，但使用这种手机支付方案的用户必须更换特制的手机。例如，手机可以用作机场登机验证、大厦的门禁钥匙、交通一卡通、信用卡、支付卡等。

NFC 标准包括通信协议及数据交换格式，是基于 ISO/IEC 1443（一种非接触式 IC 卡标准）、Felica（由 Sony 公司开发的一种非接触智能卡技术）等现有射频识别技术的标准。上述标准及 ISO/IEC18092 于 2004 年被 Nokia、Philips 和 Sony 建立的 NFC 论坛确定为 NFC 标准。

NFC 一般来说通信距离小于 10 cm，工作频率为 13.56 MHz，使用 ISO/IEC18000-3[①]空中接口，通信速率为 106～424 kbps。NFC 涉及发起者和目标设备，发起者产生射频场来为目标设备提供能量，这使得目标设备可以以标签、贴纸、钥匙链及卡等无源设备存在。只有点对点通信要求通信双方都有源。

其主要规格如下：NFC 使用的是全球可用的 13.56 MHz 频率，大部分射频能量集中在 ±7 kHz 的带宽范围内，在使用 ASK[②]调制时频谱宽度可能高达 1.8 MHz；理论上使用标准天线的有效距离是 20 cm（实际中一般约为 4 cm）；支持的通信速率为 106 kbps、212 kbps 或 424 kbps。

NFC 设备支持两种通信模式：主动通信模式和被动通信模式。

在被动模式下主动发起通信的设备被称为主设备。首先，主设备给射频模块供电产生 13.56 MHz 射频场，发送射频信号并选定通信速率，NFC 支持的通信速率有 106 kbps、212 kbps 或 424 kbps。目标设备接收到射频场传来的信号后，以相同的速率使用副载波调制技术对主设备进行响应。

不同于被动通信模式，在主动通信模式下，通信双方都需要发送和接收数据，双方都要建立射频场，以完成通信。首先发起通信的设备按照选定的传输速率开始通信，目标设备收到此信号后按照相同的速率对此进行响应，双方完成连接的建立。

NFC 采用两种编码技术传输数据，如果主设备采用 106 kbps 的速率，那么将采用一种改进的 100%调制的米勒编码。在其他情况下，都会使用调制比在 10%的曼彻斯特编码。

NFC 设备能够在发送数据的同时接收数据，因此在接收的信号频率不匹配发射的信号频率时，可以进行潜在碰撞的检测。

### 4．ZigBee 技术

ZigBee 技术是一种近距离、低复杂度、低功耗、低速率、低成本的双向无线通信技术，主要用于在距离短、功耗低且传输速率不高的各种电子设备之间进行数据传输，以及典型的有周期性数据、间歇性数据和低反应时间数据传输的应用。

2004 年，ZigBee 推出了第一个版本 ZigBee V1.0，或者称为 ZigBee 2004。但这个版本还不完善，只能支持少量节点，且采用的是星状拓扑，因此几乎没有什么实际应用。

2006 年，ZigBee 推出了第二个版本 ZigBee 2006，它支持树形和网状拓扑结构，可容纳 300 个以内的节点，完全满足住宅自动化的组网需求。这个版本已经比较完善。

ZigBee 联盟并没有满足，因为工业自动化领域还需要支持更大规模的网络，因而 ZigBee 协议的第三个版本 ZigBee 2007 于 2007 年问世。这个版本完全兼容 ZigBee 2006，即 ZigBee 2007 的设备可加入 ZigBee 2006 的网络，并能正常工作。

---

① 一种用于无源 RFID 项目级识别的国际标准。
② 传输数字信号时也有三种基本的调制方式：幅移键控（ASK）、频移键控（FSK）和相移键控（PSK）。

　　ZigBee 2007 定义了两套功能集，分别是 ZigBee 功能集和 ZigBee Pro 功能集，我们可以将它们理解为两个面向不同应用场景的 ZigBee 协议。前者面向住宅环境，可支持 300 个以内的节点；后者面向商业和工业环境，可支持 1000 个节点，且有更好的安全性。到 ZigBee Pro 这个阶段，基本达到了 ZigBee 联盟成立的初衷。ZigBee Pro 也是应用最广泛的 ZigBee 协议。

　　虽然 ZigBee 联盟制定了一系列规范，但仍然给了厂商太多定制的空间。以智能家居为例，各家厂商一般都使用了标准的 HA 规范，但普遍基于自身需求做了一些定制，结果就是市场上不同厂商的 ZigBee 网关和终端设备都无法进行互操作

　　为解决这个互操作问题，2016 年 5 月，ZigBee 联盟推出了 ZigBee 3.0 标准，主要任务就是统一众多的应用层协议，解决不同厂商 ZigBee 设备之间的互连互通问题。用户只要购买任意一个经过 ZigBee 3.0 的网关，就可以控制不同厂家基于 ZigBee 3.0 的智能设备。

　　ZigBee 技术基于 IEEE 802.15.4 无线通信标准，其中物理层和媒体控制子层由 IEEE 802.15.4 制定，而网络层和应用层则是由 ZigBee 联盟制定的标准。

　　与其他网络相比，ZigBee 网络的优势很多，具体如下：

　　① 功耗低。ZigBee 的发射功率为 1 mW，由于取代了以往网络的一直供电模式，自有的休眠模式使得 ZigBee 设备非常节电。根据科研人员的估计，两节 5 号电池可以使用 6 个月以上，有的甚至能使用 1 年以上。

　　② 延时短。与蓝牙的响应延时时间 3～10 s 和 Wi-Fi 的 3 s 相比，ZigBee 无线网络的响应速度较快；同时，ZigBee 无线通信设施搜索延长时间为 30 ms，休眠激活延长时间为 15 ms。所以，ZigBee 无线通信设施的通信延长时间及休眠延长时间都十分短，响应速度也因此很快。

　　③ 成本低。与传统的有线网络相比较而言，ZigBee 无线网络不需要大量的布线，大大降低了成本费用。

　　④ 组网灵活。ZigBee 设备的无线通信范围为 100 m，只需给设备通上电，把设备的无线射频天线打开，协调器就会自动搜索附近的路由器节点及终端设备节点，自动组成网络，不需要连线，如果网络中有一个节点出现通信故障，那么其他节点不会因此受到影响，而且网络有自我修复功能，保障整个系统可以安全运行。

　　⑤ 数据传输可靠。ZigBee 技术采用的数据传输机制是 talk-when-ready[③]。接收方收到数据后，必须发送数据给发送方，以此说明接收到了所有数据包的信息，并且发送方要对接收方的信息进行回复，如果发送方没有收到接收方的消息，那么说明接收方没有收到数据或数据传输过程发生了碰撞导致数据传输失败，发送方会重新发一份数据包给接收方，这种机制很好地保障了数据被准确无误地传输给了接收方，从而提高了数据传输的可靠性。

　　⑥ 工作频段灵活。三个频段都是非授权频段，不需要国家和地方审批的频段，这些频段含有 16 个扩频通信信道，可以运行的频段分别是 2.4 GHz、868 MHz、915 MHz。

## 8.1.6　移动通信技术及标准

　　1970 年早期开始至今，移动通信技术经历了从诞生、变革到发展演变的过程。在过去的

③ 一种数据传输机制，该机制能够避免碰撞。

数十年中，移动无线技术经历了 5 代技术变革和演变，即从 1G（第一代模拟制式手机）到 4G（第 4 代移动通信技术），然后是即将推出的 5G（第 5 代移动通信技术）。1G 技术中引入了蜂窝技术，这使得大规模的移动无线通信成为可能；2G 技术中引入数字通信取代了原先的模拟技术，从而大大提高了无线通信的质量；3G 技术中除了语音通信，数据通信也是一个焦点，并出现了同时适用于语音和数据通信的汇聚网络；随着移动无线技术的不断发展，4G 和 5G 中融入了更多的先进技术。

考虑到 4G 已经普及，5G 将在 2019 年进入实用阶段，本节重点介绍第 4 代和第 5 代移动通信技术。

### 1. 第四代移动通信

第四代移动通信（4G）技术的主要指标：数据速率从 2 Mbps 提高到 100 Mbps，移动速率从步行提高到车速以上；支持高速数据和高分辨率多媒体服务，宽带局域网应能与 B-ISDN 和 ATM 兼容，实现宽带多媒体通信，形成综合宽带通信网；对全速移动用户能够提供 150 Mbps 的高质量影像等多媒体业务。

4G 的标准有以下两个。

（1）LTE Advanced（长期演进技术升级版）

LTE Advanced 是 LTE 的增强，完全向后兼容 LTE，通常在 LTE 上通过软件升级即可，升级过程类似于从 WCDMA 升级到 HSPA。峰值速率：下行 1 Gbps，上行 500 Mbps。它是第一批被国际电信联盟承认的 4G 标准，也是事实上唯一的主流 4G 标准。

（2）WiMAX-Advanced（全球互通微波存取升级版）

WiMAX-Advanced 即 IEEE 802.16m，是 WiMAX 的增强，由美国英特尔公司主导，接收下行与上行最高速率可达 300 Mbps，在静止定点接收速率可高达 1 Gbps。它也是国际电信联盟承认的 4G 标准，不过随着英特尔公司于 2010 年退出，WiMAX 技术也逐渐被运营商放弃，并开始将设备升级为 LTE，WiMAX 论坛也于 2012 年将 TD-LTE 纳入 WiMAX 2.1 规范。

通常现在所说的 4G 网络是指 LTE 网络，它只能算是准 4G，是 3G 网络向 4G 网络后续演进的一个过程。LTE（Long Term Evolution，长期演进）技术是 3G 的演进，通常称为 3.9G，包括 TDD（Time Division Duplexing，时分双工）、FDD（Frequency Division Duplexing，频分双工）两种双工模式。TD-LTE 是 LTE 的 TDD 版本，而 FDD-LTE 是 LTE 的 FDD 版本。LTE 是 3GPP 在 2004 年启动的项目，分为 FDD-LTE、TD-LTE，前者由欧美主导，后者由我国主导。2007 年，工业和信息化部把 TDD-LTE 命名为 TD-LTE。

TD-LTE（Time Division Long Term Evolution，分时长期演进）是基于 3GPP 长期演进技术（LTE）的一种通信技术与标准，属于 LTE 的一个分支。该技术由上海贝尔、诺基亚西门子通信、大唐电信、华为技术、中兴通信、中国移动、高通、ST-Ericsson 等共同开发。

FDD 是该 LTE 技术的双工模式之一，应用 FDD 式的 LTE 即 FDD-LTE。由于无线技术的差异、使用频段的不同及各厂家的利益等因素，FDD-LTE 的标准化与产业发展都领先于 TDD-LTE。FDD-LTE 已成为当前世界上采用国家及地区最广泛的、终端种类最丰富的一种 4G 标准。

FDD 模式的特点是在分离（上下行频率间隔 190 MHz）的两个对称频率信道上，系统进行接收和传输，用保证频段来分离接收和传输信道。FDD 模式的优点是采用包交换等技术，可突破二代发展的瓶颈，实现高速数据业务，并可提高频谱利用率，增加系统容量。

TDD 用时间来分离接收和发送信道。在 TDD 方式的移动通信系统中，接收和发送使用同一频率载波的不同时隙作为信道的承载，其单方向的资源在时间上是不连续的，时间资源在两个方向上进行了分配。某个时间段由基站发送信号给移动台，另外时间由移动台发送信号给基站，基站和移动台之间必须协同一致才能顺利工作。

FDD 方式下，上行数据与下行数据在同一对称频率上，需要同时传输，优势在于频率宽度大、数据传输速度快。但如果遇到非对称业务，如下载东西等，那么下行数据会远远大于上行数据，因此上行数据的频率信道便会被占用。TDD 方式下，上下行数据在同一时间里并不需要一起传输，因此可以根据上下行的数据大小动态进行分配，对频率信道的利用率更好。

TDD 和 FDD 各有千秋，并不能说 TDD 就比 FDD 好，但相对 FDD 来说，TDD 具有以下优势：灵活的带宽配比，频谱利用率较高（尤其是非对称业务）。

### 2．第五代移动通信

2016 年是 5G 标准元年，也是各国决战 5G 标准之年。许多重要的国际标准开始启动，多国纷纷公布商用时间表。根据预测，至 2020 年，5G 标准规范将整体出台。5G 未来的应用热点会覆盖移动互联网、视频、虚拟现实、在线游戏，并垂直整合智慧城市、智能家居、个人可穿戴设备等各个行业。

中国政府已明确积极推进 5G 于 2020 年商用，工业和信息化部从 2015 年 9 月至 2018 年底主导 5G 关键技术试验，三阶段试验包含关键技术验证、技术方案验证和系统验证。三家运营商都公布了自己的实验室、外场和部署计划，逐步推动产业成熟，实现 2020 年商用或试商用。

5G 网络是一种带宽足够宽的网络，带宽应大于 20 GHz，数据流量无瓶颈，任何时候都不会被卡，每秒传信速率大于 1 Gbps，路径延迟小于 1 ms，而且必须在 99.999%的时间满足要求，为此应在以下技术上有重大突破[④]。

（1）高频传输技术

以往的移动通信工作频段都在 3 GHz 以下，因此频谱十分拥挤，即相对带宽受到极大限制。如果将工作频段提高（如厘米波、毫米波），那么其相对带宽就容易做得宽，可用的频谱资源就宽广得多，工作频谱紧张或工作频谱拥挤的状况就不存在，就能实现极高速的远距离无线信息传输，5G 要求的大容量、高速率传输就能满足。

由于工作频段的提高，天线和收发信设备的前端可实现小型化，减小了体积，更大的优点是因频率提高大大提高了天线的增益，从某种意义上讲可降低发射机功率，降低有害辐射。缺点是因频率升高电波在空气中传输时衰减增加，因此有效传输距离缩短，尤其是因为波长短，导致其穿透和绕射能力差，易受雨、雪、雾等不良天气的影响，同时对射频器件的精度和系统设计提出了更高的要求。

（2）新型多天线传输技术

在大规模 MIMO（Multiple-Input Multiple-Output）中，基站配置的天线数量非常大（通

---

④ 汪洋溢，田议. 5G 标准及关键技术. 信息技术与标准化, 2016-06-47: 51.

常几十到几百根），在同一个时频资源上能同时服务若干用户。天线配置可以集中配置在一个基站，也可分布式地配置在多个节点上，形成不同的 MIMO。

MIMO 将原来的 2D 天线阵扩展到 3D 阵列，形成新的 3D-MIMO 技术，能支持多用户波束智能赋形。3D-MIMO 技术在不改变现有天线尺寸条件下，可将每个垂直的天线阵分割成多个子阵，从而开发出 3D-MIMO 的另一个垂直方向的空间维度，进而将 3D-MIMO 技术推向更高的发展阶段。

常规天线在覆盖高层楼宇时，需要分别对低层、中层、高层设置多个天面，而 3D-MIMO 技术对天面需求很少，可实现单天线覆盖整个楼层，假设基站天线高度为 30 m，距离楼宇 100 m，用普通天线只能覆盖 9 层楼，而 3D-MIMO 天线可覆盖 25 层楼，同时通过多个波束对应不同的楼层，形成的虚拟分区具有空分复用的效果，提升了频谱利用率。3D-MIMO 天线在垂直面有跟踪终端的功能，可有效地降低对邻近小区的干扰。

3D-MIMO 技术即多天线技术，具有空间复用、传输分集和波束赋形三种模式，多天线技术空间分辨率明显提高，能深度挖掘空间维度资源，在不增加基站密度和宽度的条件下能大幅度提高频谱利用率。同时，3D-MIMO 能将波束集中在很窄的范围内，大幅度降低干扰，相当于降低发射机功率。当天线数量足够多时，使线性预编码和线性检测器趋于最优化，使信号中的噪声和干扰忽略不计。

（3）同时同频全双工

目前，移动通信由于条件限制，无法实现同时同频全双工，双向链路是通过时间或频率进行区分的，相当于无线资源浪费一半。

利用同时同频双工技术，在相同的频谱上，通信设备能实现双向同时收发信号，较 TDD 或 FDD 方式可提高空口频谱效率一倍，同时同频全双工技术的应用可使频谱资源的利用更灵活，具有较高的消除干扰能力。虽说同时同频全双工技术的应用难度较大，但对 5G 网络的性能实现具有突破性意义，若真正实现同频同时全双工，必须将干扰抵消技术、资源配置技术、组网技术、容量分析与 MIMO 技术结合在一起，才能真正实现同时同频全双工。

（4）终端直通技术

常规的蜂窝通信系统以基站为中心实现小区覆盖，而基站与中继站是固定的，网络结构也是固定的，很不方便，缺乏灵活性。随着无线多媒体业务的增加，以基站为中心的业务供应方式无法满足海量用户业务需求。

D2D（Device-to-Device）技术不需要借助基站帮助就能实现终端与终端之间的直接通信，拓宽了网络连接和接入的功能，由于用户在短距离内直接通信，信道质量得到了提高。D2D 技术能实现较高的信息传输速率、较低的时延和较低的功耗；能实现频谱的高效率利用，支持灵活的网络架构和连接方式，提升了网络的灵活性和可靠性；支持广播、组播和单播方式，若发展成增强型技术，则对 5G 网络具有更大的实用价值。D2D 技术不经过基站，可大大节约资源和时间。也就是说，D2D 通信是一种在系统控制下，允许终端与终端之间通过复用小区资源直接通信的技术。

另一种 D2D 方式称为 D2D 族，它拥有多个 D2D 终端用户，这些用户组成一族，在族内通过 D2D 链路进行通信和数据传输。

（5）密集网络

由于小区半径的缩小，由此频谱资源空间复用带来的频谱效率增益达几千倍，因此减小小区半径是提高单位面积传输能力，保证业务千倍增长的核心技术。未来的网络中，各种无线传输技术的各类低功率节点的部署密度将达到现有站点部署密度的 10 倍以上，站点之间的距离可能小到 10 m，能支持每平方千米 25000 个以上的用户，将来若达到激活的用户数与站点数为 1:1，就形成了超密集异构网络。

在 5G 通信中，无线通信网络将实现多元化、宽带化、综合化、智能化。随着智能化终端的普及应用，数据流量将会出现井喷式增长，未来的业务主要分布在室内和热点地区。密集网络就是 5G 实现千倍流量的主要手段之一，超密集网络能实现广覆盖，能大幅度提升系统容量，具有对业务分流的功能，使网络更具灵活性，频谱利用率更高。随着技术的不断发展，未来将使用高频段、大宽带、更加密集的网络方案。网络密集化使网络节点与终端更近，提高了功率效率、频谱利用率和系统容量，使业务在各种接入技术和覆盖层次间分担的灵活性得到提高。

（6）新型网络架构

LTE 接入网采用网络扁平化架构，减少了延迟，降低了成本和维护费用。5G 采用 C-RAN 接入网架构，基于集中化处理，协作式无线电和实时云计算的无线接入网架构，使用低成本的光纤传输网，将信号传输到远端，在远端天线和集中化的中心点传送无线信号，以覆盖上百个基站服务区，甚至对上百千米外的地点也能实现无线接入。C-RAN 接入网架构能减少干扰，降低功耗，提高频谱利用率，更主要的是能实现动态的智能化组网。

（7）系统软件

5G 网络由于物联网的接入而非常庞大，复杂程度也比 4G 网络复杂得多，尤其是物联网的一些要求必须保证 100% 不出差错。例如智能汽车在马路上行驶时，软件的控制程序出一点问题就可能出现交通事故，甚至出现人命。再如一个智能化的大工厂，上百上千台机器运转，若软件有一点缺陷就会造成全部瘫痪，后果不堪设想。

软件相当于人体全身的神经，也是司令部，因此设计好软件十分重要，因为软件庞大、复杂对软件设计要求非常高，所以软件设计好坏是 5G 网络成败的关键。

（8）自组织网络技术

自组织网络技术就是在网络中引入自组织能力（网络智能化），包括自配置、自优化、自愈合等，以实现网络的规划、部署、维护、优化和排除故障等环节自动进行，不需要人工干预。

5G 系统采用复杂的无线传输和无线网络架构，远比现有的网络复杂，网络深度智能化是保证 5G 网络性能的重要措施，自组织网络也是 5G 网络的重要组成部分。

5G 网络是融合、协同多制式共存的异构网络，应用多层次多无线接入技术，致使网络结构非常复杂，各种无线接入技术内部与各种覆盖能力网络节点之间的关系也错综复杂，因此网络的部署、运营、维护极具挑战性，所以 5G 网络必须是一个智能化程度极高的网络，以达到多种无线接入技术和覆盖层次的联合自配置、自优化和自愈合。

### 3. 第五代移动通信技术的应用和进展

5G 采用无线电频谱，使其能以比以往技术更高的速度和更高的可靠性传输大量数据。这种速度和可靠性的结合可连接更多的设备，渗入我们生活的方方面面。

与 4G 相比，5G 最明显的优势是速度，5G 手机的带宽可达 20 Gbps，手机的应用数据、照片、视频等大体积文件，云盘备份或下载等都能以极快的速度完成。未来，5G 手机的消费者可以感受到下载速度上的明显差异，也会为手机用户带来更多娱乐性的创新体验。

5G 将在医疗保健、汽车、机器人、娱乐及我们尚未设想的创新领域带来新的、先进的服务，通过允许更多的设备以更高的速度、更安全的方式相互连接，从根本上创造一个新的数字环境。

5G 将带领人们进入一个全新的通信技术时代：一方面，为万物互联、万物智能提供非常好的技术基础，开启万物互联之门；另一方面，可以改变人们的行为方式及手机的形态。5G 技术更大的价值和意义是在自动驾驶、物联网等领域。

（1）5G 设备

5G 网络的外缘始于设备，如手机、物联网设备、自动驾驶汽车等设备通过连接到 5G 网络来进行数据收发。这些设备包括：① 统一的 5G 兼容调制解调器，用于将数据转换成可通过无线电波发送的形式；② 5G 射频前端系统，用于处理超过 5G 频率传输的信号；③ 5G 兼容天线，用于发送和接收这些无线电信号。

5G 网络由向设备提供网络覆盖的基站组成。这些基站现在使用的信号塔可以覆盖几千米的范围。5G 使用频率更高、有效距离更短的无线电波。网络设备供应商开发了新一代"小电池"，这将是大多数试图连接电信网络的 5G 设备的第一个连接。

移动网络需要天线单元捕捉来自用户设备的信号，也需要大量电子处理组件来清洁、放大、调制和路由传入和传出的射频信号。而使用 4G 时，这个过程是由基站所在的"基带处理单元"（Base Band Unit，BBU）完成的。对于 5G 而言，网络处理活动将从蜂窝站点转移到集中的、基于云的 BBU。重要部件包括天线阵列和数据转换器（将模拟无线电信号转换为数字信号的半导体）。

低噪声功率晶体管和功率放大器是另一个关键部件，用于放大小电池天线接收到的信号。小型电池还需要"现场可编程门阵列"（FPGA）来连接基带单元和传输网络。

FPGA 的主要供应商来自美国。许多组件可以组合成一个"芯片组"。小型电池芯片组的制造商包括三星、爱立信和华为，以及外部芯片组制造商如英特尔、高通、Cavium 和 NXP。美国、欧洲和日本公司在这些芯片组的零部件供应方面占据主导地位。

在到达电信的核心网络之前，这些信号通过被称为反向传输的传输网络传输。回程包括路由器、交换机、光纤、光收发器和微波传输设备。有许多不同的方式来完成回程网络。通过回程传输网络发送后，信号到达运营商的核心网络，核心网络负责向客户提供服务，并将流量路由到其他设备或网络。

（2）5G 的竞争

5G 的竞争不单是 5G 网络的投资和部署，更为关键的是谁制造、谁设立标准、谁掌握知识产权。在竞争日益激烈的技术环境中，5G 对安全、创新和就业都有影响。今天全球做出的关于 5G 的决定将在未来几十年影响各国的安全和经济表现。在 5G 竞争中取得领先，不单单具有经济增长的目的，更被赋予国家安全的重要含义。

美国的公司仍是 5G 技术发展和部署上的有力参与者，但现在美国及其盟友正在遭受来自中国的挑战。

在核心电信网络设备制造商的竞争中，美国的公司已经出局，四家主导市场的、满足 5G 技术核心的网络技术制造商没有一家来自美国。未来核心网络设备商的选择将是欧洲的安全合作伙伴（爱立信、诺基亚）和中国（华为、中兴）。

于 5G 而言，电信公司最终将不得不转向 5G Core（5GC）新标准定义的新硬件和软件基础设施。目前，市场领导者是爱立信和华为（占据 60%的市场份额），其次是诺基亚、思科和中兴。

中国企业终于在 5G 竞争中开始有了名字。事实上，对于现在的 5G 网络，中国正悄无声息地在过去的美欧强势领域中占有一席之地，在美国拥有众多 5G 专利、在 4G 取得绝对领先地位并和"安全合作伙伴"围堵的时期，中国企业的进步确实显而易见。

路由器和交换机市场目前由思科、华为、诺基亚和瞻博（Juniper）主导，这些公司占据了 90%的市场份额。思科、瞻博和诺基亚都宣布了为下一代核心网络部署 5G 路由器的计划。

华为和三星也宣布了面向固定 5G 用户的 5G 兼容 edge 路由器，其他路由市场参与者如爱立信、HPE、织锦、科氏、富士通、NEC 和 ZTE.7 则依赖于网络处理器。

2016 年，英特尔和博通引领网络硅市场，其他参与者包括 HiSilicon（华为所有）、高通、TI、Global Foundry、Xilinx、Cavium、思科、爱立信和 Marvell。

（3）5G 的商用及进展

频谱是 5G 商用部署的重要前提。英国、韩国、意大利、墨西哥、西班牙、美国等国家已经先后进行 5G 频谱拍卖，世界各国在 5G 商用部署上不断加大推进力度，2018 年 12 月 1 日，韩国三大运营商宣布面向企业推出 5G 商用服务。

从全球 5G 频谱分布来看，3.5 GHz 频段最具有全球通用的可行性，相比 4.9 GHz 更具经济性，这是因为频率越高，信号波长越短，穿透障碍能力越差，基站覆盖范围越小，单位面积内所需要建设的基站就越多，投资成本越高。粗略测算，在 4.9 GHz 建设基站的成本将是 3.5 GHz 的 1.5 倍。

根据 2018 年 12 月 6 日的报道，我国的三大运营商已获得全国范围 5G 中低频段试验频率使用许可。中国电信获得 3400～3500 MHz 共 100 MHz 带宽的 5G 试验频率资源；中国移动获得 2515～2675 MHz、4800～4900 MHz 频段的 5G 试验频率资源，其中 2515～2575 MHz、2635～2675 MHz 和 4800～4900 MHz 频段为新增频段，2575～2635 MHz 频段为中国移动现有的 TD-LTE（4G）频段；中国联通获得 3500～3600 MHz 共 100 MHz 带宽的 5G 试验频率资源。

2018 年年底，在中国移动全球合作伙伴大会上，华为展出了全产品系的 5G 组网产品，更侧重于实际商用应用层面，展示了 5G 在各行业的应用，如智能电网、无人机、高清视频等。华为还展出了 Sub 6 GHz 的业界首个 5G 商用 CPE 终端（Customer Premise Equipment，客户终端设备）产品，同时支持独立组网和非独立组网双架构方式，支持 2.6 GHz 频段、3.5 GHz 频段、4.9 GHz 频段，其中支持 2.6 GHz 频段能力的产品为首次展出。

2019 年 1 月 24 日，在华为 5G 发布会暨 2019 世界移动大会预沟通会上，华为发布了首款 5G 基站核心芯片——华为天罡。天罡芯片实现了 2.5 倍运算能力的提升，搭载最新的算法及波束赋形，单芯片可控制业界最高的 64 路通道；极宽频谱，支持 200 Mbps 运营商频谱带宽。该芯片可使基站尺寸缩小 50% 以上，重量减轻 23%，功耗节省 21%，安装时间比标准的 4G 基站节省一半。

目前，华为已经获得 30 个 5G 商用合同，25000 多个 5G 基站已发往世界各地。截至 2018 年底，华为已完成中国全部预商用测试验证，5G 进入规模商用快车道。

# 8.2　分布式多媒体计算机系统

电子计算机的问世把人类社会带入信息时代，个人计算机的迅猛发展使计算机应用几乎渗透到人类活动的所有领域。随着信息社会的发展，人们的需求也逐渐变化，集中式的单机系统对以数值计算为主的早期应用尚可，而面对大量的非数值应用，单机则远不能适应通信和资源共享的需求，因此分布式系统和网络环境得到了迅速发展。经过二十多年的研究，计算机通信已广泛应用，分布式系统已取得了很大的进展。

## 8.2.1　分布式多媒体计算机系统的基本特征

随着计算机和数字化的通信技术的发展，多媒体的含义发生了很大的变化，要给分布式多媒体计算机下个严格的定义还存在着一定的困难，因为随着技术的发展，系统的发展还处于不断探索和完善阶段，所以在此只描述其基本特征。

（1）多媒体综合性

通常，信息的采集、存储、加工、传输都是通过不同的载体而进行的。单一的信息载体都是单一的媒体，单一媒体的采集、存储、传输都有自己的理论和专门的技术。而把上述多种媒体综合在一起，就叫多媒体一体化。所谓一体化，是指把不同的媒体、不同类型的信息采用同样的或非常接近的接口，统一进行管理，这将大大提高多媒体系统的应用效率和水平。多媒体一体化的分布式系统不仅能改善现存的各种信息系统性能，还将开拓很多新的应用领域，使计算机应用从科学计算、事务处理、管理和控制扩展到人们的生活、娱乐和学习中。计算机和家电相结合，将使信息社会进入一个崭新的时代。

（2）资源分散性

资源分散性是分布式多媒体系统的一个基本特征。它不同于当前的各种多媒体系统，特别是多媒体个人计算机 MPC，因为 MPC 是基于 CD-ROM 的单机系统，它的所有资源都是集中式的，所有插板都插在 PC 上，系统都是单用户。分布式多媒体系统的资源分散性指的是，系统中各种物理资源和逻辑资源在其功能和地理上都是分散的。一般来说，系统都是基于客户 - 服务器模型，采用开放模式，节点上的用户共享服务器上的资源。这样的系统完全不同于 MPC，而是通过高速、宽带网络互连成分布式系统，但它又不同于只是共享正文数据的现存的分布式系统，它共享的是各种媒体的信息资源。系统的多种媒体资源可以集中在一个服务器上，也可以分散在不同的服务器上。这种多媒体的文件服务器也可用一个服务器，利用不同进程，通过分布式进程调度来管理不同的媒体信息。从操作系统资源管理的角度看，这种分布式多媒体系统的资源分散管理的实现，可能要改造和重新设计分布式多媒体计算机系统的操作系统，要对通信协议进行改造，要引入新的远程过程调用的机制。这方面有很多问题尚需进一步研究。

（3）运行实时性

通常，计算机系统中的正文数据没有实时要求，而多媒体中，音频、视频信号是与时间相关的连续媒体，从而对计算机提出实时性要求。实时性分为硬实时和软实时。关键问题是如何把多媒体信息（如视频和音频信号）与计算机的正文相匹配和组合，形成一个整体。特别是为了实现多媒体通信，要解决通信协议和运行远程过程调用等问题。例如，人们要在屏幕上严格按时间要求画一幅画，这就要求远程过程调用和窗口管理都具有实时性，以及有些实时的媒体和非实时的媒体如何同步调度组合等。由此可知，多媒体的引入要求分布式计算机系统必须解决实时性，才能应用到分布式多媒体系统中去。

（4）操作交互性

操作交互性是指在分布式系统中发送、传播和接收各种多媒体信息时，采用实时交互式操作方式，随时可以对多媒体信息进行加工、处理、修改、放大和重新组合。这个特点使它区别于广播、电视等系统，后者是被动接收，接收者在接收过程中不能对屏幕每帧进行加工、修改、放大和缩小，而分布式多媒体系统中这种操作交互性，可以使每个客户实时地任意选择不同服务器的各种多媒体资源，甚至在同样的运动图像上，根据不同的需要，不仅可以组合不同的声音，还可以通过摄像机把观众直接叠加到活动的视频图像上。

（5）系统透明性

系统透明性是分布式系统的主要特征。分布式多媒体系统中要求透明，主要是因为系统中的资源是分散的，用户在全局范围内使用相同的名字可以共享全局的所有资源。这种透明性分为位置透明性、名字透明、存取透明、并发透明、故障透明、迁移透明和性能透明，更高级形式即为语义透明。

## 8.2.2　分布式多媒体计算机系统服务模型

分布式多媒体系统就是把多媒体信息的获取、表示、传输、存储、加工、处理集成为一体，运行在一个分布式计算机网络环境中。它把多媒体信息的综合性、实时性、交互性和分布式计算机系统资源的分散性、工作并行性和系统透明性相结合。分布式多媒体计算机系统从总体上来看，采用客户－服务器（C/S）模型，即把一个复杂的多媒体任务分成两部分去完成，运行在一个完整的分布式环境中。也就是说，在前端客户机上运行应用程序，而在后端服务器上提供各种各样的特定的服务，如多媒体通信服务、多媒体数据压缩编码和解码、多媒体文件服务和多媒体数据库等。

从用户的观点来看，C/S 模型是客户机先提出服务请求（通过系统中的远程过程调用 RPC 向服务器发出请求），系统根据资源分配决定访问相应的服务器，服务器执行所需的功能，完成这样一个远程调用过程后，将结果返回客户机。客户机和服务器通过网络或分布式低层网络互连来实现这样一个完整的请求和服务的过程。

C/S 的概念早在 20 世纪 80 年代初就提出过，一直作为分布式系统的基本概念受到人们的青睐。C/S 的实质是指分布式系统中两个进程之间的关系。更确切地说，客户机和服务器都是进程，两个进程要互相通信并建立合作关系。客户机进程先发出请求，而服务器进程根据请求执行相应的作业和服务，完成一个调用过程后，将结果再通过 RPC 送回到客户机。从上述讨论可以看出，客户机进程和服务器进程都是相对的概念。两个进程可以在一台机器内并存，也可跨网络而在异地的两台机器上运行。因此，客户机和服务器这个模型与系统无直接关系，只是分布式系统中的一种设计思想和概念模型。C/S 模型在 20 世纪 90 年代计算机系统的研究、制造和应用的各方面都受到普遍的关注。美国 Sybase 公司基于这种模型成功地开发了分布式数据库，对多媒体也提供了很好的支持。Oracle 推出的 Media Server 也是基于C/S 模型的。

## 8.2.3　分布式多媒体系统的层次结构

分布式多媒体系统从功能上可以分为 5 层，如图 8-2 所示。

（1）多媒体接口层

多媒体接口层是系统的底层，是系统与各种媒体通信的接口，如摄像机、触摸屏、麦克风、VCR、光盘、扬声器等。这些连接，我们称之为物理通道。该层的基本功能是根据各种

具体多媒体设备，实现模数和数模转换。为了实现多媒体同步，要在输入数据上加上时间标记。

在该层提供的几种数据抽象如物理时钟可以描述现实世界中的计时，物理通道是接口与各具体物理设备的通路。

多媒体接口层提供如下功能和服务：

✠ 实现多媒体输入的模数转换。

✠ 实现多媒体输出的数/模转换。

✠ 对输入的数据打上时钟标记。

（2）多媒体传输层

| 应用层 |
|---|
| 多媒体表示层 |
| 流管理层 |
| 多媒体传输层 |
| 多媒体接口层 |

图 8-2　分布式多媒体系统层次结构模型

多媒体传输层根据要传输的多媒体数据量大小而分别采用不同的传输策略。当发送简单的消息、多媒体的数据量小时，采用网络中的数据报来提供服务；当发送的数据量大时，可采用虚电路，这样才能确保多媒体数据实时传输的要求。该层根据目的地址可确定是直接传输到本地的模拟接口层，还是通过网络发送到远程节点上的模拟接口层。同时，该层提供接收多媒体数据的功能，这对本地和远程同样是等价的。多媒体传输层可提供各种同步或异步协议，但协议必须满足实时性的要求。这与一般网络协议不同。因此，分布式系统一般基于高速网络和轻型协议。

多媒体传输层提供如下服务：

✠ 采用各种协议提供多媒体数据。

✠ 可实现从远程发送来的数据与本地的数据具有相同的机制，并对高层提供支持。

（3）流管理层

流是对于特定媒体相关的数据的抽象。表示媒体的数据流根据合成或采样的不同可分为两类：一是数字采样的连续媒体流，这种集成的连续媒体流不是单一媒体而是综合多个采样的连续媒体流；二是事件驱动媒体流（采样是中断驱动或事件驱动），具有非确定的采样频率，但在数据上打上时间标记。上述媒体流分类也可以是实时的数据流和重播数据流。

流管理层提供的服务包括：

✠　数据源通过下层传输层获取多媒体数据流。

✠　向目的地和高层提交多媒体数据。

✠　对单一媒体如音频和视频进行压缩编码处理等。

✠　流输入的选择和分发。

（4）多媒体表示层

多媒体表示层是在多媒体流管理层之上更高的一层，对多媒体流在空间和时间上进行协调。在多媒体表示层中，不同的媒体流被并行地同步处理、混合，以形成一个新的媒体流。

多媒体表示层提供如下服务：

✠　流间和流内的同步。

✠　综合同步多媒体数据。

✠　对特定流进行处理。

（5）应用层

应用层可根据不同应用分别配置相应软件。

通过上述分布式多媒体系统的层次结构的模式可看出，要开发各种应用系统，先通过接口层把各种多媒体文件通过模数变换送入传输层（传输层的多媒体数据有本地的语言或图像，也有远程多媒体数据），通过传输层送到流管理层，对多媒体数据进行压缩编码和加工处理，再送到表示层，对各种多媒体流的流内和流间进行同步、综合加工一体化处理。

这种层次结构模式支持在网络环境下各种多媒体资源的共享，支持实时的多媒体输入和输出，支持系统范围透明的存取，支持在网络环境交互式的操作和对多媒体信息的获取、加工处理、存储、通信和传输等。

## 8.2.4　网格

网格是指把整个 Internet 整合成一台巨大的超级计算机，实现计算资源、存储资源、数据资源、信息资源、知识资源、专家资源的全面共享。当然，网格并不一定非要这么大。它也可以是地区性的网格、企事业内部网格、局域网网格、家庭网格和个人网格。网格的根本特征并不一定是它的规模，而是资源共享，消除了资源孤岛。

网格的核心观念是一句老话，即"网络就是计算机"，这个网络可以大到整个 Internet，小到一个家庭网。

导致网格技术兴起的一个主要原因在于海量的信息和数据需要处理。信息社会每时每刻都在产生像大海一样大量的数据和信息。例如，在高能物理领域，西欧高能物理中心一台高能粒子对撞机所获取的数据用 100 万台微机的硬盘都装不下，而分析这些数据需要更大的计算能力。例如，在生物领域的后基因组计划的解读，在哈勃望远镜所获取的大量宇宙数据的分析，在气象、地震预报预测等重大科学领域的计算问题，这些促使科学家要利用分布在世界各地的计算机资源，通过高速网络连接起来，共同完成计算问题。

（2）网格的定义

网格是一种新技术。国外媒体常用"下一代因特网""Internet 2""下一代 Web"等词语来称呼网格相关技术。简单地讲，传统因特网实现了计算机硬件的连通，Web 实现了网页的连通，而网格试图实现互联网上所有资源的全面连通，消除信息孤岛和知识孤岛，实现信息资源和知识资源的智能共享。

负责美国计算网格项目负责人之一的伊安·福斯特于 1998 年在其主编的《网格：21 世纪信息技术基础设施的蓝图》一书中这样描述网格："网格就是构筑在互联网上的一组新兴技术。它将高速互联网、高性能计算机、大型数据库、传感器、远程设备等融为一体，为科技人员和普通百姓提供更多的资源、功能和交互性。互联网主要为人们提供电子邮件、网页浏览等通信功能，网格的功能则更多更强，它能让人们透明地计算、存储其他资源。"

（2）网格的构成

完整的网格系统包括多种软件、硬件和网络设备。目前，网格项目实施中所用到的网络、存储等硬件设备大多是现有技术提供的，真正让一个系统变成一个网格的是网格中的软件实现部分。

与一台计算机的组成相对应，网格由虚拟引擎、虚拟操作系统、虚拟中间件、应用软件四个层次构成。所谓虚拟引擎，就是由分布式的、异构计算机和操作系统所构成的网络环境。虚拟操作系统用来透明地管理流程与资源的分布式服务。虚拟中间件是实现业务整合以及其他功能的跨系统架构。

（3）网格的分类

根据网格所管理的资源类型，网格通常可以分为计算网格、数据网格、设备网格和应用网格。其中，应用网格从实现技术上来说需要借助于计算网格、数据网格等。如果再将它们细分层次的话，那么可以说应用网格位于其他网格之上。在这四类网格中，可根据实际应用更有针对性地将网格应用分为分布式高性能计算、海量信息处理与服务、分布式交互协同、信息获取与融合、Peer-to-Peer 应用、商业应用网格等。

（4）网格的应用

网格会带来一场互联网的革命，将改变整个计算机世界的格局，从而给世界各行各业带来巨大的效益。利用网格，芯片设计厂商可以将他们在数星期内方可完成的设计任务在数小时内就可顺利完成，从而大大缩短产品面市的时间；汽车制造厂商可以利用网格进行模型的模拟测试，从而取代原来的电路测试和风洞试验，降低汽车的成本；在金融行业，网格在风险抵抗等方面有很好的作用；在基因工程领域，网格将大显身手，如药物分子模拟、药物研究、基因测序等都离不开网格。以基因治疗为例，目前医院无法通过 DNA 对一个病人做病理分析，但是如果网格技术能够普及，那么会提供无限的计算空间，将使这种诊治变为可能。

## 8.2.5　云计算

云计算（Cloud Computing）是 2007 年才兴起的新名词，是一种新兴的商业计算模型。云计算是并行计算（Parallel Computing）、分布式计算（Distributed Computing）和网格计算（Grid Computing）的发展，是这些计算机科学概念的商业实现。云计算是虚拟化（Virtualization）、效用计算（Utility Computing）、基础设施即服务（IaaS）、平台即服务（PaaS）、软件即服务（SaaS）等概念混合演进并跃升的结果。

（1）云计算的概念

"云计算"目前还没有统一的定义，在线维基百科把它定义为：云计算是一种基于动态、可伸缩的虚拟资源的面向互联网服务的计算。

云计算将计算任务分布在大量计算机构成的资源池上，使各种应用系统能够根据需要获取计算力、存储空间和各种软件服务。这种资源池称为"云"。

"云"是一些可以自我维护和管理的虚拟计算资源，通常为一些大型服务器集群，包括计算服务器、存储服务器、宽带资源等。

云计算将所有的计算资源集中起来，并由软件实现自动管理，不需要人为参与。这使得应用提供者不需要为烦琐的细节而烦恼，能够更专注于自己的业务，有利于创新和降低成本。

（2）云计算的特点

① 超大规模。"云"具有相当的规模，Google 云计算已拥有 100 多万台服务器。Microsoft 在美国华盛顿州建成了一个数据中心，占地约 $3 \times 10^5$ m²，存放着无数台服务器。

② 虚拟化。云计算支持用户在任意位置、使用各种终端获取应用服务。所请求的资源来自"云"，而不是固定的有形实体。

③ 高可靠性。"云"使用了数据多副本容错、计算节点同构可互换等措施来保障服务的高可靠性，使用云计算比使用本地计算机可靠。

④ 通用性。云计算不针对特定的应用，在"云"的支撑下可以构造出千变万化的应用，同一个"云"可以同时支持不同的应用运行。

⑤ 高可扩展性。"云"的规模可以动态伸缩，满足应用和用户规模增长的需要。

⑥ 按需服务。"云"是一个庞大的资源池，可按需购买；云可以像自来水、电、煤气那样计费。

⑦ 廉价。由于"云"的特殊容错措施可以采用极其廉价的节点来构成云，"云"的自动化集中式管理使大量企业不需要负担日益高昂的数据中心管理成本，"云"的通用性使资源的利用率较之传统系统大幅提升，因此用户可以充分享受"云"的低成本优势，经常只要花费几百美元、几天时间就能完成以前需要数万美元、数月时间才能完成的任务。

（3）云计算与网格计算的区别

① 目标不同

网格的目标是尽可能地利用各种资源，通过特定的网格软件，将一个庞大的项目分解为无数个相互独立的、不太相关的子任务，然后交由各计算节点进行计算。

尽管云计算也像网格计算一样将所有的资源构筑成一个庞大的资源池，但云计算向外提供的某个资源是为了完成某个特定的任务。比如，某个用户可能需要从资源池中申请一定量的资源来部署其应用，而不会将自己的任务提交给整个网格来完成。

② 分配资源方式的不同

虽然网格能够实现跨物理机进行并行作业处理，但需要用户先将并行算法写好，并且通过调度系统将作业分解到不同的物理节点进行。这个过程相对比较复杂，也是很多网格计算被建设用来完成特定需求的原因。

云计算是通过虚拟化将物理机的资源进行切割，从这个角度来实现资源的随需分配和自动增长，并且其资源的自动分配和增减不能超越物理节点本身的物理上限。尽管从控制端来看，云计算也将所有的 IT 资源视为一个资源池，但是不同芯片的物理机会被归类到不同的资源池中。

# 8.3　P2P 网络

P2P（Peer to Peer）技术称为对等网络技术，是一种用于不同计算机客户之间，不经过中间设备直接交换信息的技术，实质上是一种网络结构思想。P2P 并不是一个全新的网络技术，早在互联网出现时 P2P 技术就应运而生，与目前网络中占主导地位的 C/S 结构的本质区别是整个网络不存在中心节点（或中心服务器）。P2P 节点之间是平等的、直接联系的，每个节点都具有提供信息和处理信息的功能。每台计算机可以直接连接到其他计算机，并进行文件交换，而不需要连接到服务器上再进行浏览和下载。P2P 技术弱化了服务器的作用，甚至可以取消服务器，任意两台计算机互为服务器，同时又是客户机。

P2P 技术的目的是希望能够充分利用 Internet 中所蕴含的潜在的资源，通过系统中的各节点之间直接的数据通信引导网络计算从中心走向边缘，充分利用终端设备的处理能力，每个节点主动地加入网络中来共享资源。

## 8.3.1　P2P 技术体系结构与分类

P2P 技术存在三种结构模式的体系结构，即以 Napster 为代表的集中目录式结构、以 Gnutella 为代表的纯 P2P 网络结构和混合式 P2P 网络结构。从 P2P 技术发展过程来说，到目前为止，P2P 技术可分为四代：中央控制网络体系结构、分散分布网络体系结构、混合网络体系结构、目前发展中 P2P 的技术。

（1）第一代 P2P（中央控制网络体系结构——集中目录式结构）

集中目录式结构采用中央服务器管理 P2P 各节点。P2P 节点向中央目录服务器注册关于自身的信息（名称、地址、资源和元数据），但所有内容存储在各节点中而并非服务器上，查询节点根据目录服务器中信息的查询以及网络流量和延迟等信息，来选择、定位其他对等节点并直接建立连接，而不必经过中央目录服务器进行。集中目录式结构的优点是提高了网络的可管理性，使得对共享资源的查找和更新非常方便；缺点是网络的稳定性差（服务器失效则该服务器下的对等节点全部失效），缺乏有效的强制共享机制，资源可用性差。具有高效的检索和低效的交换服务是第一代 P2P 工具的特点，可以说是第一代 P2P 工具的代表。

目录式结构的典型代表是 Napster。它是一款可以在网络中下载自己需要的 MP3 文件的软件名称。Napster 同时能够让用户自己的机器也成为一台服务器，为其他用户提供下载。正如前面所描，Napster 本身并不提供 MP3 文件的下载，实际上提供的是整个 Napster 网络的 MP3 文件"目录"，而 MP3 文件分布在网络中的每台机器中，随时供用户选择取用 Napster 具有强大的搜索功能，可以将在线用户的 MP3 音乐信息进行自动搜寻并分类整理，以备其他用户查询，只要知道歌曲的名称或演唱者的名称，就可以容易地获取这些歌曲。

（2）第二代 P2P（分散分布网络体系结构——纯 P2P 网络结构）

P2P 的后起之秀电驴（eDonkey）及其改良品种电骡（eMule）改进了第一代 P2P 系统，中央服务器提供简单的文件列表功能，下载、安装客户端后，不需要注册即可使用。电驴的革命性突破在于：它不是只在一个用户那里下载文件，而是同时从多个用户那里下载文件；若某个用户只有所需文件的一个小小片段，则它也会自动地把这个片段分享给大家。

类似 eDonkey 或 eMule 这样的系统采用的纯 P2P 网络结构也被称为广播式的 P2P 模型，它没有集中的中央目录服务器，每个用户随机接入网络，并与自己相邻的一组邻节点通过端到端连接构成一个逻辑覆盖的网络。对等节点之间的内容查询和内容共享都是直接通过相邻节点广播接力传递，同时每个节点还会记录搜索轨迹，以防止搜索环路的产生。纯 P2P 网络结构解决了网络结构中心化的问题，扩展性和容错性较好。由于没有一个对等节点知道整个网络的结构，网络中的搜索算法以泛洪的方式进行，控制信息的泛滥消耗了大量带宽，并很快造成网络拥塞甚至网络的不稳定，从而导致整个网络的可用性较差。另外，这类系统更容易受到垃圾信息甚至病毒的恶意攻击。

（3）第三代 P2P（混合网络体系结构——混合式网络结构）

为了克服第二代 P2P 的不足，一种新的网络结构出现了——混合式网络结构。这种网络结构综合了纯 P2P 去中心化和集中式 P2P 快速查找的优势。按节点能力不同（计算能力、内存大小、连接带宽、网络滞留时间等），分为普通节点和搜索节点两类。

搜索节点与其临近的若干普通节点之间构成一个自治的簇，簇内采用基于集中目录式的 P2P 模式，而整个 P2P 网络中不同的簇之间再通过纯 P2P 的模式将搜索节点相连。可以在各搜索节点之间再次选取性能最优的节点，或另外引入一新的性能最优的节点作为索引节点，来保存整个网络中可以利用的搜索节点信息，并且负责维护整个网络的结构。由于普通节点的文件搜索先在本地所属的簇内进行，只有查询结果不充分时，再通过搜索节点之间进行有限的泛洪。这样就极为有效地消除了纯 P2P 结构中使用泛洪算法带来的网络拥塞、搜索迟缓等不利影响。同时，由于每个簇中的搜索节点监控所有普通节点的行为，能确保一些恶意的攻击行为能在网络局部得到控制，在一定程度上提高了整个网络的负载平衡。著名的即时通信软件 Skype 采用的就是这种混合式网络结构。

（4）新一代 P2P

在原有 P2P 技术的基础上，新一代的 P2P 架构中提出或应用了一些新技术措施。

① 动态口选择之一。目前的 P2P 应用一般使用固定的端口，但有些公司已经开始引入协议可以动态选择传输口，端口的数目一般为 1024～4000，甚至 P2P 流可以用原来用于 HTTP/SMTP 的端口 80 或 25 来传输，以便隐藏。

② 双向下载，多路并行下载和上载一个文件和/或多路并行下载一个文件的一部分。而目前传统的体系结构要求目标在完全下载后才能开始上载，这将大大加快文件分发速度。

③ 智能节点弹性重叠网络。该技术在路由器网络层上设置智能节点用各种链路对等连接，构成网络应用层的弹性重叠网，可以在保持互联网分布自治体系结构前提下改善网络的安全性、QoS 和管理性。智能节点可以在路由器之间交换数据，能够对数据分类（分辨病毒、垃圾邮件）保证安全。通过多个几何上分布的节点观察互联网，共享信息可以了解互联网蠕虫感染范围和性质，提供高性能、可扩张、位置无关消息选路，以确定最近的本地资源位置；可以改进内容分发，使用智能节点探测互联网路径踪迹并且送回关于踪迹的数据，解决目前互联网跨自治区路径选择方面存在的问题；可以实现 QoS 选路，减少丢包和时延，快速自动恢复等。

## 8.3.2　P2P 网络的特点

（1）分散化

网络中的资源和服务分散在所有节点上，信息的传输和服务的实现都直接在节点之间进行，可以不需是中间环节和服务器的介入，避免了可能的瓶颈。

即使是在混合 P2P 中，虽然在查找资源、定位服务或安全检验等环节需要集中式服务器的参与，但主要的信息交换最终仍在节点之间直接完成，这样就大大降低了对集中式服务器的资源和性能的要求。

（2）可扩展性

在传统的 C/S 架构中，系统能够容纳的用户数量和提供服务的能力主要受服务器的资源限制，而在 P2P 网络中，随着用户的加入，虽然服务的需求增加了，但系统整体的资源和服务能力也在同步扩充，因而始终能较容易地满足用户的需要。即使在一些混合型 P2P 网络中，由于大部分处理直接在节点间进行，大大减少了对服务器的依赖，因而能够方便地扩展到数百万以上的用户。而对于纯 P2P 网络，整个体系是全分布的，不存在瓶颈，理论上其扩展性可以认为是无限的。

（3）鲁棒性

在传统的集中式服务模式中，集中式服务器为整个系统要害所在，一旦发生异常就会影响到所有用户的使用。而 P2P 架构的服务是分散在各节点之间进行的，部分节点或网络遭到破坏对其他部分的影响很小。而且 P2P 模型一般在部分节点失效时能够自动调整整体拓扑，保持其他节点的连通性。事实上，P2P 网络通常都是以自组织的形式建立起来的，并允许节点自由加入和离开。一些 P2P 模型能够根据网络贷款、节点数、负载等变化不断地做自适应式的调整。

（4）高性能

性能优势是 P2P 被广泛关注的一个重要原因。随着硬件技术的发展，个人计算机的计算和存储能力以及网络贷款等性能依照摩尔定律高速增长。而在目前的互联网上，这些普通用户拥有的节点只是以客户机的方式连接到网络中，仅作为信息和服务的消费者，游离于互联网的边缘。对于这些边际节点的能力来说，存在极大的浪费。

采用 P2P 架构可以有效地利用互联网中散布的大量普通节点，将计算任务或存储资料分布到所有节点上，利用其中闲置的计算能力或存储空间，达到高性能计算和海量存储的目的。

## 8.3.3　P2P 技术的应用

P2P 技术带来的诸多好处显而易见，最大的好处是资源将得到充分利用和最大化的共享。这些应用主要体现在以下 10 方面。

（1）实时通信（Real-time communications，RTC）、无服务器型即时通信

即时通信（Instant Messaging，IM）在当今已经变得相当普遍。国外的 Whatapps、LINE 和国内的 QQ、微信等都已吸引了大量用户使用。即时通信之所以能成为当今 Internet 上最受欢迎的应用，主要是因为它满足了人们对于通信实时性的要求。然而，目前的即时通信软件还是基于 C/S 模型设计的，用户的账号、好友列表等信息都保存在服务器上，甚至用户有时

发出的消息也需要服务器帮助转发。如果服务器出现故障，那么许多功能就会在一定时间内无法使用。无服务器型的 IM 基本不需要服务器的支持，只要人们以某种形式（如 Workgroup）形成了 P2P 网络互连，就可以相互之间识别并通信，中间过程不需要服务器的帮助。这不但会大大降低了 IM 应用提供商的运营成本，而且减少人们对于服务器稳定性的依赖。这样无论用户是在 Internet 上还是在独立的公司局域网上，甚至是在家中，都能随时组成 P2P 网络进行通信。

（2）实时比赛和游戏

网络游戏的发展速度惊人，目前新推出的游戏大都提供基于网络的对战功能。然而与即时通信应用相似，基于 C/S 模型的对战同样需要性能强劲的游戏服务器支持，虽然有许多游戏支持局部区域网络对战，但实际应用中总存在很多不便。P2P 技术允许任何节点可以单独建立区域型的 P2P 网络，可以让网络上的任何人随时加入其中，共同游戏娱乐。

（3）协同工作

项目组内协作"协同工作"的概念现在越来越受到推崇和重视，一个很重要的原因就是现在的项目规模不断扩大，仅靠两三个人的力量是根本无法胜任的。而要很好地实现"协同工作"就必须有相应的软件支持。Microsoft Office 的组件中已经开始加入了"协同工作"的功能，在 Visual Studio.NET 中也引入了相应的功能，但这些仍然是基于 C/S 模型的"协同工作"。P2P 技术实现的协同工作是不需要服务器支持的，而且可以组合成一个个工作组，在之上共享信息、提出问题、商讨解决方案等，提供更好的"协同工作"能力。

（4）文件共享

与其他人共享文件已非常普遍，很多软件已实现了这方面的功能。但 P2P 技术真正想提供的是一种无服务器的文件共享能力。如果想与国外的几个朋友分享一个 MP3 音乐文件，那么使用 eDonkey 等软件来传输这个文件十分麻烦，因为这些软件只提供全局共享能力。如果使用 P2P 技术开发的文件共享软件，那么只要简单地形成一个 P2P 网络，就可以互相看到对方共享的文件，并随时下载，而且这种不需要服务器支持的共享方式比现在已有的方式更加有效。

（5）共享体验

随着无线网络应用的普及，移动设备上网并收发 MMS（Multimedia Message Service，多媒体消息业务）等应用已经变得不新鲜了，但对无线业务稍有了解的人都知道，目前的 MMS 仍然需要运营商服务器的转发才能实现。但借助于 P2P 技术，用户随时可以将手机的摄像头对准感兴趣的场景，将这个场景以视频的形式直接传送到朋友们那里，而不需要运营商服务器的支持。

（6）内容分发

NetMeeting 中的电子白板功能许多人都用过，包括聊天室中的聊天功能也都支持多人一起聊天，而且所有人都能看到聊天信息。但这同样必须有服务器在中间做存储转发才可以实现，而且许多服务器都有聊天时间和聊天信息多少的限制，不能一直都挂在网上并随时看到所有的聊天信息。P2P 可以实现一个 Workgroup 中 7×24 小时在线互连，并且随时分发通话的信息。新加入这个 Workgroup 的人还可以看到以前的信息。这是基于服务器的聊天应用很难实现的。

（7）音频和视频

目前，基于网络的电视电话会议应用已很普遍，在许多场合都发挥着重要的作用。而这种系统大都由主会场的一台服务器作为中央控制服务器，将主会场的音频和视频信号压缩编码后通过有线或无线网络不断发送出去，到达分会场后再解码播放。如果想看到分会场的情况，那么必须不断地将分会场的信号传回主会场的中央服务器，由它再分发到其他分会场。可以看出，这个中转过程中浪费了不少网络传输资源。但这是基于 C/S 模型无法避免的弊端。P2P 技术使所有的会场都处于平等的地位。一个会场的信号会同时广播到所有的会场，会议系统只需要通过切换不同的接收信号，就可以收到所有会场的情况。

（8）分发产品升级补丁

产品推出后经常需要打补丁，以解决发现的 Bug 或安全隐患，如 Microsoft 的 Service Packs 或 Update。然而，目前打补丁的方法基本上采用让用户自己下载网站上发布的补丁包，自行安装补丁的方法。这会造成许多问题，最严重的问题就是用户对补丁包的真伪不得而知，有时下载的补丁包实际上是木马或病毒，这会给用户带来难以估量的损失。尽管有些软件已经提供自动升级能力，但基于服务器补丁下载模式仍然没有变，同样会带来对服务器稳定性和安全性的依赖。P2P 技术使产品的分发变得十分简单，所有拥有这种产品的人会自动形成一个 Workgroup，并且有严格的身份认证。产品厂商随时在这里提供升级补丁服务，而 P2P 技术会使用户的计算机在不知不觉中完成打补丁和各种升级服务。

（9）分布式计算

分布式计算是当前计算领域一个热门的研究课题，也是 P2P 技术的高级应用。如何将一个大任务分解为许多个小任务，并通过网络分发到所有 Workgroup 中的计算机上进行计算，最后将结果统一汇总到一台计算机上，是分布式计算的一个主要的应用。这种想法的初衷是因为现在的计算机的计算能力已经大大加强，分布于世界各地的无数台计算机拥有巨大的"计算潜能"。如何发掘这部分潜能，共同协作，完成甚至巨型计算机都无法在短期完成的计算任务，是许多计算机科学家孜孜以求的目标。P2P 技术为完成分布式计算提供了很好的平台。当然，真正实现良好的分布式计算还需要许多技术的共同配合才能完成，P2P 只是核心技术中的一种，但应用 P2P 技术实现分布式计算的应用正在慢慢实现。

（10）整合计算资源

"网格"概念的核心思想是，最大限度地利用闲置的网络资源，达到"积跬步以成千里，积小流以成江海"的巨大计算资源汇集效应。而这恰恰是 P2P 技术擅长的地方。

# 8.4 无线多媒体传感器网络

无线传感器网络（Wireless Sensor Network，WSN）是一种全新的信息获取和处理技术，综合了传感器技术、微机电系统、分布式信息处理技术和无线通信技术，能够协作地实时监测、感知和采集各种环境或监测对象的信息并对其进行处理，并将信息传送到用户。微机电系统（Micro-Electro-Mechanism System，MEMS）的迅速发展奠定了设计微小传感器节点的基础。随机分布的集成有传感器、数据处理单元和通信模块的微小传感器节点通过自组织的方式构成网络，借助节点中内置的形式多样的传感器测量所在周边环境中的热、红外、声呐、雷达和地震波等信号，从而探测包括温度、湿度、噪声、光强度、压力、土壤成分、移动物体的大小、速率和方向等众多我们感兴趣的物质现象。

无线传感器网络的构想最初是美国军方提出，美国国防部高级研究所计划署（DARPA）于 1978 年开始资助卡耐基·梅隆大学进行分布式传感器网络的研究，这被视为无线传感器网络的雏形。从那以后，类似项目在全美高校间广泛展开，著名的有 UC Berkeley 的 Smart Dust 项目、UCLA 的 WINS 项目以及多所机构联合攻关的 SensIT 计划等。在这些项目取得进展的同时，其应用也从军用转向民用。在森林火灾、洪水监测之类的环境应用中，在人体生理数据监测、药品管理之类的医疗应用中，在家庭环境的智能化应用以及商务应用中，都已出现了它的身影。目前，无线传感器网络的商业化应用也已逐步兴起。

## 8.4.1　无线传感器网络的特点

无线传感器网络可视为由数据获取网络、数据分布网络和控制管理中心三部分组成。主要组成部分是集成有传感器、数据处理单元和通信模块的节点，各节点通过协议自组成一个分布式网络，再将采集来的数据通过优化后经无线电波传输给信息处理中心。

因为节点的数量巨大，而且处在随时变化的环境中，这就使它有着不同于普通传感器网络的独特"个性"。首先是无中心和自组网特性。在无线传感器网络中，所有节点的地位都是平等的，没有预先指定的中心，各节点通过分布式算法来相互协调，在无人值守的情况下，节点就能自动组织起一个测量网络。而正因为没有中心，网络便不会因为单个节点的脱离而受到损害。

其次是网络拓扑的动态变化性。网络中的节点是处于不断变化的环境中，它的状态也相应发生变化，加之无线通信信道的不稳定性，网络拓扑因此也在不断地调整变化，而这种变化方式是无人能准确预测出来的。

第三是传输能力的有限性。无线传感器网络通过无线电波进行数据传输，虽然省去了布线的烦恼，但是相对于有线网络，低带宽则成为它的天生缺陷。同时，信号之间还存在相互干扰，信号自身也在不断地衰减，诸如此类。不过因为单个节点传输的数据量并不算大，这个缺点还是能忍受的。

第四是能量的限制。为了测量真实世界的具体值，各节点会密集地分布于待测区域内，人工补充能量的方法已经不再适用。每个节点都要储备可供长期使用的能量，或者自己从外汲取能量（太阳能）。

第五是安全性的问题。无线信道、有限的能量，分布式控制都使得无线传感器网络更容易受到攻击。被动窃听、主动入侵、拒绝服务则是这些攻击的常见方式。因此，安全性在网络的设计中至关重要。

## 8.4.2　无线传感器网络的结构

无线传感器网络一般由传感器节点、汇聚节点和任务管理中心组成（如图 8-3 所示）。大量传感器节点随机布设在指定的监测区域内，通过自组织方式构成网络。节点采集的数据沿着其他节点以无线的方式逐跳转发，然后达到汇聚节点，最后通过互联网或通信卫星到达任务管理中心。用户通过任务管理中心对远程传感器网络进行配置和管理，发布监测任务以及收集监测数据。

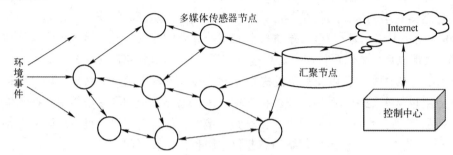

图 8-3　无线多媒体传感器网络结构

从层级结构角度，网络可以分为单层结构、多层结构和混合结构。

从网络中节点承担的功能不同，网络可以分为单功能结构和多功能结构。

从网络通信协议是否单一，网络可以分为单一通信协议结构和多通信协议结构。

传感器网络的网络体系结构与传统的计算机网络有一定的相似之处。传感器网络协议栈是参考计算机网络 OSI 7 层协议栈而划分为 5 层的。协议栈还包括拓扑管理、能量管理、功率控制、安全管理和移动管理等协议，这类协议通常都是跨层协议，一般称为传感器网络管理协议。

物理层主要包括信道的区分和选择、调制解调等。数据链路层包括 MAC 子层和逻辑链路控制子层，它们分别负责媒介资源的共享和数据流的复用、排队、差错控制等。网络层的主要功能包括邻居发现、生成路由等功能。传输层主要是向应用层提供可靠的端到端服务，包括拥塞控制等。应用层是提供面向用户的各种基于监测任务的应用程序，包括 QoS 保证和监测报警等。

## 8.4.3　无线传感器网络的设计

无线传感器网络与一般的网络不同，其中很重要的一点是由于无线传感器节点本身特点和应用环境的限制，使得电池无法进行充电，因此在使用时要受到严格的资源限制，电量耗完意味着该传感器节点实效。为此在设计时要考虑如下主要问题：

①　保证能源的高效利用，节省能量。

②　使所有节点在尽量相同的时间耗尽电源，这样才能保证系统的生存期最长。传感器网络的生存期可以定义成第一个、最后一个或一小部分节点失去作用的时间降。

③　由于传感器网络经常包含大量节点，人们希望这些节点尽可能廉价和低能耗，从而利用多数量的传感器得到高质量的结果。

④　网络协议应在少量节点失效后具有很好的健壮性。

⑤　由于网络中的传感器必须共享有限的无线带宽，路由协议应该完成局部协作，以减少对带宽的需求。

在能耗方面，传感器节点的通信被认为是消耗能量的主要原因，结余能量的方法包括：

① 通过对数据的本地处理，减少数据传输量。

② 通过多跳数据中继，减少通信传输功率。

③ 通过减少诸如数据碰撞产生的重传、过度信道侦听、额外交换控制数据等产生的能量浪费。

对传感器网络节点进行分簇是目前研究的传感器网络主要设计方案之一。基于分簇的传感器网络，通常情况下是把传感器网络节点分成邻接的簇，每簇包含一个簇首节点和多个成员节点。簇首负责收集、处理、压缩来自成员节点的数据，并把数据中继至基站。

分簇方案设计面临的主要问题之一是应该形成多少个簇，要解决的另一个问题是如何选择簇首和成员节点如何与簇首关联。在解决此问题时应考虑如下因素：

① 由于簇首比成员节点消耗更多的能量，为了保证网络的生存期，簇首的选择应该是动态和轮换的。

② 在传感器网络中，簇首应均匀分布。

③ 在大规模传感器网络中簇的形成应是分布式的。

基于以上考虑，目前的分簇方案可以分成几种不同类型。分簇方案是集中式的或分布式的；分簇方案可以应用于均匀网络或非均匀网络；簇首选择可以是随机的或权重相关的；簇首的选择过程可以是一步完成或通过迭代实现的；簇的层次结构可以是单层的或多层的；在簇内的通信方式可以是单跳、多跳的或混合的。每种类型都有优缺点。通常越复杂的方案可以实现越有效的能量利用，然而会常常导致较高的能量和时间上的协调控制开销，因此在设计时需要进行折中。

## 8.4.4　无线多媒体传感器网络

无线多媒体传感器网络（Wireless Multimedia Sensor Network，WMSN）是由一组具有计算、存储和通信能力的多媒体传感器节点组成的分布式感知网络，借助节点上多媒体传感器感知所在周边环境的多种媒体信息（音频、视频、图像、数值等），通过多跳中继方式，将数据传到信息汇聚中心，汇聚中心对监测数据进行分析，实现全面而有效的环境监测。

多媒体无线传感器网络在传统标量无线传感器网络的基础上融合了音频、图像和视频等多媒体感知功能，不仅受能量、存储资源、通信能力等约束，还具有无线传感器网络的规模大、自组织、动态性强、多跳路由等共性特点，另一方面存在很大的个性差别。

（1）能耗分布均匀化

传感器网络的首要设计目标是能源的高效使用，这是传感器网络与传统有线网络最重要的区别之一。在 2002 年 Mobicom 会议上，Estrin 的报告总结中认为：在传统标量传感器网络中，相对于传感器模块和处理器模块，无线通信模块能耗最大，约占 80%，即能耗"聚集"在无线通信上。然而，在多媒体无线传感器网络中，由于采集音频、视频、图像等矢量数据，因此将消耗较多能量。另外，处理巨大数据所消耗的能量也大大增加。对无线多媒体传感器网络中，信息采集、处理、无线通信模块能耗基本相当，即呈"均匀"分布状态。

（2）网络能力增强

传统无线传感器网络主要为获取温度、光强、振动等简单的物理信息，仅能完成一些简单的监测任务，难以实现三维场景的重构、目标识别与跟踪等复杂监测活动，用户难以体验到身临其境的感受。而多媒体无线传感器网络通过不同节点从不同的角度采集多种信息，如音频、视频、图像、简单数值等，显著增加信息维度，增大信息量，增强网络能力。通过在网计算和多模态数据融合等处理方式，能为用户提供可靠的三维精细监测和现场体验。另外，节点处理能力也由原来的几兆赫兹提高至几十甚至数百兆赫兹，存储能力也由原来的 KB 数量级增至 MB 数量级。

（3）数据处理多样化

多媒体无线传感器网络采集的音频、视频、图像等数据格式复杂，数据量大，数据处理负担重。另外，由于监控可能涉及目标识别和跟踪等服务，数据分析不再只是简单的加、减、乘、除、求和和平均等运算。为了减轻网络通信负载，进行图像压缩、音频压缩、视频数据融合等复杂运算是十分必要的。在目标跟踪与识别等特定的应用场景中，甚至必须对数据进行目标提取和识别等处理，这类高智能算法极大地增加了多媒体无线传感器网络任务的复杂度。所以说，强大的数据采集能力将导致数据处理多样化并增大了处理器的负担。

（4）服务质量多样化

多格式、多属性、多模态的数据对传输延迟、网络带宽、可靠性等服务质量要求各异。静止图像、视频等多媒体数据对网络带宽要求高，同时对实时性要求也很强。在视频信息传输的过程中，音频同步也是必不可少的。对于温度等简单数值信息，带宽要求低，即使在不稳定网络甚至机会网络也能满足其 QoS 要求。针对服务质量多样化的要求，多媒体无线传感器网络必须具有灵活和适应性强的体系结构。因此，从底层的物理层到顶层的应用层，都应充分考虑服务质量多样化的需求。

除了以上显著差异，多媒体无线传感器网络与传统无线传感器网络在功能应用、传感模型等方面也存在较大差异。

由于在能耗分布、数据多样性、任务复杂度和感知模型等方面存在较大差异，使得原有在标量无线传感器网络中的研究成果很难直接应用于多媒体无线传感器网络。所以，多媒体无线传感器网络在节点设计、体系结构、各层协议、信号处理等方面面临更大的挑战。

# 8.5　物联网

物联网是在互联网概念的基础上提出的，是将其用户端延伸和扩展到任何物品与物品之间，进行信息交换和通信的一种网络概念。物联网技术的进一步发展实际上是在推动无缝交互技术的发展。所谓无缝交互，就是彻底实现计算机数字世界与实体世界紧密结合的一种方式。所以，积极发展物联网技术，尽快扩展其应用领域，尽快使其投入生产、生活，将具有重要意义。

## 1. 物联网的定义

物联网（Internet of Things）的概念最早于 1999 年由美国麻省理工学院提出，但一直以来业界并没有明确统一的定义。早期的物联网是指依托射频识别技术的物流网络，随着技术和应用的发展，物联网的内涵已经发生了较大变化。

2009 年 9 月，在北京举办的"物联网与企业环境中欧研讨会"上，欧盟委员会信息和社会媒体司 RFID 部门负责人给出了欧盟对物联网的定义：物联网是一个动态的全球网络基础设施，具有基于标准和互操作通信协议的自组织能力，其中物理的和虚拟的"物"具有身份标识、物理属性、虚拟的特性和智能的接口，并与信息网络无缝整合。物联网将与媒体互联网、服务互联网和企业互联网一道，构成未来互联网。

2010 年，由中国工程院牵头组织学术界和产业界众多专家学者召开了多次会议，对物联网概念、体系架构以及相关内涵和外延进行研究讨论，统一了对物联网的认识。

现阶段，物联网是指在物理世界的实体中部署具有一定感知能力、计算能力和执行能力的各种信息传感设备，通过网络设施实现信息传输、协同和处理，从而实现广域或大范围人与物、物与物之间信息交换需求的互联。物联网依托多种信息获取技术，如传感器、RFID、二维码、多媒体采集技术等。物联网的几个关键环节可以归纳为"感知、传输、处理"。

**2．物联网三维体系结构**

从系统功能的角度看，物联网系统可以很简单，也可以非常复杂。一个简单的物联网系统可能就是由若干信息采集节点和一些简单的应用组成。例如，由标签和管理标签的数据库组成的物品管理系统就可以视为一个简单的物联网应用系统。这类系统的结构非常简单。但对于一个复杂的物联网系统而言，不能简单采用分层网络体系结构描述。

物联网系统可以视为由三个维度构成的一个系统，这三个维度分别是信息物品、自主网络和智能应用（如图 8-4 所示）。信息物品表示这些物品是可以标识或感知其自身信息，自主网络表示这类网络具有自配置、自愈合、自优化和自保护能力，智能应用表示这类应用具有智能控制和处理能力。这三个物联网的维度是传统网络系统不具备的维度(包括自主网络的维度)，却是连接物品的网络必须具有的维度，否则，物联网就无法满足应用的需求。

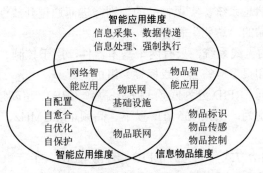

图 8-4　物联网的三维体系结构

信息物品、自主网络与智能应用三个功能部件的重叠部分就是具有全部物联网特征的物联网系统，可以称为物联网基础设施。现实世界中没有物联网系统，物联网系统仅仅是一组连接物品的网络系统总称，如智能交通系统、智能电网、智慧城市可以统称为物联网系统。这里的物联网基础设施表示服务于具体物联网系统的支撑系统，可以提供包括不同应用领域的物品标识、物品空间位置识别、物品数据特征验证和隐私保护等服务，这几部分组成了公共物联网的核心。

物联网是由物品连接构成的网络，无法采用传统网络体系结构的单一的分层结构进行描述。物联网首先需要包括物品的功能维度，这是传统网络不具备的维度。连接到物联网的物品可以称为信息物品，这些物品具备的基本功能包括：具有电子标识、可以传递信息；构成物联网的网络需要连接多种物品，这类网络至少具有自配置和自保护的功能，属于一类自主网络；物联网的应用都是与物品相关的应用，这些应用至少具备自动采集、传递和处理数据，自动进行例行的控制，属于一类智能应用。

自主网络属于现有网络的高级形态，如果不进行自配置、自愈合、自优化和自保护的处理，那么就简化为一般的网络，可以采用网络分层模型描述。智能应用如果完全通过人机交互界面进行处理，那么智能应用也可以简化成为一般的网络应用。如果物联网不再直接连接物品，而是通过人机交互界面输入物品的信息，那么就不再需要标识物品和自动传递物品信息，这样物联网就可以简化成为一般的网络系统，可以采用现代网络分层体系结构进行描述。所以，现有的互联网体系结构可以视为三个维度的物联网体系结构的特例。

运用物联网的三维体系结构模型可以分析和评价一个物联网的特征，可以判断一个网络系统是否属于物联网系统。例如一个网络系统仅仅连接和感知了物品，但是并不具有智能应用，这就不属于一个完整的物联网。所以，传感器网络不属于一个完整的物联网，它仅仅具有信息物品和自主网络的特征。

### 3. 射频识别技术

射频识别技术（Radio Frequency Identification，RFID）是 20 世纪 90 年代开始兴起的一种自动识别技术，是目前比较先进的一种非接触识别技术。RFID 通过射频信号自动识别目标对象并获取相关数据，识别工作无须人工干预，可工作于各种恶劣环境。射频识别技术可识别高速运动物体并可同时识别多个标签，操作快捷方便。

在物联网中，RFID 标签中存储着规范而具有互用性的信息，通过无线数据通信网络，把它们自动采集到中央信息系统，实现物品的识别，进而通过开放性的计算机网络实现信息交换和共享，实现对物品的"透明"管理。

RFID 是一种简单的无线系统，只有两个基本器件，用于控制、检测和跟踪物体，由一个询问器（或阅读器）和很多应答器（或标签）组成。

按照应用频率的不同，RFID 分为低频（LF）、高频（HF）、超高频（UHF）、微波（MW），相对应的代表性频率分别为：低频 135 kHz 以下、高频 13.56 MHz、超高频 860～960 MHz、微波 2.4 GHz、5.8 GHz。

RFID 按照能源的供给方式分为无源 RFID、有源 RFID、半有源 RFID。无源 RFID 读写距离近，价格低；有源 RFID 可以提供更远的读写距离，但是需要电池供电，成本要更高一些，适用于远距离读写的应用场合

如图 8-5 所示，典型的 RFID 系统由标签、阅读器、数据交换和管理系统组成。对于无源系统，阅读器通过耦合元件发送出一定频率的射频信号，当标签进入该区域时，通过耦合元件从中获得能量，以驱动后级芯片与阅读器进行通信。阅读器读取标签的自身编码等信息并解码后送至数据交换、管理系统处理。而对于有源系统，标签进入阅读器工作区域后，由自身内嵌的电池为后级芯片供电以完成与阅读器间的相应通信过程。

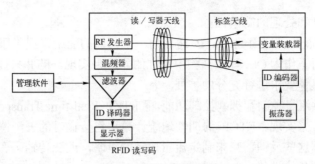

图 8-5　RFID 系统组成

# 8.6　流媒体传输协议

流媒体是指在网络中使用流式传输技术的连续时基媒体，如音频、视频、动画或其他多媒体文件。流媒体给互联网带来的变化是巨大的，对于用户来讲，观看流媒体文件与观看传统的音/视频文件在操作上几乎没有任何差别。唯一有区别的就是影音品质，由于流媒体为了解决带宽问题以及缩短下载时间而采用很高的压缩比，因此用户感受不到很高的图像和声音质量。

流媒体在因特网上的传输必然涉及网络传输协议，其中包括 Internet 本身的多媒体传输协议和一些实时流式传输协议等，只有采用合适的协议才能更好地发挥流媒体的作用，保证传输质量。IETF（Internet 工程任务组）是 Internet 规划与发展的主要标准化组织，已经设计出几种支持流媒体传输的协议。主要有用于 Internet 上针对多媒体数据流的实时传输协议 RTP（Real-time Transport Protocol）、与 RTP 一起提供流量控制和拥塞控制服务的实时传输控制协议 RTCP（Real-time Transport Control Protocol）、定义了一对多的应用程序如何有效地通过 IP 网络传送多媒体数据的资源预订协议 RSVP（Resource Reserve Protocol）和实时流协议 RTSP（Real-time Streaming Protocol）等。

## 8.6.1　RTP/RTCP

RTP（Real-time Transport Protocol，实时传输协议）是一个网络传输协议，是由 IETF 的多媒体传输工作小组 1996 年在 RFC 1889 中公布的，作为因特网标准在 RFC 3550（该文档的旧版本是 RFC 1889）中有详细说明。RTP 详细说明了在互联网上传递音频和视频的标准数据包格式。RTP 一开始被设计为一个多播协议，但后来被用在很多单播应用中，常用于流媒体系统（配合 RTSP 协议）和视频会议系统（配合 H.323 或 SIP），使它成为 IP 电话产业的技术基础。RTP 与 RTP 控制协议 RTCP（RFC 3551，旧版本是 RFC 1890）一起使用，而且是建立在用户数据报协议上的。

RTP 有如下特点。

① 协议的灵活性。RTP 不具备传输层协议的完整功能，其本身不提供任何机制来保证实时的数据传输，不支持资源预留，也不保证服务质量。另外，RTP 将部分运输层协议功能（如流量控制）上移到应用层完成，简化了运输层处理，提高了该层效率。

② 数据流和控制流分离。RTP 的数据报文和控制报文使用相邻的不同端口，这样大大

提高了协议的灵活性和处理的简单性。

③ 协议的可扩展性和适用性。RTP 通常为一个具体的应用来提供服务，通过一个具体的应用进程实现，而不作为 OSI 体系结构中单独的一层来实现。RTP 只提供协议框架，开发者可以根据应用的具体要求进行充分的扩展。

RTP 本身不提供流量控制和拥塞控制功能，靠 RTCP（Real-time Transport Control Protocol，实时传输控制协议）来实现。RTCP 周期性地统计数据包传输时的丢失情况等信息并反馈到服务器，服务器根据这些反馈信息来制定流量控制的策略，改变传输码率甚至负载类型，大大提高了实时数据的传输性能。

因为设计 RTP 是为了传输包括音频和视频等类型的实时数据，所以 RTP 不强制统一的语义解释，而是每个分组以固定的首部开头。

RTP 包头由 4 个信息包包头域和其他域组成，如图 8-6 所示。

| Payload Type（有效载荷类型） | Sequence Number（序列号） | Timestamp（时间戳） | SSRC（同步源标识符） | Miscellaneous（其他） |
|---|---|---|---|---|

图 8-6　RTP 包头结构

① Payload Type（有效载荷类型）：RTP 信息包中的有效载荷域的长度为 7 位，因此 RTP 可支持 128 种有效载荷类型。对于音频或视频流，这个域用来指示其所使用的编码类型。

② Sequence Number（序列号）：序列号域的长度为 16 位。每发送一个 RTP 信息包顺序号就加 1，接收端可以用它来检查信息包是否有丢失以及按顺序号处理信息包。

③ Timestamp（时间戳）：时间戳域的长度为 32B，反映了 RTP 数据信息包中的第一字节的采样时刻（时间）。接收端可以利用这个时间戳去除由网络引起的信息包的抖动，并且在接收端为播放提供同步功能。

④ Synchronization Source Identifier（同步源标识符，SSRC）：域的长度为 32 位，用来标识 RTP 信息包流的起源，在 RTP 会话期间的每个信息包流都有一个 SSRC。SSRC 不是发送端的 IP 地址，而是在新的信息包开始时源端随机分配的一个号码。

RTCP 是 RTP 的伴生协议，提供传输过程中所需的控制功能。RTCP 允许发送方和接收方互相传输一系列报告，这些报告包含有关正在传输的数据以及网络性能的额外信息，RTCP 就是依靠这种成员之间周期性的传输控制分组来实现控制监测功能的。RTCP 报文也是封装在 UDP 中，以便于进行传输。发送时使用比它们所属的 RTP 流端口号大 1 的协议号，即选用下一个奇数位的端口号。

**表 8.2　RTCP 中的基本报文类型**

| 类型 | 含　义 |
|---|---|
| 200 | 发送方报告 |
| 201 | 接收方报告 |
| 202 | 源描述报文 |
| 203 | 结束报文 |
| 204 | 应用程序特定报 |

RTCP 的基本报文类型有 5 种，它们携带不同的控制信息，允许发送方和接收方交换有关会话的信息。表 8.2 列出了这些类型。

接收方报告（Receiver Report）报文由接收方周期性地发出，向源站通知接收的条件。发送方报告（Sender Report）报文由处于活跃状态的发送方周期性地传输，提供绝对的时间戳。因为 RTP 要求对每种媒体类型都要有单独的数据流，所以绝对的时间戳信息能够允许接收方同时播放两个数据流。

发送方除了周期性地传输发送方报告报文，还传输源描述报文（Source Description

Items），提供了有关拥有对源站控制权的用户的常规信息，包括 CNAME（源站系统标志）、NAME（用户名）、E-mail（用户的电子邮件地址）、PHONE（电话号码）、LOC（站点的地理位置）、TOOL（创建数据流所使用的应用程序或工具名）等报文项。

结束（Bye）报文和应用程序特定报文是最简单明了的。发送方在停止发送数据流时就传输一条结束报文；而应用程序报文类型提供了基本功能的扩展，以允许应用程序定义报文类型。

## 8.6.2　RSVP

由于音频和视频数据流比传统数据对网络的延时更敏感，要在网络中传输高质量的音频、视频信息，仅仅依靠 RTP/RTCP 是无法得到保证的。

RSVP（Resource reSerVation Protocol，资源预留协议）是一种可以提供音频、视频、数据等混合服务的互联网络综合服务。通过它，主机端可以向网络申请特定的 QoS，为特定的应用程序提供有保障的数据流服务。同时，RSVP 在数据流经过的各路由器节点上对资源进行预留，并维持该状态直到应用程序释放这些资源。

RSVP 对资源的申请是单向的，所以 RSVP 在申请资源的过程中发送端和接收端是逻辑上完全不同的两部分（虽然发送端和接收端可以运行在同一个进程下）。RSVP 工作在 IPv4 或 IPv6 上，处于 OSI 七层协议中的传输层，但是 RSVP 并不处理传输层的数据。从本质上看，RSVP 更像是网络控制协议，如 ICMP（Internet Control Message Protocol）、IGMP（Internet Group Management Protocol）或路由协议。与路由协议及管理协议的实现相同，RSVP 的实现通常在后台执行，而不是出现在数据传输的路径上。

RSVP 本身并不是路由协议，是与现在或将来出现的点对点传播和多点组播协议一起工作的。RSVP 进程通过本地的路由数据库来获取路由信息，如在多点组播过程中，主机端送出 IGMP 报文来加入一个多点组播的组群，然后送出 RSVP 报文在组群的传输路径上保留网络资源，路由协议决定报文的走向，RSVP 仅关心这些报文在它将走的路径上能否获得满意的服务质量。

为了适应可能出现的大规模组群、动态组群、异类接收端的可能，RSVP 采取由接收端发起 QoS（服务质量）申请的策略。QoS 请求从接收端的应用程序出发交给本地的 RSVP 驻留进程，再由该 RSVP 驻留进程将该请求递交给沿数据传输的反向路径（接收端至发送端）上的各节点（路由器或是主机）进行资源的申请。所以，RSVP 在资源保留上的开销一般是呈对数而不是线性幅度增长。

QoS 是由一组特定的称为流量控制的机制来实现的。RSVP 基本架构包括决策控制（Policy）、接纳控制（Admission）、分类控制器（Classifier）、分组调度器（Scheduler）和 RSVP 处理模块等。决策控制用来判断用户是否拥有资源预留的许可权。接纳控制用来判断可用资源是否满足应用的需求，以减少网络负荷。分类控制器用来决定数据分组的通信服务等级，以实现分组过滤。分组调度器根据服务等级进行优先级排序，主要用来实现资源配置，以满足特定的 QoS。当决策控制或接纳控制未能获得许可时，RSVP 处理模块将产生预留错误消息，并传送给收发端点；否则，将由 RSVP 处理模块设定分类与调度控制器所需的通信服务质量参数。

在资源申请建立的过程中，RSVP 请求被传输到两个本地模块：接纳控制模块和决策控制模块。由接纳控制模块决定该节点是否有足够的资源可以满足该 RSVP 请求。决策控制机制决定用户是否有权限申请这类服务。如果通过了这两个模块的检测，那么 RSVP 请求的 QoS 参数会输入分类控制器，再由链路层接口（如分组调度器）来获得申请的服务质量。如果任一模块的检测没有通过，那么提出该 RSVP 请求的应用程序进程将得到一个错误的返回。

由于大的多点组播群体及其所生成的广播树拓扑结构常常是动态改变的，RSVP 假设其流经的路由器和主机也能够动态地调节 RSVP 状态和流量控制的状态。为实现这个假设，由 RSVP 在路由器或主机端建立一种称为"软状态"的状态，其工作原理是，在单位时间内，由 RSVP 驻留进程沿资源申请路径发出刷新消息，维持路由器或主机中的资源保留状态，而一定的时间内没有收到刷新消息的路由器就认为原有的资源保留状态"过期"。

RSVP 协议具有下列特性。

① RSVP 可以在点对点传播和多点组播的网络通信应用中进行预留资源的申请，可以动态调节资源的分配，以满足多点组播中组内成员的动态改变和路由状态改变的特殊需求。

② RSVP 比较简单，如只为单向的数据流申请资源。

③ RSVP 是面向接收端的，由数据流的接收端进行资源申请，并负责维护该数据流所申请的资源。

④ RSVP 在路由器和主机端维持"软"状态，解决了组群内成员的动态改变和路由的动态改变所带来的问题。

⑤ RSVP 并不是一种路由协议，依赖于目前或将来出现的路由协议。

⑥ RSVP 本身并不处理流量控制和策略控制的参数，而仅把它们送往流量控制和策略控制模块。

⑦ RSVP 提供了几种资源预留的模式供选择，以适应不同的应用需求。

⑧ RSVP 对不支持它的路由器提供透明的操作。

⑨ RSVP 支持 IPv4 和 IPv6。

## 8.6.3　RTSP

RTSP 是 TCP/IP 协议体系中的一个应用层协议，最早由哥伦比亚大学、Netscape Communication 和 RealNetworks 公司提交，1998 年 4 月被 IETF 正式收录为标准 RFC 2326。该协议定义了一对多应用程序如何有效地通过 IP 网络传输多媒体数据，能够提供 VCR 模式的控制功能，如播放、停止、快进和快倒等，相当于对多媒体服务器实施网络的远程控制。

RTSP 在体系结构上位于 RTP 和 RTCP 之上，使用 TCP 或 RTP 完成数据传输。与 HTTP 相比，HTTP 传输 HTML，而 RTP 传输的是多媒体数据。HTTP 请求由客户机发出，服务器做出响应；使用 RTSP 时，客户机和服务器都可以发出请求，即 RTSP 可以是双向的。

在 RTSP 中，每个表示及与之对应的媒体流都有一个 RTSP URL 标志。整个表示及媒体特性是在一个表示描述文件中定义的，该文件可能包括媒体编码方式、语言、RTSP URL、目标地址、端口号及其他参数。用户在向服务器请求某个连续媒体服务之前，必须先从服务器获得该媒体流的表示描述文件，以得到所需的参数。

RTSP 的特性如下。

① 可扩展性：新方法和参数很容易加入 RTSP。

② 易解析：RTSP 可由标准 HTTP 或 MIME 解吸器解析。

③ 安全：RTSP 使用网页安全机制。

④ 独立于传输：RTSP 可使用 UDP（Unreliable Transport Protocol，不可靠数据报协议）、RDP（Reliable Transport Protocol，可靠数据报协议）。

⑤ 多服务器支持：每个流可放在不同服务器上，用户端自动与不同服务器建立几个并发控制连接，媒体同步在传输层执行。

⑥ 记录设备控制：协议可控制记录和回放设备。

⑦ 流控与会议开始分离：仅要求会议初始化协议提供，或可用来创建唯一的会议标识号。特殊情况下，SIP 或 H.323 可用来邀请服务器入会。

⑧ 适合专业应用：通过 SMPTE 时标，RTSP 支持帧级精度，允许远程数字编辑。

# 思考与练习 8

1．简述多媒体计算机通信网络的特点。

2．按辖域分类，通常的计算机网络可以分为几种？

3．Wi-Fi 指的是什么？

4．为了适应多媒体数据通信，应对网络提出哪些要求？

5．分布式多媒体计算机系统具备哪些基本特征？

6．试比较几种不同无线接入技术的特点，并以此分析未来无线接入技术的发展趋势。

7．分布式多媒体系统从功能上可以分为几层？每层的功能分别是什么？

8．什么是云计算？它对未来互联网的应用会产生什么样的影响？

9．支持流媒体传输的协议有哪些？彼此之间有哪些异同？

10．物联网是未来发展的方向，结合实际进行调研，完成一份关于物联网应用的调查报告。

# 第9章 多媒体数据安全

**本章导读**

　　数据安全是计算机以及网络等学科的重要研究课题之一，不但关系到个人隐私、企业商业隐私，而且会直接影响到国家安全。

　　本章主要结合多媒体数据，介绍多媒体数据在存储、使用和传输过程中存在的安全问题以及相应的解决方案。通过本章的学习，读者可以了解多媒体数据安全主要包含的内容、基于多媒体数据的信息隐藏技术、如何对音频/视频数据进行加密及多媒体版权保护等。

　　根据维基百科的定义，信息安全是指保护信息和信息系统免受非授权的接入、使用、泄露、破坏或窜改。信息安全需要保证信息的完整性、机密性、可用性、可审查性和可控性。传统的信息安全技术面向所有的数据对象（更多的是文本信息），通过加密和访问控制等手段保障数据在存储和传输过程中的安全。然而，对多媒体数据而言，因其本身的特点，如数据量大、对实时性要求比较高等，其安全性有独特的内涵，因而必须采取不同的保护技术和安全策略。

## 9.1 多媒体数据安全的主要内容

　　由于多媒体数据的特殊性，沿用传统的方法加密多媒体数据存在很多现实问题。早期的研究是将传统的数据加密算法直接应用于多媒体数据加密，但由于多媒体数据信息量大、图像和视频相关性高、数据存在冗余等特点，直接加密方法存在计算量大、时间长、有延时、功耗大等局限性，所以必须研究新的方法以解决这些问题。

　　从多媒体数据的生命周期看，多媒体数据从传感器产生后，依次以原始格式、多媒体内容、多媒体处理及多媒体通信和表现形态存在于多媒体的各种应用中。结合这一生命周期，可以将多媒体数据安全主要分为四方面：数据获取安全、存储安全、传输安全和内容安全。其中，数据获取安全主要包括无线多媒体传感器网络、节点访问控制；存储安全包括多媒体数据库安全、访问控制、入侵检测、数据完整性检测；传输安全主要是指多媒体传播/分发系统控制，涉及的主要是网络安全；内容安全包括隐写及隐写分析、数字取证、加密技术、数字水印、数字签名等。

　　目前，在各种公开文献中出现了多种围绕多媒体各种形态的相关安全研究。典型的有以多媒体为掩护载体的信息隐藏，对多媒体内容版权保护和追踪的数字水印，对多媒体原始性鉴别的多媒体取证，对多媒体认证的多媒体感知哈希，以及对多媒体敏感内容保护的多媒体内容隐私等。

## 9.2　基于多媒体数据的信息隐藏

信息隐藏是把秘密信息隐藏在大量信息中不让对手发现的一种方法。与古典隐蔽通信相比，现在利用信息隐藏进行秘密数据的嵌入，方法更为复杂，伪装所用的载体更为广泛和多样，多媒体数据的量化、多元化、异构化、网络化、云碎片化，为信息隐藏的快速发展提供了良好的环境。不同格式的数字图像、数字音频、视频文件及其他媒体都可作为载体进行信息隐藏。

信息隐藏的方法主要有隐写术、数字水印技术、可视密码、潜信道和协议隐写等。

隐写术（Steganography）将秘密信息隐藏到看上去普通的信息（如数字图像）中进行传送。现有的隐写术方法主要有：利用高空间频率的图像数据隐藏信息，采用最低有效位方法将信息隐藏到宿主信号中，使用信号的色度隐藏信息，在数字图像像素亮度的统计模型上隐藏信息。当前的很多隐写方法都是基于文本及其语言的隐写术，如基于同义词替换的文本隐写术。其他的文本隐写术有基于文本格式的隐写术等。

数字水印技术（Digital Watermark）将一些标识信息（即数字水印）直接嵌入数字载体（包括多媒体、文档、软件等），但不影响原载体的使用价值，也不容易被人的知觉系统（如视觉或听觉系统）觉察或注意到。目前主要有两类数字水印，一类是空间数字水印，另一类是频率数字水印。空间数字水印的典型代表是最低有效位（Least Significant Bit，LSB）算法，其原理是通过修改表示数字图像的颜色或颜色分量的位平面，调整数字图像中感知不重要的像素来表达水印的信息，以达到嵌入水印的目的。频率数字水印的典型代表是扩展频谱算法，其原理是通过时频分析，根据扩展频谱特性在数字图像的频率域上选择那些对视觉最敏感的部分，使修改后的系数隐含数字水印信息。

可视密码技术（Visual Cryptography）是 Naor 和 Shamir 于 1994 年首次提出的，其主要特点是恢复秘密图像时不需要任何复杂的密码学计算，而以人的视觉即可辨别秘密图像。做法是产生 $n$ 张不具有任何意义的胶片，任取其中 $t$ 张胶片叠合在一起，即可还原隐藏在其中的秘密信息。其后，人们又对该方案进行了改进和发展，主要的改进是：使产生的 $n$ 张胶片都有一定的意义，这样做更具迷惑性；改进了相关集合的构造方法；将针对黑白图像的可视秘密共享扩展到基于灰度和彩色图像的可视秘密共享。

信道是人们有意设计用来传输各种信号的通道，而潜信道（又名隐信道）是由 Simmons 在 1978 年为证明当时美国用于核查系统中的安全协议的基本缺陷而提出的。顾名思义，潜信道是指普通人感觉不到但确实存在的信道，因而我们出于安全的需求就可利用这些感觉不到而又真实存在的信道来传送（或存储）机密信息。潜信道的种类很多，有些潜信道是设计者有意打下的埋伏，有些潜信道则是无意之中构建的。潜信道与隐写术的原理基本一致。不同的是，在隐写术中，隐藏秘密信息的载体对象是一个或多个特定的文件，而潜信道技术所用的载体对象是整个计算机通信系统。

协议隐写是指利用数据包作为掩护载体，将秘密信息隐匿在网络协议的数据包中的保留、可选、未定义等字段和数据包的顺序、数量、达到时间、特定时间流量以及其他可被利用的特征，在网络中不同主机之间建立隐蔽通信。

## 9.2.1　基于图像的信息隐藏

图像是像素的集合，相邻像素点对应的实际距离称为图像的空间分辨率。数字图像的最终感受者是人眼，人眼感受到的两幅质量相近的数字图像的像素值可能存在很大的差别。这样，依赖于人的视觉系统的不完善性就为数字图像的信息隐藏提供了非常巨大的施展空间。充分利用人们"所见即所得"的习惯心理和视觉上的欺骗性，可以将秘密信息存放到对图像质量影响较小的"特殊位置"，形成在大量信息中看起来"微不足道"的图像，然后传送或公开，只有知道提取方法的人才能还原其中的秘密信息，知晓其真正要义。

基于图像的信息隐藏一般应满足如下要求。

① 隐蔽性：图像隐藏的基本要求。要求不影响对宿主图像的理解，即人的视觉感官和计算机检测都无法发现宿主图像内包含了其他图像，同时不影响宿主图像的视觉效果和使用价值。

② 鲁棒性：要尽量保证隐藏图像后的宿主图像在经历可能的处理（如信号处理、有损压缩等）、恶意攻击（如非法攻击、窜改、删除等）或信道中随机噪声的影响后，还能提取原始的隐藏图像。

③ 安全性：隐藏的信息内容应是安全的，应经过某种加密或置乱处理后再隐藏。同时，隐藏的具体位置也应是安全的，要求至少不会因格式变换而遭到破坏。

④ 对称性：通常情况下，图像的隐藏和提取过程具有对称性，包括编码、加密方式等，以降低存取难度。

⑤ 可纠错性：在对信息进行嵌入时，有必要对信息进行纠错编码，使其在经过各种操作和变换后仍能很好地恢复，这样在恢复信息时就能保证信息的完整性。

⑥ 效率：编码和解码的时空开销代价是否可以接受。

**1. 基于图像的信息隐藏技术**

基于图像的信息隐藏技术主要有图像分存和图像隐藏，由于图像分存具有加密作用，因此把图像分存与图像隐藏结合起来更能提高信息的安全性。

图像分存又称秘密图像共享，它是基于秘密共享的图像加密技术，含义是将图像信息分为具有一定可视效果的 $n$ 幅图像，这些图像称为子图像。这些子图像之间不存在互相包含关系。如果知道图像信息中的 $m$（$m < n$）幅子图像，那么可恢复图像，如果图像信息少于 $m$ 幅，那么无法恢复图像。其优点是能避免由于少数几幅子图像信息的失窃而造成严重事故，个别图像信息的泄露不会导致整个图像信息的泄露，而个别图像信息的丢失也不会引起整个图像信息的损失。

目前，研究最多和最深入的是静止图像中的隐藏，一方面是由于静止图像具有较大的冗余空间来隐藏信息（如 BMP 图像），另一方面是图像处理工具较多且隐藏效果直观。在静止图像中的信息隐藏技术主要有如下 4 种。

（1）基于空间域的隐藏技术

这种技术包括最低有效位法、Patchwork 算法等。最低有效位法把待隐藏信息编码隐藏到宿主的颜色最低有效位（LSB）上，可隐藏较大容量的信息，而且处理简单，但其信息隐藏位置对图像的影响不大，因此抗攻击能力不强。为了提高安全性，必须改进算法，如先采用颜色量化技术对图像颜色进行归并，并按照特定的格式存储，从而在颜色最高有效位（Most Significant Bit，MSB）上产生冗余空间，然后把待隐藏信息写入冗余空间。改进后的算法不仅能实现大数据量的信息隐藏，而且安全性也大大提高。Patchwork 算法是一种基于伪随机统计过程的信息嵌入方法，实际应用中常对其适当改进，并结合离散小波变换等技术，以提高隐藏信息的安全性与鲁棒性。

（2）基于变换域的隐藏技术

这种技术如扩频隐藏、DCT 隐藏、小波隐藏技术等，若以彩色图像为宿主，则此类技术主要利用人眼对高空间频率分量上噪声不敏感的特点，将待隐藏信息编码到图像的高频分量，以实现信息隐藏的目的。这种技术的优点是，在变换域中嵌入的隐藏信号能量可分布到空间域的所有像素上，有利于保证水印的不可见性；其次，在变换域，视觉系统的某些特性更易结合到水印的编码过程中，且与国际数据压缩标准兼容，实现在压缩域内的水印编码；最后，隐藏信息能够抵抗各种压缩处理，因而安全性比较高。但是隐藏的数据容量有限，较难实现大数据量隐藏。

（3）基于融合的隐藏技术

图像融合主要有两种方式。一种是将两幅图像按照某种方式叠加，生成一幅新图像，使新图像中包含两幅图像的信息。采用较好的融合算法能保证恢复时无须公开原始图像。另一种是利用数字图像的自相关性，通过放大原始公开图像来隐藏 3 幅与公开图像同样大小的数字图像。此方法对于彩色图像的隐藏比较实用，尤其适用于 BMP 彩色图像的加密隐藏，而且对要隐藏的图像进行置乱处理后，安全性更高。

（4）量化噪声伪装

通常，数字信号中的量化噪声很难被观察者发现，通过控制预测量化器的量化等级的选择来嵌入图像数据流，而嵌入其中的特定数据对于公开图像而言近似为一种量化噪声，因而不容易被发现。

**2. 基于图像的信息隐藏技术的应用**

基于图像的信息隐藏技术的应用主要有 4 方面。

（1）数字水印

数字水印在被保护数字对象中嵌入某些能够证明版权归属或跟踪侵权行为的信息（作者的序列号、公司标志、有意义的文本），同时不损坏原图像的使用价值，以此来保护数字媒体的版权不受侵犯。水印须对一些无意攻击具有鲁棒性，而对有意攻击应有相应对策。即使水印算法是公开的，攻击者要毁掉水印仍然十分困难。基于图像水印的数字水印的研究较多，而且技术相对成熟，因而图像水印是一种常见的数字水印。

图像水印分为可见水印（Visible Watermarks）和不可见水印（Invisible Watermarks）。不可见水印的隐蔽性较好，应用较多。数字水印技术是一种横跨信号处理、数字通信、密码学、计算机网络等多学科的新兴技术，具有巨大的潜在应用市场。

（2）数字指纹

数字指纹在数字产品的每份副本中加入一个唯一的标志，从而区分一个数字产品所售出的每份副本。利用数字指纹技术可以有效防止合法用户对数字产品进行非法传播及非法牟利。数字图像技术是数字指纹研究中的热点，利用该技术可以查出非法盗版的图像制品，进而查出制造非法盗版的源头，并能防止实际应用中一些非法盗版者串通起来进行非法复制。

（3）叠像技术

叠像技术是由可视化密码技术发展而来的一种新的信息隐藏技术。可视密码的思想是把要隐藏的机密信息通过算法隐藏到两幅或多幅子密钥图片中。这些图片可以存在磁盘或印刷到透明胶片上。在每张图片上都有随机分布的黑点和白点或常人能看懂的图像，仅凭一张图片的信息无法知道隐藏的内容，若把所有的图片叠加在一起，则能恢复原有的机密信息。在一定条件下，从理论上可以证明该技术是不可破译的，能够达到最优安全性。由于该方法简单有效，其恢复只要通过人的视觉系统就可识别，而不用大量的计算和密码学知识，所以应用更广泛。

（4）窜改提示

窜改提示的目的是提示作品是否已被修改，附以图像注释，用于对图像加以说明。传统的说明是附加在图像内容之外的，传输过程中也需要附加的信道，采用数据隐藏技术，可以将注释信息隐藏于图像内容中，减少了附加信道，还可防止因图像格式的变化而使注释内容遭到破坏。

## 9.2.2　基于音频的信息隐藏

音频信号能够作为信息隐藏的载体的原因如下：其一，音频是人类交流的一种重要工具，是日常生活中不可或缺的要素；其二，音频中存在足够多的冗余信息，可以给信息嵌入提供很好的应用环境。音频信息隐藏的核心思想是以音频作为隐藏载体，从中找到一些对人耳听觉相对透明的特性，然后根据待隐藏信息对这些特性的某些参数进行修改，从而实现待隐藏信息在音频中的嵌入，最后将携密音频传给接收方，完成整个待隐藏信息的保密传输过程。

### 1. 音频信息隐藏基本原理

音频信息隐藏的主要方法是根据待隐藏信息，对人耳听觉不敏感的音频参数进行修改，以达到信息嵌入的目的。因此，寻找人耳听觉不敏感的音频参数就成了音频信息隐藏的首要任务。

根据研究，听觉阈值、听觉掩蔽效应（见 4.2 节）等特征很大程度上影响了人耳听觉的敏感性。人耳对振幅、频率的变化较为敏感，而对相位变化的敏感程度则低得多。这使得相位问题成了实现音频信息隐藏的一个重要参考方向。

### 2. 音频信息隐藏的主要技术指标

音频信息隐藏的主要技术指标与基于图像的信息隐藏类似，具有透明性、鲁棒性、不可检测性和安全性。这些技术指标是衡量音频信息隐藏算法优劣的重要依据。

（1）透明性

透明性也称为隐蔽性，是指嵌入载体中的信息不易引起非法第三方注意的特性。为了满足透明性要求，在设计音频信息隐藏算法时，一方面要对人耳听觉不敏感的音频特性充分加以利用，使嵌入待隐藏信息后的携密音频与原始音频在听觉效果上保持良好的一致性；另一方面要充分研究和利用其他音频处理技术，使得携密音频在面对频谱分析、语谱分析时也有不错的表现。

（2）鲁棒性

鲁棒性是指携密音频不会因为经过了音频文件的改动、信号处理技术的加工或环境噪声的攻击而导致隐藏信息丢失的能力。为了保证隐藏信息的鲁棒性，隐藏音频信息时，一方面要选择不变性较好的音频特性作为操作对象，另一方面要引入纠错编码，同时增加隐藏的强度，使得携密音频在经过某些文件操作或信号处理后仍能很好地恢复隐藏信息。

（3）不可检测性

不可检测性是指携密音频应该具有不被隐藏分析工具所检测的特性。近年来，隐藏分析技术的研究取得了很大进步，对简单 LSB、改进的 LSB，甚至其他更为复杂的信息隐藏算法，都取得了很好的检测效果。因此，在设计音频隐藏算法时，不可检测性就成了其中必须考虑的一个重要因素，其核心思想是要求携密载体与原始载体在统计特性上具有很好的一致性。

（4）安全性

安全性是指隐藏信息不易被非法用户恢复，或者即使恢复出隐藏信息，也无法获取信息的真实含义的特性。提高信息隐藏算法的安全性主要有两种方法：首先，对隐藏技术的关键参数（也称隐藏密钥）进行严格保密，使非法用户很难正确地对隐藏信息进行恢复；其次，将密码学应用到信息隐藏技术中，在进行信息嵌入前，先对待隐藏信息进行加密处理，使得非法用户即使采用手段正确恢复出隐藏信息，也很难理解隐藏信息的真正含义。

**3. 音频信息隐藏模型**

音频信息隐藏系统模型如图 9-1 所示。隐藏信息 $m$ 指嵌入公开音频中的秘密信息，即真正需要传送的信息；原始音频 $x$ 指用于镶嵌隐藏秘密信息的公开音频信息；合成音频 $y$ 指已经包含隐藏信息的音频信号，它是实际被传送的合成信息；密钥 $k$ 是用于加强安全性的可选项，旨在防止第三方窃取隐藏信息，一般情况下，嵌入密钥和提取密钥要相同；嵌入算法 $E$ 用于将隐藏信息添加到原始音频中；提取算法 $D$ 与嵌入算法相对应，指从接收到的合成音频中提取出隐藏信息的算法。

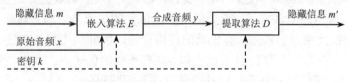

图 9-1 音频信息隐藏系统模型

根据是否需要原始音频，提取算法分为非盲提取和盲提取。盲提取算法复杂度高，更具有实际应用价值。但是在现实中，由于嵌入了隐藏信息的合成音频可能会受到攻击，通过提取算法获得的通常是隐藏信息的估计 $m'$。

在某些场合，由于考虑到接收端音频的听觉效果，还需要对音频进行去隐藏、滤波、音频平滑等处理。

### 4．音频信息隐藏分类

音频信息隐藏的分类标准有很多，嵌入信息所用的域是其中最常用的一种。以嵌入信息所采用的域为依据，音频信息隐藏可以分为时域音频隐藏、频域音频隐藏、离散余弦变换（DCT）域音频隐藏、小波域音频隐藏和压缩域音频隐藏等。

（1）时域音频隐藏

时域音频隐藏选择直接对音频信号的幅度或音频文件结构进行处理，是较为简单的一类隐藏方法，主要包括 LSB 及改进的 LSB 隐藏、回声隐藏和音频文件结构隐藏等。

LSB 隐藏是用待隐藏信息按一定的规律对音频数据的最不重要位进行替换的隐藏方法，其容量大，实现容易，但鲁棒性相对较差，甚至不能抵抗微弱噪声的攻击，抗检测性也不强。

回声隐藏在待隐藏信息的音频信号上叠加一些微弱的回声，然后通过对回声的识别实现对信息的提取。其听觉透明性较好，是一种不错的强鲁棒性音频信息隐藏方法。

音频文件结构是隐藏对音频文件中的一些并非必需的结构段进行操作，从而实现信息嵌入的一类隐藏方法。其实现简单，鲁棒性差，因此实际应用价值并不高。

（2）频域音频隐藏

频域音频隐藏是先对音频进行离散傅里叶变换（DFT），然后对音频的频域特征进行处理，以实现信息嵌入的一类方法，因此又称 DFT 域音频信息隐藏。它主要包括频域 LSB 隐藏、扩频隐藏、相位隐藏和频带分割隐藏等。

频域 LSB 隐藏与时域 LSB 隐藏相似，具有操作简单、隐藏容量大但鲁棒性差等特点。

扩频隐藏借用了扩频通信的思想，将待隐藏信息以伪噪声的形式扩散到整个音频通带上，因此透明性好，抗噪声能力强，具有很高的实用价值，是频域音频信息隐藏算法中较为成功的一类。

相位隐藏算法充分利用人耳听觉对绝对相位并不敏感这一特点，通过对相位的改变实现信息的嵌入。该类隐藏方法透明性好，但对噪声的抵抗能力不甚理想。

频带分割隐藏将音频载体的频带分割成无数个子带，充分利用听觉阈值和听觉掩蔽效应等人耳听觉特性，在人耳听觉不太敏感的子带上进行隐藏。这种方法隐藏容量大，听觉透明性好，但频域透明性较差。

（3）离散余弦变换（DCT）域隐藏

DCT 域隐藏是先对音频载体进行 DCT 变换，然后对 DCT 系数进行某些操作，从而完成信息嵌入的一类音频信息隐藏方法。该类隐藏方法最大的优点是对模数转换（A/D）、数模转换（D/A）影响的抵抗能力非常强，有很高的使用价值，因此应用极为广泛。

DCT 域 LSB 方法与上两类 LSB 方法相似，具有相似的优缺点。DCT 域相位隐藏对 DCT 相位进行改动，以实现信息的嵌入。这种隐藏方法与频域相位隐藏相似，也具有很好的透明性。DCT 域上还有许多根据不同值域内数量、不同频段数据奇偶性等特征进行信息嵌入的方法，都具有很好的透明性和鲁棒性。

（4）小波域隐藏

小波域隐藏方法是先对音频载体进行小波变换，再对其系数进行修改，以实现信息嵌入的一类隐藏方法。该隐藏方法与 DCT 隐藏一样,在抵抗 A/D、D/A 攻击方面有着非常优秀的表现。

小波域 LSB 隐藏方法对小波系数的最不重要位进行替换,其实现方法与其他域的 LSB 隐藏相似。小波域隐藏通过比较和修改不同小波级上的能量,或对同一小波级上某一能量值范围内的系数数量、奇偶性等进行修改,实现信息的嵌入。

小波域上还有许多隐藏方法,它们都针对小波系数进行某些操作来完成信息嵌入。这是目前研究较热、应用较多的一类隐藏方法。

（5）压缩域隐藏

压缩域隐藏方法是近年来才出现的一类隐藏方法,主要目标是将信息嵌入压缩算法的码流或相关码表,如 MP3 哈夫曼码表、MIDI 乐器码表等。这种方法的透明性很好,但对音频格式变换、信号处理等攻击的抵抗能力不强。

## 9.2.3　基于视频的信息隐藏

随着多媒体技术和社交网络技术的发展,不管是在互联网上还是在移动互联网上,数字视频已经成为网络流量占比越来越多的部分,如 YouTube 上的视频分享以及国内优酷土豆、迅雷看看、新浪微博和腾讯微信的兴起,数字图片和数字视频应用会越来越广泛。视频因其时间长、内容多而具有较大的隐藏容量,成为大容量信息的隐秘通信载体。因而越来越多的学者及公司参与到了视频领域信息隐藏技术的研究与开发中。

根据秘密信息的嵌入方式或修改的参数,视频信息隐藏算法分为三种:第一种是在视频编码前嵌入,即对视频编码前的源数据文件嵌入。因为源数据文件的载体信息为帧序列,每帧都是用其像素信息表示的,对应一幅图像,所以图像载体中的大部分信息隐藏算法也适用于这种视频嵌入方法,且此时修改的参数多是视频的像素信息。第二种是在视频编码过程中嵌入秘密信息,它主要结合了数字视频压缩技术的相关环节,故这种方法也称压缩域的算法。第三种是在视频压缩过程后嵌入,信息嵌入在视频压缩的码流信息中。后两种方法修改的参数信息主要与视频编解码相关,如编解码中的预测模式、量化系数、运动矢量及熵编码码字。这三种视频信息隐藏算法各有自己的优缺点。

衡量算法优劣的评价标准包括:算法计算复杂度运行时间、信息隐藏容量、视觉感知性、鲁棒性、比特率的变化及嵌入内容安全性等。

### 1. 基于原始视频的信息隐藏

这种方法基于原始视频嵌入信息,秘密信息直接被嵌入视频的源数据,类似图像的空域算法,再对原始视频压缩编码。接收方先将接收到的压缩视频解压,再从解压的视频中提取秘密信息。此类视频信息隐藏算法又可分为空域、DCT 域及 DWT 域嵌入算法。

（1）基于直方图的视频信息隐藏算法

具体思路是先将视频分帧,每帧作为一个嵌入单元,计算出每个嵌入单元的直方图特征,统计所有特征并设置一个阈值,根据嵌入单元大于或小于该阈值选择不同的算法进行信息隐藏。例如,要把信息"z"（ASCII 值为 122）隐藏在像素 RGB(69,123,225) 上,可先把 $R$、$G$、$B$ 最后一位置零,得到 $R = 60$,$G = 120$,$B = 220$,再用 10 减去字符"z"的 ASCII 值的相应位，最后将所有差值嵌入相应的 R、G、B 分量，得到 RGB(69,128,228)。通过这样的过程可以得到嵌入秘密信息的视频。

（2）基于差分能量信号调制值的信息隐藏

这种方法针对差分能量水印算法可能造成视觉失真严重、水印容量小和鲁棒性较差的不足，采用差分能量信号的调制值来承载隐藏信息位，在可感知性、水印隐藏容量和码率控制性能上都优于传统的方法。

（3）基于几何不变量的信息隐藏

这是一种基于几何形变的不变量平均交流能量的视频水印算法。该方法首先利用该不变量，对其使用双正交 7 层小波分解，考虑到系统的抗攻击能力，仅选取第 2～7 层的 AC 系数进行修改来嵌入水印。水印嵌入时，将有意义的水印信息和同步码信息交叠嵌入视频序列，这样做不仅能从任意的一帧视频图像中提取水印信息，还能抵抗某些恶意攻击，如去帧攻击等。该算法的视频编解码过程是相互独立的，而且其研究与图像领域的方法有很大的相似性，即图像上的隐藏方法适用于此。然而，因为大部分视频都是以压缩形式存在的，所以用此类算法时需要先解码，嵌入信息后再重编码，提取信息过程又需要再解码，过程烦琐，占用很多时间，效率不高；因为嵌入信息后有多次编解码，必然会造成秘密信息的丢失，提取不能完全准确；而且该算法会增大视频压缩后码流，对视频传输造成不便。

**2．基于压缩域的信息隐藏**

这种方式在压缩的视频中嵌入隐藏，嵌入时先解码（可完全解码或部分解码），再编码，在编码过程中进行信息隐藏。

（1）基于联合预测误差的视频信息隐藏算法

该算法将信息隐藏在压缩视频的运动矢量中。MPEG 中 P 帧和 B 帧都是通过参考 I 帧来进行编码的，I 帧的编码是通过帧内预测编码和变换编码得到的，P 帧或 B 帧编码的数据由运动矢量表示，且编码过程是无损编码，因此秘密信息可以正确提取。秘密信息是使用 LSB 算法来嵌入两种帧内的动态运动矢量。

（2）基于 MPEG 压缩域的视频流信息隐藏算法

该算法在每个图像组（GOP）中将部分信息作为控制密钥嵌入 I 帧，其他信息则隐藏在 P 帧和 B 帧中，实际的传输数据被重复地嵌入能抵抗视频处理的宏块的运动矢量中。水印是在解压的视频流中提取的，需要参考原始视频。在提取过程中，先提取 I 帧上的秘密信息作为控制密钥，再提取 P 帧和 B 帧上的嵌入数据。实验结果表明，该算法除了具有很好的不可见性和较高的信息隐藏容量，还能抵抗对视频几何处理的恶意攻击。

（3）基于运动矢量的信息隐藏

该算法也在帧间预测过程中嵌入，嵌入位置为运动估计和运动补偿分块的树形结构。由于该过程中的运动矢量预测存在误差，因此通过调制该运动矢量来达到嵌入信息的目的，隐藏容量较小。该算法比较适合视频认证。

（4）基于帧内量化直流系数的信息隐藏

该算法将水印嵌入帧内的量化直流（AC）系数，块极性和索引调制用于实现水印的盲提取。块极性取决于每个 4×4 整数 DCT 变换的非零量化交流系数，索引调制通过少量地修改量化的直流系数值，使块活动量化在某个特定的范围，从而实现水印的嵌入。该算法具有复杂度低、实时性好等特性。

这类算法一般结合了视频编解码中的编码思想，如帧内帧间预测、率失真函数、变换等，有利于控制视频失真及压缩视频码流大小，嵌入位置多样化，但由于依赖相关编解码算法，信息隐藏应用范围存在局限性。

### 3. 基于码流域的信息隐藏

在这类算法中，信息直接嵌入视频压缩码流，接收方也直接从码流中提取秘密信息。

（1）基于 MPEG-4 纹理编码方案的信息隐藏算法

通过替换 DCT 变换编码块中非视频对象平面（VOP）内的像素值，同时修改 VOP 的形状透明性，实现了信息在 VOP 运动纹理编码中的隐藏。实验结果证实，该算法不仅具有较好的透明性，而且在隐藏容量上也相当可观，适用于对要求采用压缩编码的视频流进行大容量信息隐藏。

（2）后置式视频信息隐藏嵌入算法

该方法利用 I 帧中的纹理信息完善秘密信息的嵌入过程，并在 I 帧的码流域上嵌入水印信息。这类算法独立于编解码器，不需要完全的编解码过程，算法复杂度低；但由于是在视频的压缩码流上操作的，因此受视频码流格式及压缩参数等的限制，如低码率的视频限制了隐藏容量，对转码的鲁棒性也较差。

## 9.3　多媒体内容安全

随着多媒体技术与计算机技术的飞速发展，越来越多的人开始将欣赏影视、音乐等娱乐活动转向互联网上，网络世界的生活得到了极大丰富，因此催生了一大批以内容为主的互联网门户平台，以及依附于这些平台的网络多媒体内容生产者。与此同时，数字内容容易复制、传播的特点，为数字内容的版权保护工作带来了巨大挑战，创作者的数字版权受到了侵害，网上非法盗取与非法转载的情况时有发生。

在全民直播的大趋势下，高清视频的网络传输应用越来越广泛，同时对视频网络传输的安全性要求越来越高。平安城市的快速发展，使得针对多媒体信息安全的研究已成为视频传输以及安防系统中研究的热点。

此外，普通消费者以及企业客户对 VoIP（Voice over Internet Protocol）等即时通信业务的需求越来越强烈。基于 IP 网络，VoIP 可以便捷地实现传真、视频、语音数据等多媒体信息交互，给人们提供如 IP 语音电话、视频电话、传真和短信消息等丰富多彩的多媒体业务。然而，由于 VoIP 是利用 IP 网络实时传递图像、语音、数据、视频等多媒体业务的，TCP/IP 协议和服务器自身的安全缺陷，会造成任何针对 IP 网络的攻击都可能出现在 VoIP 电话网络中。同时，网络中的 IP 数据也很容易被黑客等非法截获，从而使数据丢失或被窜改。因此，人们在使用 VoIP 的同时，越来越关注其安全问题。

# 9.3.1　语音数据加密

　　语音加密最早是用来满足军用需求的，在军工产品中起着重要的作用。随着多媒体应用在人们日常生活中的增多，私人信息内容的保密也越来越重要。由于加密能有效地防止信息被人窃取，故在多媒体领域加密的应用越来越多。早期主要是对语音信号进行模拟加密，模拟加密具有简单实用、音质较高、占用带宽小的优点，但是、模拟语音加密后的信号可懂度高，安全性较差。随着数字语音信号传输条件的成熟，语音加密技术获得了新的进展。在处理语音信号时，先将模拟信号转化为数字信号取样、量化、编码，然后对数字语音信号压缩编码，编码后的信号最后仍然以数字信号传输，语音信号的加密可在上述任何一个环节中进行，因此有很高的安全性。

　　由于语音具有数据量大、实时性要求高、通信连续、码率可控等特点，使用传统加密方法对语音数据进行加密不太合适，目前已出现很多专门针对语音等多媒体数据的加密算法。

　　语音作为多媒体信息中的一种，其加密技术的发展与多媒体加密技术的发展密不可分。由于多媒体数据具有编码结构特殊、数据量大、实时性要求高等特点，传统的数据加密算法直接应用于多媒体数据时，通常具有较高的计算复杂度，很难满足实时性要求，而且会改变数据格式等，于是人们开始研究更多针对多媒体数据加密的方案。目前出现了许多用于多媒体数据的加密方法，常用的有以下 3 种。

　　（1）直接加密方法

　　直接加密方法将多媒体数据当作普通二进制数据，使用传统的加密算法如 DES、IDEA、RC4 等进行整体加密。直接整体加密具有很高的安全性，能有效防止未经许可的信息读取。然而该方法的加解密算法计算量很大，处理诸如多媒体数据时会引起较大的延时，且功耗很大，而便携移动设备（如手机、PDA、传感器节点、对讲机等）恰恰需要尽量少的功耗来延长使用时间，并且大多用于实时通信中，所以这种加密方法并不适用此类设备，并且该类算法对噪声太过敏感，不易使用。

　　（2）选择加密方法

　　有效减少计算量的方法是选择多媒体信号中一部分重要信息进行加密的选择加密方法，通常根据一定的策略将输入信号划分为两部分，其中一部分不太敏感的数据对信息内容影响较小，不进行加密，只对另一部分敏感数据进行加密。选择加密方法的难点在于怎样选择那部分较为敏感的数据，关系到整个加密方案的有效性和安全性。选择加密最早应用于图片和视频加密中，近年来仍不断有新的算法被提出，如应用于 JPEG2000 数据格式的新型选择加密方案，而应用于语音的选择加密算法研究较少，典型的一些是基于 G.729 编码的选择加密方法。这类加密方法的优点是可以减小加密的数据量，提高加密效率，缺点是缺少通用的安全性分析方法，算法的安全性得不到保障，且多数选择加密算法较为复杂。

　　（3）与编码过程相结合的加密方法

　　直接加密和选择加密方法是现今多媒体加密技术中最常用的方法，但还有一些特殊的加密方案。与编码过程相结合的加密方法通常是在编码的过程中加入一些加密措施，使二者相结合并同时进行，如将加密过程与快速傅里叶变换过程相结合的语音加密方法、基于 Zig-Zag置乱的多媒体加密方法、使用定长编码（FLC）和变长编码（VLC）进行加密的方法以及采用基于对 Huffman 编码表的加密方法。与编码过程结合的加密方法能在增强保护效果的同时减少加密开销，并满足待保护数据的编码兼容性，在编码过程中稍加改动就能实现相应的加密效果，算法复杂度较低，适合处理能力不强或低功耗的场合。

## 9.3.2  视频数据加密

由于视频具有数据量大、冗余度高、在线实时性要求高等特点，对视频的加密应该满足以下要求：安全性、实时性、压缩比不变、相容性。

现有的保护方案主要有以下 2 种。

（1）在转码的过程中加密

该方案利用 FFmpeg 先将输入文件逐帧解码，然后在重新编码前，对关键帧加密。该方案能够在不改变视频结构的基础上，对音频/视频进行保护。但在转码的过程中容易造成失真现象，而且需要大量的时间，大致流程如图 9-2 所示。

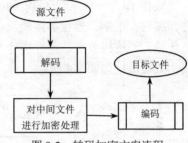

图 9-2  转码加密方案流程

（2）依靠加密算法的安全性加密

目前，许多视频流的加密算法都在以上基本要求中的某些方面满足了不同级别的安全需求，其中主要的改进是对实时性的要求，通常将这些算法按以下方式进行区分。

① 直接加密算法。直接加密流程如图 9-3 所示，该算法不必考虑视频的编码方式，将视频数据视为普通的二进制数据加密。直接加密的安全性主要由所选择的加密算法种类来决定。但是该种算法的加密速度较慢，尤其是选用双重数据加密标准算法加密或者三重数据加密标准算法加密时，很难保证实时性传输。

图 9-3  直接加密流程

② 选择加密算法。选择加密算法是选择敏感的部分加密，常用的加密算法有分层加密算法和基于数据帧结构的选择性加密算法。

最基本的选择加密是基于 MPEG 的 I、P、B 帧数据结构的，即仅加密其中的 I 帧，然而由于 I、P、B 帧间的相关性，不能达到令人满意的密级。还有人提出了加密 I 帧的同时加密 P 帧、B 帧之间的 I-block，但是这样增大了计算量，同时视频图像中的运动信息保密性仍然不够好。

另一种方法是仅加密头部信息，该算法的原理是对某些按照特定结构组织的视频流序列的头信息数据进行加密，将其变成随机序列，再与其他数据混合，使接收方在不知道密钥的情况下难以区分结构信息数据和视频信息数据，无法获得源图像，达到加密目的。

③ 熵编码加密算法。通过将编码过程和加密过程结合，使得加/解密速度非常快，并且在加密编码过程增加的数据量有限，基本不改变视频数据的压缩比，能够很好地保证数据格式的相容性和数据的可操作性。但是缺点也很明显，由于需要使用一个专用的编解码插件，

使得通用性大大降低。

## 9.3.3　VoIP 媒体流安全通信

VoIP 技术先将模拟语音数据进行数字化处理后，再进行压缩和重新封装，之后以数据包的形式通过 IP 网络环境对语音数据进行实时传输。

### 1. VoIP 工作原理

VoIP 作为一种承载于 IP 网络上传输模拟语音或视频信号的技术，其基本原理是通过采样、编码、压缩、封包等步骤，让模拟的语音信号能以 IP 报文的形式在 IP 网络上进行交换和传输，到达接收端后再经由一系列相反处理，最终还原出原来的模拟语音信号提供给接收端，处理流程如图 9-4 所示。

图 9-4　VoIP 数据处理流程

具体而言，VoIP 系统对语音信号的处理可分为 5 个阶段。

（1）语音数字信号

语音信号是一种模拟声波，当需要通过 IP 网络进行传输时，首先对语音信号进行数据转换，采样完成后送入缓冲区，缓冲区的大小主要由编码方式和传输时延确定。对语音信号数字化处理后，使其转换为标准的 PCM 编码格式，在此基础上采用不同的压缩编码格式进行编码，如 Skype 采用的 SILK 编码。需要注意的是，发送端和接收端必须采用相同的压缩编码算法，才能保证接收端的 VoIP 终端能正确还原出原始的模拟语音信号。

（2）数字 IP 报文

语音信号经数字化处理后，按照特定帧长对其进行 IP 数据封装。封装包的长度与选择的压缩编码相关，VoIP 系统通常是按照每帧 20 ms 或 30 ms 进行封装的。例如，在 G.711 编码中，采样率是 8 kHz，则每 1 ms 会产生 8 B 的语音数据，20 ms 就是 160 B。终端处理器将这 160 B 封装成一个语音包后，为其添加 IP 报文首部、时间戳等信息，通过 IP 网络发送到接收端。VoIP 系统则在发送端和接收端之间建立一条物理线路，并在这条线路上对承载了语音信号的 IP 报文进行传输。

（3）传输

封装后的语音数据报文在传输过程中，每个节点都会根据报文中携带的寻址信息进行寻址，最终将报文传送至接收端。由于 IP 网络传输具有一定的抖动性，传送的时间并不固定，需要设置一个接收缓冲区，使电话终端可以平滑这种由于网络本身带来的传输时延抖动。

（4）IP 报文语音数据

接收端的终端电话收到语音报文后，将其存入一个可变长度的接收缓冲区。该缓冲区能存储不定量的语音报文，需要用户根据实际网络情况设置缓冲器的大小。根据封装协议，终端电话的处理器从缓冲区中读取语音报文，去除报文首部和相关控制信息后，提取语音数据净荷，然后送入解码器进行解码处理。

（5）数字语音信号

解码器接收到语音数据后，首先进行解压编码，还原为 PCM 编码格式，再通过 D/A 转换还原为原本的模拟语音信号，并通过扬声器等外设进行播放。

### 2．VoIP 系统安全性分析

与传统 PSTN（Public Switched Telephone Network，公共交换电话网络）电话相比，VoIP 面临的安全威胁具体表现为以下 4 方面。

① DoS 攻击。导致系统不能正常提供服务的任何攻击都被称为 DoS（Deny of Service，拒绝服务）攻击。攻击者可以通过"合法"手段发起数量巨大的服务请求，以占用很多资源，致使合法用户得不到服务器的正常响应。呼叫建立过程中，很多开放的端口被 VoIP 系统所采用。在此过程中，若不提供认证服务，则 DoS 攻击者往往就有了可乘之机。

② 未授权获取数据。不法分子通常会假冒其他合法用户的身份，窃取合法用户的登录口令，从而获取账号的使用权利。

③ 信令流攻击。VoIP 系统使用的信令协议是开放的，不法分子可以通过网络监听信令流，截获后修改相关的信令数据包，从而影响正常的 VoIP 呼叫。更有甚者，攻击者会劫持会话、跟踪会话。

④ 媒体流攻击。音频、视频等多媒体业务采用的是开放的 RTP/RTCP（Real-time Transport Protocol/Real-time Transport Control Protocol，实时传输协议和实时传输控制协议）。不法分子利用协议的开放性，通过网络监听器对音频、视频等媒体流进行监听。只要能监听到任意时间段内持续的 RTP 数据，都可以对相应的信息进行恢复。

### 3．VoIP 系统现有安全解决方案

由上文分析可知，VoIP 系统的协议和标准比较开放，加上 IP 网络自身的漏洞，要解决 VoIP 系统面临的安全问题，就必须从管理机制、安全配置、系统漏洞等方面考虑应对策略，建立一整套切实安全可行的机制。

为此，由赛门铁克、Avaya 和西门子等知名企业发起并成立了"VoIP 安全联盟"。该联盟在主要负责有关 VoIP 网络安全方面研究的同时，也发布相应的白皮书及业界前沿的 VoIP 动态，目前已有 22 个成员。该联盟表示，虽然 VoIP 的普及速度越来越快，但人们通常会忽视 VoIP 在安全方面的隐患，联盟不遗余力地向公众传达这样一个观念：VoIP 并非绝对安全，仍需业界在其安全性方面更加关注，并做出实际努力，否则将阻碍 VoIP 的发展。

在通信流保护上，国内外研究大多从单一的信令安全或承载安全方面来考虑，并没有建立完善的 VoIP 安全保密体系。在信令流保护上，应用于 SIP（Session Initiation Protocol，会话初始协议）中的安全机制可以分为两类：端到端保护和逐跳保护。由于端到端保护机制存在一系列穿越中间服务器的问题，实际部署得较少。而逐跳保护机制具有业务影响程度小、不需要对现有设备进行修改等一系列特点，因此在一些研究中得到了应用。

在媒体流保护上，很多机构和公司在研究 VoIP 媒体流的保密通信方案。这些方案大多以 SRTP（Secure Real-time Transport Protocol，安全实时传输协议）为主导思想，是基于分组密码、密钥协商和公钥密码体制的加密方案。

## 4．SRTP 介绍

作为 RTP 的一个扩展，SRTP 采用高效的 AES 算法对 RTP/RTCP 数据包提供保密性，使用 HMAC-SHA1 算法提供消息认证和完整性保护以及能够防止重放攻击。

SRTP 能够保证高的吞吐量，同时只有很低的数据包扩展（不像 VPN 中的 IPSec 那样明显增加数据包的大小），同时 SRTP 仅对 RTP 载荷部分加密，这样底层协议还可对整个报文首部进行压缩。SRTP 基于高效的加密算法和哈希函数来提供适当的数据保护，同时提供了序列号来方便排序和同步。

（1）SRTP/SRTCP 报文格式

SRTP 的报文格式基本上与 RTP 的相同。SRTP 的报文首部比 RTP 的报文首部多了两个字段，分别是主密钥标识符（Master Key Identifier，MKI）和认证标签（Authentication Tag）。

图 9-5 描述了 SRTP 的报文格式。报文顶部对应 SRTP 的首部（与 RTP 首部一样）。报文的下面部分是载荷部分（Encrypted Portion），这部分是要被加密处理的。需要认证处理的消息（Authenticated Portion）包括报文首部和加密过的载荷，计算得到的 MAC（Message Authentication Code，消息认证码）放到认证标签字段。新增添的两个字段（可选）放在报文的末尾。

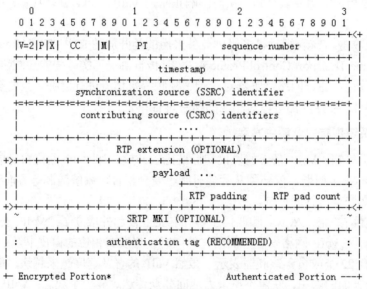

图 9-5　SRTP 的报文格式

下面对这两个字段进行简单介绍。

① 主密钥标识符（MKI）字段：由密钥管理协议提供，标识会话密钥（如加密密钥、HMAC 算法里的密钥等）从哪个主密钥推导出来，同时处理密钥的再次协商（Re-keying）。

② 认证标签：承载了认证数据的认证码（MAC）。在蜂窝和无线环境中，这个字段的使用会带来较大的带宽消耗，因为这些场合的带宽是比较有限的。一种折中的办法是通过密钥管理协议来减少认证码的长度（SRTP 规范默认的长度是 10 字节）。但是，使用缩短了的认证码有可能带来安全方面的问题，所以应用在具体场合时还需要做相应的论证。

认证标签在发送端计算，并在接收端进行验证。认证标签的使用能间接地防止重放攻击，因为它在认证算法时包括了原始的序列号。注意，在 SRTCP 中，认证算法是必须实现的，即这个字段在 SRTCP 中是必需的。

SRTCP 报文相比 RTCP 报文增加了 4 个新字段：SRTCP 索引号、加密标志（E-flag）、认证标签和 MKI。其中，MKI 字段是可选的。RTCP 作为控制协议，为了确保它的消息完整性，它的消息认证是必须确保的，这就是为什么必须提供认证标签字段的原因。

与 SRTP 类似，SRTCP 报文的加密部分是 RTCP 报文的载荷部分；而它的认证部分包括整个 RTCP 报文（包含加密过的载荷部分）、加密标志和 SRTCP 索引号。

图 9-6 给出了 SRTCP 的报文格式。开头的部分对应 SRTCP 的报文头部。加密部分则包含从第三行开始的所有部分，而认证部分包括整个报文（除了 MKI 字段和认证标签字段）。认证标签字段是用来存放认证结果的。

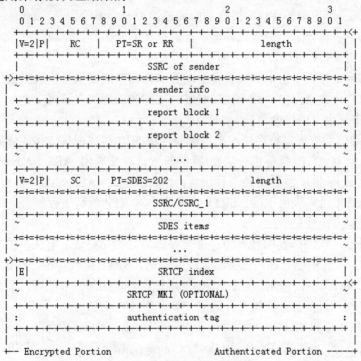

图 9-6　SRTCP 的报文格式

与 SRTP 索引号不同的是，SRTCP 索引号是作为一个字段存放在报文格式中的，而 SRTP 索引号则隐藏在 SRTP 报文中（需要通过一定的运算法则计算得出）。在发送 SRTCP 报文之前，索引号必须为 0，以后每发送一个数据报，索引号就增 1（对 231 取模）。需要注意的是，应用密钥重新协商机制时，SRTCP 的索引号不能设为 0。

加密标志字段（E-flag）表示当前的 SRTCP 报文是否被加密。

认证标签字段和 MKI 字段与 SRTP 中的情况相似。

（2）SRTP 的加密环境

在 SRTP 中，发送端和接收端都需要为每个 SRTP 会话建立一份加密状态信息，该信息称为加密环境。加密环境 ID 号由 SSRC、目的网络地址和目的传输端口唯一确定。加密环境保存两类参数：变换相关参数和变换无关参数。变换相关参数指与所用的具体加密变换和认证变换方法有关的参数，如密钥长度、会话的密钥、初始化矢量信息等。变换无关参数则是 SRTP 规范中的一些通用参数。

（3）SRTP 中的密钥推导函数

在 SRTP/SRTCP 中存在几种不同的密钥，分别是 SRTP 和 SRTCP 的加密密钥、认证密钥和 salt 密钥。不过它们不需要都通过外部协议（如密钥管理协议）来进行协商，SRTP 提供一个密钥推导函数来计算这些密钥，密钥推导函数的输入仅是一个主密钥（Master Key）和主 salt 密钥。主密钥和主 salt 密钥的协商通常是通过密钥管理协议来完成的。

（4）SRTP 的重放攻击保护

所谓"重放攻击"，是指窃听者通过一些报文捕获软件得到通信时的报文，然后修改其中的某些字段（如修改源地址），再延后发到网络上来欺骗接收者。

使用消息认证时，SRTP 会话的接收者能通过维护一个重放列表（Replay List）来防止重放攻击。重放列表中包含了已经收到并被认证的报文的索引号。可以通过滑动窗的方法来实现重放列表，通常 SRTP 滑动窗的大小不得小于 64。

接收者收到报文时，根据重放列表和滑动窗来检查报文索引号，仅当索引号超过滑动窗的上限值或索引号在滑动窗中并且未被接收时，才能成功地接收该报文。

（5）SRTP 中预定义的安全算法

SRTP 允许通信双方根据特定情况来协商要使用的加密/解密算法和认证算法，也给出了一些默认的算法。对 RTP 载荷进行加密/解密的默认算法采用 AES（Advanced Encryption Standard，高级加密标准），并且支持两种模式：计数器模式（AES-CTR）和 f8 模式（AES-f8）[①]。其中，AES-CTR 是必须实现的。SRTP 也允许不对 RTP 载荷进行加密，这主要应用在底层协议能保证足够安全性的情况。

认证算法通过对认证标签的计算和验证来保证消息的完整性。首先，SRTP 发送端计算出认证码（MAC），然后把它插入报文的末尾并发送；SRTP 接收端根据约定的算法和密钥，计算出一个新的 MAC，并与接收到的 MAC 值进行比较，如果两者相同，那么表示消息是完整的，没有被窜改，否则丢弃该报文并返回"认证失败"信息。

SRTP 的消息认证和 SRTCP 的消息认证有一些区别。对 SRTP 而言，需要认证的数据除了报文中的认证部分，还包括 ROC（Rollover Counter，循环计数器），而 SRTCP 仅对报文中的认证部分进行认证处理。

SRTP 中预定义的认证算法是 HMAC-SHA1。

SRTP 仅提供对 RTP 报头的认证，而不对报头进行加密。然而，RTP 报头及其扩展可能携带多媒体会话双方的敏感信息。针对该需求，IETF 推出了 RFC 6904[②]对 SRTP 进行扩展，选择性加密 RTP 报头。

# 9.4　音频/视频版权保护

利用传统的依赖商品的防伪包装和各类防伪标签以及依赖物理载体来进行防伪的方法

---

① 本书不涉及加密算法细节，有兴趣的读者可以查阅其他相关资料。

② 见 https://tools.ietf.org/html/rfc6904。

已经完全丧失作用，在互联网时代，音频和视频作为一种数字媒体，必须以一种新的手段来对音频/视频进行保护，数字版权管理（Digital Rights Management，DRM）技术应运而生。

当前的数字版权管理技术主要基于加密技术，对要保护的音频/视频文件进行加密，用数字证书来验证用户身份信息，确保只有合法用户才可以获得所需的音频/视频文件内容。然而，单纯依赖加密技术对音频/视频进行管理的系统，在加密的音频/视频文件内容解密成功后，音频/视频内容就失去了保护，用户可以随意使用和传播。为了对音频和视频进行全面合理的保护，不仅需要对音频/视频内容进行加密，确保只有合法用户才能获得所拥有的音频/视频并进行使用，还需要对用户的权限进行限定和管理，确保即使是合法用户，也必须按所属的权限对音频/视频进行使用；另外，在当前的音频/视频版权管理系统中，遇到的一个重点和难点就是对音频/视频进行鉴伪和盗版溯源，为打击盗版提供技术支持。此外，当前阻碍音频/视频版权管理系统发展的一个重要原因是用户使用体验的问题，不合理的权限设定、不灵活的使用方法及不方便的使用体验，限制了合法用户的使用体验。

## 9.4.1　数字版权管理技术现状

数字版权管理技术发展至今，主要经历了两个阶段：第一阶段主要采用加密技术，侧重对数字内容的加密，利用信息加密技术，通过将数字内容信息进行加密处理后，使得只有授权的合法用户才能获取解密密钥解密内容并使用；第二阶段是在第一阶段的基础上，在用户对内容的权限管理方面做了较大的拓展，即使是合法用户，也必须按照所属的权限，正确、合法地使用数字内容，并对用户的使用操作进行跟踪，对数字内容进行进一步的管理和保护。

数字版权管理系统一般应具有以下功能模块。

① 内容保护。内容保护主要通过信息加密技术来实现，对内容进行加密来保证其在开放网络环境下安全地分发和使用，防止其被非法获得和使用。

② 完整性保护。通常采用数字签名技术和数字水印技术来进行内容完整性保护，防止作品内容在分发、传播和使用过程中遭到窜改。

③ 安全传输。主要通过加密信道来实现，建立安全的虚拟专用网络（VPN）来进行内容传输，如果数字内容信息本身是经过安全可靠的加密的，那么可以在公开信道上进行传输。

④ 用户环境检测。检测用户相关信息，如用户名、硬件设备载体、IP 地址等，验证用户和主机设备的合法性。

⑤ 权限管理。限制和管理合法用户的权限，确保合法用户也必须按所属的权限来使用数字内容，防止滥用。

⑥ 用户行为监控。对用户行为进行监控，防止用户的非法操作和使用，并对非法行为和操作进行阻止和跟踪。

⑦ 安全支付。对数字内容进行购买并进行安全的支付，同时提供对交易各方隐私信息的保护。

目前，针对音频和视频版权保护的 DRM 系统主要有 Apple 公司的 Fair Play DRM、Microsoft 公司的 Windows Media DRM、IBM 公司的 EMMS、Real Networks 公司的 Helix DRM 和开放联盟（OMA）DRM。以下简要介绍这几种系统。

（1）Apple 公司的 Fair Play DRM 系统

该系统封闭，采用数字加密技术，保证音频/视频文件在没有授权时无法同步到对应设备上，保证了苹果公司的商业利益。

（2）Microsoft 公司的 Windows Media DRM 系统

目前，Windows Media DRM 系统只支持微软自主知识产权的 MPEG4 格式的 WMV 和 WMA，提供 SDK 来开发定制 DRM 系统。

（3）IBM 公司的 EMMS 系统

该系统主要针对数字媒体的安全分发，支持 SDMI 标准，并提供播放器的 SDK。

（4）Real Networks 公司的 Helix DRM

该系统由文件生成打包管理服务器、流媒体管理服务器、认证管理服务器、客户端的 DRM 音频/视频管理插件四部分来组成系统的核心部分。

（5）开放联盟（OMA）DRM

该系统框架及文件结构公开，基于 MPEG-4 格式，易于实现，具有超级分发功能。

目前，针对音频和视频的数字版权保护系统主要存在以下问题：支持的文件格式不全面，不能有效地支持现有的主流文件格式；用户绑定不安全，不能有效地绑定用户；权限管理不灵活，不能让用户灵活方便、合理地使用；防伪溯源效果不理想，难以在提高用户使用体验的同时有效防止非法用户的使用和合法用户的非法滥用，并对非法使用者进行溯源。

## 9.4.2　基于设备的密钥绑定版权保护方法

在音频/视频数字版权保护系统中，利用信息加密技术对媒体文件进行加密，加密后的媒体文件分发给授权合法的用户。然而，利用加密技术对媒体文件进行加密，必然涉及密钥的传递和使用，为了防止非法用户获得和使用密钥，需要对密钥传递和使用过程中的安全性进行保护，将密钥与硬件设备进行绑定，即使非法用户获得密钥，也无法对密钥进行使用。

### 1. 密钥软绑定和硬绑定

目前，在密钥绑定的方法中主要有硬绑定和软绑定。硬绑定是指将要保护的内容与硬件加密锁绑定，一些重要敏感的信息如加密密钥等存储在硬件设备中。软绑定是指不需要额外的硬件来进行绑定。

目前，音频和视频数字版权保护中绑定设备与密钥的方法主要有以下 3 种。

① 在音频和视频分发时，将密钥嵌入包含音频/视频的物理载体。此方法需要额外的物理载体来存储音频和视频，属于硬绑定，安全性较高。然而，随着信息技术和网络技术的快速发展，依靠额外的物理载体来存储音频和视频然后进行分发的形式越来越少，在开放的互联网环境下，用户直接在线下载音频/视频，而不需要额外的载体。

② 根据硬件信息生成固定的密钥算法。此方法根据用户硬件信息，采用一定的算法直接生成密钥。该方法只对密钥的生成阶段进行绑定，保证硬件信息与密钥一一对应。然而，在密钥使用时并没有进行验证。此外，根据硬件信息生成密钥的算法存在安全隐患，攻击者可以采用跟踪、反编译等手段进行破解。

③ 由服务器进行绑定管理。此方法由服务器存储密钥和绑定的密钥用户硬件设备为对

应的硬件设备分发对应的密钥。此方法相对②中的方法，能有效地防止使用跟踪、反编译等手段的破解，然而缺乏对密钥使用时的验证。

上述 3 种基于设备的密钥绑定的方法都存在一定的不足，绑定效果不理想。方法①属于硬绑定，安全性较高，然而需要额外的硬件设备，不适合互联网时代数字音频/视频防伪保护；方法②和方法③属于软绑定，不需要额外的硬件设备，但只保证绑定双方的一一对应，密钥使用时并没有对设备进行验证，绑定效果不理想。

**2. 携带设备信息的密钥的绑定**

针对上述绑定方法的不足，可以采用一种携带设备信息的密钥的绑定方法，不仅从密钥生成阶段进行绑定，确保一一对应性，在使用阶段，客户端还对其进行验证，确保设备的合法性，并且为了保证密钥的安全，需要对密钥进行加密。

（1）密钥的生成

密钥由随机信息部分和设备信息部分组成，随机信息部分保证了不同密钥之间的不同和随机性，设备信息部分用来对用户进行认证。密钥具体生成步骤如下。

<1> 用户在服务器端进行注册、登录。

<2> 登录成功后，客户端根据用户 ID 和硬件设备 ID 随机生成一对非对称密钥，并将公钥发送至服务器。

<3> 用户浏览购买所需的音频/视频文件，提出下载请求。

<4> 服务器以文件 ID 为种子，生成密钥的随机信息部分，并计算其 MD5 信息摘要，得到一个 128 位的摘要。

<5> 服务器提取登录用户的信息，主要包括用户硬件设备信息等，同样对其计算 MD5 信息摘要，得到一个 128 位的摘要。

<6> 服务器将随机信息部分摘要与用户信息部分摘要进行打包，得到一个 256 位的密钥，即为文件加密密钥。

（2）密钥的分发

密钥的明文传递和分发会极大增加密钥的破解和泄露，为了保证密钥分发的安全，需要对密钥进行加密后分发。密钥分发步骤如下。

<1> 服务器使用该密钥，利用 RC4 算法，对媒体文件进行对称加密。

<2> 服务器使用客户端公钥对生成的媒体文件加密密钥进行非对称加密，保证媒体文件加密密钥的安全传输分发。

<3> 服务器将加密后的媒体文件与加密后的媒体文件加密密钥打包发送给客户端用户。

（3）密钥的验证

媒体文件加密密钥使用客户端公钥进行加密，使用密钥时，需使用客户端私钥解密获得密钥，提取密钥中的设备信息，验证用户登录设备的合法性。验证步骤如下。

<1> 客户端接收打包后的音频和视频文件，存储于本地硬盘。

<2> 使用客户端私钥解密音频和视频文件加密密钥，得到音频和视频文件解密密钥。

<3> 客户端提取密钥中用户信息部分。

<4> 客户端提取当前用户信息部分，并计算 MD5 信息摘要，并与密钥中用户信息进行

对比验证。

　　<5> 若相同，则认定用户合法，客户端使用音频和视频文件解密密钥，解密并使用音频和视频。

# 9.5　家庭数字影院版权保护

　　家庭数字影院是介于传统商业影院和网络视频等发行媒介之间的一种新型运营模式，在如今影片产量大、传统院线排片有限的情况下，这种放映形式为观众提供了更多的观影选择。同时，家庭数字影院具有高分辨率、色域广、高动态范围、多通道环绕声等接近传统商业影院的放映水准，且影片放映期与传统院线档期间隔时间较短，甚至可能与传统院线同步上映。因而，在追求票房利润的商业电影时代，保护影片发行放映的内容安全，避免影片通过家庭数字影院发行放映时发生信息被盗，是必须要考虑的问题。

## 9.5.1　家庭数字影院发行版制版安全机制

　　为保护家庭数字影院节目内容的版权，首先需要在制作发行母版时对影片进行加密。家庭数字影院的节目内容中需要加密的主要数据包括音频、视频、字幕，相较普通音频/视频节目来说数据量较大，在视频部分尤为明显，因而需要采用计算量小、速度快、适合长文件加密的加密技术。

　　在对称加密技术中，加密密钥等同于解密密钥，其速度较快，主要应用于长明文，如文件加密、数据库加密等。在非对称加密技术中，加密密钥与解密密钥不同且不能彼此推导出，加密速度较慢，适用于短消息加密、对称密钥加密。由此可知，对称加密技术满足家庭影院数字电影节目内容加密的需求。即使采用对称加密技术，由于影片数据量较大，如果对全部节目内容加密，一方面制作时间较长，另一方面在影片播放时解密的实时性也难以保障，所以需要采用 9.3 节介绍的方法对影片中的音频/视频信息进行加密，这需要制定一整套加密机制，以同步对影片中的音频、视频、字幕等内容进行统一处理。

## 9.5.2　家庭数字影院节目内容的授权访问机制

　　在发行阶段，为保证节目内容的正常放映，家庭数字影院节目内容发行方须将加密后的节目内容和加密密钥一起发给接收方。为防止密钥泄露而导致版权盗窃，必须在发送密钥前对密钥进行加密，通常采用非对称加密技术（如 RSA 或椭圆曲线）对该密钥进行加密。为保证只有发行方或运营方授权的家庭影院终端才能解密节目密钥，家庭数字影院可以采用数字证书技术来保障节目密钥传送的安全性。

　　以下假设节目内容采用 AES 标准加密，AES 加密密钥采用公钥加密体制 RSA 进行加密。

　　发行方首先用 128 位的 AES 密钥对节目进行加密，然后将加密好的节目密文发送给家庭数字影院接收方；同时，为了保证密钥的安全性，发行方从 CA 中心（即数字证书授权机构）或家庭影院接收方获得数字证书，从而获得接收方的 2048 位 RSA 公钥，再用这个公钥对 AES 密钥进行加密，由于公钥和私钥的唯一匹配性，即使有人非法窃取了发行方的加密密钥，由于没有相应的 RSA 私钥，依然无法解密出 AES 密钥，因而仅在节目发送前获得授权的接收方才能正确解密，保障了节目的安全性。

家庭数字影院节目内容加密密钥通过接收方证书中的公钥进行加密后，以家庭数字影院密钥传送消息（KDM）的方式传送给接收方，消息中包含接收方被授权的播放设备信息及被授权访问的时间和场次信息。

加密后的 128 位 AES 节目密钥通过 KDM 的形式发送给指定的接收方，接收方通过 KDM 可解密出 AES 密钥从而播放节目。实践中有可能会有非法的发行方将粗制滥造的影片及相应的 KDM 发送给接收方，从而使得接收方播放该节目造成恶劣影响，损害正规影片发行方的利益，或正规影片在传输过程中 KDM 数据产生丢失或被非法窜改，导致家庭数字影院接收方无法正确解密 AES 密钥，使得节目内容无法正常解密播放。因此，KDM 的真实性和完整性验证也是极为重要的部分。

在家庭数字影院系统中，KDM 的验证可通过数字证书的签名应用来实现。发行方将节目发送给家庭数字影院接收方，在发送加密过的 AES 密钥前，先采用一种报文摘要算法（如 SHA-256）对密钥信息及其他说明信息进行处理，再用发行方自己证书相应的私钥对该摘要信息进行加密，即数字签名，最后将签名与加密过的节目密钥和相关说明信息放入 KDM 中并发送给接收方。接收方收到 KDM 后，先从 CA 中心或发行方处获得发行方的证书，从而获得发行方的公钥，然后用这个公钥对 KDM 中的签名进行解密，若成功解密，则说明该公钥与签名所用的私钥匹配，即 KDM 真实性得到验证；同时，将 KDM 中签名部分以外的信息用签名所用的摘要算法进行消息摘要，将摘要信息与签名解密的结果进行对比，若一致，则说明该 KDM 是未被窜改的，即完整性得到了验证。

通过对节目内容的加密、对密钥的加密以及对密钥传输消息和证书认证，家庭数字影院节目内容的授权访问机制得以完善，从而实现了对质量水平高、时间敏感性强的家庭数字影院节目内容的版权保护。

## 9.5.3　家庭数字影院放映终端的安全播放机制

家庭数字影院系统对节目内容采用对称加密算法进行加密保护，对节目加密密钥采用非对称算法加密，并通过 KDM 机制对节目内容的授权设备、授权时间、授权场次等进行有效控制。然而，解密 KDM 的私钥存放在放映终端，一旦终端的私钥被非法窃取，就可以发生利用授权设备的私钥在非法设备上进行播放、录制等违法行为，侵害影院数字节目内容的版权利益。因而，放映终端的安全成为保护影片版权的一个重要环节。为保障影片在安全传送至家庭数字影院后的版权利益，需要采用一定的机制来维护放映终端的物理安全，以保证设备私钥、解密后的节目内容密钥等关键安全参数不被非法探测和获取。

由于家庭数字影院放映的片源是对观众极具吸引力的准同步热播影片、经典老片，甚至是未上映的新片，且这些片源在家庭数字影院放映终端的放映质量接近商业院线级别，因此不少非法分子可能利用授权设备播放节目内容，然后在播放过程中对节目内容进行录制盗版。为了防止和打击此类盗版行为，除了保障放映终端的物理安全，也应采用一定的法律取证机制，以保证能够追踪盗版节目的来源。

追踪影片盗录信息的一个常用手段是数字水印技术。数字水印是指将特定的信息嵌入数字内容中，当复制带有数字水印的内容时，所嵌入的水印信息也会一起被复制。数字水印分为浮现式和隐藏式两种。其中，浮现式水印包含的信息会与数字节目内容同时呈现给观众，通常为版权拥有者的名称或图标；而隐藏式的水印以更隐蔽的形式加入节目内容，在通常状况下无法被观众看到。为了不影响家庭数字影院节目内容的视听效果，还原完整丰富的电影画面，应采用隐藏式水印来对数字节目进行版权保护。因此，家庭数字影院中放映影片的服务器应具备在放映时添加水印的功能。水印信息包含了播放时服务器的序号、放映时间、服务器品牌等，加载在播放的画面中，但肉眼并不可见。一旦发生盗录，可将获取到的盗录影片输入水印检测系统，从而检测出水印中包含的相关信息，影片版权商便可精确定位到发生盗录行为的影院和确切时间点。尽管该方法并不能阻止盗版行为，但获取了足够的关键法律信息，可以支持后期的法律诉讼和权益维护。

# 思考与练习 9

1．简述多媒体数据安全的主要内容。

2．什么是信息隐藏？可以通过什么媒介隐藏信息？

3．多媒体数据量通常比较大，对全部多媒体数据加密不是一种很好的方法。学完本章内容后，谈谈你的建议或思路。

4．版权保护是知识产权保护的重要内容之一，家庭数字影院中如何保护节目内容的版权？

# 第 10 章 多媒体应用

**本章导读**

通过本章的学习，读者可以了解几种典型多媒体应用的基本原理，包括数据可视化与信息可视化、图像识别（包含指纹识别、人脸识别和唇语识别）、视频监控与目标跟踪、即时通信系统。

经过几十年的发展，多媒体从技术层面上已经比较成熟，目前的重点是如何利用这些技术为人们提供更好的服务。

本章将围绕目前一些热点的多媒体应用领域进行简要介绍。

## 10.1 数据可视化与信息可视化

### 10.1.1 可视化概述

可视化（Visualization）是利用计算机图形学和图像处理技术，将数据转换成图形或图像在屏幕上显示，并进行交互处理的理论、方法和技术。从学科意义上来讲，可视化分为三种，即科学可视化、信息可视化和数据可视化。从功能角度划分，可视化有两种功能：分析性和表达性。例如，工具型的可视化如 Tableau（一款查看并理解数据的商业智能软件）是分析性可视化；信息图如网易数读常用的数据新闻信息图是表达性可视化。有些信息可视化有叙述性和表达性，有些信息图呈现了大规模非数值型信息。

信息可视化，是指将复杂、难懂的信息、数据或知识，通过梳理和视觉化设计，形成易于理解、记忆、吸引受众阅读的图形。

数据可视化旨在借助图形化手段，清晰、有效地传达和沟通信息。但是，这并不意味着数据可视化就一定因为要实现其功能用途而令人感到枯燥乏味，或者为了看上去绚丽多彩而显得极端复杂。为了有效地传达思想观念，美学形式和功能需要齐头并进，通过直观地传达关键的方面与特征，实现对于相当稀疏而又复杂的数据集的深入洞察。

信息可视化和数据可视化是两个容易混淆的概念，基于数据生成的数据可视化和信息可视化在现实应用中非常接近，并且有时能够互相替换使用。但两者其实是不同的。数据可视化是指那些用程序生成的图形图像，这个程序可以被应用到很多不同的数据上。信息可视化是指为某一数据定制的图形图像，往往是设计者手工定制的，只能应用在那个数据中。信息可视化的代表特征是具体化的、自解释性的和独立的。为了满足这些特征，这个图是需要手工定制。没有任何一个可视化程序能够基于任何数据生成这样具体化的图片并在上面标注所有的解释性文字。

数据可视化则是普适的，如平行坐标图并不因为数据的不同而改变自己的可视化设计。数据可视化强大的普适性能够使用户快速应用某种可视化技术在一些新的数据上，并且通过可视化结果图像化理解新数据。与针对已知特定数据进行信息可视化设计绘制相比，用户更像是通过对数据进行可视化的应用来学习和挖掘数据，而普适性的数据可视化技术本身并没有解释数据的功能。

## 10.1.2　数据可视化的图表类型

数据可视化有很多既定的图表类型，下面分别介绍这些图表类型、它们的适用场景以及使用的优势和劣势。

### 1．柱状图

柱状图是以长方形长度为变量的一种表达图形的统计报告图（如图 10-1 所示），它由一系列高度不等的纵向柱形表示数据分布的情况，用来比较两个或两个以上的价值（不同时间或不同条件），只有一个变量，通常用于小规模的数据集分析。

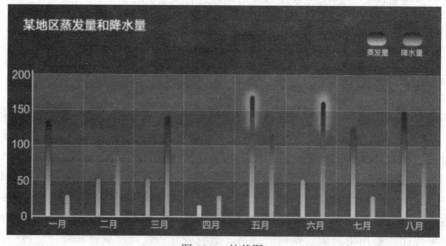

图 10-1　柱状图

柱状图亦可横向排列，或用多维方式表达。柱状图的主要适用场合是二维数据集（每个数据点包括两个值），但只有一个维度需要比较。其优势是利用柱形的高度反映数据的差异。肉眼对高度差异很敏感，辨识效果非常好。其局限是只适用中小规模的数据集。在制作柱状图时，应避免柱形过宽或过窄，柱形的间隔调整为宽度的一半比较合适。

### 2．折线图

折线图是将排列在工作表的列或行中的数据采用折线形式表示的一种图形。折线图可以显示随时间（根据常用比例设置）而变化的连续数据，因此非常适合显示在相等时间间隔下数据的趋势。图 10-2 是借助折线图显示某地未来一周气温变化的示例。

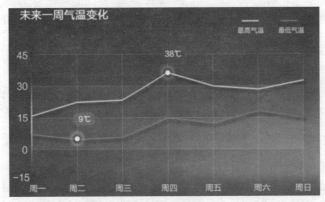

图 10-2 折线图

折线图适合二维数据集，尤其是那些趋势比单个数据点更重要的场合，还适合多个二维数据集的比较，以清晰反映数据变化的趋势。

折线图中应尽量避免使用虚线，虚线会让人分心，用实线搭配合适的颜色更容易区分。

### 3. 饼图

饼图是将排列在工作表的一列或一行中的数据用饼状图形表示的一种图形。饼图显示的是一个数据系列。数据系列是指在图表中绘制的相关数据点，这些数据源自数据表的行或列。图表中的每个数据系列具有唯一的颜色或图案，并且在图表的图例中表示，可以绘制一个或多个数据系列。饼图只有一个数据系列，适合简单的占比图，在不要求数据精细的情况下适用。饼图是一种应该尽量避免使用的图表，因为肉眼对面积大小不敏感。图 10-3 采用饼图方式显示了某网站的用户访问来源。

在制作饼图时，一般将份额最大的部分放在 12 点方向，顺时针放置第二份额的部分，以此类推。

### 4. 漏斗图

漏斗图又称为倒三角图，由堆积条形图演变而来，即由占位数把条形图挤成一个倒三角状（如图 10-4 所示）。漏斗图便于进行规范、周期长、环节多的业务流程分析，能直观地发现和说明问题。

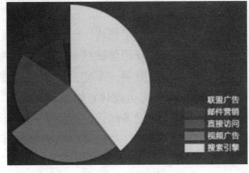

图 10-3 饼图

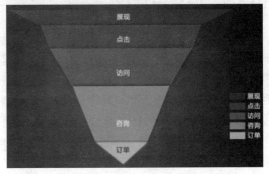

图 10-4 漏斗图

在网站分析中，漏斗图通常用于转化率比较，不但能展示用户从进入网站到实现购买的最终转化率，而且能展示每个步骤的转化率。缺点是单一漏斗图无法评价网站某个关键流程中的各个步骤转化率的好坏。

### 5．数据地图

数据地图是指应用地图来分析和展示与位置相关的数据的一种图形表现形式。在实际工作中碰到与地名有关的数据时，结合地图和数据，能够得到更好的展示效果。例如，在几个城市之间的航路图，通过线条的疏密就可了解航班的多少。

### 6．雷达图

雷达图又称为戴布拉图或蜘蛛网图，是财务分析报表的一种。雷达图主要应用于企业经营状况（收益性、生产性、流动性、安全性和成长性）的评价。这些指标的分布组合在一起时非常像雷达的形状，因此而得名。

雷达图可将一家公司各项财务分析所得的数字或比率集中画在一个圆形的图表上，以表现公司的各项财务状况，使用者能一目了然地了解公司的各项财务指标的变动情形及其好坏趋向（如图 10-5 所示）。

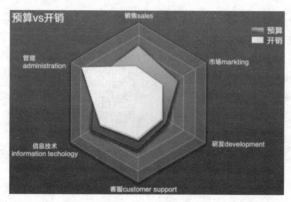

图 10-5　雷达图

雷达图适合多维数据（四维以上），并且每个维度必须能够排序。但它也有一个缺点，即数据点最多 6 个，否则无法辨别，因此适用场合有限。

## 10.1.3　信息可视化

现在信息可视化越来越流行。一张图不但让枯燥的数据和信息变了模样，而且让洞察见解跃然纸上，轻松地传达复杂的观点。越来越多的媒体、研究机构开始尝试这种生动、有效的叙事方式，而仅依靠 10.1.2 节介绍的常规图形已经无法达到这种效果。事实上，数据可视化可以是静态的或交互的。几个世纪以来，人们一直在使用静态数据可视化，如图表和地图。交互式的数据可视化则相对更为先进，人们能够使用计算机和移动设备深入这些图表和图形的具体细节，然后用交互方式改变他们看到的数据及数据的处理方式。信息可视化的制作步骤如下。

第一步：确定表意正确，明确信息图的表达内容，确定最主要的表现内容。

第二步：寻找信息图的最优表现形式，让读者一目了然，降低理解难度。

第三步：确定最主要模块的视觉风格，在此基础上再做延展，风格延展"一致"的视觉设定有助于用户理解。

第四步：细节视觉风格确定后，可根据需要添加、完善。

为了激励信息可视化的研究和应用，2012 年，英国 Information is Beautiful 网站的记者、数据观察员 David McCandless、市场调研机构 Kantar 的创意总监 Aziz Cami 创立了凯度信息之美大赛（Kantar Information is Beautiful Awards），面向全球各地的学生、个体从业者、媒体以及非政府组织等征集作品并进行评奖，到 2017 年共举办了 6 届。前 5 届的奖项设置都是按照作品的体裁分类的，如信息图、互动可视化、数据可视化工具等。但 2017 年的所有作品被划分为 8 类，包括艺术类、时事政治类、商业类、环境类、人道主义类、科技类、体育竞技类和特别类，评判标准是"这个作品是否很好地展示了与这个主题有关的数据"[①]。

2017 年度的奖项中包含两个来自中国的可视化作品，南京艺术学院的朱天航作品《唐卡造像原理》获得"最佳非英语作品"铜奖，李培杰的作品《汉剧》获得"最佳社区选择奖"铜奖。

大赛针对不同类别评出了多个金奖，其中"科学&技术类"的金奖作品"科学的路径"[②]（如图 10-6 所示）展示了科学家的工作成果如何影响和改变某项科学事业，以及我们是否可以预测一名科学家取得杰出成就的时机。

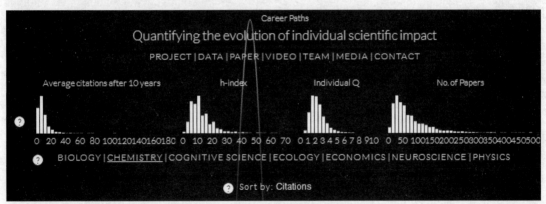

图 10-6　科学的路径（网站截图）

该作品通过研究数以千计科学家的科研生涯生产力和影响因子演变，重构了来自 7 个学科的不同科学家的出版与发表记录，将每篇论文与其对科学界的长期影响联系起来，并通过引用指标进行量化分析。他们发现，科学家职业生涯中影响力最大的成果其实是随机分布在他们的长期工作中的。简单来说，某个特定影响力最大的科研成果在科学家所发表的所有论文序列中出现的概率是一致的。

## 10.1.4　数据新闻

近年来，"大数据"悄然走进了人们的生活，人们突然发现好像一切事物都可以被量化，

① 见 http://dy.163.com/v2/article/detail/D59J0T78051280SH.html。

② 见 http://sciencepaths.kimalbrecht.com/。

只要数据够多，它就能解释复杂的世界。既然数字可以解释世界，那它必然可以解释新闻，数据新闻应运而生。

数据新闻，简而言之，就是用数据处理的新闻。数据新闻能够自己汇聚新闻信息，数据可以是数据新闻的来源，也可以是讲述新闻故事的工具，还可以两者兼具。这一定义阐明了数据是数据新闻的核心，也是对其进行判别的最重要的标准。数据新闻还可理解为通过挖掘和展示数据背后的关联和模式，创作出新闻报道的新方式。

数据的采集、处理、呈现过程十分复杂，必须依靠计算机技术来实现，所以数据新闻又被认为是计算机传播学的一个分支领域。数据新闻源于 20 世纪 50 年代的计算机辅助报道，并伴随计算机技术日新月异的发展，在可视化形态上有所创新和突破。

新闻工作者日渐认识到单纯信息的传播远不能满足受众的需求，还需要从信息中提取真正有价值的东西，即知识。这正是数据新闻区别于以往带有数字的普通新闻的地方。网易、搜狐、新浪等都推出了数据新闻项目。其中网易数读创建于 2012 年 1 月，搜狐图表新闻频道下设的《数字之道》创建于 2012 年 5 月，新浪新闻中心下设的《图解天下》创建于 2012 年 6 月。

网易数读栏目可视为国内网络媒体进行数据新闻实践的开端，自 2012 年 1 月 13 日发布第一篇题为《王朝既倒：关于柯达的十个数字》的报道后，到 2015 年 12 月 31 日为止，期间制作发布了不同类型的数据新闻共计 446 篇。

除了新闻内容，网易数读的数据新闻在报道方式和图示形态上种类繁多，形式多样，如时间线、数据地图、泡泡图、坐标系图、社会网络关系图、词频图等，都是常见的图表形态。这些数据新闻在设计制作之初，搜集了线上、线下来源广泛的原始数据和调研报告，如政府和公益组织、院校和研究机构、出版物以往报道等，同时通过技术手段抓取网络数据。

网易数读的每篇数据新闻报道中都详细标注了该报道所用数据的确切来源，有一部分还向广大用户免费提供下载链接，用户可根据自己的需要加以应用。还有部分数据新闻作为系列报道出现，或作为网易新闻频道其他专题新闻的补充报道，其中配有相关报道的网页链接，以供用户拓展阅读。

与传统新闻报道以文字见长的信息传递方式不同，数据新闻主要运用数据可视化技术，通过类型丰富、设计多样的信息图表向大众传递信息。

事实上，在传统报道中也不乏对信息图表的运用，如常见的表格、饼图、折线图、柱状图等。进入大数据时代，随着相关计算机技术的发展及大量视觉设计软件和复杂数据可视化工具的使用，信息图表的类型不断被丰富，新闻的可视化又有了新的发展。除了在表现方式上更加美观和多样，动态、交互元素的注入促使更先进的可视化形式"动态交互式信息图"诞生。

根据呈现形态是否为"动态"和界面能否与用户"互动"，可将数据新闻的可视化信息图分为两大类：静态信息图和动态交互式信息图，它们分别代表当下数据新闻可视化领域的两个发展方向。静态信息图最初的表现形态为常规类型的表格、饼图、折线图、柱状图等，这些早期的图示形态只是为了充分利用数据信息而将数据进行功能性整理，侧重于为对某一话题或事件缺乏了解的用户提供解释性信息。时至今日，静态信息图在符合新闻报道的同时，力求达到最佳的视觉表现效果，并反复推敲整体布局的合理性，衍生出了时间线、泡泡图、文字云等新型图示形态，令读者耳目一新。动态交互式信息图除了单向传递信息，加入了与读者的交互元素，赋予读者更多自主权，通过单击、拖曳、输入等操作，任何人都能选择自己感兴趣的内容。例如，我们可以用网易数读有关北京城区急救系统报道中所用的动态交互式信息图来说明。根据该新闻报道③，除了了解 2014 年北京市急救系统的相关新闻内容，在新闻页面的交互界面中，用户还可以通过输入某个地址来获取与其距离最近的急救站位置及信息。例如，输入"中央美术学院"地址后，即可获取相应的查询结果，根据"我的位置"可以获知最近的"120 望京急救站"地址。

归纳起来，网易数读的主要设计理念包含以下内容。

### 1．数据是一切的根本

数读栏目一直有条标语"用数据说话，提供轻量化的阅读体验"，即抛开冗长的文字解释，用最直观的数字展现出一切。

首先，数据足够准确。所以数读栏目的编辑们在策划选题时尽力找到可信的数据源，通常是世界银行、联合国等国际机构或权威智库、研究机构等提供的数据。获取数据后，不但要作图，而且要用合理的逻辑生成一个耐看的专题，不光要做到好看，还要做到更加精准和直观。

网易数读曾做过一期名为《中国药价普遍"虚高"，成本几何》④的选题，编辑们根据世界卫生组织的统计数据，对比了中国与欧美等国家公共卫生总费用占同期国内生产总值的比例，反映了中国对卫生事业的资金投入力度在世界上处于何种水平；同时，查证了经合组织健康委员会和欧洲制药工业协会联合会的数据，对比出中国药品增值税收取之高；又根据以前的媒体报道，论证出溢价幅度之大。最终他们完成了一张详细的中国药品"制度成本"图。

### 2．有深度也有趣味

为了让数据生动起来，网易数读尝试数据专题与 HTML5 相结合的方式进行制作。以页面浏览量超过 300 万的"中国人的死亡方式"选题为例，编辑们看到了英国《卫报》做的数据新闻《英国人都是怎么死的》，文章采取树状图的形式梳理了英国人有哪些特殊的死法，如喝酒过量、从树上掉下来摔死等，于是萌生了策划《中国人的死亡方式》的想法。

选题策划之前，编辑先查证了原卫生部出具的 30 年来的《卫生统计年鉴》，然后结合一位医学教授的论文，根据实际情况，做出了专题报道，用图形展现了从 1982 年到 2012 年的 30 年间，造成中国人死亡的主要原因之间的变化，并对比了城镇和农村的数据。

在分析数据时，虽然就发病率而言，发达国家的癌症发病率更高，但与不发达国家相比，他们的死亡率更低。而且就癌症种类而言，中国人得的多是医学上存活率本来就低的肺癌、胃癌、肝癌等"穷癌"，这些本是能通过改善公共卫生政策来大幅降低发病率的癌症。于是编辑根据英国医学杂志《柳叶刀》中的数据，结合《卫生统计年鉴》中的数据，延伸出另一篇《各国癌症五年生存率比较》的数据新闻，以柱状图对比了中外多发的癌症类型，用世界地图展示了各国的癌症存活率，这样读者就能比较直观、清楚地理解中国的医疗水平变化等问题。

---

③ 见 http://data.163.com/special/ambulance2015/。

④ 见 http://news.163.com/14/1123/21/ABP1PCA900014MTN.html。

在挖掘数据深度的同时，编辑们也注意了数据的趣味性和传播率，制作平面数据专题后，又以时间为轴拉了一条横线，梳理了中国人从婴儿期到老年期的不同年龄段的死亡率，制作了一个 HTML5 网页，获得了广泛的传播，页面浏览量超过 300 万。

### 3. 做有温度的数据

简单的数据展示并不算是数据新闻，数据新闻是要有落脚点的，在保障数据真实的基础上，这些数据能直观地展示什么，让读者知道那些之前不知道的事，这才是数据新闻真正有价值的地方。

网易数读做了一期关于中国油价的报道，人们一直觉得油价高，但是根据石化企业提出的数据，中国的油价低于世界水平。编辑们查阅世界银行报告与论文后，制作了收入水平与油价比例的数据新闻，结果表明，中国人的油价负担远远高于世界平均水平，这也就是中国人常常觉得油价贵的原因。这样的数据才是有温度、有价值的。

### 4. 打破常规的表达

信息图表在表达上是需要通过充分的设计语言来表达的，打破常规的一些表达能够使信息图更容易抓住读者的注意力，使得整个图表富有吸引力，但要避免"设计过度"，不要忘记终极目标是数据及信息要传达的内容，最理想的状态是设计及数据完美平衡。

在《中超俱乐部生存状态：贫富差异大，收支难平衡》[⑤]一文中，设计人员打破了以往通常使用柱状图、直线图和饼图的表达方式，而利用圆环来表达数据，因此具有吸引力，同时与表达的"足球"主题非常契合。

例如在图 10-7 中，中超俱乐部球员的薪金投入对比数据中利用圆环作为坐标，通过弧线的长短来形成对比；同时中心点以足球形象作为视觉焦点，绿色的圆环形成绿茵场的感觉，制造了一个添加其他信息的空间，能够让人一眼看清主题；各弧线间隔深蓝和浅蓝的排列方式，进一步提升了信息传达的清晰性。

内圆下方通过传统的直线图传达其他项目的统计，与圆环结合是一个很理想的搭配及互补。打破常规的表达可以形成一个焦点，所以并不需要对所有图表都出人意外地进行设计，否则会显得凌乱。其他统计数据中采用了传统的图表。然而，应用的颜色必须一致，这里的蓝绿邻近色的搭配贯穿了所有设计，使整个设计具有清新、和谐及贴合主题的气息。

## 10.2　图像识别及其应用

图像识别是指通过计算机对经输入设备采集的图像进行完整的"解读"，以达到对目标辨识、分类的技术。

## 10.2.1　图像识别过程

一般来说，图像识别过程如图 10-8 所示，主要内容介绍如下。

---

⑤ 见 http://news.163.com/12/0531/20/82S3FH1T00014MTN.html。

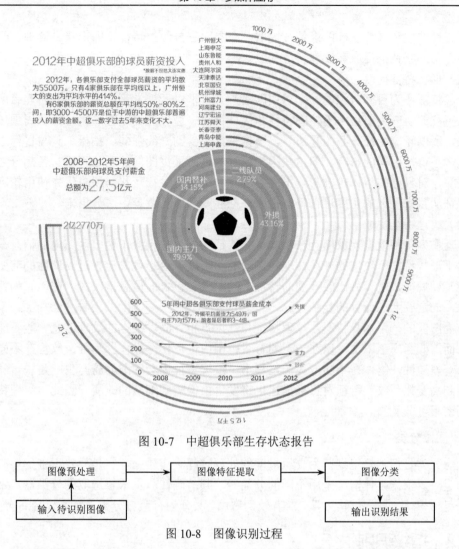

图 10-7　中超俱乐部生存状态报告

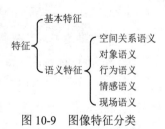

图 10-8　图像识别过程

## 1．图像预处理

按照采集要求，将摄像机、扫描仪等输入设备获取的图像传输到计算机后，首先进行图像预处理，以便有效地减少图像中对识别而言无意义的信息，尽可能地剔除输入图像中的噪声，进而保障较高的识别率。预处理一般可以先对彩色图像进行灰度处理，再依次对灰度图像进行二值化、增强、去噪处理，最后进行图像分割。

## 2．图像特征提取

特征是不同物体之间的明显区别，图像特征表征了图像中每部分与其他部分的区别。图像特征可以区分不同的目标，因此要求图像特征必须满足可以区分的能力，并保证能很好地处理噪声。根据图像处理前后所在的空间，图像特征可以分为基本特征和语义特征，如图 10-9 所示。根据特征提取采用的方法，图像特征又可分为统计特征和结构（句法）特征。特征选取的标准是

图 10-9　图像特征分类

易提取、稳定性和区分度。图像特征提取一般提取三方面的特征，即形状、纹理、颜色。下面主要介绍形状特征提取和纹理特征提取。

（1）形状特征提取

形状特征作为目标辨识的一个重要因素，一直被机器视觉等相关领域的研究者所关注。对形状特征的研究主要集中于轮廓特征和区域特征。边界的界定容易将目标从周围环境中区别开来，所以轮廓特征关心的是边界。图像采集会受到光线强弱、拍摄工具与目标之间的位置等诸多不可控因素的影响，但这些因素影响的是所采集图像的明暗程度、各部分之间的比例关系等，对目标的整体轮廓影响不大。因此，单纯地进行形状辨识时优先使用轮廓特征。区域特征从整个区域的角度进行特征提取，把匹配图像从背景中区分出来。

（2）纹理特征提取

纹理作为一种视觉现象而存在，与形状特征相比，它包含了更多区域内的信息，信息量远远大于形状特征。纹理的外在体现是图像的明暗度、色彩度等元素近周期性的演变中逐渐呈现的某种规律，是一种比较直观的特征。由于纹理包含的信息量较大，在以它为特征进行提取时，一定要考虑计算的复杂性。

作为图像的一个本身特质，纹理特征与邻近点相关联，某点的纹理信息一般不能单纯地考虑，而需要考虑上下文，以在一定的背景范围内进行相关操作。另外，纹理在不同尺度空间中会有差异性，物体在不断放大的过程中，纹理特征也会逐渐显露。也就是说，随着分辨率由低到高变化，纹理特征对目标描述也将发生由概貌到细节的改变。因此，纹理特征与尺度空间密不可分。

### 3. 图像分类

图像分类是把类标记划归为一组量度的处理过程。实质上，它是模式识别的核心。图像辨识分类时要依据具体情况采用不同的分类器，其准确性严重依赖选取的分类器。常用的分类方法包括统计方法和结构方法，前者较为常用，又分为有监督分类方法和无监督分类方法。

## 10.2.2　指纹识别

指纹识别是指对采集到的指纹样本提取特征细节点和奇异点，并与指纹模板库中的对应信息进行比对，最终实现个体身份识别。指纹识别技术由于具有不被丢失、不被遗忘、不易被盗及伪造，以及识别精度高和稳定性好等优点而得到广泛应用。指纹识别系统主要包含指纹采集、指纹分割、指纹增强、特征提取和匹配等环节，如图 10-10 所示。

图 10-10　指纹识别过程

### 1. 指纹采集

指纹采集最早主要通过化学方法提取，法国从 1877 年起就采用硝酸银溶液显现低质量指纹， 1905 年英国发明了粉末显现法。受当时计算机软件和硬件的限制，这些研究未能取得突破性的成果。100 多年来，各国研究人员通过各种努力，探索出了诸多行之有效的低质量指纹显现方法，这些方法的共同特性是"单一性"和"一次性"，对指纹的细节会有不同程度的改变，但并未得到理想的显现效果。美国物理学家 E. R. Menzel 于 1976 年将激光光致发光技术用于现场指纹的显现，取得了较好的效果，导致光学显现技术引起了各国研究者的高度重视。当前的无损低质量指纹的光学显现方法都使用来自独立光源的单一性光谱，通过多次采集指纹图像，再对图像进行融合处理，以此来得到较好的指纹图像。这种方法对指纹的质量有所要求，对于设备等造成的易于修复的低质量指纹效果较好，而对现场指纹这类背景繁杂的疑难指纹效果不佳。因此，各国研究者开始研究多光谱指纹显现技术。Bartick 等最早把红外成像技术应用于指纹识别，根据不同特征光谱的选择来表征混合样品中的不同化学成分的分布状态，最后获取高质量的指纹分布图像。Tahtouch 等随后采用特征吸收对指纹图像进行鉴定，成功识别出钞票上的低质量指纹图像。但受计算机技术的限制，多光谱指纹显现技术长期未被正式应用，直到 2003 年德国的布鲁勒克公司、美国的 Nicole 公司和 PE 公司推出红外成像仪，才使得低质量指纹的多光谱指纹显现技术有了实现的可能。

传统的指纹采集方式主要有两种。一种是将油墨等涂抹在手指上，然后将手指按压在纸上，再通过扫描等方式读取。另一种是通过指纹采集传感器收集指纹，通过数字化处理转换成指纹图像。现场指纹的采集容易受采集环境和人为因素的影响。现场指纹一般由专业人员在犯罪现场采集，采集位置包括桌面、报纸、门把手、生活用品等，其背景图案或文字是主要噪声。被采集人手指的干净程度也会影响留下的指纹的质量，如手指上有污浊物、手指太干或沾水都可能引入噪声。另外，现场指纹采集中还有指纹重叠的情况，多个指纹重叠在一起容易造成特征混合且难以分离。当然，除了现场指纹本身遗留的噪声，人工采集过程中也可能引入噪声。

智能手机上指纹的采集主要有两种方法：滑动式和按压式。

滑动式采集将手指在传感器上滑过，从而使手机获得指纹图像。滑动式采集具有成本相对偏低且能采集大面积图像的优势，但存在体验较差的问题，使用者需要一个连续规范的滑动动作才能成功采集，采集失败的概率大大增加。

按压式采集在传感器上按压来实现指纹数据采集，成本比滑动式采集的高，技术难度也相对较高。此外，由于一次采集的指纹面积相对滑动式采集的要小，需要多次采集，通过"拼凑"，拼出较大面积的指纹图像。这就必须依赖先进的算法，用软件算法来弥补指纹面积相对偏小的问题，以保障识别的精确度。

采集到指纹后，还需要对采集的指纹进行质量评估，不合格时就要再采一次，合格后则对图像进行增强和细化。

### 2. 指纹分割

指纹分割是指将指纹图像分割成指纹区域和非指纹区域，保留指纹区域作为后期处理的对象。指纹分割是指纹图像预处理的重要步骤：一方面，非指纹区域并不包含指纹匹配所需的特征，因此对于指纹匹配没有帮助，而且大面积无用的区域在后期指纹匹配过程中会增加计算时间；另一方面，非指纹区域包含的噪声容易引入伪特征，影响指纹匹配的准确率。

### 3. 指纹增强

指纹增强是在指纹分割的基础上对分割得到的指纹区域进一步去噪，虽然经过分割后能得到大部分的指纹区域并剔除大部分的非指纹区域，但由于受噪声影响，有用指纹区域的纹理信息会受到破坏，如脊线断裂、纹理不清等，或采集到的指纹本身质量很差，这些指纹通常被称为低质量指纹，对这些指纹很难正确地提取特征。因此需要通过指纹增强，恢复指纹纹理信息、提高图像质量。由于常规的指纹增强算法在低质量指纹中效果不明显，因此需要利用方向场信息提升增强效果。

### 4．指纹特征提取和匹配

指纹特征提取和匹配是指纹识别系统的最后步骤，通过特征提取和模式匹配，确定候选指纹的鉴定和检索。目前，大部分指纹匹配算法都采用基于特征的点匹配，即利用特征点的数量和相对位置。指纹的特征点有 100 多种，大部分比较特殊且罕见，因此在实际系统中主要对比纹线的端点和分叉点。纹线的端点是指纹线的起点或终点，纹线的分叉点是指纹线一分为二的位置。低质量指纹在特征提取和匹配阶段与普通指纹一样，但可提取的准确细节点较少。由于纹线的端点和分叉点普遍存在于指纹中，因此根据其数量和出现的位置可以进行特征匹配。实验表明，用纹线的端点和分叉点可以唯一地确定个体身份。

指纹匹配精度与指纹图像特征点的数量和正确率密切相关，如果采集到的指纹质量很差，那么在进行特征提取时容易引入大量伪特征，同时丢失大量有效特征，进而严重影响最后指纹的匹配结果，甚至导致匹配过程难以进行。因此，低质量指纹分割和增强的目的正是从去噪和恢复被噪声覆盖的纹理等方面提高指纹图像的质量，方向场信息作为方向参数应用到低质量指纹图像的增强中。正确地估计指纹方向场，修复腐蚀、残缺区域的方向信息，能够极大地提高指纹特征提取和匹配的精度。

### 5．指纹识别的应用及其安全性

指纹识别已成为智能手机的标配功能。相较早前的密码解锁和图案解锁，指纹解锁显然更方便、便捷。此外，指纹识别逐步代替了密码用于快捷支付。

由于指纹识别应用范围的扩展，指纹已是保护人们隐私和钱财的重要保障，因此其安全问题受到了高度的关注。

人的皮肤一般由表皮、真皮和皮下组织三部分组成，常说的指纹是指表皮上凸起的纹路。由于人类的基因遗传特性，每个人的指纹完全不相同，即使孪生双胞胎的外貌非常相像，也能通过验证指纹来对两人进行区分。

早期的指纹识别技术采用光学识别，由于光不能穿透皮肤表层，因此只能扫描手指皮肤的表面，或者扫描到死性皮肤层，但不能深入真皮层。手指表面是否干净直接影响识别的效果。如果手指上粘了较多的灰尘，那么可能出现识别出错的情况，并且如果人们按照手指做一个指纹手模，那么也可能通过识别系统，用户使用起来不安全、不稳定。

目前，智能手机领域的指纹识别技术主要以电容式指纹方案和射频式指纹方案为主。

电容式指纹方案的原理是利用硅晶元与导电的皮下电解液形成电场，通过指纹的山谷和山脊之间的凹凸来形成指纹图像。电容传感器发出电子信号，电子信号穿过手指的表面和死性皮肤层到达真皮层，直接读取指纹图案，从而提高了系统的安全性。这种方案成本低，适用性强，但对脏手或湿手的识别率不高。

射频指纹模块技术通过传感器本身发射微量射频信号，穿透手指的表皮层去检测里层的纹路，来获得最佳的指纹图像。射频式指纹方案的目的是提升脏手或湿手时的识别成功率，包含无线电波探测与超声波探测两种，原理与探测海底物质的声呐类似，是靠特定频率的信号反射来探知指纹的具体形态的，最大的优点是手指不需与指纹模块接触，因而不会对手机的外观造成太大影响。因此，射频指纹方案也成了未来指纹识别的主要发展方向。

## 10.2.3　人脸识别

人脸识别是一项集计算机视觉、图像处理、模式识别等领域知识的交叉领域。人脸识别技术之所以得到广泛关注，是因为在多种生物特征识别方法中，如指纹识别、虹膜识别、DNA识别、签名识别等，人脸识别是最通用的、非接触式的并且最容易获得的生物特征，因此人脸特征天然具有非常友好的人机交互方式，在远程控制、生物特征加密/解密、犯罪监控等领域有着广泛的应用。

### 1. 人脸识别过程

从广义上讲，人脸识别系统涵盖了从前期采集到后期处理的一系列流程，具体包括图像采集、人脸检测、人脸区域检验、人脸定位、人脸图像预处理、特征提取和分类识别等。本节着重研究的是已经获得人脸图像后的处理过程，主要包括人脸图像的预处理、特征提取和分类识别。

（1）预处理

预处理是提高人脸图像识别率的重要组成部分。由于照相或摄像时受外界条件的干扰，获取的图像可能存在一些问题，如不够清晰、对比度低、噪声大或受外在光源照射等影响，这些外界环境或设备的问题会影响到获取的图像。

在预处理阶段，可通过去噪、滤波和裁剪等手段，为后续的图像处理提供清晰的原始图像，最重要的是对光照影响的处理。不同的光照条件会对人脸图像产生非常大的影响。

（2）特征提取

特征提取是人脸识别的核心。对于计算机而言，人脸图像的表现形式是像素的灰度值矩阵，如何从中提取用于识别的最有效信息一直是人脸识别的研究重点。而外界环境如光照、表情、姿态、局部遮挡等因素会干扰图像信息的有效性，这些干扰使得同一人脸的不同样本之间出现差别（即类内差异），有时甚至大于不同人脸之间的差异（即类间差异）。类内差异比类间差异更大的情况给人脸识别带来了极大的困难。特征提取就是从不同的人脸图像中提取最具区分度的信息，这类信息往往来自对人脸样本的学习。

（3）分类识别

分类识别是一对多的对比过程，即把计算出的人脸特征矢量与数据库中已知身份的特征矢量进行对比，进而确定待测特征矢量属于哪个身份。在这个过程中，分类器的性能好坏决定着最终识别率的高低，好的分类器能够更加准确而快速地找到训练数据的内在模式，从而进行分类。

### 2. 基于图像的人脸识别技术

从人脸识别技术出现至今的几十年中，研究人员进行了大量的工作，并在一些领域中取得了重大突破，研究的切入角度愈加多样化。例如，从研究基于的数据来源划分，人脸识别大致分为以下几类：基于 3D 成像技术的人脸识别、基于红外热感图像的人脸识别、基于近红外图像的人脸识别、基于可见光图像的人脸识别。表 10.1 列举了不同数据图像的差别。

表 10.1　不同数据图像的差别

| 图像采集类型 | 可见光 | 近红外 | 三维图像 |
|---|---|---|---|
| 优点 | 直观、自然<br>识别准确度高<br>识别速度快<br>图像采集成本低 | 抗光照变化<br>图像采集成本低<br>识别速度快 | 抗光照变化<br>不受姿态影响<br>识别效率高 |
| 缺点 | 受光照影响大<br>受人的姿态影响大 | 识别准确度不够<br>不够直观、自然<br>受人的姿态影响大 | 图像采集成本高<br>建模时间长<br>识别速度 |

人脸识别技术可分为基于几何结构的人脸识别技术、基于局部特征的人脸识别技术和基于子空间的人脸识别技术。

（1）基于几何结构的人脸识别技术

在人脸识别方法研究的早期阶段，人们把主要精力放在如何对人脸进行识别上。我国自古就流传有"三庭五眼"的说法，这表明人的面部结构存在显著的特点：人的面部轮廓及组成器官相对固定，各器官关键点之间的框架结构关系大致相同。因此，基于几何结构的人脸识别技术的核心是，把人脸面部各器官在几何意义上的位置关系描述清楚，如两个眼睛的间距、两个眼睛与鼻子所成的角度等。这些信息被保存在人脸库中，作为训练样本图像的面部几何特征，这样人脸的面部图像就可通过这些数据转换为特征矢量，最终对整个人脸库中的所有图像都建立对应的特征矢量。在进行人脸识别时，将待识别人脸的特征矢量同人脸库中的比较，一致性最好的就是其属性。

20 世纪 70 年代出现了基于灰度的投影技术，这种技术将测量得到的投影线的波峰、波谷值作为人脸图像判定的基本考察依据，完成各器官位置的标定。通过一个标准的归一化特征矢量来描绘面部各器官间的结构数据，如各器官之间的夹角、间距和占据的空间等，最后通过计算图像中器官间的欧氏距离，比较哪两幅图像的一致性最高。在一个由 20 人组成的人脸库上进行实验测试时，识别率能够达到 75%。

早期的识别算法基本上采用正面的人脸图像。事实上，一个人身体的侧剖面形状具有不可复制性，同时侧面的人脸图像很少受到表情或光照等的影响，在头部姿势相对一致的情况下具有更好的识别效果。最早提出的基于侧脸的方法采用一个 17 维的特征矢量，描述侧脸中的 9 个关键点，并作为识别依据。在包含 112 个人的人脸库上进行实验测试时，识别率能够达到 96%。类似的方法是基于侧影线的人脸识别算法，其准确性依赖提取的侧影线特征点位置是否准确。多尺度高斯滤波是一种被普遍采用的用于提取关键点的多尺度滤波预处理方法。

同样，侧影线校正是一种多尺度滤波预处理方法。针对驾驶人进行人脸识别的方法采用的就是侧影图像：首先通过三维人脸识别技术对所有驾驶人建立一个三维图像样本库，然后对每个驾驶人进行认定，通过矢量距离函数计算得到经过校正的侧影线间的距离，并作为分类识别的依据。

基于几何特征的人脸识别方法具有简单、直接等优点，但过于简单，因此算法的精度不够理想，可靠性也存在不稳定问题。总体来说：

① 基于几何特征的人脸识别首先需要保证对人脸中特征点的准确标定。目前，对面部中特征点的高精确性自主定位仍然很难实现，现有一些算法的定位精度还不足以满足需求。

② 如何对已经提取的特征点进行统一、标准的认定，即哪些是识别需要的特征点也是一个没有完全解决的难题。

③ 基于几何特征的识别方法不注意对人脸图像的局部细节之处进行考虑，而仅仅关注与几个重要器官之间的几何关系，这就无法兼顾全局特征，识别过程无法充分利用面部的全部信息。

④ 基于几何特征的识别方法只集中于对人脸面部的结构参数进行精确识别，这与自然人在识别过程中首先针对人脸的宏观图像进行判断的机制不符。

综上所述，基于几何结构的人脸识别技术大多应用在人脸图像中面部姿态较为一致的环境中。

（2）基于局部特征的人脸识别技术

人脸的某些局部特征能够充分地表示人脸的某种特性，因此能够把局部信息作为识别依据。同时，如何准确地描述特征取决于特征提取技术的优劣。好的特征提取技术能够完整地表示人脸的所有特征，这就为人脸的识别提供了充分的依据，有利于提升识别的准确度。人脸作为一种特定的待识别目标，既在面部结构上具有稳定性，又在局部存在非刚性的形变。所谓面部结构的稳定性，是指一个人的整体面部轮廓、瞳孔间距等信息一般情况下是固定不变的，但人脸可能受外力作用或外界因素的影响造成面部形状发生局部变化。因此，需要在人脸中找到相对固定的特征或受外界影响不大的特征。

研究表明，正常的自然人对于个体身份的判定，需要汇总并利用多方面的信息。这里的信息就是描述事物特征的知识，有从整体出发的概貌，也有对细节的微小刻画。整体的轮廓就是人脸图像宏观上表现出来的状态和规律，如"大圆脸""斗鸡眼""高鼻梁"等，一般用在特征提取方法中；而局部的特征信息是与整体相对的，着重描绘人脸中的细微之处，如胎记、伤疤，或者人脸器官的皮肤或纹理受到人为处理而具有明显的标志等。

（3）基于子空间的人脸识别技术

基于子空间的人脸识别技术的主要思想是，经过线性或非线性空间变换，把高维度的人脸特征转换到低维度空间中，让人脸特征在新的子空间中更容易进行分类。

基于主成分分析（Principal Component Analysis，PCA）的"特征脸"识别技术是这类方法的典型。"特征脸"识别技术通过 PCA 方法对人脸特征进行描述，对于任意的人脸图像，都可以采用特征脸图像组合的方式表现，而特征矢量就是特征脸组合的关系系数。尽管在人脸识别中采用了 PCA 方法并获得了很好的识别效果，但仍然存在一些不足。例如，由于 PCA 需要对训练样本二阶矩阵进行统计，这必然造成计算量较大的问题；尽管 PCA 已经不用统计各样本间的关系，但采用该技术提取的高阶统计量仍不够充分，因此没有能力提取识别所需的充足特征，即无法达到理想的识别效果。所以，基于独立分量分析（Independent Component Analysis，ICA）的人脸识别方法有希望代替原来的"特征脸"方法。人脸数据经过 ICA 变换后，使得数据的各维度彼此独立，有效地减少了数据冗余。传统的 PCA 和 ICA 都在对样本标签的信息利用上做得不够，都属于无监督方式的分类。

为了解决对用样本类标签的利用问题，获得更好的分类效果，人们提出了一种线性判别分析算法（Linear Discriminant Analysis，LDA）。LDA 的思想是将高维样本信息全部映射到一维空间中。这就带来了一个问题，即原来在高维空间中的样本可能是分散的，但经过映射后在一维空间中却聚集在一起，无法有效地进行分类。LDA 的目的就是寻求一个方向，使特征在这个方向上投影后尽可能分散。这是模式识别操作的基本思想，即以对样本的划分为目标，通过一组合适的线性变换，把那些识别能力较强的特征从高维空间映射至低维空间，使得相同类别的样本能够聚拢在一起，同时使得不同类型的样本彼此分开，这时样本的类内离散度与样本的类间离散度比值最小。

在人脸识别时采用 PCA+LDA 的方法被称为 Fisherfaces。Fisherfaces 采用的是子空间投影技术，能够使同类数据经过投影后尽可能聚集在一起，使不同类数据在投影后彼此分开，进而实现投影空间中数据的线性划分。

（4）基于深度学习的人脸识别方法

上述传统方法尽管在人脸识别技术的研究中取得了大量成果，但由于人脸识别自身的复杂性，如背景的多样性和姿态的变换，使得传统方法存在很大的缺陷，因此极大地限制了这些方法在实际中的应用。另外，由于算法和计算机性能的限制，没有能力训练大规模的人脸数据集，从而加深了传统方法的缺陷。

随着近年来深度卷积神经网络被引入人脸识别领域，人脸识别效果取得了巨大提升。2014 年，Facebook 提出了 DeepFace，它利用卷积神经网络和大规模人脸图像进行人脸识别，在特定数据集上获得了 97.35%的精度，性能与人工识别接近。

### 3．人脸识别的应用

人脸识别的早期应用主要为刑侦破案，随后应用在手机解锁等安全性要求不高的场所，现在广泛应用于金融、司法、军队、教育等领域。

（1）刷脸支付

现今，大多数数字支付采用的仍是传统的密码支付和指纹支付，密码支付时密码可能会被遗忘且需要手动输入，指纹支付则需要灵敏的传感器且不能有外物粘贴，这些支付手段都有一些必不可少的使用条件。刷脸支付要方便很多，不需要借助其他任何外物，而且刷脸支付已经在现实中应用，相信不远的将来刷脸支付会成为新一代支付工具。

（2）企业的门禁管理

目前，大多数企业采用的是指纹识别、虹膜识别等考勤系统，公司员工需要前往指定位置进行签到等操作，有时甚至需要排队，这会浪费大量时间。而人脸识别考勤系统可以主动抓拍进入公司的员工，在后台进行签到，公司员工不需花费任何时间。

除了企业门禁管理，国内很多高铁站也开通了"刷脸"通道。通过这些通道，旅客进行票、证、人的核验，缩短了进站和等待时间。旅客将二代身份证和磁卡车票在机器上轻轻一刷，并对准屏幕完成票、证、人合一的核验后，闸机就会自动打开，完成自助进站过程。

（3）视频监控

自美国"9·11"事件后，世界各国政府对机场、银行、广场等公共场所加强了安防。人脸识别技术可以扫描进入公共场所的每个人，分析每个人的身份，提前对不明身份或有前科的人进行监控，预防安全事故。

此外，在学术研究领域，人脸识别技术包含了除计算机和人工智能外的很多学科，如生理学、生物学和认知学等。人脸识别的发展离不开其他学科的支持，其他学科也可借助人脸识别发展自身，从而产生新的科研方向。由此可见，人脸识别技术具有极大的科研意义和社会意义，对学术界和人类活动起到了巨大的促进作用。

## 10.2.4　唇语识别

人类是通过多通道的感知过程来进行语言认知的：除了通过听觉来获取信息，视觉信息对信息的传递同样起着不可替代的作用。人们在理解说话人所说的内容时除了靠听觉，还经常依靠视觉信息如唇动和表情来辅助理解。唇语识别技术是指通过对说话人的唇部动作等信息进行分析，识别说话人所表达内容的方法。由于唇语识别受环境和噪声的影响较小，因此越来越多的研究人员开始研究唇语识别技术。

随着人工智能的发展，各种生物特征识别方法发展迅速，唇语识别技术也受到了越来越多的关注。唇语识别技术主要涉及计算机视觉、模式识别、机器学习、图像处理、人机交互等领域，虽然相对于其他生物特征识别技术来说起步较晚，但目前已经得到广泛应用。

### 1. 唇语识别过程

唇语识别过程包括唇部检测、唇部分割与对齐、唇动特征提取、唇语识别模型训练和唇语识别等环节，如图 10-11 所示。

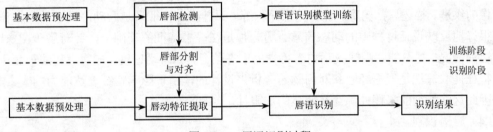

图 10-11　唇语识别过程

（1）唇部检测

为了进行唇部检测，首先需要对初始的唇语视频进行人脸检测和关键点检测，借助唇部关键点实现唇部的定位。

人脸检测是指对输入的图像或视频中的每帧，采用特定的方法对其搜索，以检测图中是否包含人脸，如果检测到，那么就返回人脸的大小和位置信息，甚至得到人脸的角度等姿态信息。人脸检测实际上是图像空间中的二分算法，将所要检测图像空间中的人脸区域与非人脸区域分开。

人脸关键点是指能够表征人脸面部关键特征的一些位置，如人脸面部的眼睛、鼻子、嘴巴等五官的位置、形状及整个面部的外部轮廓等，常见的人脸关键点有 31 个和 68 个之分，68 个关键点包含了面部的外部轮廓。人脸关键点的主要作用体现在能为人脸图像的处理提供几何位置信息，如基于眼睛和嘴巴的中心点进行人脸对齐和尺度归一化、基于唇部的轮廓点进行唇部分割等。

（2）唇部分割与对齐

唇部分割的目的是从视频的各帧图像中提取唇部的区域，唇部对齐是为了消除不同帧的图像中唇部的位置、角度和尺度的不一致。这样既能保持说话时候嘴的相对变化信息，又能对不同人的不同唇部做归一化，减少唇部的位置、角度和尺度的不一致性对唇语识别的影响。基于人脸检测技术和关键点的提取技术能够很好地实现对人脸嘴唇的定位。

唇部对齐的困难之处是如何保留图像帧间唇动的相对变化，因此要将不同人、不同帧的唇部归一化到相同的尺度下。一般来讲，仿射变换只需要唇部的 3 个点即可完成，甚至只需用嘴角的两个关键点，通过几何关系，同样能够完成归一化的对齐。但是，这失去了帧间唇动的相对变化性，因为基于嘴角的两个关键点进行尺度变换会使所有分割对齐后的说话人说不同数字时的唇型具有相同的宽度。为了解决这个问题，研究后发现，不同人的嘴唇厚度和宽度差异较大，但眼间距差异较小。因此，可以使用眼间距作为基准来将不同人的嘴唇变换到相同的尺度。得到仿射变换的平移、旋转和尺度参数后，对人脸图像进行上述基于关键点的唇部分割和仿射变换，便能得到对齐的唇部图像序列。

（3）唇动特征提取

唇动特征提取的任务是从上一步中得到的唇部区域图像序列中计算表示单帧或多帧图像的特征矢量。这是唇语识别技术的关键，好的特征应该具有类内一致性和类间区分性，使后续的识别任务变得容易。

传统的唇动特征一般包括两种。一种是基于静态图片提取的唇部局部特征，一般提取唇部图像的纹理、描述唇部轮廓、计算轮廓面积等。不过静态特征只是唇动序列中的一帧信息，不能很好地反映说话过程中的动态信息。另一种是在静态特征的基础上，针对唇语图像序列中的运动情况，提取能够反映说话内容特性的动态信息，如唇动速度、加速度和面积变化等。传统特征提取算法是根据经验和对问题的分析来设计的，由于影响特征表达能力的因素非常多，因此这些特征的鲁棒性都存在明显的局限性。

（4）唇语识别

相较于语音识别，唇语识别难度更大，因为不同人在不同环境和不同时刻，即使说话内容相同，受说话者不同的唇部外观、背景信息和说话习惯的影响，其唇动信息也会相差很大。

传统的唇语识别方法大多包含唇部检测、唇部分割、唇部归一化、特征提取和唇语分类器的构建。由于唇语识别对唇部跟踪的准确性要求较高，人工设计的形状和纹理特征又很难表征唇动序列的全部信息，同时唇语分类器的训练难度较大，因此传统的唇语识别方法很难满足现实中的应用需求。得益于深度神经网络技术的发展，复杂视频序列的内容识别问题逐渐得到解决，借助基于深度神经网络的唇语识别模型，输入唇语视频序列，可以输出视频对应的唇语内容。

**2. 唇语识别的应用**

唇语识别在公共安全、身份识别、军事情报、残疾教育等领域有着重要的应用前景。比如在公共安全领域，遍布街头的摄像头为安全部门提供了大量的无声视频资料，利用唇语识别技术，可以对拍摄到的嫌疑人的口型进行识别，进而获取有价值的侦查信息。再如在移动支付领域，唇语识别技术也可为支付安全提供更大的保障。尤其是在军事情报领域，随着技术的发展，远距离获取情报将成为可能。

基于唇语识别技术的机器唇语解读器有着非常大的应用前景，如改进助听器，以及公共场所的无声指令、嘈杂环境下的语音识别等。

数据显示[⑥]，DeepMind 与牛津大学的研究者使用总长超过 5000 小时的节目对人工智能唇语识别系统进行训练，正确率达到 46.8%，比专业读唇人士高出约 3 倍。而国内海云数据以长达 1 万多小时的新闻素材为"语料"模板，将中文的识别率提升到了 71%。

目前，唇语识别还没有到达商用级别（一般识别率高于 95%即可达到商用标准），但随着技术的不断进步和识别率的提升，唇语识别市场或将迎来爆发，其对应的安防、军事、支付等行业也将发生巨大的变化。

# 10.3　视频监控与目标跟踪

视频监控是安全防范系统的重要组成部分，是各行业重点部门或重要场所进行实时监控的物理基础，管理部门可以获得有效数据、图像或声音信息，对突发性异常事件的过程及时进行监视和记录，以提供高效、及时的指挥和调度、布置警力、处理案件等。随着当前计算机应用的迅速发展和推广，全世界掀起了一股强大的数字化浪潮，各种设备数字化已成为安全防护的首要目标。

## 10.3.1　视频监控系统的原理

随着光学成像技术和电子技术的发展，监控摄像机的制造和使用成为可能，为了满足利用电子设备进行监控的需求，20 世纪 70 年代末出现了电子监控系统。随着网络和摄像机的发展，视频监控系统经历了不同的发展阶段。

第一代视频监控系统是传统模拟闭路视频监控系统，它由摄像、传输、控制、显示、记录登记五部分组成。摄像机通过同轴视频电缆将视频图像传输到控制主机，控制主机再将视频信号分配到各监视器及录像设备，同时将需要传输的语音信号同步录入录像机。通过控制主机，操作人员可发出指令，对云台的上、下、左、右动作进行控制，对镜头进行调焦操作，并可通过控制主机实现多路摄像机及云台之间的切换。利用特殊的录像处理模式，视频监控系统可对图像进行录入、回放、处理等操作，使录像效果达到最佳。

第二代视频监控系统是"模拟-数字"监控系统，监控系统是以数字录像机（Digital Video Recorder，DVR）为核心的半模拟-半数字方案，从摄像机到 DVR 仍采用同轴电缆输出视频信号。DVR 支持录像和回放，并支持有限的 IP 网络访问。

第三代视频监控系统是完全 IP 视频监控系统（IP Video System，IPVS），其优势是摄像机内置 Web 服务器，并直接提供以太网端口。摄像机生成 JPEG 或 MPEG-4、H.264 数据文件，可供任何授权客户机从网络中的任何位置访问、监视、记录并打印。

IPVS 的优势如下。

① 简便性。所有摄像机都通过经济高效的有线或无线以太网连接到网络，用户能够利

---

⑥ 见 http://tech.sina.com.cn/roll/2017-06-29/doc-ifyhryex5454059.shtml。

用现有的局域网来传输摄制的图像和视频，还能够进行水平、垂直、变焦等控制。

② 强大的中心控制。一台工业标准服务器和一套控制管理应用软件就能运行整个监控系统。

③ 易于升级和全面的可扩展性。IPVS 可以轻松添加更多摄像机，中心服务器能够方便升级到更快速的处理器、更大容量的磁盘驱动器和更大的带宽等。

④ 全面远程监视。任何授权客户都可直接访问任意摄像机，也可通过中央服务器访问监视图像。

⑤ 可靠的冗余存储器。利用 SCSI、RAID 和磁带备份存储技术永久存储监视图像。

## 10.3.2　视频监控系统的发展方向

人们对安全性要求的提高及经济条件的改善，使得监控摄像头个数的增长速度越来越快，覆盖的范围越来越广。传统的视频监控仅提供视频的捕获、存储和回放等简单功能，用来记录发生的事情，已经不能满足应用的需求，未来的视频监控系统应该具备以下特性。

### 1．标准化

目前的安防行业并没有对网络视频监控系统制定统一的标准，不同的厂家使用的网络视频接口、编码/解码设备、视频管理平台、控制设备等各不相同，导致不同厂家的设备之间无法直接连通，系统需要进行二次开发，因此极大地降低了视频监控产品的开发效率。因此，为安防视频监控行业制订统一的标准是极其必要的，不同厂商的设备、应用系统能够互连互通，最终实现统一管理、统一调度将是整个行业未来发展的方向。

### 2．智能化

传统的视频监控系统在进行监控时，要有专门的安保人员一直观察监控画面，而拥有视频内容分析技术的网络视频监控系统能够对视频图像进行智能化分析，实现自动探测跟踪并触发警报。视频内容分析技术属于人工智能领域，可以根据一定的算法自动分析视频画面并提取画面中的关键信息，还可以对关键信息进行自动判定，发现可疑信息时会发送报警信息。网络视频监控系统的智能化将大量重复、乏味的工作交给计算机处理，极大地减轻了安保人员的工作负担。

### 3．高清化

随着网络带宽的不断提升和视频编码压缩算法的升级，高清视频监控得到了极大的发展。高清视频监控采用 1920 像素×1080 像素或 1280 像素×720 像素逐行扫描技术，可让画面更加清晰，细节更加细腻，显示更加清晰流畅。普通摄像机由于显示画面效果一般，监控一个场景需要布置多台摄像机，而一台高清摄像机就能达到相同的效果，因此节省了设备费用、安装及维护成本。

## 10.3.3　视频目标检测与跟踪

目标检测就是对目标进行特征提取，是一种对目标进行分割的技术，可以把对目标的认知、识别和分割统一起来，其确定性和鲁棒性可用来评价一个系统性能的好坏。特别是在某些背景混乱的情况下,将采集到的很多目标及时识别并快速检测尤为重要。目标跟踪是指通过数字图像处理、传感器等技术,对视频信号进行识别、分析和处理,最后确定目标的行为姿态,以此完成更高级的活动。

目标的运动信息(如位置、轨迹和速度等)是智能监控系统需要捕获的重要信息,对于目标的异常行为分析具有重要作用,如对警戒区域越界检测、逆向行驶检测、限制区域逗留检测等。给定一个初始的目标位置,目标跟踪需要在每帧中确定对应目标的位置,从而获得其运动轨迹。

视频目标跟踪的难点主要包括以下 4 方面。

① 目标外观变化。目标运动过程中发生形状的变化,加上相对于摄像机的视角、尺寸变化,造成目标在图像平面上复杂的外观变化,增加了目标建模的难度。

② 复杂背景。变化的光照、与目标颜色相似的背景和杂乱的变化环境使得较难将目标从背景中区分开。

③ 遮挡问题。遮挡包括背景的遮挡和目标之间的遮挡。部分遮挡造成目标部分外观特征检测不到,而且引入了遮挡物的干扰;完全遮挡需要跟踪算法具有重新恢复的机制,当目标再次出现时能重新定位。

④ 目标的复杂运动。非线性的目标运动使得跟踪算法难以预测目标的运动状态,增加了跟踪算法的搜索计算量。

视频目标跟踪系统的基本框架如图 10-12 所示。长期以来,目标跟踪都是计算机视觉领域的一个热点问题。虽然经过了许多学者的长期研究,目前目标跟踪特别是复杂场景下的目标跟踪仍是一个非常具有挑战性的问题。由于应用场景

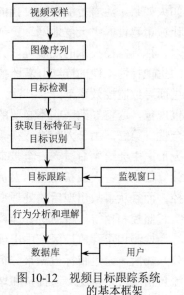

图 10-12　视频目标跟踪系统的基本框架

的复杂性和各种因素的干扰,目标跟踪面临诸如光照、运动、姿态、遮挡等许多难点问题。目标和背景的灵活多变是造成目标跟踪困难的根源所在。一方面,特征和模型必须具有足够的分辨能力,将目标从背景和其他相似物体中区分出来;另一方面,需要容忍和适应目标自身的动态变化。基于部件的跟踪方法能较好地平衡灵活性和鲁棒性,对遮挡、姿态等干扰具有良好的鲁棒性,是一种优势算法。基于部件的跟踪方法是指将跟踪目标视为许多“部件”的组合,通过对“部件”的跟踪实现对目标的分析和跟踪,这种方法在对特定类型目标(如行人和车辆)的检测和跟踪上比较成功。然而,现有的基于部件的跟踪方法都是基于目标的结构模型的,需要预先知道目标的物理结构和各部件的信息。对先验信息的依赖极大地限制了其应用范围。因此,目前对视频目标跟踪的研究涌现出了很多算法。

目标跟踪算法可以分为基于检测的跟踪算法、基于滤波的跟踪算法、基于匹配的跟踪算法 3 类。

基于检测的跟踪算法又分为背景差分法、帧间差分法和光流法。背景差分法是最常用的一种检测方法,它本质上将当前帧图像与背景图像相减,通过阈值来检测运动区域。帧间差分法将相邻两帧的对应像素值进行差值计算,在背景变化不大的情况下,如果差值结果很小,

那么认定该处无目标，反之则认定有运动目标出现，从而在实时图像中检测出运动目标，并对其进行跟踪。基于光流法的目标检测利用运动目标在视频图像中变化的光流特性理论，根据一定的约束条件，估算出运动对应的光流，计算帧间像素的位移，进而提取运动目标。光流法的计算量大，没有良好的抗噪性能，在没有特别的硬件装置支持下，几乎无法应用于检测的实时处理。

## 10.3.4　视频监控在平安城市中的应用

继 2015 年国家出台《关于加强公共安全视频监控建设联网应用工作的若干意见》后，平安城市建设进入全面加速时期，以公共视频监控全覆盖为工作重点的"雪亮工程"开展得如火如荼。随着智能安防时代的到来，平安城市全面进入智能化建设，人工智能技术的融入让城市建设的"天罗地网"更加有效、智能。

视频监控技术的发展可以大大解放监控中心的工作人员，因为人眼监测有其局限性，人的生理特性，使的连续盯着监控视频几十分钟后就会出现注意力下降现象，产生视觉疲劳，进而导致监控效率下降。其次，人们对于视频的理解在进行预警和判断时往往存在误报和漏报现象，这将导致一些不必要的麻烦和潜在的安全隐患，从而有可能导致更大的危险和不安全性。第三，由于人为进行视频监控往往会出现突发事件判断延迟和决策缓慢的现象，因此无形之中会给生命财产安全带来更大的影响和危害。可见，智能视频监控技术的引入，将用计算机来代替人或帮助工作人员完成对公共场合区域的有效监控，使得主动监控取代被动监控，而且从事故出现后的处理变成对事故出现前或进行中的预警和分析处理，实现全天候的实时监控和预警，进而更好地构建平安城市，维护社会稳定，降低事故和犯罪发生率。

检测和跟踪监控区域中出现的目标的应用领域也非常广泛。例如，对于地铁站、机场等公共场所，通过目标检测来分析人群的数量、运动方向及速度等特点，可有效预报和判断客流量情况，为避免交通拥挤和堵塞提供帮助。对于大型商场中人流动的趋势，通过商场的监控摄像头对顾客进行有效的检测和跟踪，可分析顾客的购买喜好、商家的盈利等相关内容。再如，目标跟踪有助于警察迅速锁定犯罪嫌疑人，并对其进行有效跟踪和分析。人口走失、物品遗落等案件也可通过目标检测和跟踪技术，对监控区域内的人或物进行检测和跟踪。

对于平安城市的建设，视频监控、卡口电警等系统掌握了大量视频和卡口车辆数据及图片，但针对人员侦查，身份确认仍然需要依赖技侦或网侦手段，无法充分利用视频快速定位人员身份。即使出动大量警力，采用"人海战术"，但受制于肉眼识别劳动强度的极限，加上人工排查效率不高，视频拍摄受光线、角度倾斜等不确定因素的影响，无法保证查找的准确性和时效性，尤其是在出现突发紧急案件时，往往会贻误最佳破案时机。

随着深度学习算法取得突破性进展，人工智能进入安防行业，主流设备商推出的人脸识别、车牌识别、以图搜图等基于深度学习算法的视频监控智能人脸识别和目标跟踪的产品已经开始应用。

人脸识别系统是视频监控系统与人脸识别技术的有效结合，能够大大提高安防能力，尤其是对犯罪分子起到了强有力的震慑作用，是视频监控系统智能化发展的方向之一。

首先，智能人脸识别平台可以第一时间帮助公安侦查人员快速识别特定人员的真实身份，从而有效地为视频侦查、治安管理、刑侦立案、区域防范等工作提供实战性的有效帮助和解决方法。其次，可帮助公安侦查人员进行追查和通缉，真正从打变为防，能够极大地降低警力资源浪费和事故发生的概率。再次，通过智能大数据对情报进行分析，寻找内在联系，分析可疑人员和车辆等，可以从海量的信息中挖掘隐藏的警情信息，提前做好防范措施，做到防患于未然。

# 10.4 即时通信系统

即时通信系统是指使用因特网实时传输文本、语音、视频和数据文件的软/硬件系统，其特点是能让用户选择性地接收或拒绝某人的信息，也可以同一时间与多人进行交流。

1996 年，AOL（American On Line，美国在线）率先开展了即时通信业务。同年，以色列的 Mirabilis 发布了名为 ICQ 的免费即时通信服务，对 AOL 的业务构成了极大的威胁。1998 年，AOL 决定发布自主的免费业务并收购了 ICQ。近年来，即时通信市场迅速发展，新的软件层出不穷，现在的主要即时通信系统包括 Skype、Twitter、QQ 和微信等。

## 10.4.1 即时通信系统的设计要求

即时通信系统需要保证数据通信的即时性、通信过程和信息存储的安全性，为用户提供信息安全保障，同时减少系统资源的消耗，保证系统运行的低故障率。

① 数据通信完整和可靠性：用户间能实时发送和接收各种信息，包括文本、音频、视频通信和文件传输，并保证数据的可到达性和数据解读的正确性，防止数据丢失或数据错位，从而保证消息传输的可靠性。

② 通信安全性：保证客户之间传输消息和文件的安全性，防止数据在传输过程中遭到泄露、窃取或被窜改。通过采用信息加密技术，使信息以密文的形式传输，实现传输的机密性，同时尽可能减少加/解密对传输速率的影响。

③ 通信效率和公平性：主要体现在服务器上。服务器需要同时处理所有用户发送的各类信息，并能完成数据库存储、读取、更新等操作，需要采用适当的方法来提高服务器接收、解读、处理和发送数据的效率，在指定时间内完成需要的通信量，提高系统的即时通信性能，同时保证数据处理的公平性，保证各客户端的信息能够被及时响应和处理。

④ 系统可控性：指系统运行期间完成数据存储、数据库备份、系统故障恢复等任务的性能，包括用户注册管理、登录管理、客户端运行过程中监控等模块的设计。

⑤ 系统稳定性：包括系统在高通信强度下是否正常，及时地处理各客户端的请求和信息，系统在长时间工作状态下是否会出现异常，以及系统的容错性能等。

## 10.4.2 即时通信的标准

为了解决即时通信的标准问题，IETF 成立了专门的工作小组来研究和开发与即时通信相关的协议。目前，即时通信有 4 种协议：即时信息和出席协议（Instant Messaging and Presence Protocol，IMPP）、出席和即时信息协议（Presence and Instant Messaging Protocol，PRIM）、针对即时消息和出席平衡扩展的会话初始化协议（SIP for Instant Messaging and Presence

Leveraging Protocol，SIP/SIMPLE）、扩展的消息和出席协议（Extensible Messaging and Presence Protocol，XMPP）。

IMPP 主要定义必要的协议和数据格式，构建一个具有出席通知、发布能力的即时信息系统。目前，这一组织已经发布了三个草案 RFC，但主要的有两个：一个是针对端点出席和即时通信模型的 RFC 2778，另一个是针对即时通信/出席协议需求条件的 RFC 2779。RFC 2778 是一个资料性质的草案，定义了所有出席和 IM 服务的原理。RFC 2779 定义了 IMPP 的最小需求条件。另外，这个草案就出席服务定义了一些条款，如运行的命令、信息的格式和出席服务器如何把出席的状态变化通知给客户。

XMPP 是一种基于 XML 的协议，它继承了 XML 的灵活性。这表明 XMPP 是可扩展的，可以通过发送扩展的消息来处理用户的需求，并在顶端建立如内容发布系统和基于地址的服务等应用程序。而且，XMPP 包含了针对服务器的软件协议，这使得开发者更容易建立客户应用程序。

XMPP 目前在免费源代码开放 Jabber IM 系统中被广泛采用。2002 年，该产品的下载次数超过 5 万。XMPP 拥有成千的 Jabber 开发者，以及大约数万台配置的服务器和超过百万的终端用户。

SIMPLE 是 SIP 的扩展，SIP 是由 IETF 提出的广泛用于 IP 电话和 VoIP 的协议，尽管其设计初衷是允许两个客户端之间多媒体会话的建立。SIMPLE 有一系列扩展，是为支持 IM 和出席而提供的扩展。目前有很多为创建应用程序、基本客户端和代理服务器所需的 SIP 协议栈，以及具有 SIMPLE 扩展的客户端应用，它们都可以通过某些途径获得，如开源项目。SIMPLE 和 SIP 的设计主要基于 HTTP，因此消息类型与传统的 Web 通信类似。SIP 消息承载着建立多媒体连接所需的信息，但实际的媒体流是在两个参与方之间直接传输的。对于 SIMPLE，文本消息是直接交互的，不涉及连接的建立。

尽管 XMPP 和 SIP/SIMPLE 都适合作为即时通信协议，但 SIP/SIMPLE 对多媒体会话的支持更好，它们的设计初衷就是处理文本、语音和视频等会话。另外，对兼容 SIMPLE 扩展的 SIP 协议栈稍做改动，就能支持分布式即时通信客户端和分布式 VoIP，这种媒体和信令的分离类似于 P2P 系统中文件的查找和传输分离。在 P2P 系统中，文件的查找涉及 P2P 网络，而传输是端与端之间的直接传输。即时通信客户端 MSN Messenger 就是基于 SIP/SIMPLE 的。

SIMPLE 在本质上与 SIP 相同。SIP 未采用 GET 和 POST 等数据索取方式，而采用 INVITE 和 BYE 等信令方式来启动和结束一次呼叫或会话。SIMPLE 增加了一种新的请求方式 MESSAGE 来发送所谓寻呼模式的一次性即时通信。SUBSCRIBE 用于请求将出席信息发送给请求方，而 NOTIFY 用于传输出席信息。通信各方在一段时间交换多条消息，而更长时间的即时通信会话利用 INVITE 和 MSRP（消息会话中继协议）传输协议来启动。当与 SIMPLE 一同使用时，MSRP 用于传输即时通信的文本，就像在 SIP 中 RTP 用于传输一次 IP 电话呼叫中的语音包。IM/出席基础设施中的许多部分不做修改地重复利用 SIP。例如，一个即时通信客户机向 SIP 注册服务器发送 REGISTER 消息，通知它可以接收即时通信。正如在普通 SIP 系统中一样，注册服务器处理来自端点的登录。传播消息时，即时通信客户机直接或通过 SIP 代理服务器和 SIP 重定向服务器，向其他每个即时通信客户机发送实际的 IM 流和最新的出席信息。SIP 代理服务器在 SIP 系统实体（如 SIP 电话）之间转发 SIP 请求，重定向服务器则用于告之客户机有关已经移动的通信方的信息。

即时通信客户机利用 MIME 发送多媒体请求。由于 SIP 被设计为可方便地像对一个端点传送信令那样向一组端点传送信令，因此多方即时通信和聊天室已经得到了支持。

IM/出席与 SIP 的关系就像 SMS 与移动电话信令系统的关系。SMS 利用移动电话网搭载文本消息，IM/出席则搭载在 SIP 上，SIP 可以理解为 Internet 格式的电话信令。

## 10.4.3　即时通信的基本流程

Internet 实现通信时主要依赖 TCP/IP。通信双方根据对方的 IP 地址和端口号互发数据包来实现通信。用户利用网络实现通信，首先每个用户应该有唯一的标识（用户 ID），用于在 Internet 中作为确认用户的标志。由于实际应用中用户每次与网络相连时使用的 IP 地址和端口号很少是不固定的，因此不能用 IP 地址作为用户的标识。用户的标识必须用专门的机制来产生。为了保证用户可以相互发现，每个用户在使用即时通信时，要先发布自己的标识和所用 IP 地址、端口号（定位信息），即把定位信息放在一个所有用户均可以找到的地方（常规的即时通信系统采用固定的服务器，也可以不依赖固定的服务器）。用户通过查询获得其他用户的标识和 IP 地址、端口号，从而建立用户之间的联系，实现通信。用户之间的通信既可以由服务器转发，又可以进行点到点的直接通信。

## 10.4.4　即时通信系统的结构

即时通信系统主要分为三部分：服务器、客户端和注册数据库（如图 10-13 所示）。软件主要包括节点命名和信息资源命名模块、节点的定位模块、通信模块，以及其他具体的功能服务模块等部分。

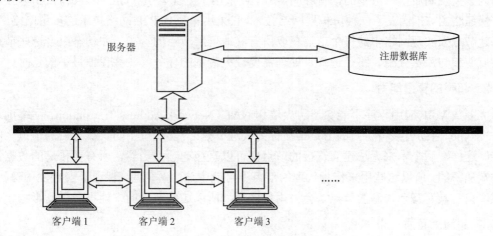

图 10-13　即时通信系统的结构

即时通信系统的核心功能模块如下：

- ✠ 节点命名部分实现对节点的命名，为区分不同的用户创造条件。
- ✠ 共享信息资源命名部分对用户提供的可共享文件信息资源命名。
- ✠ 节点定位部分确定不同在线用户在网络上的位置。

✖ 通信服务接口模块是即时通信系统的核心功能模块与具体功能模块之间的接口。具体
功能模块的实现在通信服务接口映射为一组 API 调用。

即时通信系统为用户提供的具体功能模块如下：

✖ 聊天服务，实现用户之间直接通信和好友上线提醒。

✖ 信息资源索引，提供位于在线用户计算机上的共享文件索引。

✖ 节点索引，提供在线用户索引。

✖ 系统互连，提供一个开放的接口，以便与非本系统用户互连。

✖ 代理服务，为不能直接建立通信的用户提供代理。

✖ 为用户扩展新功能，如电子白板、在线游戏等。

## 10.4.5　Skype 系统简介

TOM-Skype 是 TOM 在线和 Skype Technologies S.A.联合推出的互联网语音沟通工具，简
称 Skype。与 ICQ、MSN、QQ 等不同的是，Skype 采用了 P2P 技术和 VoIP 技术，为用户提
供超清晰的语音通话效果，并使用端对端的加密技术保证了通信的安全可靠。Skype 的主要
技术特点体现为以下 7 方面。

### 1．全球索引

多数即时通信软件需要一个中央化的资料库，以便为用户建立一个固定的账号和动态 IP
地址间的连接。由于动态 IP 的网络用户在重新连接网络时 IP 地址会改变，多数即时通信软
件使用了中央资料库来搜索每个使用者的账号和 IP，并判断是否上线。这种集中式目录在用
户基数增加到百万以上后，资源耗费非常大，会出现搜索失败、服务器停止响应等情况。

为了实现高质量低成本的语音呼叫，Skype 采用了全球索引（Global Index，GI）技术来
提供快速路由。GI 代表了一种可扩展网络技术，它采用第三代 P2P 网络技术的多层网络结构，
利用超节点来实现网络中的每个节点获取所有其他可用节点的资源，并动态组合这些节点资
源，以便参与流量分配、路径选择、处理需要较大带宽的任务等，并保证最小的延时。

### 2．超强的穿透能力

大多数 VoIP 应用程序不能穿透防火墙和 NAT（Network Address Translation，网络地址转
换）。Skype 借助公共可访问的节点（被称为代理节点），实现位于防火墙之后的节点之间的
连接。这样，两个本来无法建立连接的节点便可以直接通话。当然，所有要传递的数据都是
端对端加密的，所以这些用来作为代理的节点不可能中途破解信息，保证了安全性和隐私性。
当然，只有具有富余资源的节点才会被用作代理，所以这些节点的性能不会受到影响。

### 3．超清晰音质

Skype 在设计上与最优秀的声学专家合作，彻底改变了传统意义上 300～3000 Hz 频率的
电话语音效果，让用户可以听到所有频率的语音，提供最好的语音通话效果，无延迟、断续、
杂音。

### 4．超大文件传输

Skype 的文件传输功能同样采用了 P2P 技术。文件在传输过程中进行了加密，突破了传

统即时通信软件文件传输无加密或低数位加密的弊端，传输的文件大小无限制，支持断点续传，文件传输可跨平台进行，即能在不同的操作系统下进行。

### 5．无延迟消息

Skype 可以使用户让全球好友发送无延迟的文本消息，沟通更加简易、方便。传统的 C/S 模式网络需要服务器中转，因此造成信息传输受服务器资源和网络环境限制过大，经常出现延迟和发送失败。Skype 采用先进 P2P 网络的优势再一次体现，由于充分利用了网络节点资源，分散的节点空闲资源被智能地调度和合理利用，从而保证了文本消息的发送和接收更加快捷、高效。

### 6．安全加密

Skype 采用了端对端的加密方式来保证信息的安全性，使用了 256 位密钥的 AES（高级加密标准）加密方法，有 $1.1×10^{77}$ 种可能的密钥，可以动态地将每个呼叫和即时消息加密。Skype 采用 1536 位和 2048 位 RSA 来生成对称 AES 密钥。用户的公共密钥在用户登录时在服务器进行验证。Skype 在信息（语音、即时消息、文件）发送之前进行加密，在接收时进行解密，即使在数据传输过程中需要通过其他节点进行中转，也完全没有可能在中途被窃听。

Skype 采用了数字签名，保证存储在 P2P 网络中的用户数据不被窜改。由于 Skype 使用的是 P2P 技术，用户数据主要存储在 P2P 网络中，在用户进行搜索等操作时从公共网络中获取，因此必须保证存储在公共网络中的数据是可靠的和未被窜改的。Skype 对公共目录中存储的与用户相关的数据都采用了数字签名，保证了数据无法被窜改。

### 7．最大可能地节省资源

Skype 对网络带宽的要求比同类产品低，在 33.6 kbps 或以上的 Modem 拨号上网的情况下，也可以使用语音通话。Skype 可以根据双方的连接情况自动选择最佳的编码方式，实际占用的带宽会根据对方的带宽情况、网络状况、CPU 性能等有所不同。空闲时只需要极少的带宽，主要用来更新好友在线信息。具体的带宽情况可能受许多因素的影响。

用 Skype 传输文件时，如果双方不能直接连接，那么会通过其他用户的资源来进行中转。其他同类软件在无法直连时一般通过服务器中转，Skype 不利用服务器的资源，而通过网络中的其他节点来中转。为了不过多占用作为中转的用户的资源，Skype 对传输速率进行了限制。

# 思考与练习 10

1．什么是信息可视化？结合具体应用来介绍。

2．"刷脸支付"是人脸识别的一个很重要的应用，你认为这种支付有没有安全方面的问题？现实生活中可否用指纹进行支付？为什么？

3．遍布城市的监控摄像头构建了一个庞大的视频监控系统，试结合具体应用说明如何利用这个系统为"平安城市"保驾护航。视频监控和跟踪还有哪些方面的应用？

4．选择一个比较熟悉的即时通信软件，分析其系统架构和工作原理。

# 第 11 章  多媒体应用系统设计案例

---

**本章导读**

　　通过本章的学习，读者可以了解几种多媒体应用系统设计的过程，包括基于 Python 的数据可视化、基于腾讯优图的人工智能应用、基于百度 AI 的人脸检测微信小程序、物联网应用系统设计（智能婴儿床系统设计和基于人脸识别的智能储物柜设计）、篮球投篮训练辅助系统设计、基于 MAYA 的显示器模型设计等。

---

　　随着大数据、人工智能技术应用的不断拓展，目前，一些互联网应用企业先后推出了面向应用的基于大数据、人工智能技术的开发平台，这些开发平台的应用目标无一例外地与多媒体应用相关，开发人员能够方便地利用这些平台推出各种各样的应用系统。

　　本书的前 9 章对多媒体计算机技术的各个应用环节进行了比较详细的阐述，第 10 章则针对几个特殊的应用场景介绍了这些技术的应用。为了使本书的读者在理解这些内容的基础上能够更好更快地借助于已有的平台开发出面向多媒体技术应用的系统，本章将介绍几个比较典型的案例。

## 11.1　基于 Python 的数据可视化

　　如今，微信已经成为我们主要使用的即时通信软件之一，本节将介绍基于 Python 对微信好友的性别、位置和个性签名等信息进行数据分析的详细过程（称为实例一），并在此基础上采用图表和词云等可视化手段对分析结果进行展示。

### 11.1.1　实例一的运行环境

　　Python 是一种动态的、面向对象的脚本语言，最初被设计用于编写自动化脚本，随着版本的不断更新和新功能的添加，被越来越多地用于独立的、大型项目的开发。Python 的设计具有很强的可读性，具有比其他语言更有特色的语法结构。Python 有相对较少的关键字，结构简单，以及明确定义的语法，学习起来更加简单。

　　Python 提供了很多模块用于数据可视化，借助这些模块，人们能够轻松地完成数据的可视化。本实例需要的运行环境如表 11.1 所示。

表 11.1　实例一运行环境

| 开发环境 | 版　本 | 注　释 |
|---|---|---|
| Python | 3.6 | 本实例需要有基本的 Python 语法知识 |
| IDE | pycharm | Python 的一种集成开发环境，可提高开发效率 |
| 第三方模块 | itchat | 微信网页版的封装接口，用来获取微信好友信息 |
|  | jieba | 结巴分词，对个性签名进行分词处理 |
|  | snownlp | 中文自然语言处理库，对个性签名做简单的情感分析 |
|  | numpy | 数值计算模块，实例中载入图像信息 |
|  | pandas | 基于 NumPy 的数据分析库，用来获取信息的容器以及后续操作 |
|  | pyecharts | 生成 Echarts 图表的库，用来分析结果的可视化 |
|  | matplotlib | Python 的绘图库，可与 NumPy 一起使用，提供了一种有效的 Matlab 开源替代方案 |
|  | pillow | Python 的图像处理模块，用于词云背景图像处理 |
|  | wordcloud | Python 中的词云生成器，用于生成词云 |

## 11.1.2　分析方法与过程

通过 itchat 模块模仿微信网页版扫码登录微信账号，获取微信好友的信息，而获取的数据有特定的格式，从中提取要统计分析的性别、位置和个性签名等数据项，以达到将这些信息可视化的目的。接下来对提取的性别、位置和个性签名等信息进行对应的统计分析。

图 11-1 为微信好友数据分析可视化的流程，主要包括以下步骤。

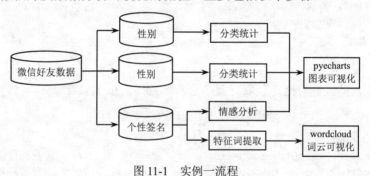

图 11-1　实例一流程

<1> 使用 itchat 模块模仿微信网页版扫码登录微信账号，用 itchat 的内置 get_friends 函数获取好友信息数据。

<2> 从获取的好友数据中提取要统计分析的性别、位置和个性签名等数据项。

<3> 对各项数据进行统计分析，其中个性签名使用 snownlp 进行情感分析。

<4> 使用 pyecharts 将统计分析好的数据可视化保存为 HTML 文件，用 wordcloud 库对个性签名的特征词生成词云。

### 1. 安装第三方库

使用 pip 命令在终端来安装众多 Python 的第三方库，命令行如下：

```
pip install itchat
pip install jieba
pip install snownpl
```

```
pip install numpy
pip install pandas
pip install pyecharts
pip install pillow
pip install echarts-china-provinces-pypkg
```

因为 pyecharts v0.3.2 以后，pyecharts 将不再自带地图 JS 文件，所以需要单独地安装地图模块。echarts-china-provinces-pypkg 为中国省级地图，用于显示好友的地区分布。

### 2．导入第三方库

代码清单 11-1-1 为使用 import 语句导入代码中要用到的模块。其中，re 模块（清单中最后一行）为 Python 的自带模块，可用来匹配正则表达式。本实例用来过滤个性签名中的某些停用词。

代码清单 11-1-1　导入第三方库

```
import pandas as pd
import itchat
import jieba.analyse
from pyecharts import Pie, Map, Style, Page, Bar
from wordcloud import WordCloud, STOPWORDS
from snownlp import SnowNLP
import matplotlib.pyplot as plt
import numpy as np
import PIL.Image as Image
import re
```

### 3．获取好友数据

分析微信好友的数据前提是获取好友信息，如代码清单 11-1-2 所示。

代码清单 11-1-2　获取好友数据代码

```
def get_friends():
    itchat.auto_login(hotReload=True)                       #扫码登录
    friends = itchat.get_friends()                          #获取好友信息
    friends_dict = dict(province = get_attr(friends, "Province"),   #省份信息
                        city = get_attr(friends, "City"),           #城市信息
                        sex = get_attr(friends, "Sex"),             #性别信息
                        signature = get_attr(friends, "Signature")  #个性签名信息
                        )
    return friends_dict


def get_attr(friends, key):           #返回 list 封装的 friends 数据字典中对应 key 的 value 值
    return list(map(lambda user: user.get(key), friends))
```

使用 itchat 模块中的 itchat.auto_login(hotReload=True)函数可模拟微信网页扫码登录的过程，其中 hotReload 参数表示短时间内不需要扫码可登录（在项目下生成 itchat.pkl 文件）。使用 itchat.get_friend 函数可以获取好友的数据，返回的 friends 对象是一个集合，第一个元素是当前用户。所以接下来的数据分析中，我们始终选取 friends[1:]作为原始输入数据。集合的每

个元素都是一个 dict，以本实例的数据为例，其格式如图 11-2 所示。可以看到，dict 中有 Sex、City、Province、Signature 四个字段。

{'MemberList': <ContactList: []>, 'UserName':
'@6f611254abeff194373aa0558bcd0dd0377971b77c74902cb6428da946b858ea', 'City': '',
'DisplayName': '', 'PYQuanPin': '', 'RemarkPYInitial': '', 'Province': '',
'KeyWord': '', 'RemarkName': '', 'PYInitial': '', 'EncryChatRoomId': '',
'Alias': '', 'Signature': '', 'NickName': 'Pluto', 'RemarkPYQuanPin': '',
'HeadImgUrl': '/cgi-bin/mmwebwx-bin/webwxgeticon?seq=1263292117&username
=@6f611254abeff194373aa0558bcd0dd0377971b77c74902cb6428da946b858ea&skey
=@crypt_b6a9966e_c836130e0f1d2c4b4f97ba8a2eb23831', 'UniFriend': 0, 'Sex': 1,
'AppAccountFlag': 0, 'VerifyFlag': 0, 'ChatRoomId': 0, 'HideInputBarFlag': 0,
'AttrStatus': 0, 'SnsFlag': 17, 'MemberCount': 0, 'OwnerUin': 0, 'ContactFlag':
0, 'Uin': 1482431761, 'StarFriend': 0, 'Statues': 0, 'WebWxPluginSwitch': 0,
'HeadImgFlag': 1}

图 11-2　itchat.get_friend 函数获取的好友数据部分格式

执行 get_friends 函数后，将弹出登录二维码，用手机扫码登录即可，处理后数据存为一个 dict，包含了好友的省份、城市、性别和个性签名等信息。

#### 4．对性别数据进行统计分析

分析好友性别，首先要获取所有好友的性别信息。在代码清单 11-1-3 中，执行 get_sex_data 函数后，将每个好友的 Sex 字段进行分组，并且对每个分组进行计数，最后返回统计好的不告诉你、男生、女生等数据封装成字典返回。

代码清单 11-1-3　性别数据统计分析代码

```
def get_sex_data(friends_dict):
    df = pd.DataFrame(friends_dict)
    sex_data = {}
    sex_arr = df.groupby(['sex'], as_index = True)['sex'].count()
    sex_data['不告诉你'] = sex_arr[0]
    sex_data['男生'] = sex_arr[1]
    sex_data['女生'] = sex_arr[2]
    return sex_data
```

#### 5．对位置进行统计分析

根据代码清单 11-1-3，执行 get_prov_data 函数后，将返回统计好的省份及对应的该省份好友人数，如代码清单 11-1-4 所示。

代码清单 11-1-4　位置数据统计分析代码

```
def get_prov_data(friends_dict):
    prv = pd.DataFrame(friends_dict)
    prv_cnt = prv.groupby('province', as_index=True)['province'].count().sort_values()
    attr = list(map(lambda x: x if x != '' else '未知', list(prv_cnt.index)))
    return attr, list(prv_cnt)
```

#### 6．对好友签名数据进行统计分析

签名是所得数据中所含信息最丰富的文本信息。大多数人用签名来表达自己的个性，给自己"贴上标签"，也有些人喜欢频繁地更换个性签名来表达自己最近的生活状态。所以，

可以通过个性签名分析某个人在这段时间大概是处于积极、消极或者中立状态。

在本实例中，对签名做两方面的处理：一是使用 snownlp 库来分析好友签名中的情感状态倾向，即该签名整体上表现的是积极、消极还是中立的，并统计数量；二是使用 jieba 库对好友签名进行特征词提取，提取的特征词可以用于生成词云。如代码清单 11-1-5 所示，执行 get_signature_data 函数，最后返回得到的特征词和情感状态统计等数据。

代码清单 11-1-5    好友签名数据统计分析代码

```python
def get_signature_data(friends_dict):
    signatures = friends_dict['signature']
    sig_data = ''
    emotions = []
    emotions_data = {}
    for x in signatures:
        if x is not None:
            x = x.strip().replace('span', '').replace('class', '').replace('emoji', '')
            x = re.sub(r'\d+', '', x)
            if len(x) > 0:
                nlp = SnowNLP(x)
                emotions.append(nlp.sentiments)
                sig_data += ' '.join(jieba.analyse.extract_tags(x, 5))
    emotions_data['积极'] = len(list(filter(lambda x: x >= 0.66, emotions)))
    emotions_data['中立'] = len(list(filter(lambda x: x > 0.66 and x < 0.33, emotions)))
    emotions_data['消极'] = len(list(filter(lambda x: x <= 0.33, emotions)))
    return sig_data, emotions_data
```

提取好友的签名数据并输出后，发现有大量 span、class、emoji、emoji1f342 等字段，如图 11-3 所示，这是因为个性签名中使用了表情符号，这些字段对要进行的两种分析是无意义的。所以，需要对好友的签名数据进行预处理，使用 replace 方法和正则表达式过滤掉。过滤后效果如图 11-4 所示。

### 7. 使用 pyecharts 创建图表

经过上述步骤后，就可以得到处理之后好友的性别、位置和个性签名等数据，接下来可以使用 pyecharts 库进行数据的可视化。如代码清单 11-1-6 所示，执行 get_create_charts 函数后，可以在当前目录下得到一个自动生成的 charts.html 文件。用浏览器打开之后，就可以看

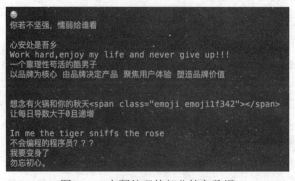

图 11-3    未预处理的部分签名数据

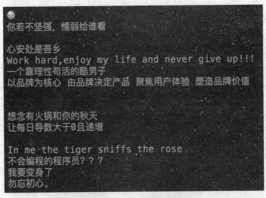

图 11-4  预处理后的部分签名数据

到处理好的可视化数据。由于 pyecharts 是一个 JS 库，生成的图表有一些动态效果，因此当鼠标指向表中某一部分时会显示具体数据。

代码清单 11-1-6  创建图表代码

```
def create_charts(friends_dict):
    page = Page()
    style = Style(width=1100, height=600)
    style_middle = Style(width=900, height=500)

    sex_data = get_sex_data(friends_dict)
    attr, value = sex_data.keys(), sex_data.values()
    chart = Pie('微信性别饼状图')   # title_pos='center'
    chart.add('', attr, value, center = [50, 50],
            radius = [30, 70], is_label_show = True, legend_orient='horizontal',
            legend_pos = 'center', legend_top = 'bottom', is_area_show = True)
    page.add(chart)

    prov_data = get_prov_data(friends_dict)
    attr, value = prov_data
    chart = Map('地理分布图', **style.init_style)
    chart.add('', attr, value, is_label_show=True, is_visualmap=True, visual_text_color='#000')
    page.add(chart)
    chart = Bar('好友所在省份柱状图', **style_middle.init_style)
    chart.add('', attr, value, is_stack=True, label_pos='inside', is_legend_show=True,
            is_label_show=True, is_datazoom_show=True)
    page.add(chart)

    chart = Pie('个性签名情感分析饼状图')
    emotion_data = get_signature_data(friends_dict)[1]
    attr, value = emotion_data.keys(), emotion_data.values()
    chart.add('', attr, value, center = [50, 50], radius = [30, 70],
            is_label_show = True, legend_orient = 'horizontal', legend_pos = 'center',
            legend_top = 'bottom', is_area_show = True)
    page.add(chart)
    page.render(path = './charts.html')
```

　　基于代码清单 11-1-6 得到的可视化结果如图 11-5～图 11-8 所示。

　　由性别比例饼状图 11-5 可知，微信好友中男生所占比例为 59.37%，女生为 31.14%，还有 9.49% 的好友未显示其性别。

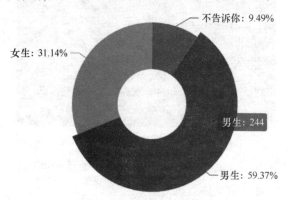

图 11-5　微信好友性别比例饼状图

　　由图 11-6 可以看出，好友近乎遍布全国，其中以江西省和山东省居多。

**好友所在省份柱状图**

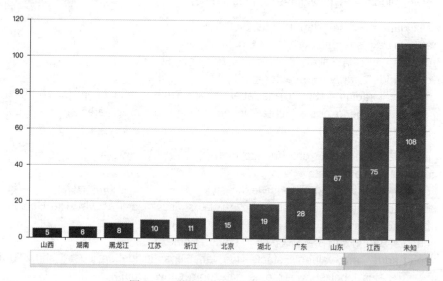

图 11-6　微信好友（部分）省份柱状图

　　由图 11-7 可以看出，好友大多数都是比较积极的，占 71.59%，而消极的占 28.41%。

### 8. 对个性签名创建词云

　　使用 wordcloud 库把图 11-4 中提取签名中的特征词做成词云，如代码清单 11-1-7 所示，可以选用图片作为词云的背景 mask，并且对于中文特征词来说要选择字体路径 font_path，否则中文的特征词会显示不出来。

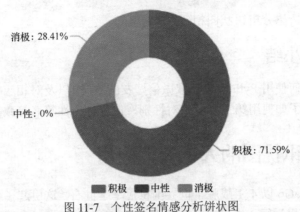

图 11-7　个性签名情感分析饼状图

**代码清单 11-1-7　创建词云**

```
def create_wc(sig_data):
    back_pic = np.array(Image.open("./resource/china.jpeg"))
    stopwords = set(STOPWORDS)
    wc = WordCloud(background_color = "white", margin = 0,
                    font_path = './resource/simhei.ttf',
                    mask = back_pic,
                    max_font_size = 70,
                    stopwords = stopwords
                    ).generate(sig_data)
    plt.imshow(wc)
    plt.axis('off')
    plt.show()
```

执行 create_wc 函数后，就可以看到所生成的词云了，如图 11-8 所示。

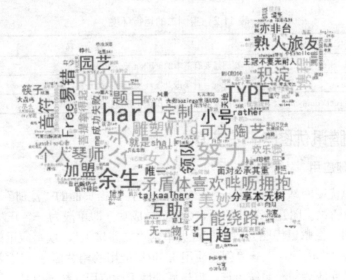

图 11-8　个性签名特征词词云图

可以看出，词云中较为明显的关键字有"努力""积淀""互助""矛盾体"等，大部分为比较积极的词，与情感分析饼状图相一致。

## 11.1.3　实例一小结

本实例展示了如何使用 Python 来获取微信好友的数据，以及对相应数据进行分析和结果的可视化，重点介绍了如何用第三方库来对性别、位置、个性签名等数据进行处理。

# 11.2　基于腾讯优图的人工智能应用

2016 年初，AlphaGo 以 4:1 战胜了世界围棋冠军李世石，这引起了全球对人工智能的兴趣。2017 年 7 月在杭州举行了中国人工智能大会（CCAI），汇聚了全球人工智能领域的知名专家、学者和产业界优秀人才，围绕当前人工智能热点话题、核心技术以及广泛关注的科学问题进行深入交流和探讨，再次将人工智能推向了热潮。1956 年，在达特茅斯大学召开的一个会议上，计算领域的学者们商量并正式提出了"人工智能"（Artificial Intelligence，AI），从而诞生了一个研究计算机如何实现模拟人类智能活动的新学科。人工智能是一门利用计算机模拟人类智能行为科学的统称，训练计算机完成自主学习、判断、决策等人类行为。因此，人工智能是一门知识工程学，将知识作为对象，获取知识，分析并研究知识的表达方法以及使用方法，达到模拟人类智能活动的效果。

学习人工智能需要对多方面的知识进行了解，本实例（称为实例二）通过介绍腾讯优图的 API 接口来分别实现人脸检测与分析、人脸对比、图像内容识别和车辆属性识别。

## 11.2.1　实例二的运行环境

本实例所需的运行环境如表 11.2 所示。

表 11.2　实例二的运行环境

| 开发环境 | 版　本 | 注　　释 |
|---|---|---|
| Python | 3.6 | 本实例需要有基本的 Python 语法知识 |
| IDE | pycharm | Python 的一种集成开发环境，可提高开发效率 |
| 第三方模块 | TencentYoutuyun | 提供图像处理、模式识别和音频分析的 API |

## 11.2.2　使用腾讯优图 API 的过程

### 1. 注册并创建应用

<1> 登录腾讯优图网站 https://open.youtu.qq.com/，单击页面的"注册"按钮，弹出 QQ 登录框，阅读同意腾讯优图开发者协议后，QQ 登录成功，即可成为一名开发者。

<2> 创建应用。在腾讯优图开放平台首页单击"立即接入"，填写应用的相关信息，完成应用创建。单击"应用管理"→"创建应用"，填写应用的相关信息，完成应用创建。

<3> 应用创建完成后需经系统审核，审核周期两天。应用审核通过后，开放平台会分发一对密钥。AppID、SecretID 和 SecretKey 是进行应用开发的唯一凭证，如图 11-9 所示。

图 11-9　应用审核通过

### 2．安装 TencentYoutuyun

<1> 使用命令 git clone https://github.com/Tencent-YouTu/Python_sdk.git 下载。

<2> 使用命令 pip install 'file_path'安装。

<3> 使用 import TencentYoutuyun 测试是否安装成功。

### 3．人脸检测与分析

使用 DetectFace 检测给定图片（image）中的所有人脸（face）的位置和相应的面部属性。位置包括左上角坐标和宽度、高度（x, y 和 w, h），面部属性包括性别（gender）、年龄（age）、表情（expression）、魅力（beauty）、眼镜（glasses）和姿态（pitch, roll, yaw），至多返回 5 个人脸的属性，如代码清单 11-2-1 所示。appid、secret_id 和 secret_key 填写应用审核通过后返回的 AppID、SecretID 和 SecretKey，userid 可为空。

代码清单 11-2-1　人脸检测与分析代码

```
def detectface(youtu, image_path):
    ret = youtu.DetectFace(image_path)
    face = ret['face']
    for x in face:
        print('性别：男' if x['gender']>50 else '性别：女')
        print('年龄：' + str(x['age']))
        print('表情：' + str(x['expression']))   #为一个 0～100 的值，表示情绪由低到高
        print('魅力：' + str(x['beauty']))       #为一个 0～100 的值，表示魅力由低到高
        print('眼镜：有' if x['glasses'] else '眼镜：无')
        print('帽子：有' if x['hat'] else '帽子：无')
        print('口罩：有' if x['mask'] else '口罩：无')
    if __name__ == "__main__":
        appid = 'xxx'
        secret_id = 'xxxxxxx'
        secret_key = 'xxxxxxxx'
        userid = ''
        end_point = TencentYoutuyun.conf.API_YOUTU_END_POINT
        youtu = TencentYoutuyun.YouTu(appid, secret_id, secret_key, userid, end_point)

        image_path = 'test1.jpg'
        detectface(youtu, image_path)
```

测试图片和结果如图 11-10 和图 11-11 所示。

图 11-10　test1.jpg 图像

图 11-11　detectface 函数运行结果

### 4．人脸对比

使用 FaceCompare 计算两个人脸的相似度，结果返回一个大小 0～100 的相似度值。代码清单如 11-2-2 所示。

代码清单 11-2-2　人脸对比代码

```python
def face_compare(youtu, image1, image2):
    ret=youtu.FaceCompare(image1, image2)
    similarity = ret['similarity']
    print('二者的相似度为：' + str(similarity))

if __name__ == "__main__":
    appid = 'xxx'
    secret_id = 'xxxxxxx'
    secret_key = 'xxxxxxxx'
    userid = ''
    end_point = TencentYoutuyun.conf.API_YOUTU_END_POINT
    youtu = TencentYoutuyun.YouTu(appid, secret_id, secret_key, userid, end_point)

    image1 = 'test2.jpg'
    image2 = 'test3.jpg'
    face_compare(youtu, image1, image2)
```

图像 image1 和 image2 分别如图 11-12 和图 11-13 所示，结果如图 11-14 所示，其相似度为 95.0%。

图 11-12　image1 图像

图 11-13　image2 图像

图 11-14　face_compare 函数运行结果

#### 4．图像标签识别

image_tag 函数用于识别一个图像的标签信息，准确、快速地检测图像中的内容信息，返回检测出的内容名称和相应置信度。标签范围涵盖近 200 种热词，囊括了社交生活、人物、风景、建筑、常见生活物品等，支持不同维度层次的图像语义信息提取，如代码清单 11-2-3 所示。

代码清单 11-2-3　图像标签识别代码

```
def image_tag(youtu, image):
    ret = youtu.imagetag(image)
    tags = ret['tags']
    for x in tags:
        print('标签: '+ x['tag_name']+' 置信度: '+ str(x['tag_confidence'])+'%')

if __name__ == "__main__":
    appid = 'xxx'
    secret_id = 'xxxxxxx'
    secret_key = 'xxxxxxxx'
    userid = ''
    end_point = TencentYoutuyun.conf.API_YOUTU_END_POINT
    youtu = TencentYoutuyun.YoUTu(appid, secret_id, secret_key, userid, end_point)

    image = 'test4.jpg'
    image_tag(youtu, image)
def image_tag(youtu, image):
    ret = youtu.imagetag(image)
    tags = ret['tags']
    for x in tags:
        print('标签: '+ x['tag_name']+' 置信度: '+ str(x['tag_confidence'])+'%')

if __name__ == "__main__":
    appid = 'xxx'
    secret_id = 'xxxxxxx'
    secret_key = 'xxxxxxxx'
    userid = ''
    end_point = TencentYoutuyun.conf.API_YOUTU_END_POINT
    youtu = TencentYoutuyun.YoUTu(appid, secret_id, secret_key, userid, end_point)

    image = 'test4.jpg'
    image_tag(youtu, image)
```

测试图片和结果分别如图 11-15 和图 11-16 所示。

图 11-15　测试图片

图 11-16　运行结果

### 6. 车辆属性识别

carclassify 函数对上传的汽车图片自动地检测车身以及识别车辆属性，目前支持 11 种车身颜色、20 多种车型、300 多种品牌、4000 多种车系和年款的识别，以及车标的位置检测，更多车辆特征及部件的检测识别持续扩充中，如代码清单 11-2-4 所示。

**代码清单 11-2-4　车辆属性识别**

```python
def carclassify(youtu, image):
    ret = youtu.carclassify(image)
    tags = ret['tags']
    for x in tags:
        print('车辆类型: ' + x['type'])
        print('车辆品牌: ' + x['brand'])
        print('车系: ' + x['serial'])
        print('颜色: ' + x['color'])
        print('置信度: ' + str(x['confidence']))
        print('')

if __name__ == "__main__":
    appid = 'xxx'
    secret_id = 'xxxxxxx'
    secret_key = 'xxxxxxxx'
    userid = ''
    end_point = TencentYoutuyun.conf.API_YOUTU_END_POINT
    youtu = TencentYoutuyun.YouTu(appid, secret_id, secret_key, userid, end_point)

    image = 'test5.jpg'
    image_tag(youtu, image)
```

测试图片为丰田皇冠的 2015 款 2.5L 行政版,如图 11-17 所示,测试结果如图 11-18 所示。

TencentYoutu ×
/Users/betterlc/anaconda3/e
车辆类型: 中大型车
车辆品牌: 丰田
车系: 皇冠#2015款
颜色: 银灰
置信度: 0.9860950112342834

车辆类型: 中大型车
车辆品牌: 丰田
车系: 皇冠#2016款
颜色: 银灰
置信度: 0.010280000045895576

图 11-17　测试图片　　　　　　　　　　　图 11-18　测试结果

## 11.2.3　实例二小结

本实例展示了如何使用腾讯优图 AI 开放平台的 API,分别实现人脸检测与分析、人脸对比、图像内容识别和车辆属性识别等。人工智能是当下非常热门的领域,其分支也特别多,对此有兴趣的读者可以通过阅读和工程实践进行更加深入的学习。

# 11.3　基于百度 AI 的人脸检测微信小程序

微信小程序是一种全新的连接用户与服务的方式,可以在微信内便捷地获取和传播,同时具有出色的使用体验。经过简单的学习和练习后,普通的开发者也可以轻松地完成一个小程序的开发和发布。

## 11.3.1　注册小程序账号

开发小程序的第一步是拥有一个小程序账号,从而轻松地管理小程序(如图 11-19 所示)。

打开登记的电子邮箱,根据收到的邮件的链接（如图 11-20 所示）,完成注册过程,即可弹出如图 11-21 所示的界面。

## 11.3.2　安装并运行小程序开发平台

根据安装的操作系统版本到腾讯的官方网站下载小程序开发平台:

　　　　https://developers.weixin.qq.com/miniprogram/dev/devtools/download.html

下载完成后,根据提示完成安装。

程序运行后会显示一个二维码。打开微信,扫描二维码,确认登录后,在显示的界面中选择"小程序项目",在"项目目录"中选择存放程序代码的磁盘上的路径。在如图 11-19 所示的页面中注册,出现如图 11-20 所示的页面,则说明注册成功。AppID 需要在"小程序发布流程"页面（如图 11-21 所示）中填写基本信息后方能获得。

图 11-19　小程序注册

图 11-20　激活公众平台账号

图 11-21　小程序发布流程

## 11.3.3　人脸检测微信小程序设计

开发人脸检测程序的方法之一是从视频采集、视频分割到人脸检测，全部自己编写代码，整个过程不仅要编写大量的代码，还涉及很多复杂的算法，对于一般程序开发人员来讲，其难度是可想而知的。幸运的是，目前有很多公司推出了能够实现人脸检测和更加复杂任务的应用平台。借助这些平台，设计人员能够快速地完成程序设计工作。

本节将介绍借助百度 AI 实现人脸检测的微信小程序的开发过程。

### 1. 创建项目

打开微信开发者工具，选择"小程序项目"，登录成功（如图 11-22 所示），输入相关信息（如图 11-23 所示），按照提示可以得到一个简单的微信小程序（如图 11-24 所示）。

项目创建成功后，可以看到小程序的创建的三个文件（app.js，app.json，app.wxss）以及 pages 目录下的若干文件。图 11-25 中的"video"是我们根据该实例的需要添加的路径，而且已经将自动生成的文件目录删除后的结果。

图 11-22　登录成功　　　　　　　　　　　　图 11-23　输入项目信息

图 11-24　人脸识别小程序项目　　　　　　　图 11-25　项目目录

小程序采用的是 JSON + WXSS + JS 组合，其中 JSON 用来描述当前页面结构，WXSS

用来描述页面的样子，JS 通常用来处理页面与用户的交互（如表 11.3 所示）。

表 11.3　小程序的三个文件

| 文 件 | 功 能 |
|---|---|
| app.js | 小程序的入口文件，开发者的逻辑代码在这里实现，同时可以定义全局变量 |
| app.json | 对小程序进行全局配置，决定页面文件的路径、窗口表现，设置网络超时时间、多标签等 |
| app.wxss | 小程序的公共样式表。为了适应前端开发者，WXSS 具有 CSS 的大部分特性，并且对 CSS 进行了扩充和修改，以更适合开发微信小程序 |

app.json 可以包含 5 个配置项（如表 11.4 所示）：pages（Array）、window（Object）、tabBar（Object）、networkTimeout（Object）和 debug（Boolean）。

表 11.4　app.json 中的配置项

| 配置项 | 功 能 |
|---|---|
| pages | 设置小程序的页面，必填的，接受一个数组，其中的每项都是字符串 |
| window | 设置小程序的状态栏、导航条、标题、窗口背景色。 |
| tabBar | 设置页面底部的标签栏，可以根据自己的需求来进行配置 |
| networkTimeout | 设置各种网络请求的超时时间，单位是毫秒，官方给出了 4 个属性 request、connectSocket、uploadFile、downloadFile，分别定义的是 wx.request、wx.connectSocket、wx.uploadFile、downloadFile 这 4 个 API 的超时时间 |
| debug | 如果在 app.json 中将 debug 配置为 true，那么在开发者工具的控制台面板中可以输出详细的调试信息 |

文件 app.js 是整个小程序的入口文件，也可以说是控制整个小程序生命周期的文件。在这个文件中实现的功能如下。

① 对整个程序进行注册，微信提供了一个 app 函数来实现对整个程序的注册，同时实现了对小程序生命周期的监控函数 onLaunch、onShow、onHide。其中，onLaunch 函数是监听小程序初始化，初始化完成时会触发 onLaunch。当然，这个函数是全局只触发一次。onShow 函数是监听小程序的显示，在小程序启动时，或从后台进入前台时，就会触发这个函数。onHide 函数是监听小程序是否隐藏，从前台切换到后台时会触发它。有了这些，小程序的实例基本完成了。当然，为了让开发者加入更多自己的逻辑，微信还提供了让开发者在 app 函数中加入自己的逻辑，开发者可以添加任意函数或数据到 Object 参数中，用 this 来访问。

② 在 app.js 中注册了实例后，如果想在自己的逻辑页面中调用它，那么可以用全局函数 getApp 全局调用 app 函数中的数据。微信给出的官方代码如下：

```
var appInstance = getApp()
console.log(appInstance.globalData)
```

### 2．编写 page 页面

app.json 文件中定义了程序涉及的页面（pages）。例如，本实例编写了一个 takephoto 的页面，需要在 app.json 文件的 pages 项中添加该页面的路径，如图 11-26 所示。

本实例仅涉及一个页面，如果需要增加新的页面，那么在图 11-25 的 pages 上单击右键，在弹出的快捷菜单中选择"新建目录"（如图 11-27 所示），再在新建的目录上单击右键，在

```
 1  {
 2      "pages": [
 3          "pages/takephoto/takephoto"
 4      ],
 5      "window": {
 6          "backgroundTextStyle": "light",
 7          "navigationBarBackgroundColor": "#fff",
 8          "navigationBarTitleText": "WeChat",
 9          "navigationBarTextStyle": "black"
10      }
11  }
```

图 11-26　app.json 文件　　　　　　　　图 11-27　新建目录

弹出的快捷菜单中选择"新建 Page"，输入其名称，开发工具会自动创建 4 个文件，而且会自动将这个页面的路径添加到图 11-26 的"pages"数组中。

以 takephoto 页面为例，创建的 4 个文件为：takephoto.js、takephoto.json、takephoto.wxml 和 takephoto.wxss。其中，takephoto.wxml 文件是描述该页面结构的，其他 3 个文件的功能与表 11.3 中的功能相同。

takephoto.js 是 Page 的关键，其中包含重要的内容是页面构造器，一般如下：

```
Page({
    data: {                        // 参与页面渲染的数据
        logs: []
    },
    onLoad: function () {
        ...                        // 页面渲染后执行
    }
})
```

这个构造器生成了一个页面，在生成页面时，小程序框架会把 data 和 takephoto.wxml 一起渲染出最终的结构，于是得到了我们看到的小程序。

在渲染完界面后，页面实例会收到一个 onLoad 的回调，可以在这个回调中处理我们的逻辑。

在创建一个新的页面时，开发工具会在"Page({…})"中自动添加一些必要的空函数，开发人员可以根据程序需要完善这些函数，或者添加新的函数。

本实例需要获取人脸图片，并将其上传到后台服务端，再由后台服务端将图片上传到百度 AI，并将分析的结果返回到小程序页面。

代码清单 11-3-1 给出了 takephoto.js 中的主要代码。

代码清单 11-3-1　文件 takephoto.js 的主要代码

```
Page({
    /*** 页面的初始数据*/
```

```
data: {
    src: ''
},
chooseImg: function() {
    var that = this
    // 调用 wx.chooseImage 从摄像头或者本地照片库中选择人脸图片
    wx.chooseImage({
        sizeType: ['original', 'compressed'],
        sourceType: ['album', 'camera'],
        count: 1,                                    // 默认 9
        success: function (res) {
            console.log(res);
            that.setData({
                src: res.tempFilePaths,
                imageList: res.tempFilePaths
            })
            console.log(that.data.imageList)
        },
        fail: function (e) {
            console.log(e);
        }
    }),
    // 将选择的图片上传到后台服务器端。此处的 url 仅为示例，非真实的地址。开发实际项
    // 目时，需要指定合法的域名。域名的具体配置要求可以参考以下链接：
    // https://developers.weixin.qq.com/miniprogram/dev/framework/ability/network.html
    wx.uploadFile({
        url: "http://127.0.0.1/face_detect.php",
        filePath: that.data.src,
        name: 'file',
        success: function (res) {
            console.log(res.data);
            wx.showToast({
                title: res.data,
                icon: 'none',
                duration: 2000
            })
        }
    })
},
// 预览图片
previewImage: function(e) {
    var current = e.target.dataset.src
    wx.previewImage({
        current: current,
        urls: this.data.imageList
    })
```

```
        },
    })
```

为了能够在页面中激活 takephoto.js 中的 chooseImg，需要在 takephoto.wxml 中进行配置，如代码清单 11-3-2 所示。

**代码清单 11-3-2 文件 takephoto.wxml**

```
<view class = "container">
<view class = "page-body">
<view class = "page-body-wrapper">
<view class = "page-body-info">
    <block wx:if= "{{src == ''}}">
    <view class = "image-plus" bindtap = "chooseImg">
    <view class = "image-plus-horizontal"></view>
    <view class = "image-plus-vertical"></view>
</view>
</block>
    <block wx:if= "{{src != ''}}">
    <image id = "myImage" src = "{{src}}" class = "image"></image>
</block>
</view>
</view>
</view>
</view>
```

页面编写完成后，可以在开发工具的菜单栏中单击"预览"，出现如图 11-28 所示的对话框。单击"编译并预览"，在手机上就会出现如图 11-29 所示的效果，单击"拍照"或"从手机相册选择"，即可获得人脸图片。

**3．编写后台处理程序**

百度 AI 开放平台能够提供人脸检测和属性分析，实现以下功能。

✖ 人脸检测：检测图片中的人脸并标记出位置信息。

✖ 人脸关键点：展示人脸的核心关键点信息及 72 个关键点信息。

✖ 人脸属性值：展示人脸属性信息，如年龄、性别等。

✖ 人脸质量信息：返回人脸各部分的遮挡、光照、模糊、完整度、置信度等信息。

百度 AI 支持不同程序语言的程序接口。

以下简要介绍基于 PHP 的文件上传及人脸检测的代码（代码清单 11-3-3）。使用人脸识别相关的 PHP SDK 模块，需要先到百度 AI 的官方网站下载安装 PHP SDK。

**代码清单 11-3-3 初始化人脸代码**

```
// 初始化人脸。在下面的代码中，常量 APP_ID 在百度云控制台中创建，常量 API_KEY 与
// SECRET_KEY 是在创建完毕应用后，系统分配给用户的，均为字符串，用于标识用户，为
// 访问进行签名验证，可在 AI 服务控制台中的应用列表中查看。
private function init_face() {
    $APP_ID = '';
    $API_KEY = '';
```

图 11-28　预览

图 11-29　真机预览效果

```
$SECRET_KEY = '';
$dir = APP_PATH.'/facesdk/';
require_once $dir.'AipFace.php';
return new \Aipface($APP_ID,$API_KEY, $SECRET_KEY);
    }
```

编写后台处理函数 face_detect（代码清单 11-3-4），该函数调用 PHP 中的 Upload 上传类，将小程序客户端上传的图片现保存在服务端的 uploads 文件夹中，然后调用百度 AI 的 detect 方法完成图片的人脸检测，再将结果返回给客户端。客户端代码可以根据需要从数组中提取相关的返回信息。

代码清单 11-3-4　上传及检测代码

```
public function face_detect() {
    $dir="./Uploads/temp/";                        // 上传文件路径?
    if(!file_exists($dir)) {
        mkdir($dir,0777,true);
    }
    $upload = new \Think\Upload();                 // 实例化上传类
    $upload->maxSize = 2048000 ;                   // 设置附件上传大小 2 MB
    $upload->exts = array('jpg', 'gif', 'png', 'jpeg');  // 设置附件上传类型
    $upload->rootPath = $dir;                      // 设置附件上传根目录
    $upload->savePath = '';
    $upload->autoSub = false;
    $info = $upload->uploadOne($_FILES['file']);
    if(!$info) {
        return json_encode(array('error'=>true,'msg'=>$upload->getError()), JSON_UNESCAPED_UNICODE);
```

```
        }
        else {
            $file = $dir.$info['savepath'].$info['savename'];
            $image = base64_encode(file_get_contents($file));
            $client = $this->init_face();
            $options = array();
            $options['max_face_num'] = 1;
            $ret = $client->detect($image, "BASE64", $options);
            $result = $ret['result'];
            $list = $result['face_list'];            // 人脸信息列表，包含的参数请参考列表
            $face_num = $result['face_num'];         // 检测到的图片中的人脸数量
            echo json_encode($list, JSON_UNESCAPED_UNICODE);
        }
    }
```

## 11.3.4　实例三小结

本节给出了一个进行人脸检测的微信小程序实例，希望读者了解一个简单的人脸检测程序的主要编码过程。考虑到本书不是一本专门介绍编程的教材，所以并没有给出完整的代码。读者可以根据需要完善前后端代码，并进行调试。

百度 AI 提供了语音、视觉、自然语言、知识图谱和增强现实多方面的开放接口，参考本节的实例，可以根据需要，实现各种各样多媒体或人工智能开发的功能。

# 11.4　智能婴儿床系统设计

本实例通过传感器采集环境数据（如温度、湿度、声音等），并将采集到的数据发送到手机端，实现在手机端控制婴儿床摇晃和播放音乐的功能。本实例涉及传感器技术、计算机网络、物联网中间件等知识，是一个综合性物联网应用系统设计案例。

## 11.4.1　设计背景

随着科技的发展，智能设备在生活中随处可见。在孩子的成长过程中，婴儿床扮演着重要角色。当把婴儿放在婴儿床中时，照顾婴儿的看护者无法时时刻刻待在婴儿身边，尤其是晚上的休息时间。因此开发智能婴儿床有着强烈的市场需求，可以让婴儿看护者花费更少的时间并更好地照看婴儿。然而现在市场上的绝大多数婴儿床功能单一，设计简单，几乎没有智能模块。本实例的工作原理是在原始的婴儿床上引入多个功能模块，具有智能化，减少看护时间，提高婴儿床的服务效率。

## 11.4.2　设计过程

### 1. 确定具体功能并分配任务

根据设计的目标确定设计的内容，确定本系统应具有的功能；将系统划分为模块，确定

各模块的功能和作用，并根据模块分配设计任务，明确工作内容，制订开发进度；确定需要的硬件支持，并统一采购所需设备。

### 2．撰写文档

根据系统功能编写需求分析报告，进而根据需求分析确定系统的整体架构，设计其中的硬件结构、软件结构和数据结构；随着系统设计的进度，及时编写概要设计文档、详细设计文档、测试文档和总结文档，使设计过程有参照，减少不必要的错误。

### 3．系统设计实现

根据模块的功能分别编写，再将模块整合。根据测试文档对整合后的系统进行测试，分析出现的问题并逐个解决。重复测试，直至系统能达到需求分析文档中预期的结果。

## 11.4.3　功能需求

系统所需功能如表 11.5 所示，为了更加形象地描述，各功能均从用户的角度来说明。设计时，采用经典的 C/S（Client/Server）模式，即这些功能在服务器实现，用户仅仅通过客户端发出指令，通过网络传到服务器。

表 11.5　需求规定表

| 功　能 | 说　明 |
|---|---|
| 智能温度、湿度检测 | 用户能观察到婴儿床的温度和湿度，了解宝宝的体温；数据要实时刷新，且及时反馈给用户 |
| 智能哭闹提醒 | 在宝宝哭闹时，客户端能及时出现该信息来提示用户 |
| 智能尿床提醒 | 在宝宝尿床时，客户端能及时出现该信息来提示用户 |
| 智能摇晃床（开始或关闭） | 在哄宝宝入睡时，用户可以远程操作，指定婴儿床摇晃 |
| 智能播放音乐（开始或关闭） | 在哄宝宝入睡时，用户可以远程操作，指定婴儿床播放音乐 |
| 智能摄像头 | 用户能随时打开摄像头，查看宝宝状态 |

服务器端最重要的是硬件实现，中央控制器收集到各传感器的数据，并统一分析处理，一方面将其发送给客户端，另一方面对其他硬件模块（如传感器和马达等）发出指令。用户通过客户端接收相应数据，并下达指令，服务器收到指令并进行一系列反应，从而达到了用户直接控制各种硬件的功能。

## 11.4.4　所用硬件设备

根据智能婴儿车的功能需求，系统需要以下硬件设备。

- ✠ 树莓派：Raspberry Pi 3 Modal B，完成与手机端的通信以及传感器数据采集和电机的控制。
- ✠ 电机驱动：L298N，根据手机端发出的指令，控制电机的运转。
- ✠ 温/湿度传感器：DHT11，采集婴儿床的温度和湿度数据。
- ✠ 声音传感器：雁凌电子，采集声音数据。
- ✠ 电机：直流减速电机，带动婴儿床摇晃。

## 11.4.5　系统开发环境

- ✠ 开发系统：Windows 10。
- ✠ 树莓派操作系统：Raspbian。
- ✠ 手机端开发环境：微信小程序开发工具。
- ✠ 手机端运行环境：Android 8.0.0。

## 11.4.6　系统设计

根据前面的功能需求分析，整个婴儿车系统主要包含两部分：手机端小程序和服务器端的树莓派通信和控制程序。

为了更好地描述系统工作的原理，下面采用 UML[①]（Unified Modeling Language，统一建模语言）给出系统的时序图和部署图。UML 是一个支持模型化和软件系统开发的图形化语言，为软件开发的所有阶段提供模型化和可视化支持，包括由需求分析到规格、构造和配置。

UML 从考虑系统的不同角度出发，定义了用例图、类图、对象图、状态图、活动图、序列图、协作图、构件图、部署图等 9 种图。这些图从不同的侧面对系统进行描述。系统模型将这些不同的侧面综合成一致的整体，便于系统的分析和构造。考虑到我们设计的系统并不是一个非常复杂的系统，这里只给出了与系统相关的时序图和部署图。

时序图是一种强调时间顺序的交互图，先把参与交互的对象放在图的上方，沿 $X$ 轴方向排列。通常把发起交互的对象放在左边，较下级对象依次放在右边，然后把这些对象发送和接收的消息沿 $Y$ 轴方向按时间顺序从上到下放置。这样提供了控制流随着时间推移的清晰的可视化轨迹，如图 11-30 所示。

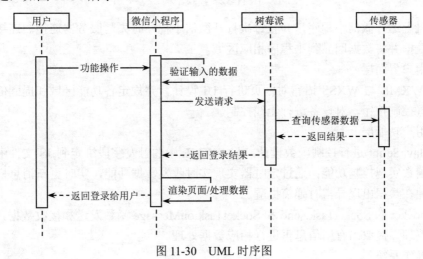

图 11-30　UML 时序图

部署图用于可视化部署软件组件的系统的物理组件拓扑，由节点及其关系组成，用于描述系统静态部署视图。图 11-31 为本系统的部署图，其中手机端的微信小程序与树莓派之间的通信基于本地无线局域网。

---

① https://baike.baidu.com/item/UML%E5%9B%BE/6963758

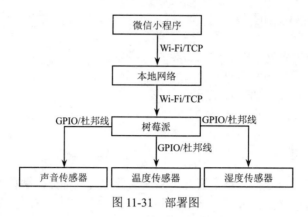

图 11-31　部署图

## 1．手机端小程序

微信小程序模块结构如图 11-32 所示。

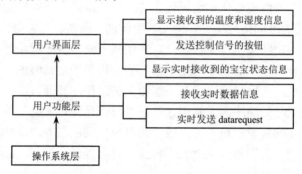

图 11-32　模块结构

在手机上运行微信小程序，并且每次打开微信小程序时先与服务器连接。连接成功后，实时收发数据并将数据回显到小程序相应区域。

（1）用户界面层

使用 WXML 与 WXSS 语言对网页进行 UI 设计，并规定各功能区域和提醒信息的显示区域；设置控制按钮，对设备进行无线控制。

（2）用户功能层

使用 JavaScript 进行控制函数设计，将 WXML 中的触发字段绑定到 JS 文件中的函数，调用相应函数实现控制功能；通过定时器实现实时收发数据功能，实时更新消息栏和温度栏的数据，并在数据出现异常时弹窗提醒。

调用 socket 的 SocketTask.send 和 SocketTask.onMessage 函数发送和接收数据，对收到的数据进行整理，提取出有用信息再进行相应数据处理。

（3）操作系统层

本系统基于微信小程序，与移动端操作系统无关。任何移动端系统，只要安装了微信，都能以微信小程序的形式运行。根据以上描述，本系统包括的模块如图 11-33 所示。

1）人机交互模块

人机交互模块即小程序界面。用户通过单击界面上的各种按钮来控制微信小程序，小程序通过信息传输模块与树莓派进行交流。

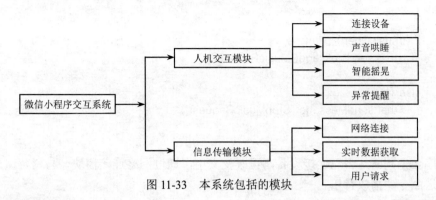

图 11-33　本系统包括的模块

① 连接设备

以按钮形式展现，用于控制小程序与树莓派的连接通断。用户单击"连接设备"或者"断开连接"按钮后，将运行如下代码。

```
connectDevice: function(event){
    console.log("单击"连接设备"按钮");
    var that = this;
    var remindTitle = deviceConnected ? '断开连接' : '正在连接';
    wx.showToast({
        title: remindTitle,
        icon: 'loading',
        duration: 10000
    })
    if(!deviceConnected) {
        socketTask = wx.connectSocket({
            url: ip,
        });
    }
}
```

小程序会改变按钮文本弹出 Toast，通过网络连接模块与树莓派进行网络连接，或者断开与树莓派的连接。

② 声音哄睡

以按钮形式展现，用于启动"声音哄睡"，即播放音乐的功能。单击"声音哄睡"按钮后，将运行如下代码。

```
musicBtn: function(event) {
    console.log("单击"声音哄睡"按钮");
    var that = this;
    if(!deviceConnected) {
        wx.showToast({
            title: '请先连接设备',
            duration: 1500
        });
        return;
```

```
        }

        if (!musicOpen) {
            that.sendMessage("MusicRequest");
        }
        else {
            that.sendMessage("StopMusicRequest");
        }
    },
```

小程序会先判断是否已连接设备，再改变文字，通过网络连接模块，与树莓派进行网络通信、发送命令、播放音乐。

③ 智能摇晃

以按钮形式展现，用于启动"智能摇晃"，即摇晃摇篮的功能。单击"智能摇晃"按钮后，将运行如下代码。

```
    swayBtn: function(event){
        console.log("单击"智能摇晃"按钮");
        var that = this;

        if(!deviceConnected) {
            wx.showToast({
                title: '请先连接设备',
                duration: 1500
            });
            return;
        }
        if(!shakeOpen) {
            that.sendMessage("MoveRequest");
        }
        else {
            that.sendMessage("StopMoveRequest");
        }
    },
```

小程序会先判断是否已连接设备，然后改变文字，与树莓派进行网络通信，发送命令来摇晃摇篮。

④ 异常提醒

异常提醒以弹窗形式展现，用于在宝宝出现异常情况（哭、尿床）即传感器出现异常数值时，提醒用户进行相应处理。当小程序收到数据、进行相关处理后发现异常时，将运行如下代码。

```
        if(sound) {
            if(!soundAlerted) {
                wx.showModal({
                    title: "宝宝哭啦！",
                    content: "快去看看吧",
                    showCancel: false
```

```
        });
            soundAlerted = true;
        }
    }
    else {
        if(soundAlerted)
            soundAlerted = false;
    }
    if(humidity > 90) {
        if(!humidityAlerted) {
            wx.showModal({
                title: "宝宝尿床啦！",
                content: "快去换尿布",
                showCancel: false
            });
            humidityAlerted = true;
        }
    }
    else {
        if(humidityAlerted)
            humidityAlerted = false;
    }
```

2）信息传输模块

① 网络连接

小程序与树莓派通过 WebSocket 网络协议，在同一 Wi-Fi 下进行通信。微信小程序对 WebSocket 的网络连接提供了现成的 API：SocketTask wx.connectSocket(Object object)，直接调用即可建立连接。代码如下：

```
socketTask = wx.connectSocket({
    url: ip,
});
```

连接后需要设置监听句柄，对网络行为（如连接、断开、出错、接收到的信息）进行处理。处理出错、关闭的代码如下：

```
socketTask.onError(function (res) {
    deviceConnected = false
    console.log('socket 连接失败，请检查！');
    socketTask.close();
    that.setData({
        connectBtnTitle: '连接设备'
    })
    wx.hideToast()
});
socketTask.onClose(function(res) {
    console.log(res);
});
```

小程序与树莓派需要进行数据传输，发送信息的代码如下：

```
sendMessage: function(msg) {
    if(socketTask.readyState != 1) {
        socketTask = wx.connectSocket({
            url: ip,
        })
    }
    socketTask.send({
        data: msg,
        success: function() {
            console.log("Message Sent: " + msg);
        },
        fail: function(msg) {
            console.log(msg);
        }
    })
},
```

接收信息的监听句柄如下：

```
socketTask.onMessage(function(res) {
    var msgStr = res.data;
    console.log("Receive: " + msgStr);
    ……                                    // 处理数据逻辑略
});
```

② 实时数据获取

连接建立成功（onOpen）后，设立定时器 setInterval 每隔 2s 运行发送信息 sendMessage 函数，内容为"DataRequest"；树莓派收到"DataRequest"后，会回复格式为"Temp=17.0 * Humidity = 63.0% Sound = Y"的字符串进行解析，代码如下：

```
var msgStr = res.data;
// 解析信息
if(msgStr.split("=")[0] == "Temp") {
    var dataStr = msgStr.split(" ");
    temp = parseFloat(dataStr[0].substring(dataStr[0].indexOf('=') + 1, dataStr[0].length - 1));
    humidity = parseFloat(dataStr[2].substring(dataStr[2].indexOf('=') + 1, dataStr[2].length - 1));
    sound = dataStr[4] == 'Sound=Y' ? true : false;
    that.setData({
        currentTemp: temp,
    })
}
```

③ 用户请求

单击"智能摇晃"或"声音哄睡"按钮时，会向树莓派发送字符串"MoveRequest" "StopMoveRequest" "MusicRequest" "StopMusicRequest"（详细代码见子系统详细设计、微信小程序端中的声音哄睡、智能摇晃部分）。树莓派收到指令后，会回复相应字符串"MoveOn" "MoveOff" "MusicOn" "MusicOff"。收到这些字符串后，小程序进行相应处理，代码如下：

```
socketTask.onMessage(function(res) {
```

```javascript
var msgStr = res.data;
console.log("Receive: " + msgStr);
// 解析信息
if(msgStr.split("=")[0] == "Temp") {
    var dataStr = msgStr.split(" ");
    temp = parseFloat(dataStr[0].substring(dataStr[0].indexOf('=') + 1, dataStr[0].length − 1));
    humidity = parseFloat(dataStr[2].substring(dataStr[2].indexOf('=') + 1, dataStr[2].length − 1));
    sound = dataStr[4] == 'Sound=Y' ? true : false;
    that.setData({
        currentTemp: temp,
    })
}
else if (res.data == "MoveOn") {
    that.setData({
        shakeTitle: '正在摇晃哄睡中，单击关闭',
        shakeTxtColor: 'red'
    })
    shakeOpen = true;
}
else if (res.data == "MoveOff") {
    that.setData({
        shakeTitle: '像妈妈的怀抱一样安心哦',
        shakeTxtColor: 'gray'
    })
    shakeOpen = false;
}
if(res.data == "MusicOn") {
    that.setData({
        musicTitle: '正在播放音乐哄睡中，单击关闭',
        musicTxtColor: 'red'
    })
    musicOpen = true;
}
else if(res.data == "MusicOff") {
    that.setData({
        musicTitle: '睡吧睡吧，我亲爱的宝贝',
        musicTxtColor: 'gray'
    })
    musicOpen = false;
}
wx.hideToast();
// 进一步处理
if(sound) {
    if(!soundAlerted){
        wx.showModal({
            title: "宝宝哭啦！",
```

```
                content: "快去看看吧",
                showCancel: false
            });
            soundAlerted = true;
        }
    }
    else {
        if(soundAlerted)
            soundAlerted = false;
    }
    if(humidity > 90) {
        if(!humidityAlerted) {
            wx.showModal({
                title: "宝宝尿床啦！",
                content: "快去换尿布",
                showCancel: false
            });
            humidityAlerted = true;
        }
    }
    else {
        if(humidityAlerted)
            humidityAlerted = false;
    }
    return;
});
```

基于以上代码，在手机上看到的效果如图 11-34 所示。

### 2. 服务端模块设计

服务端是整个系统的基础，树莓派通过杜邦线与传感器等设备相连，实现对这些设备的控制，其主体如图 11-35 所示。

树莓派相当于计算机的中央控制器，不但需要控制各种传感器和手机客户端，而且需要实现模块通信。其中，通信采用 WebSocket 通信协议。

各硬件的主要功能如下。

❀ 温/湿度传感器：测量婴儿床的温度和湿度，返回数据发给树莓派。

❀ 声音传感器：测量婴儿床的声音，返回数据发给树莓派。

❀ 电机：与 L298N 的驱动板子相连接，驱动板子与树莓派相连接，树莓派通过驱动板子来控制电机的转速、方向、旋转时间。

❀ 摄像头：直接与树莓派相连接，用户可以通过树莓派控制。

以下详细描述其设计细节。

（1）电源提供

实验过程中采用充电宝对树莓派进行供电，产品设计阶段可以采用锂电池。

图 11-34　小程序界面

图 11-35　服务端主体

（2）无线通信

采用 websocket 库及 WebSocket 协议，连接建立及运行函数：start_server = websockets. serve(hello, '192.168.43.14', 8888)，收发数据 websocket.recv()，websocket.send(result)。

（3）主程序设计

主程序采用无限循环的方式，每次从 websocket 收到由客户端发回来的 request，从而执行相应的操作。处理请求的函数代码如下。

```
async def hello(websocket, path):
global MicStatus
global MvStatus
while 1:
    request = await websocket.recv()
    print(f"{request}")
    if request == 'DataRequest':
        result = dataRq()
        print(result)
        await websocket.send(result)
    elif request == 'MoveRequest':
        if MvStatus == 1:
            continue
        MvStatus = 1
        _thread.start_new_thread(Move,())
        await websocket.send(f"MoveOn")
    elif request == 'StopMoveRequest':
```

```
            MvStatus = 0
            await websocket.send(f"MoveOff")
        elif request == 'MusicRequest':
            if MicStatus == 1:
                continue
            MicStatus = 1
            _thread.start_new_thread(Music,())
            await websocket.send(f"MusicOn")
        elif request == 'StopMusicRequest':
            MicStatus = 0
            await websocket.send(f"MusicOff")
            print(f"waiting for command")


    start_server = websockets.serve(hello, '192.168.43.14', 8888)


    asyncio.get_event_loop().run_until_complete(start_server)
    asyncio.get_event_loop().run_forever()
```

（4）传感器控制部分

① 物理连接

温/湿度传感器、声音传感器通过杜邦线分别与树莓派板提供的 GPIO 接口、VCC、GND 接口连接。

② 代码控制

GPIO.setup() 初始化接口，GPIO.output() 设置输出值，GPIO.output() 获取输入值，GPIO.cleanup() 清空 GPIO 接口。两个传感器初始化的代码如下。

```
GPIO.setup(Schannel, GPIO.IN)
GPIO.setup(THchannel, GPIO.OUT)
GPIO.output(THchannel, GPIO.LOW)
time.sleep(0.02)
GPIO.output(THchannel, GPIO.HIGH)
GPIO.setup(THchannel, GPIO.IN)
```

读取 GPIO 口的数据代码如下：

```
GPIO.input(Schannel)==GPIO.LOW
```

由于温/湿度传感器 DHT11 的敏感性，为了保证温/湿度传感器的数据有效，设计数据校验机制，代码如下。

```
while j < 40:
    k = 0
    while GPIO.input(THchannel) == GPIO.LOW:
        continue
    while GPIO.input(THchannel) == GPIO.HIGH:
        k += 1
        if k > 100:
            break
        if k < 8:
            data.append(0)
```

```
        else:
                data.append(1)
                j += 1
    humidity_bit = data[0:8]
    humidity_point_bit = data[8:16]
    temperature_bit = data[16:24]
    temperature_point_bit = data[24:32]
    check_bit = data[32:40]
    humidity = 0
    humidity_point = 0
    temperature = 0
    temperature_point = 0
    check = 0
    for i in range(8):
        humidity += humidity_bit[i] * 2 ** (7-i)
        humidity_point += humidity_point_bit[i] * 2 ** (7-i)
        temperature += temperature_bit[i] * 2 ** (7-i)
        temperature_point += temperature_point_bit[i] * 2 ** (7-i)
        check += check_bit[i] * 2 ** (7-i)
    tmp = humidity + humidity_point + temperature + temperature_point
```

返回数据格式化为字符串，代码如下。

```
    if check == tmp:
        if GPIO.input(Schannel) == GPIO.LOW:
            return 'Temp = {0:0.1f}*C   Humidity = {1:0.1f}%'.format(temperature, humidity)+'  Sound = Y'
        else:
            return 'Temp = {0:0.1f}*C   Humidity = {1:0.1f}%'.format(temperature, humidity)+'  Sound=N'
    else:
        return 'Failed to get data'
```

（5）电机控制部分

① 物理连接

树莓派 GPIO 接口与 L298N 驱动模块通过杜邦线相连，L298N 与两个电机相连，同时连接 12 V 电池电源。

② 代码控制

GPIO 口初始化和 PWM 初始化的代码如下。

```
    #########电机初始化为 LOW##########
    GPIO.setup(ENA,GPIO.OUT, initial = GPIO.LOW)
    GPIO.setup(IN1,GPIO.OUT, initial = GPIO.LOW)
    GPIO.setup(IN2,GPIO.OUT, initial = GPIO.LOW)
    GPIO.setup(ENB,GPIO.OUT, initial = GPIO.LOW)
    GPIO.setup(IN3,GPIO.OUT, initial = GPIO.LOW)
    GPIO.setup(IN4,GPIO.OUT, initial = GPIO.LOW)

    ####PWM 初始化，并设置频率为 200Hz####
    pwma = GPIO.PWM(ENA,200)                #200Hz
```

```
        pwma.start(40)
        pwmb = GPIO.PWM(ENB,200)                    #200Hz
        pwmb.start(40)
```

为了使摇篮摇动的动作规范化，需要定义两个函数，作为电机的对称的两个元动作，从而使摇篮每次运行摇动都开始和停止在正中的位置。电机先正转一定时间，再反转相同的时间为一个元动作。相关代码如下所示。

```
        ####定义电机摇动函数#####
        def MoveA(stayTime,speed):
            GPIO.output(IN1,GPIO.HIGH)
            GPIO.output(IN2,GPIO.LOW)
            GPIO.output(IN3,GPIO.HIGH)
            GPIO.output(IN4,GPIO.LOW)
            pwma.ChangeDutyCycle(speed)
            pwmb.ChangeDutyCycle(speed)
            time.sleep(stayTime)

            GPIO.output(IN2,GPIO.HIGH)
            GPIO.output(IN1,GPIO.LOW)
            GPIO.output(IN4,GPIO.HIGH)
            GPIO.output(IN3,GPIO.LOW)
            pwma.ChangeDutyCycle(speed)
            pwmb.ChangeDutyCycle(speed)
            time.sleep(stayTime)
```

电机动作需要被多线程操作，使用 _thread 库函数建立新线程，并使用 MvStatus 全局变量进行同步。建立新线程如下所示。

```
        elif request == 'MoveRequest':
            if MvStatus==1:
                continue
            MvStatus=1
            _thread.start_new_thread(Move,())
            await websocket.send(f"MoveOn")
```

相应的运行函数如下。

```
        def Move():
            while(MvStatus==1):
        #       print("movfunc")
                MoveA(1.5,1)
                MoveB(1.5,1)
                GPIO.output(IN1,GPIO.LOW)
                GPIO.output(IN2,GPIO.LOW)
                GPIO.output(IN3,GPIO.LOW)
                GPIO.output(IN4,GPIO.LOW)
```

需要停止摇晃时，只需修改主函数中的 MvStatus 全局变量，如下所示。

```
        elif request == 'StopMoveRequest':
            MvStatus = 0
```

```
    await websocket.send(f"MoveOff")
```

（6）音乐控制部分

① 物理连接

树莓派音频输出口外接一个音箱。

② 代码控制

音乐控制与电机控制类似，但不使用 GPIO 接口，使用 mplayer 模块即可实现播放。创建多线程的代码如下。

```
    elif request=='MusicRequest':
        if MicStatus == 1:
            continue
        MicStatus=1
        _thread.start_new_thread(Music,())
        await websocket.send(f"MusicOn")
```

相应运行函数如下所示。

```
    def Music():
    #    print("func")
        while(MicStatus == 1):
            musicSrc = 'llulaby.mp3'
            os.system('mplayer %s' % musicSrc)
```

## 11.4.7　实例四小结

本节介绍了基于微信平台进行控制的智能婴儿床系统开发的过程，限于篇幅，没有包含远程视频监控部分的详细设计过程。通过本实例，读者可以了解如何将多媒体技术应用于物联网应用系统的设计。

# 11.5　基于人脸识别的智能储物柜设计

将人脸识别应用于储物柜中，能够解决日常储物柜使用中传统非生物识别凭证存在的各种弊端，如凭证携带不便、易丢失、安全性不高等问题；同时为储物柜增加提醒功能，能有效减少因用户遗忘而导致物品丢失的情况。

本节采用 OpenCV 软件库完成人脸识别的过程。

## 11.5.1　OpenCV 与人脸识别

OpenCV 是一个基于 BSD（Berkeley Software Distribution，伯克利软件套件）许可发行的跨平台计算机视觉库，主要用 C++语言编写，实现了图像处理和计算机视觉方面的很多通用算法，轻量且高效，支持操作系统有 Linux、Windows 等。

OpenCV 的应用领域十分广泛，在人机互动、物体识别、图像分割、人脸识别、动作识别、运动跟踪、运动分析、机器视觉、结构分析和汽车安全驾驶等方面都有运用。

OpenCV 中主要使用了两种特征进行人脸检测：Haar 特征和 LBP（Local Binary Pattern，

局部二值模式）特征，这两种特征也是在人脸检测中最常用的方法。在 OpenCV 安装目录下的 data 文件夹中可以看到如下内容，具体如图 11-36 所示。

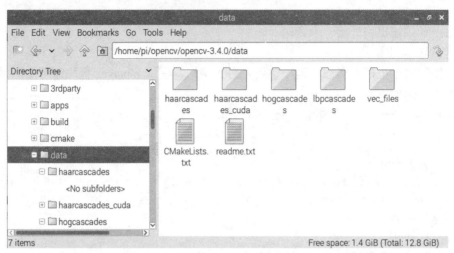

图 11-36　OpenCV 的 data 文件夹

由图 11-36 可见，内容主要为 haarcascades、lbpcascades 和 hogcascades 等文件夹，文件夹中包含很多已经通过不同特征训练好的分类器，用于针对各种检测场景，为 XML 格式的文件。文件夹名分别对应"Haar""LBP"和"HoG"三种特征。根据不同使用目的，选用合适特征对应的分类器能达到更好的人脸检测效果，如人脸检测常用 Haar 特征，而人脸识别主要使用 LBP 特征，若需要对行人进行检测，则可使用 HoG 特征。

OpenCV 同样提供对采集到图像进行特征提取并训练得到识别器的接口，利用这类接口就可以实现对人脸的识别过程。

## 11.5.2　总体架构

基于人脸识别技术的智能储物柜系统的工作流程是：用户在前端通过按钮选择其要进行的操作，服务器端接收请求，调用对应功能模块。模块运行完成后，将结果返回至前端展示，并控制储物柜进行开锁。具体的工作流程图如图 11-37 所示。

储物柜采用 B/S（Browser/Server，浏览器/服务器）架构进行主体设计。用户在使用基于 B/S 架构的系统时无须额外配置，可直接在浏览器中使用本系统，只需通过浏览器发出请求，其余的工作可全交由服务器来完成。

该架构可以分为三个相互独立的部分，即表现层、功能层、数据层。系统总体架构如图 11-38 所示。

对系统各层的负责的任务与功能设计如下。

① 表现层：即网页浏览器，负责实现对系统界面的显示，包括用户的操作界面及人脸检测交互界面等。

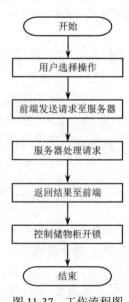

图 11-37　工作流程图

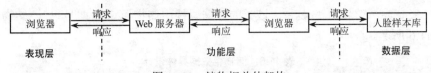

图 11-38　储物柜总体架构

② 功能层：由两部分组成，一部分是基本 Web 服务器的功能，包括服务器的启动与停止、HTTP 请求的接收与处理等；另一部分为 B/S 系统的操作处理逻辑，即 Web 应用，主要操作处理逻辑包括存柜/取件、防遗失提醒等。

③ 数据层：主要负责对数据进行存储和管理，并实现人脸样本库与 Web 服务器之间的数据交换，如对人脸样本数据的增删、生成训练集文件等。

## 11.5.3　开发平台

根据上述总体结构，设计过程主要涉及 Web 服务器程序和用于控制储物柜开关的硬件开发平台。

### 1. 树莓派开发平台

树莓派本质上为一块微型主板，大小与银行卡差不多，却具备计算机的基本功能。主板使用 ARM 处理器，内存硬盘为 SD 卡，具有 USB 接口、网络接口、视频输出接口，支持 HDMI 接口，树莓派搭配不同的外部设备即可实现多种功能，如播放影片、处理文件等，主要的编程语言为 Python。

树莓派可以完成本次设计中对储物柜开关和对摄像头的控制。树莓派完全支持 OpenCV 的安装和使用，常作为实时型嵌入式应用开发的硬件设备，由于其轻便性，在储物柜中进行运用也很合理。

### 2. Tornado

Tornado 是一个使用 Python 编写的轻量级 Web 服务器，能够很好地应对高并发、大流量的网络环境，并具有良好的扩展性，常在大量的应用和工具中使用，是开源的网络服务框架。Tornado 可以分为 Web 框架、HTTP 客户端和服务器、异步网络库、协程库四部分。

相对于某些传统网络服务器，Tornado 拥有能够处理大量并发连接的能力，并提供与外部服务进行异步交互的工具，具体应用有处理安全性、用户验证、社交网络搭建等。

Tornado 的 Web 框架、HTTP 服务器和异步网络库可以让用户方便地对 Web 服务器搭建和配置，并可以快速、简单地编写高速的 Web 应用，实现将人脸识别的程序在 B/S 架构的系统中通过前端操作而调用的逻辑，完成对基于人脸识别的智能储物柜在具体实现中涉及的前端和后台处理流程。

## 11.5.4　储物柜数据结构设计

为了实现储物柜中的号码管理以及储物状态，需要为储物柜初始化一个数据表。经过对大型超市、健身房以及其他有使用储物柜的应用场景调查和使用时的体验考虑，拟将该列表的长度定为 20，即一个独立的人脸识别储物柜系统可管理共计 20 个柜子。储物柜的数据结构由类定义来完成，类名为 Locker，该类的数据属性由储物柜 id（即号码）、储物柜状态组成，如表 11.6 所示。

表 11.6　储物柜数据具体设计

| 类变量 | 数据类型 | 备　注 |
|---|---|---|
| id | int | 储物柜号码，在初始化实例时视储物柜数量而定，本系统为 1～20 |
| saved | bool | 储物柜状态，表示是否处于存柜状态，True 为已存，False 为空闲 |
| unlock | bool | 储物柜状态，表示是否处于开锁状态，True 为开锁，False 为关闭 |

储物柜系统会在服务器启动时自动进行初始化，对以上设计的类进行实例化，创建共计 20 个类具体对象，其 id 为 1～20，存柜状态皆为 False，开锁状态也皆为 False，并通过 append() 方法，按序将对象添加至列表 lockers[]中，用于之后的数据调用。

## 11.5.5　人脸样本库设计

人脸样本库为一个指定的树莓派本地文件夹，保存用户每次存柜操作时采集的人脸数据。保存的人脸数据为经过人脸检测后选取范围拍摄的图片，通过 OpenCV 提供的图像数据写入接口 imwrite 进行文件写入。每次将采集用户数张图片，用于人脸识别训练的样本集。

经过实验验证，训练后能够完成基本识别的样本数为 5 张以上且都为有效人脸图像，为了达到一定的精确度，故设定本系统每次采集的人脸样本数为 10 张。采集的图像为捕捉到脸部形状（最小尺寸为 20mm×20mm）的灰度图像，写入的文件夹为 dataset，文件命名及格式示例为“User.1.8.jpg”，其中“1”为储物柜 id，“8”为采集的 10 张图片的序号。

## 11.5.6　存柜功能模块设计

存柜功能模块使用人脸识别技术生成凭证，为用户提供在储物柜中进行存物的功能，主要分为以下步骤来实现：获取空柜 id → 采集人脸数据 → 开关锁控制 → 训练人脸数据。下面将按顺序说明各主要步骤的详细设计和实现方法。

### 1. 获取空柜 id

获取空柜 id 即获取当前储物柜中空闲柜的 id，该 id 即储物柜的号码，本系统中为 1～20，作为存储人脸样本数据的标识，也是标识每个成功进行存柜的用户的唯一 id，在此之后的储物柜工作流程中也会不断使用。

实现获取 id 需要遍历储物柜中各柜子的状态信息，只有 saved 和 unlock 变量皆为 False 的柜子才能进行存柜操作。当找到符合条件的柜子时，返回可存物柜子的 id，并进行下一步操作；若无符合条件的柜子（如储物柜已满），则返回错误，在提示界面中显示错误信息，并自动返回系统主界面。其主要流程如图 11-39 所示。

### 2. 采集人脸数据

在获取空柜 id 后，则需要进行用户人脸数据的采集。人脸样本的采集在人脸识别过程中是十分关键的，只有采集样本数据才能训练得到能够对用户人脸进行识别的识别器，所以捕捉到人脸数据的质量基本决定了识别器进行人脸识别时的能力。

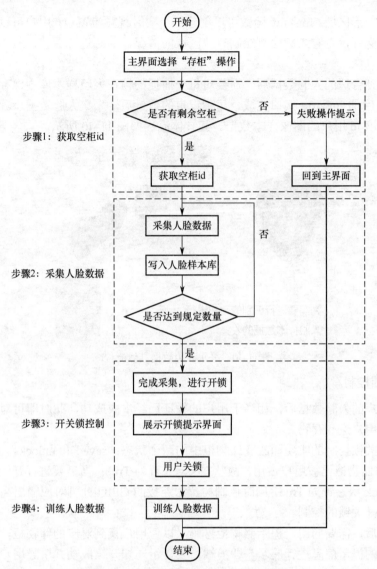

图 11-39 存柜功能模块具体流程示例

OpenCV 关于人脸识别已做了相当完备的支持,其资源库包含很多预训练分类器,支持人脸、眼睛、笑容等。使用 OpenCV 的预训练分类器可以达到非常好的人脸检测效果,采用 haarcascade_frontalface_default 的分类器文件,主要针对用户的正脸进行检测和数据采集,能采集到最能证实用户身份的脸部数据,是最符合场景的分类器。

选取好分类器后,通过调用 OpenCV 库的 CascadeClassifier()接口,可以实现对分类器的加载。再对摄像头进行循环调用,加载输入视频,模式为灰度模式。调用函数 detectMulti- Scale,输入如比例因子、邻近数和人脸检测的最小尺寸等参数,将按照参数要求检测图像中的人脸。本系统中设计比例因子为 1.2,邻近数为 5,最小尺寸为 20mm×20mm。

捕捉到人脸后,需要标记图像中的人脸,通过 OpenCV 库的 rectangle()函数将检测到的人脸的位置返回为一个矩形,为检测到的人脸绘制一个矩形,作为有效区域,并通过 imshow

函数来展示该矩形区域。imshow 函数可以创建一个实时视频流窗口，用户可以通过该窗口进行人脸检测的交互，查看人脸检测绘制有效区域的情况，随时进行调整，从而获取更精确的人脸数据。

在能捕捉到合适的人脸数据后，需要对每个捕捉的帧在人脸样本库中保存为文档，该工作由 OpenCV 库的 imwirte 接口完成。达到设定的数量后，采集人脸数据步骤完成，人脸样本库中已保存该 id 用户的图像样本数据。其具体流程如图 11-40 所示。

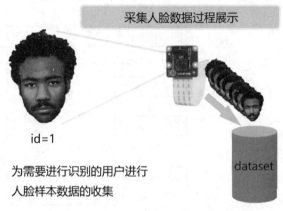

图 11-40　采集人脸数据具体流程

### 3. 开关锁控制

采集完用户的人脸数据后，相当于用户的凭证已经生成成功，此时即可对相应的储物柜进行开锁，让用户进行存物。

系统对开关锁控制的实现即改变储物柜中的两个状态：saved 和 unlock。当采集完成时，即视为该 id 的储物柜已被用户占用，故状态 saved 置为 True；当需要进行开锁时，将相应 id 的储物柜 unlock 状态置为 True，同时控制树莓派连接的 GPIO 针脚对应输出高/低电平，从而实现对储物柜开关锁的控制。

开启柜门后，需要向用户提示储物柜号码，以便用户找到对应的储物柜，故设计开锁后对开启储物柜的提示信息进行展示，即前端需要显示通知开锁成功并引导用户存物的界面。

### 4. 训练人脸数据

在完成开关锁控制后，用户已经完成了对存柜的操作，但是存柜功能尚未结束，要实现之后对人脸的识别，则需要从人脸样本库中读取所有已采集的用户人脸数据，并训练 OpenCV 识别器。

OpenCV 提供主要基于三种算法的识别器，对三种识别器的识别效果分别进行实验，其中 LBPH 人脸识别器对光照有较好的鲁棒性，能达到更精确的识别效果，所以本系统主要训练并使用该识别器进行人脸识别。

通过函数 getImagesAndLabels(path) 读取人脸样本库中的所有已采集的人脸图像，将返回数组 ids 和 faces。输入两个数组，对识别器进行训练，训练的工作由 OpenCV 接口 face. LBPHFace-Recognizer_create 创建的对象调用 train 完成，训练的结果保存为 XML 文件，用于之后人脸识别功能的加载。其具体流程如图 11-41 所示。

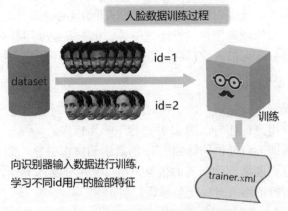

图 11-41　训练人脸数据具体流程

## 11.5.7　界面设计

人脸识别智能储物柜系统界面设计主要基于 HTML 进行界面 UI 的设计。

### 1．主界面设计

主界面主要提供用户使用存柜和取件功能的入口，所以主界面的设计以简洁明快为核心理念，重点展示两个功能的操作按钮区域即可，如图 11-42 所示。界面上方区域展示欢迎使用系统的文案，文案下方为两个核心功能的功能入口，设计为具备立体质感的圆形按钮状，能够明确给用户可单击感，引导用户进行操作。按钮中内容都由单字构成，"存"与"取"简单、清楚地表达了功能所能完成的任务。单击相关按钮，将跳转至对应的功能页面。

图 11-42　系统主界面

### 2．人脸检测/识别交互界面设计

在存柜功能模块的采集人脸数据步骤和取件功能模块的人脸识别步骤中，都需要为用户展示人脸检测、识别的交互情况，以便用户进行调整，来达到比较好的检测、识别效果。由于用户的所有操作都是在浏览器端完成的，因此该交互界面同样需要在前端进行展示。

然而 OpenCV 调用摄像头获得的视频流只能利用 imshow 接口进行窗口展示，特别是过程中进行的人脸检测会绘制有效区域矩形框和显示文本等操作，在浏览器端单纯调用摄像头是无法做到的。所以，本系统的人脸检测、识别的交互界面直接沿用 OpenCV 函数生成的视频流窗口，可以控制大小和显示的位置。为了达到比较好的检测、识别效果，窗口不宜设置过大，会采集到无关的数据或因识别到同框的其他人而增加识别时间。窗口的标题可以自由设定，所以可以利用窗口标题向用户进行操作引导。由于系统使用针对正脸的特征分类器，因此正脸的检测效果最好，可以在窗口标题处对用户进行使用引导，提醒用户对准摄像头。

#### 3. 开锁提示界面设计

在完成人脸数据采集以及完成人脸识别时，系统都需要对用户进行提示，告知用户成功开锁的储物柜 id，以便用户记住自己的 id 并进行下一步操作。

该提示界面的重点即为对开锁的储物柜 id 的展示和操作引导，设计该提示界面同样秉承极简的原则，让用户立刻能捕捉到所需的信息，所以采用纯文本界面，使用 Tornado 自带的模板，根据后台程序运行的结果对提示信息进行展示。

## 11.5.8　实例五小结

本节介绍了一个基于人脸识别的储物柜的设计过程，希望读者了解如何借助已有的视频处理软件库 OpenCV 快速开发多媒体应用程序。本节并没有给出相关的示例程序源码，读者可以根据文中的介绍，下载相关的开发工具。

# 11.6　篮球投篮训练辅助系统设计

篮球，作为一项全球火热的运动，受到越来越多人的关注。在科技飞速发展的今天，自然需要更先进、更科学和更系统的篮球训练方法。

本节介绍了一种借助视频采集处理技术，为篮球运动员投篮提供建议的辅助系统。该系统通过视频图像处理、捕捉篮球运动轨迹，并通过对轨迹进行计算，与推荐轨迹相对比等操作，计算出篮球的平均速度和初始角度，从而给运动员科学合理的技术指导。

## 11.6.1　设计目标

基于视频采集的篮球投篮训练辅助程序设计，主要功能为通过对投篮视频的处理，达到给出运动员投篮建议的目的，所以该程序需要有如下规范和功能需求。

① 从实际情况出发，考虑相关设备的安装拍摄情况，拍摄对象的训练跟踪情况。由于在不同拍摄点，拍摄视频的二维图像比例会发生较大改变，不利于给出准确的推荐曲线，且一个篮球场基本不可能出现两位运动员同时向篮筐投篮的情况，因此拟采用固定拍摄点，一次只跟踪分析一位运动员投篮来设计整个程序。

② 视频处理，在视频中能捕捉篮球运动轨迹并描绘出轨迹。根据画轨迹的要求，为了能达到训练的目的，在原视频图像中仅用方框实时跟踪篮球，并另建一个视频窗口，实时将轨迹描绘在新的窗口中，避免画出的轨迹被视频图像所遮盖，导致轨迹不清晰，无法实时分析的问题。

③ 描绘推荐轨迹，在运动轨迹的基础上描绘一条推荐轨迹，即能成功投入篮筐的运动轨迹。将推荐曲线在原视频与实时轨迹窗口中均描绘出来。这样，一方面，在原视频中，能随时看到篮球与推荐曲线的空间位置关系，给出相应建议；另一方面，在实时轨迹窗口中，

同时做出两条轨迹曲线，能清晰看到两条轨迹的交互情况，从而在投篮结束后一目了然地看出应该如何对投篮力度与角度做出调整。

## 11.6.2　处理流程

本实例重点在于介绍系统设计过程中的视频处理过程，所以并未涉及接口交互等一系列问题，故只需设计一个视频处理的程序，其处理流程如图 11-43 所示。其中，视频灰度处理与视频去噪处理为视频预处理阶段，目的是为后面的篮球跟踪减少误差，提高追踪效率。篮球的追踪主要采用背景差分法，运动轨迹的实时描绘与推荐轨迹相对比，能清晰地对运动员的投篮情况做出分析，并给出相应建议。

### 1．视频采集模块

本次视频通过手机拍摄，拍摄地点为华中科技大学中操篮球场，主要投篮人数为一人，视频为 640 像素×360 像素，帧率为 30 帧/s。

篮球架的构造和数据如图 11-44 所示。

篮球场长 28 m，宽 15 m；三分投篮区底线端分别距边线 1.25 m，三分线圆弧半径为 6.25 m，如图 11-45 所示。

本次拍摄点和投篮点如图 11-46 所示。其中，投篮点为篮筐正前方三分线处，距底线为 6.25 m，与篮筐中心的水平距离为 4.3 m，运动员身高约为 1.75 m，与篮筐垂直高度差为 1.25 m。

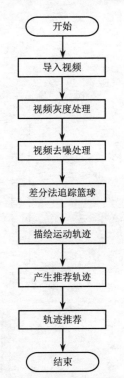

图 11-43　视频处理流程

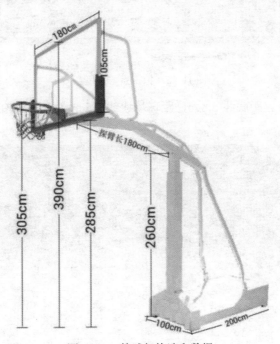

图 11-44　篮球架构造和数据

## 篮球场尺寸图

说明：篮球场功能线宽度为0.05 m。

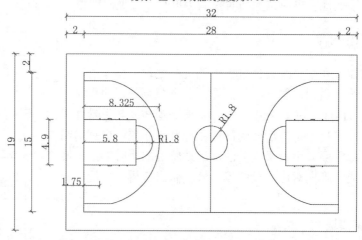

图 11-45　篮球场的构造和数据

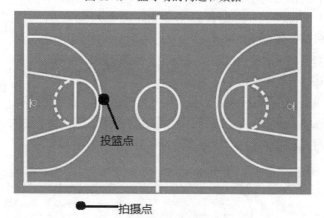

图 11-46　拍摄点与投篮点

拍摄点为篮球场外，距底线 5.8 m，距球场边线 2.5 m 处；手机拍摄倍率为 1.0 倍。拍摄效果如图 11.47 所示。

图 11-47　拍摄效果

## 2．视频灰度处理模块

由于视频去噪选用的是中值去波滤噪，该去噪方法在灰度图像的处理上具有突出的表现，因此在去噪之前先进行视频的灰度处理。

我们选择使用加权平均值法对视频进行灰度处理，实现过程如下。

首先，根据大量的数据分析以及本人大量查看灰度图像，使用公式

Vgray = 0.30$R$ + 0.59$G$ + 0.11$B$

得出的灰度图像最便于人眼观测，故以该公式为原型，实现灰度处理算法。

为了避免算法中出现浮点数运算，故将公式先扩大 100 倍，用整数计算，即

Vgray = (30$R$ + 59$G$ + 11$B$ + 50) / 100

注意：数值扩大了 100 倍，所以浮点数除法变成了 100 的整数除法，这样容易导致余数被舍去，相当于去 1 法的近似算法。因此，在权值后加上 50，来实现算法的四舍五入。

再考虑到算法的运算速度，在计算机中，移位相较于除法要快许多，所以将该公式处理成 16 位的移位运算，2 的 16 次幂为 65 536，所以

0.30×65536 ≈ 19595

0.59×65536 ≈ 38469

0.11×65536 ≈ 7472

算法改变为：

Vgray = ($R$ ×19595 + $G$ × 38469 + $B$ × 7472) >> 16

同时，本模块使用到了 OpenCV®提供的函数库，主要如下：

✠ cvCreateFileCapture，导入视频。

✠ cvNamedWindow，创建新的视频窗口，为灰度处理后的视频提供输出窗口。

✠ cvRound，对视频进行灰度处理时作近似计算。

## 3．视频去噪处理模块

对视频进行去噪处理采用空间域去噪中的中值滤波法。在一维信号序列中，假设得到了如下信号序列：20，60，80，30，100，60，70，32，45。首先，进行冒泡排序，得到的序列为：20，30，30，45，60，60，70，80，100，中间值为 60，而原序列中的中间值为 100，所以中间值 60 取代初始中间值 100，即我们认为，100 为噪声信号，予以去除。

在实际操作中，这样的操作在非噪声区域，由于采样点变化不大，不会产生将视频变质的现象，但在物体的交界区域会让边缘模糊化，在本程序中影响不大。

这里采用二维图像中的中值滤波。相应地，采样序列从一串灰度值序列，变成了一个个极小的像素小方块。数值序列的排序变成了对于灰度处理后的像素小方块的灰度值进行排序，而选择排序后像素中间值作为取代中间采样点的像素点。

流程如图 11-48 所示。其中，重点是 $n$ 个值的排序算法，这里采用 $n$ 个数的冒泡算法对其进行排序。

## 4．背景差分法求轨迹模块

背景差分法的基本原理是：选定一帧图像为背景图像，将需要处理的图像与该背景图像

---

② 关于 OpenCV 的介绍参见 11.4 节中的介绍。

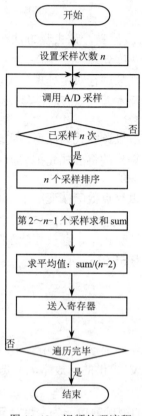

图 11-48　视频处理流程

作为差值，从而求出运动目标。考虑到采集的视频图像存在未过滤干净的噪声污染，所以需要用阈值 $T$ 判断所得图像是否为所需目标。

　　经过多次测试，将阈值 $T$ 设置为 20，能很好地得到唯一运动目标篮球，而去掉其余运动目标，如人的微小移动、背景树木的摇动。

　　用背景差分法提取篮球并作出轨迹大致分为 4 个步骤（如图 11-49 所示）。

　　第一步，获取前帧作为背景图像。

　　第二步，差分处理当前帧图像和背景帧图像，并通过设定的阈值，对差分处理后的结果进行 0、1 系数的乘法，得出运动目标。

　　第三步，求出追踪目标的球心，球心相连形成轨迹。

　　第四步，对背景图像进行更新（即原后帧作为新后帧的背景图像），选取上帧为背景图像，避免背景变化使结果产生误差。

　　在具体实现过程中调用了如下 OpenCV 库函数。

　　✠　cvCreateFileCapture：导入视频。

　　✠　cvCaptureFromAVI：用于捕获前后帧，然后求帧差。在灰度处理时，读取每一帧的原像素时也使用了该函数。

　　✠　cvNamedWindow：视频的显示，制作推荐轨迹的视频窗口时，调用该函数，以创建新的输出窗口。

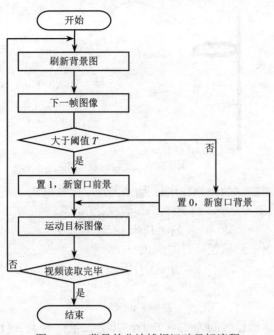

图 11-49　背景差分法捕捉运动目标流程

- ✠ cvCreateHist：在跟踪运动目标时调用，灰度图像的构成主要依赖该函数构成图面，主要功能为画直方图。
- ✠ cvRectangle：跟踪目标的矩形框由该函数构造，其作用为依据两对角点作出矩形，矩形的属性可详细设置。

**5. 推荐抛物线的构成模块**

投篮标准抛物线与出手的角度、速度以及投篮运动员与篮筐的距离有直接关系。但本次设计的系统只需作出推荐抛物线即可，所以采用几何计算法。

在忽略空气阻力的情况下，球出手后轨迹为抛物线，其水平方向做匀速直线运动，垂直方向只受重力作用。

以出手点为坐标原点，假设出手时球速为 $V$，出手角度为 $A$，与篮筐距离为 $S$（如图 11-50 所示），那么水平方向速度为：

$$V_{水平} = V\cos A$$

垂直方向速度为：

$$V_{垂直} = V\sin A$$

球在空中运行的时间为：

$$T = S/(V\cos A)$$

由于垂直方向只受重力，因此篮球在到达抛物线顶点运行时间：

$$T_1 = V\sin A/g \qquad （g 为重力加速度）$$

运行距离（即最高点的 $Y$ 轴坐标）为

$$H = V_2\sin 2A/2g$$

其最高点为

$$X = V_2\sin A\cos A/g$$

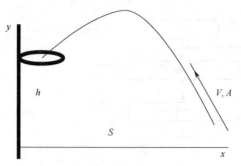

图 11-50　投篮示意

所以在到达顶点之前篮球的抛物线坐标为$(X_1, Y_1)$，其中

$$X_1 = V_2\sin A\cos A/g$$
$$Y_1 = V_2\sin 2A/2g$$

另一方面，因为篮球从出手到篮筐运行时间为：

$$T = S/(V\cos A)$$

而从出手到最高点的时间为：

$$T_1 = V\sin A/g$$

所以，下降阶段篮球运行时间为 $T_2 = T-T_1$，其 $Y$ 轴坐标为 $Y_2 = (Y_1-T_2)^2 g/2$，$X$ 轴坐标 $X_2 = V\cos A T_2 + X_1$，且 $Y_2$ 即高度差 $h$，$X_2$ 即水平距离 S。

已知起点，定点，落点，即可在图中作出抛物线。

注意，在实际操作过程中，由于空气阻力的存在与风力的影响，实际轨迹并不是一条标准的抛物线，但由于水平方向由空气阻力带来的速度衰减与篮球本身速度相比过小，所以可以近似地视为抛物线。

### 6．捕捉运动轨迹与推荐轨迹演示

根据上面的流程对图像进行灰度处理以及去噪处理后，我们利用背景差分法成功对篮球进行了实时追踪，并在视频中插入了推荐曲线，以便及时观察。其中，虚线为该位置的投篮推荐抛物曲线，视频中篮球全程由橙色光圈（15 像素×18 像素）追踪，并附流程和最终篮球曲线。

图 11-51～图 11-55 为根据投篮角度给出的推荐轨迹图（虚线标注的抛物线）。其中，图 11-51 是出球的位置，可以看出，与推荐抛物线相比，图中投篮运动员角度偏向上，导致整个球身位于推荐曲线上方。

图 11-51　篮球轨迹追踪图 1（未进球）

图 11-52　篮球轨迹追踪图 2（未进球）

图 11-53　篮球轨迹追踪图 3（未进球）

图 11-54　篮球轨迹追踪图 4（未进球）

图 11-55　篮球轨迹追踪图 5（未进球）

　　由图 11-53 可以看出，在篮球到达推荐抛物线顶点之前，篮球已经与推荐抛物线重合，说明篮球已经处于下落阶段，即运动员施加给篮球的初速度过低，由抛物线的对称性，其实已经可以判断篮球无法进入篮筐。

　　正如基于 11.53 中的判断，篮球并未进入篮筐，最后可以给出相应建议。如图 11-56 所示，虚线为推荐轨迹（左边偏上、右边偏下的轨迹），实线为篮球实际轨迹（左边偏下、右边偏上的轨迹）。可知，运动员在投篮过程中，初始角度偏高，但篮球轨迹顶点的 $Y$ 轴高度与推荐轨迹顶点基本相同，所以可以断定，篮球运动员力道偏小，否则轨迹顶点应比推荐曲线高。

　　综上，我们给出如下建议：篮球运动员应略微降低投篮角度，并略微增大投篮力度。

　　接下来看一组成功投篮命中的组图，如图 11-57～图 11-61 所示。结合图 11-62 可以看出，此次运动员篮球轨迹基本全程与推荐轨迹重合，成功进球得分。

图 11-56　全程轨迹图（未进球）　　　　　　　图 11-57　篮球轨迹追踪图 1（进球）

图 11-58　篮球轨迹追踪图 2（进球）

图 11-59　篮球轨迹追踪图 3（进球）

图 11-60  篮球轨迹追踪图 4（进球）

图 11-61  篮球轨迹追踪图 5（进球）

图 11-62  全程轨迹图（进球）

## 11.6.3  实例六小结

本节介绍了一个基于 OpenCV 视频处理技术的篮球投篮辅助系统的设计过程。

通过前面两组追踪图可以看出，设计的程序在对视频进行预处理后，成功地实现了对目标（篮球）的追踪，在追踪过程中描绘出其运动轨迹，并在新窗口的视频中与推荐轨迹进行对比，达到了给出运动员投篮技术指导的目的。

# 11.7  基于 Maya 的显示器模型设计

Autodesk Maya 是美国 Autodesk 公司出品的世界顶级的三维动画软件，应用对象是专业的影视广告、角色动画、电影特技等。Maya 功能完善，工作灵活，易学易用，制作效率极高，渲染真实感极强，是电影级别的高端制作软件。Maya 的应用领域极其广泛，如《星球大战》系列、《指环王》系列、《蜘蛛侠》系列、《哈利波特》系列以及《木乃伊归来》《最终幻想》《精灵鼠小弟》《马达加斯加》《金刚》等使用了 Maya。

本节通过一个简单的实例，介绍如何使用 Maya 建立一个简单的计算机显示器模型。

## 11.7.1  模型设计

安装 Maya 2018 后，双击桌面上的图标即可启动 Maya 2018。

### 1. 创建多边形立方体

从左上角多边形建模处单击（如图 11-63 所示），新建一个多边形立方体。

从窗口中单击"大纲视图"，发现此时已经出现了立方体 pCube1（如图 11-64 所示）。

选中 pCube1，找到右侧"属性编辑器"中的"变换属性"，调整如图 11-65 所示的数值，得到如图 11-66 所示的模型。

图 11-63　新建一个多边形立方体　　　　　　　　图 11-64　大纲视图

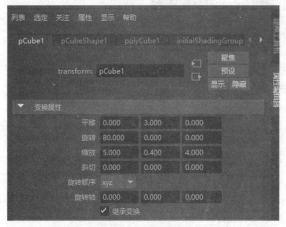

图 11-65　调整数值

图 11-66　模型

### 2. 对立方体进行设置

在模型上按住鼠标右键向下滑动选择"面"模式（如图 11-67 所示）。按住 Alt 键滑动鼠标旋转视图，选中屏幕后侧的面，按住 Shift 键并在面上单击右键，然后在弹出的快捷菜单中选择"挤出面"（如图 11-68 所示）。

设置数据，如图 11-69 所示。再单击已选中（中间的橙色）的面，重复"挤出面"操作（重复操作快捷键 G），再次重修选中面，继续"挤出面"操作，操作数据如图 11-70 所示。

选中下侧小面（如图 11-71 和图 11-72 所示），继续"挤出面"操作，进行设置。

重选该面，再次"挤出面"，做出深度（如图 11-73 所示）。

继续"挤出面"（如图 11-74 所示），进行设置。

选中该面，选中如图 11-75 所示的左侧"缩放工具"，通过手柄，将面的宽度调整至合适大小（如图 11-76 所示）。

回到"选择工具"（如图 11-77 所示），选中面，继续"挤出面"（如图 11-78 所示）。

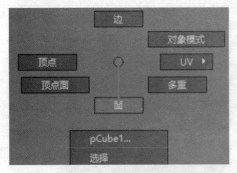

图 11-67　选择"面"模式

图 11-68　选择"挤出面"

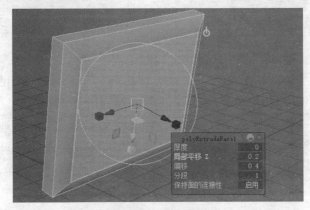

图 11-69　数据设置

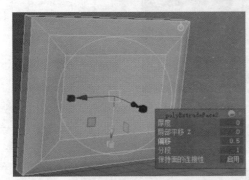
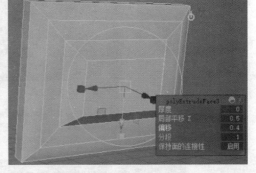

图 11-70　重复"挤出面"设置

图 11-71　选中下侧小面

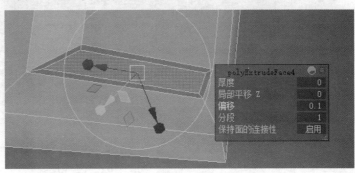

图 11-72　下侧小面数据设置

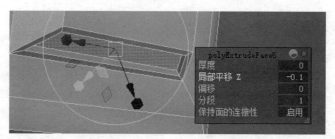

图 11-73　下侧小面的深度设置

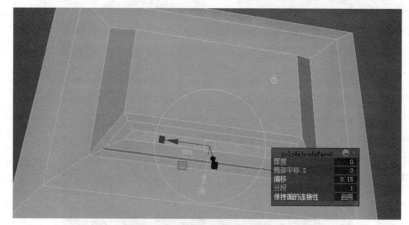

图 11-74　继续"挤出面"

图 11-75　选中"缩放工具"

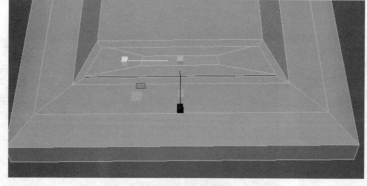

图 11-76　调整宽度

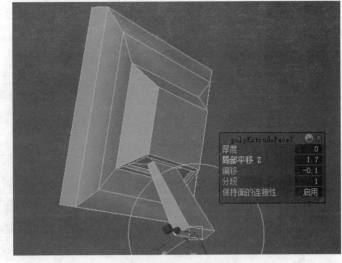

图 11-77　回到"选择工具"　　　　　　　图 11-78　继续"挤出面"

按住空格键并滑动鼠标，选择"右视图"（如图 11-79 所示）。

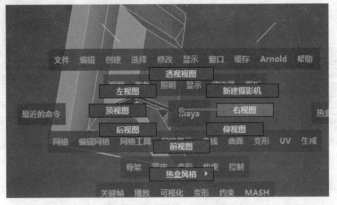

图 11-79　选择"右视图"

按住鼠标右键并滑动鼠标，选择"对象模式"（如图 11-80 所示）。

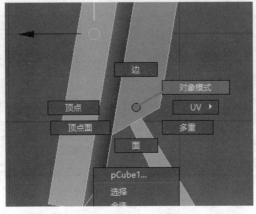

图 11-80　选择"对象模式"

### 3．编辑手柄

在界面左侧选择"移动工具"，调出移动工具手柄（如图 11-81 所示），按快捷键 D，对手柄进行编辑（如图 11-82 所示）。

图 11-81 调出移动工具

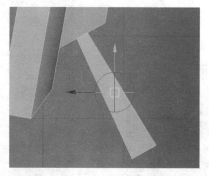

图 11-82 对手柄进行编辑

选中菜单栏的"捕捉到点"（如图 11-83 所示），将手柄中心移动至如图 11-84 所示顶点上。

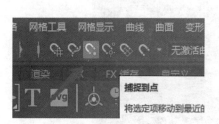

图 11-83 选中"捕捉到点"

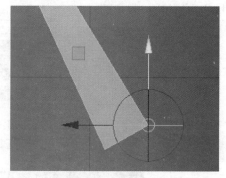

图 11-84 移动手柄中心

按快捷键 D，退出手柄编辑；取消"捕捉到点"，选择"捕捉到栅格"（如图 11-85 所示，或按住 X 键不松手，X 为"选择到栅格"的快捷键）。移动物体至如图 11-85 所示的位置。

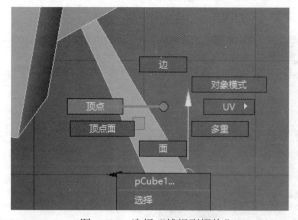

图 11-85 选择"捕捉到栅格"

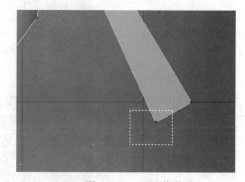

图 11-86 移动物体

按住鼠标右键并滑动，选择"顶点"模式（如图 11-87 所示）。

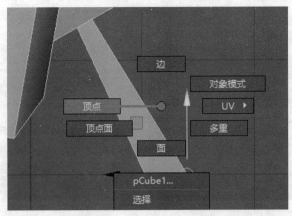

图 11-87　选择"顶点"模式

使用框选手柄选择如图 11-88 所示的部分。移动所选顶点至如图 11-89 所示的位置。

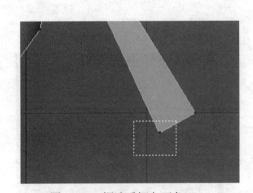

图 11-88　框选手柄左下角

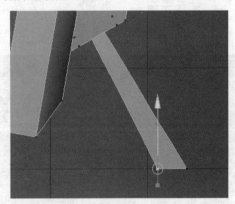

图 11-89　移动所选顶点

再次取消"捕捉到栅格"，按住空格键并选择"透视视图"（如图 11-90 所示）。选择"选择工具"，右键滑选"面"模式，选择地下的面（如图 11-91 所示）。

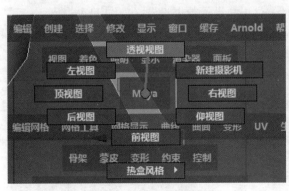

图 11-90　选择"透视试图"

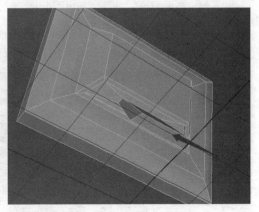

图 11-91　选择地下的面

在面上按住 Shift 键并单击右键，然后选择"挤出面"，操作数据如图 11-92 所示。选择靠前的侧面，如图 11-93 所示。

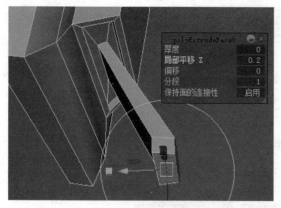

图 11-92　操作数据

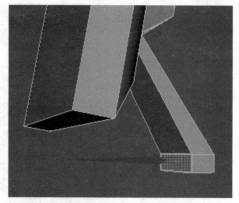

图 11-93　选择靠前的侧面

继续执行"挤出面"，对数据进行设置（如图 11-94 所示）。

### 4．编辑正面

按住 Alt 键并滑动鼠标，旋转视图至正面，选择正面的大面，如图 11-95 所示。

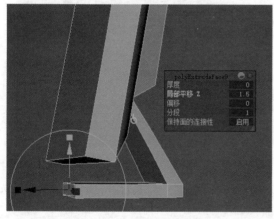

图 11-94　执行"挤出面"

图 11-95　选择正面

按住 Shift 键并滑动右键，选择"挤出面"，对正面进行数据设置（如图 11-96 所示）。重新选中该面，重复"挤出面"操作（如图 11-97 所示）。

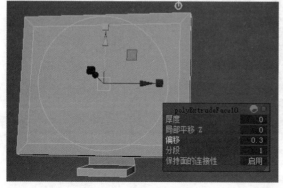

图 11-96　执行"挤出面"

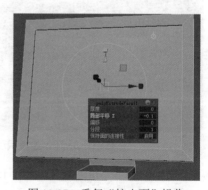

图 11-97　重复"挤出面"操作

### 5．模型创建成功

单击右键，回到"对象模式"检查，一个简单的计算机显示器模型就完成了（如图 11-98 所示）。你可以发挥你的创造力，为它添加按钮等细节。

图 11-98　重复"挤出面"操作

## 11.7.2　实例七小结

模型设计是动画设计中重要的环节，本节简要介绍了基于 Maya 工具设计一个简单的计算机显示器模型的详细过程。读者可以参考这个过程设计出其他更复杂的模型出来。

# 附录 A  课程设计

## A.1  设计内容

### 1. 总体目标

创建一个简单的即时通信软件系统，要求如下：

✠ 巩固和实践多媒体计算机技术课程中的理论与方法。

✠ 培养项目策划、架构设计、软件开发和科研设计的能力。

### 2. 总体要求

采用模块化结构，设计并实现一个能够进行即时文字聊天、语音/视频传输的系统。

### 3. 功能要求

用户管理、聊天内容缓存、文字聊天、语音/视频聊天（可不考虑同步）。

### 4. 开发语言

C，C++，C#，Python 等。

### 5. 操作系统

Windows 7/10。

### 6. 传输协议选择

文本传输要求采用 TCP 协议，音/视频传输建议采用 UDP 协议。

### 7. 集成开发环境

Visual C++6.0，Visual Studio.NET 2003（C++、C#），Borland C++ Builder，Python 3 等。

## A.2  设计提示

系统分为两大部分：服务器端和客户端程序。其中，服务器端包括用户管理、聊天内容缓存（可缓存一定时间）、数据转发等，而客户端程序包括用户注册和登录、音/视频编解码、文字传输。

数据库设计：建议采用 MySQL。

线程设计：根据系统的功能，设计的线程可以包括音频编码、音频解码、视频编码、视频解码、音频发送、音频接收、视频发送、视频接收、文字编辑、文字发送、文字接收、文字显示共 12 个（不含主线程）。

在图 A-1 中，虚线两侧的线程需要共享缓冲区，如发送端音频编码和音频发送共享一个或多个缓冲区，一个负责向缓冲区写入数据，另一个则从中读取数据。为避免冲突，在 Visual C++ 6.0 中可以采用 Semaphore 对缓冲区进行控制。

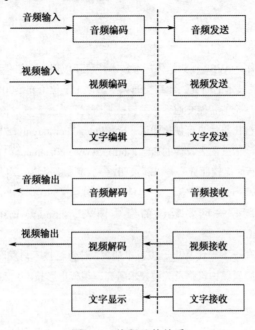

图 A-1  线程及其关系

音频设计：音频编解码建议采用 G.711 或 G.723.1 标准。为保证音频的连续性，在编码和发送线程之间要适当设置多个缓冲区，以避免由于发送线程的不均匀处理使得无法将编码后的数据写入缓冲区的情况。

视频设计：视频编解码建议采用 H.264 或 H.265 标准，其他压缩标准一般需要较高的带宽。在进行解码时，因为网络传输并不是以帧为单位进行发送的，即一个视频帧可能分为多个 IP 包进行发送，解码时又必须以帧为单位，所以解码器要能够识别每帧的开始位置。此外，由于视频编码分为帧内（I 帧）和帧间（P 帧和 B 帧）编码，编码器一般会以一定的时间间隔发送 I 帧，解码时需要依赖于 I 帧，一旦 I 帧丢失，其后的 P 帧和 B 帧将无法解码，因此还需要有一种机制，使得在接收端发现 I 帧丢失的情况下提示发送端及时重发 I 帧。

传输设计：为保证 3 种不同数据传输的独立性，可分别为音频、视频和文字建立独立的 Socket 连接；此外，考虑到 UDP 数据传输的不可靠性，应对音频和视频数据包采用 RTP 进行封装。

# 参考文献

[1] 马思伟，罗法蕾，黄铁军．AVS2 视频编码标准技术特色及应用．电信科学，2017, 33 (8): 3-15.

[2] 于英政．QR 二维码相关技术的研究．北京交通大学，硕士学位论文，2014-06-09.

[3] 耿庆田．基于图像识别理论的智能交通系统关键技术研究．吉林大学，博士学位论文 2016-12-01.

[4] 美丽的数据——数据可视化与信息可视化浅谈．http://jdc.jd.com/archives/1333.

[5] 网易数读．网易"数读"信息图表设计的启示．http://www.yixieshi.com/11625.html，2012-09-04.

[6] 刘崎奥．国内媒体数据新闻比较研究——以新浪图解、搜狐数据之道、网易数读为例．声屏世界，2016-02-01.

[7] 网易数读．图表仿制——网易数读的经典图表．http://www.360doc.com/content/17/0115/23/441458_622723497.shtml.

[8] 刘华星，杨庚．HTML5——下一代 Web 开发标准研究．计算机技术与发展，2011, Vol.21(8):54-58, 62.

[9] 焦垚楠．家庭数字影院版权保护机制及关键技术研究．现代电影技术，2018.1, 25-27.

# 反侵权盗版声明

电子工业出版社依法对本作品享有专有出版权。任何未经权利人书面许可,复制、销售或通过信息网络传播本作品的行为,歪曲、篡改、剽窃本作品的行为,均违反《中华人民共和国著作权法》,其行为人应承担相应的民事责任和行政责任,构成犯罪的,将被依法追究刑事责任。

为了维护市场秩序,保护权利人的合法权益,本社将依法查处和打击侵权盗版的单位和个人。欢迎社会各界人士积极举报侵权盗版行为,本社将奖励举报有功人员,并保证举报人的信息不被泄露。

举报电话:(010)88254396;(010)88258888

传　　真:(010)88254397

E-mail: dbqq@phei.com.cn

通信地址:北京市海淀区万寿路 173 信箱

　　　　　电子工业出版社总编办公室

邮　　编:100036